REdition Schmidt

AF393559

C. Lloyd Morgan

Instinkt und Gewohnheit

Reprint der deutschen Ausgabe von 1909

© 2021 Bernhard J. Schmidt,
Oberwarmensteinach

ISBN: 978-3755710578

Herstellung und Verlag:
BoD – Books on Demand, Norderstedt.

Bibliografische Information der Deutschen Nationalbibliothek:
Die Deutsche Nationalbibliothek verzeichnet diese Publikation
in der Deutschen Nationalbibliografie; detaillierte bibliografische
Daten sind im Internet über http://dnb.dnb.de abrufbar.

INSTINKT

UND

GEWOHNHEIT

VON

C. LLOYD MORGAN, F. R. S.

PROFESSOR DER ZOOLOGIE AM
UNIVERSITY COLLEGE IN BRISTOL

AUTORISIERTE DEUTSCHE ÜBERSETZUNG

VON

MARIA SEMON

LEIPZIG UND BERLIN

DRUCK UND VERLAG VON B. G. TEUBNER

1909

Vorwort zur deutschen Übersetzung.

Zwölf Jahre sind verstrichen, seit dieses Buch geschrieben worden ist. Trotzdem habe ich es für das Beste gehalten, daß die von Frau Maria Semon angefertigte Übersetzung das Werk in derselben Form wiedergibt, in der es ursprünglich meine Hände verlassen hat.

Mein Ziel ist es, einen Beitrag zu liefern zur Feststellung der engen Beziehungen zwischen physiologischer und psychologischer Entwicklung, Beziehungen, deren Kenntnis eine Hauptaufgabe der Naturwissenschaft im weiteren Sinne bildet. Nachdenken und Erfahrung haben mich in den dazwischen liegenden Jahren nur noch vollkommener davon überzeugt, daß wir in den Phänomenen des Instinkts die biologische Grundlage der psychologischen Entwicklung zu suchen haben. Besonders hervorheben möchte ich noch, daß das im Gefolge der Instinkttätigkeit auftretende Bewußtsein dem Organismus dasjenige liefert, was man als Grundgewebe der Erfahrung bezeichnen könnte, und daß die Aufgabe, die weiterhin der Intelligenz zufällt, darin besteht, die erblich gegebenen Grundlagen des Verhaltens zu modifizieren, zu erweitern und zweckmäßiger zu gestalten. Dies aber geschieht durch Ausbildung von Gewohnheiten und ist von jenen höheren Funktionen des Zerebralsystems abhängig, denen E. Ray Lankester die allgemeine Bezeichnung „educability" beigelegt hat.

Bristol, im Oktober 1908.

C. Lloyd Morgan.

a*

Inhalt

XIV. Kapitel.

XV. Kapitel.

I. Kapitel.

Einleitende Definitionen und Beispiele.

Der beschreibende Zoologe pflegt den Ausdruck „Gewohnheiten" oder „Lebensgewohnheiten" in weitestem Sinne auf das äußere Verhalten der verschiedenartigen Tiere, auf alle Eigentümlichkeiten ihrer Lebensweise anzuwenden. Nachdem er uns z. B. über die äußere Form und den inneren Bau eines Vierfüßlers, Vogels oder Insekts berichtet hat, wendet er sich den Lebensgewohnheiteu desselben zu. — wie es seine Nahrung sucht, seine Jungen aufzieht und für sie sorgt, wie es Vorräte aufspeichert usw. Oft indessen wird das Wort in einem begrenzteren Sinne gebraucht. In Beziehung auf menschliche Wesen benutzen wir es zur Bezeichnung einer Handlung oder eines Benehmens, das auf Grund häufiger Wiederholung im Laufe des individuellen Lebens entstanden ist. Eine Handlung, die nur gelegentlich unter besonderen Umständen ausgeführt wird, würden wir nicht als „Gewohnheit" bezeichnen. Wenn wir nun im Vorstehenden das Wort „Gewohnheit" als technischen Ausdruk für wissenschaftliche Auseinandersetzungen gebrauchen, so tun wir gut daran, jene Begrenzung zu respektieren. In diesem Sinne angewendet ist eine Gewohnheit eine mehr oder minder ausgeprägte Art des Handelns oder des Benehmens, die von dem betreffenden Individuum angenommen und sozusagen durch Wiederholung stereotypiert worden ist. Indessen braucht man das Wort in seiner breiteren und allgemeineren Anwendung nicht durchaus abzulehnen; und ich hoffe, so oft ich es in diesem Werke gebrauche, allein schon durch den

Zusammenhang seine Bedeutung klar werden zu lassen und Mißverständnissen vorzubeugen. Stets aber, so oft und wie wir es auch anwenden, wird jenes Element der individuellen Erwerbung und Wiederholung, die das eigentlich Charakteristische des Begriffes ist, vorhanden sein.

Auch das Wort „Instinkt" wird im gewöhnlichen Leben und bei populären Beschreibungen in einem etwas weiteren und weniger begrenzten Sinne gebraucht als ihm als technischem Ausdruck zukommt. Erstens wird es gewöhnlich angewendet, um ganz im allgemeinen und obenhin das Tun der Tiere von dem der Menschen zu unterscheiden. Das erstere wird den Eingebungen des Instinkts, das letztere denen des Verstandes zugeschrieben. Aber nicht alles Tun, nicht einmal alle Gedanken der Menschen sind verstandesmäßige. Und so wird, in zweiter Linie, das Wort „Instinkt" gebraucht, um diejenigen Seiten des menschlichen Charakters und Benehmens zu bezeichnen, die wir uns nicht als das Ergebnis eines bewußten, verständigen Denkprozesses zu erklären vermögen. Von einem Manne, der ohne Überlegung vorgeht, sagen wir, er habe „instinktiv" gehandelt. Von einem Mädchen, das, ohne sagen zu können weshalb, den Verkehr mit gewissen Schulkameradinnen meidet, sagen wir, ihr „natürlicher Instinkt" habe sie geleitet. Die beiden genannten Anwendungen des Wortes sind eng miteinander verwandt. Bei beiden ist der Gegensatz zum Verstandesmäßigen betont; bei beiden findet sich ein Hinweis auf ein tief in die Natur eingegrabenes Etwas. Und beide sind gut anwendbar und unmißverständlich, da ihr spezieller Sinn durch den Zusammenhang genügend bezeichnet wird.

Als technischer Ausdruck indessen bedarf der Begriff genauerer Präzisierung. Der Unterschied zwischen einem Wort, wie es im täglichen Leben und in populären Schriften oder aber als technischer Ausdruck gebraucht wird, ist folgender: Im ersteren Fall ist es freier und modulationsfähiger, da der jeweilige Zusammenhang, in dem wir es

vorbringen, es zu einer bestimmten Bedeutung zurecht
modelt. Im letzteren Fall aber, als technischer Ausdruck
aufgefaßt, muß das Wort viel von seiner Freiheit und Modu-
lationsfähigkeit einbüßen. Es ist nun von der Kette einer
mehr oder minder präzisen, aber gleichzeitig auch mehr
oder minder willkürlichen Bedeutung umschlossen. Für ihre
Anwendung im Rahmen der exakten Wissenschaft bedürfen
Worte solcher Fesseln. Und es gibt zahlreiche Ausdrücke
wie „Kraft", „Energie", „Eindruck", „Gefühl", die wir im täglichen Gespräch und in der allgemeinen Literatur mit einer
Willkür anwenden, die bei wissenschaftlichen Auseinandersetzungen ganz unzulässig wäre. Ein solches Wort ist
auch „Instinkt". Und es trifft sich sonderbar, daß, während
die meisten Physiker über Worte wie „Kraft" und „Energie"
(als technische Ausdrücke aufgefaßt) sich längst verstän-
digt haben, Biologen und Psychologen keineswegs einig
sind über den genauen Sinn des Wortes „Instinkt".[1]

In unserem Falle nämlich findet sich eine Quelle des
Mißverständnisses, welche bei den technischen Ausdrücken
der Physik fehlt. Stellen wir uns beispielsweise vor, daß
wir eine Seidenraupe beobachten, während sie ihren Kokon
spinnt. Eine Reihe von Handlungen, für deren Ausführung
der Bau der Raupe sie in bewundernswerter Weise befähigt, wird vor unsern Augen ausgeführt. Wir beobachten
sie in all ihren Stadien und nennen Tätigkeiten wie die
vorliegende, wenn sie gewisse Bedingungen erfüllen, instinktive. Wenn wir nun aber gefragt werden, welcher
Antrieb eine Seidenraupe veranlaßt, auf einer gewissen
Stufe ihrer Entwicklung einen Kokon zu spinnen, so sagen
wir ebenfalls, dies entspringe ihrem „Instinkt". Überlegen wir uns, inwieweit eine solche Antwort gerechtfertigt ist. Es ist klar, daß, bezüglich der Handlungen
selbst, wir es mit einem Gegenstand unserer direkten Be-

---

[1] C. Ll. Morgan, Some Definitions of Instinct. *Natural Science.* Mai
1895. Bd. VII. S. 321.

obachtung zu tun haben; behaupten wir indessen, die Anregung zu jenen Handlungen entspringe einem Instinkt, so befassen wir uns bereits mit etwas, das sich unserer direkten Beobachtung entzieht, das wir jedoch als vorhanden annehmen. Dasselbe nun, was wir als vorhanden annehmen, wird gewöhnlich der Sphäre geistiger Regungen zugezählt und als ein spezieller Bewußtseinsvorgang aufgefaßt. Um die Sache noch einmal genau und unmißverständlich darzustellen: wenn die Beobachtung von Tätigkeiten uns die Tatsachen liefert, aus denen wir das Vorhandensein eines besonderen Bewußtseinsvorgangs, „Instinkt" genannt, schließen dürfen, so ist es offenbar die Pflicht des wissenschaftlich Forschenden, zunächst die der Beobachtung vorliegenden Tatsachen, und dann erst die psychologischen Folgerungen zu behandeln, die aus ersteren gezogen werden dürfen. Nur auf diese Weise können wir hoffen die Schwierigkeiten zu überwinden, welche die wechselnde Anwendung des Ausdrucks „instinktiv" einerseits auf beobachtbare Tätigkeiten, andrerseits auf als vorhanden angenommene geistige Fähigkeiten bietet.

Ich möchte nun einige besonders charakteristische Merkmale der instinktiven Handlungen betrachten, wie sie sich dem Beobachter und Erforscher des Tierlebens darbieten. Wie eingangs erwähnt bezeichnet die populäre Ausdrucksweise alle tierische Tätigkeit unterschiedslos als „instinktiv". Es ist deshalb vor allem nötig, zu zeigen, nach welcher Richtung hin das Wort als technischer Ausdruck einzuschränken ist, und diejenige Gruppe von Erscheinungen abzugrenzen, auf die wir es im speziellen anzuwenden beabsichtigen.

In erster Linie sind instinktive Handlungen sämtlichen gleichartigen Mitgliedern einer mehr oder minder geschlossenen Tiergruppe gemeinsam und werden von ihnen in ähnlicher Weise ausgeführt. Sie ermangeln ausgesprochenermaßen der Individualität. Das Spinnen eines Kokons durch eine Seidenraupe, die Wanderung der

Schwalbe, der Wachholderdrossel, des Goldregenpfeifers, das Winterleben des Frosches oder des Bären, das Benehmen einer gereizten Biene, eines gereizten Stinktiers, eines gereizten Tintenfisches — alle diese und tausend andere Betätigungen sind charakteristisch für besondere Tiere nicht in ihrer Eigenschaft als Individuen sondern als Vertreter ihrer Gattung. Ich hörte einmal instinktive Handlungen als solche bezeichnen, auf die man mit Sicherheit wetten könne! Da indes das Element der Zufälligkeit dasjenige ist, was einer Wette erst Reiz verleiht, so muß ich gestehen, daß jene Art von Wette mir äußerst uninteressant erscheinen würde. Beinahe eben so gut könnte man wetten, daß die Sonne am nächsten Morgen aufgehen werde, wie z. B. daß die Larve des großen Wasserkäfers Hydrophilus piceus, sobald die Periode der Einpuppung und der Übergang des Insekts in den Puppenzustand naht, ihren Teich verlassen und sich in die feuchte Erde einwühlen wird, so konstant vollzieht sich das Auftreten einer instinktiven Handlung — vorausgesetzt, daß die äußeren Umstände entsprechende sind.

Es bedarf kaum der Erwähnung, daß zwischen Bau und Organismus eines bestimmten Tieres und dessen instinktiven Handlungen die engste Verbindung besteht. Die Spinnwarzen der Spinne sind mit ihren gewebeknüpfenden Instinkten assoziiert; die Tätigkeit des Fliegens wird ermöglicht durch das Vorhandensein von Flügeln; die Wühlgewohnheiten des Maulwurfs entsprechen gewissen Eigentümlichkeiten und Anpassungen seines Baus. Die besondere Art und Weise, nach welcher irgendeine wesentliche Lebensfunktion — nehmen wir beispielsweise die Atmung — ausgeführt wird, und die einzelnen Tätigkeiten, die für ihre Ausführung nötig sind, haben sich Hand in Hand mit dem organischen Mechanismus entwickelt, welcher jenem Prozeß und den damit verknüpften Tätigkeiten dient. Bei Insekten wird die Atmung durch ein zartes System verästelter Röhren (das Tracheensystem) bewerkstelligt, die

mittels feiner Öffnungen, sogenannter Stigmen, mit der
Außenluft in Verbindung stehen. Diese befinden sich zu
beiden Seiten der mittleren und hinteren Region (des
Thorax und Abdomens) des Insektenkörpers. Von den
beiden Arten großer Wasserkäfer, die in unseren englischen Teichen vorkommen, muß jede von Zeit zu Zeit
zur Oberfläche aufsteigen, um ihren Luftvorrat zu er-
neuern[1]); doch ist die Art und Weise, wie sie die Luft
aufnehmen und aufspeichern, gänzlich verschieden. Dytiscus
erhebt sich langsam gegen die Oberfläche, indem er den
Hinterleib etwas höher hält als den Kopf; mit jenem
durchbricht er auch die oberste Wasserschicht und streckt
ihn in die Luft. Das letzte, am hintersten Körperende befind-
liche Paar Stigmen ist nun groß und vermag einen ordent-
lichen Vorrat aufzunehmen, während auch Luft zwischen die
Flügeldecken und den Körper aufgespeichert und so den
kleineren abdominalen Atemöffnungen zugeführt wird. Bei
dem großen Wasserkäfer Hydrophilus hingegen ist das vor-
derste Paar der Abdominalstigmen das größte, und bei ihm
wird die Luft nicht nur unter den Flügeldecken sondern
auch längs der Oberfläche der behaarten Bauchwand des
Käfers aufgespeichert. Wenn dieser Käfer zum Atmen
emportaucht, erreicht er die Oberfläche zuerst mit dem
Kopf und nicht mit dem hinteren Körperende; seine Fühler
oder Antennen sind eigens dazu ausgebildet, eine Verbindung zwischen dem Luftspeicher und der Atmosphäre herzustellen, und die Luft wird an der Verbindung von
Kopf und Thorax eingezogen. So sehen wir, daß die einzelnen Tätigkeiten, welche den Atmungsprozeß bedienen,
in jedem Falle eine starke Abhängigkeit von der Struktur
und Organisation des betreffenden Insekts aufweisen. Das
ganze Tierreich liefert uns die ausgiebigsten Beweise
nicht nur für die innigen Beziehungen zwischen dem Bau
eines bestimmten Organs und seiner Funktion, sondern auch

---

1) Miall, Natural History of Aquatic Insects. 1895.

für die Beziehungen zwischen dieser besonderen Funktion und den Tätigkeiten, welche zu ihr hinführen. Mit anderen Worten: nicht nur ein Organ reagiert unter entsprechenden Umständen mit einer bestimmten Funktion, sondern der gesamte Organismus vereinigt sich zur Herstellung eines oftmals komplizierten Gefüges von Tätigkeiten, die auf einen von uns beobachteten Endvorgang hinzielen.

Dies führt uns zu einer Betrachtung des Verhältnisses zwischen einer instinktiven Handlung und einer Reflextätigkeit. Wenn man den Fuß eines schlafenden Kindes leicht kitzelt, so wird es den Fuß und das Bein von dem Ausgangspunkt des Angriffs wegziehen. Wir sehen hier eine Reflextätigkeit. Der Effekt des Reizes (des Kitzelns) wird von den Nerven dem Rückenmark zugeführt; dort werden gewisse Nervenzentren in Tätigkeit versetzt, als deren Folge ein geordneter (koordinierter) Komplex von austretenden Nervenströmungen nach denjenigen Muskeln hin verteilt wird, die für eine Bewegung des Beines in Betracht kommen.

Wenn ein Frosch durch rasche Exstirpation des Gehirns getötet und gleich darauf scharf in die Seite gekniffen wird, so erhebt er das Hinterbein der betreffenden Körperseite und kratzt sich an der gereizten Stelle. Auch dies ist eine Reflextätigkeit, und die Tatsache, daß das Gehirn zuvor ausgeschaltet wurde, zeigt uns, daß zu einer pünktlichen und präzisen Ausführung solcher Tätigkeiten allein die spinalen Zentren in Aktion treten. Nun ist es durchaus nicht leicht, wenn überhaupt angänglich, eine scharfe und endgültige Grenzlinie zwischen instinktiven und reflektorischen Handlungen zu ziehen. Herbert Spencer hat den Instinkt treffend als eine komplizierte Reflextätigkeit beschrieben. Danach würde der Unterschied zwischen beiden in erster Linie auf den relativen Grad ihrer Kompliziertheit hinauslaufen. Nach seiner Definition wäre eine Reflextätigkeit — so z. B. das Blinzeln des Auges, wenn es einen schnell herannahenden Gegenstand wahrnimmt —

eine lokal begrenzte Reaktion eines bestimmten Organs oder einer besonderen Muskelgruppe, die von einem mehr oder weniger akuten äußeren Reiz ausgelöst wird, während eine Instinkthandlung eine Reaktion des ganzen Organismus darstellt und die Mitarbeit verschiedener Organe und Muskelgruppen umfaßt. Hervorgerufen durch einen äußeren Reiz oder eine Gruppe von Reizen wird sie, wenigstens in zahlreichen Fällen, stärker als die Reflextätigkeit durch einen inneren Faktor beeinflußt, der, falls die normale instinktive Regung unbefriedigt bleibt, sich als Schmerz oder Unlust zu erkennen gibt. Nehmen wir z. B. den vorerwähnten Instinkt des großen Wasserkäfers, beim Herannahen der Verpuppungsperiode den Teich zu verlassen und sich in die Ufererde hineinzuwühlen. Hier haben wir etwas, das mehr ist als eine lokale Reaktion auf einen äußeren Reiz, mehr als eine bloße Reflextätigkeit. Hier erblicken wir Einwirkungen, welche das Benehmen des gesamten Organismus bestimmen, wir werden hingewiesen auf das Vorhandensein innerer Faktoren, die sich aus organischen Zuständen innerhalb des Körpers der in der Bildung begriffenen Puppe ableiten. Oder betrachten wir die Wanderung der Vögel, ihre nestbauenden Instinkte, die beim Brutgeschäft und Aufziehen der Jungen entwickelte Tätigkeit: wir können nicht umhin, wenn auch die Grenzlinie nicht mit aller Schärfe zu ziehen ist, einen Unterschied zwischen diesen Betätigungen und Reflextätigkeiten zu erkennen. Und doch läßt sich die Verschiedenheit kaum anders definieren als es oben geschah, indem wir eine kompliziertere, umfassendere und eine einfachere, lokalisierte Handlungsweise einander gegenüberstellen.

Zahlreiche instinktive Handlungen schließen Reflextätigkeiten in sich. Wenn der große Wasserkäfer mit seinen Spinnwerkzeugen den zarten seidenen Kokon spinnt, in welchen er seine Eier ablegt, so sind es reflektorische Bewegungen, die das Austreten des Saftes, der nach seiner Erhärtung den Faden bildet, veranlassen; reflektorisch ge-

schieht das Formen des Kokons und seine Versorgung mit Luft, reflektorische Tätigkeiten begleiten das Ablegen der Eier, die nicht in zufälligem Gemengsel, sondern reihenweise in peinlicher Ordnung deponiert werden. Aber während des Ablaufs dieser mütterlichen Arbeit ist ein Zusammenschluß der einzelnen Handlungen zu einer bestimmten Aktionslinie, eine Organisation der Einzeltätigkeiten im Hinblick auf ein praktisches Endziel unverkennbar und ist, wie wir mit Bestimmtheit fühlen, durch einen inneren Impuls des Tieres bedingt. Alles dies erhebt jene Gruppen von Handlungen über das Niveau bloßer Reflextätigkeiten empor. Wir kommen der gesuchten Definition so nahe wie möglich, wenn wir sagen, daß Reflexe örtlich begrenzte Reaktionen auf spezialisierte Reize, Instinkte dagegen mehr zusammengesetzte Handlungsweisen des betreffenden Tieres darstellen. Letztere nehmen gewöhnlich ein größeres Maß von zentraler (im Gegensatz zu lokaler) Koordination in Anspruch und verdanken ihre Auslösung meistens einem ausgebreiteten Komplex von Reizen, bei welchen äußere und innere Faktoren zusammenwirken. Indessen muß stets betont werden, daß es eine Fülle von Übergangsfällen gibt, die sich dieser Klassifizierung nicht ohne weiteres unterordnen lassen.

Kommen wir nun auf den engen Zusammenhang zwischen dem Bau eines Tieres und seinen Lebensgewohnheiten zurück, den wir bereits konstatiert haben, so muß zunächst hervorgehoben werden, daß es gewisse Instinkthandlungen gibt, die sich — wenigstens auf dem Wege unserer vorhandenen Untersuchungsmethoden — aus dem Bau des Tieres allein nicht erklären lassen. In den Nebenflüssen des Severn bemerken wir eine Frühlingswanderung von kleinen Aalen. Wir sehen tausende von ihnen den Strom hinaufschwimmen und selbst Hindernisse wie kleine Wasserfälle oder Mühlenschleußen überwinden, indem sie sich durch die Fadenalgen der Oberfläche geschickt hindurchschlängeln. Aber nichts in ihrem Bau gibt uns den

Schlüssel zu diesem Wandertrieb. Wenn man ferner einem mit den Gewohnheiten des Tieres unvertrauten Zoologen die Larve eines Ameisenlöwen zur Besichtigung gäbe, würde er zweifellos sofort erkennen, daß er ein räuberisches Insekt vor sich habe. Nicht aber würde er aus dem Bau des Tieres schließen können, daß es eine kegelförmige Falle in den Sand zu graben und darin Ameisen und andere Insekten abzufangen, oder daß es, in der Spitze dieses Kegels auf der Lauer liegend, einen Sprühregen von Sand hinaufzuspritzen pflegt, durch den es seine Opfer rettungslos herabzwingt, um sie alsdann zwischen seinen Kinnladen zu zermalmen. Ebensowenig würde uns die anatomische Untersuchung einer Napfschnecke darüber aufklären, daß diese ihre Beutezüge im Umkreis eines Meters um ihre kleine Klippenwohnung herum zu unternehmen pflegt; daß sie diesen Spaziergang unternimmt, wenn die Klippen sich noch von der letzten Flut befeuchtet zeigen, daß sie aber zu ihrer heimatlichen Felsnarbe zurückeilt, ehe Sonne und Wind den Fels völlig ausgedörrt haben, und ehe die Flut ihr Domizil wieder gänzlich unter Wasser gesetzt hat.[1]) Wir könnten zahlreiche derartige Fälle beschreiben, wo der anatomische Bau eines Tieres uns keinerlei Schlüssel zu seinen Lebensgewohnheiten zu liefern vermag.

Die Erscheinung, daß ein und dasselbe Organ oft verschiedenen Zwecken dient, kann uns leicht dazu verleiten, fälschlich eine Lebensgewohnheit aus einer bestimmten Eigentümlichkeit der Struktur herzuleiten. So z. B. findet sich in Trinidad ein gewisser Klettervogel, der rotschwänzige Jacamar (Galbula ruficauda). Er besitzt einen langen, spitzen und scharfen Schnabel, und kein Mensch würde bei einer Betrachtung seines Baus darauf kommen, daß er vom Fliegenfangen lebt. Und doch erzählt uns F. M. Chapman (in seiner Arbeit über die Vögel von Trinidad), diese Vögel

---

[1]) *Nature*, Bd. XXXI, S. 200; ferner Bd. LI, S. 127, 511.

seien die geschicktesten Fliegenfänger, die ihm je begegnet. „Ihr Späherauge läßt nicht das kleinste Insekt
entwischen. Sie halten beständig Umschau, indem sie mit
größter Behendigkeit den Kopf von einer Seite zur
anderen drehen. Dann stoßen sie mit fabelhafter Sicherheit und Geschwindigkeit in die Luft, jetzt gerade aus, jetzt
in Zickzacklinien, bis zu 30 oder 35 Fuß von ihrem Standort, zu dem sie nach jeder einzelnen Expedition zurückkehren.“ Nun haben Fliegenfänger fast allgemein kurze
Schnäbel und eine breite Mundöffnung. Wie kommt es,
daß der Jacamar sich seinen langen, spitzen Schnabel erhalten hat? Chapman sagte mir, die Vögel pflegten Löcher
in den Sand zu höhlen, in die sie ihr Nest bauen, und sich
dabei ihrer langen Schnäbel zu bedienen, und führte die
Erhaltung der letzteren auf diese Gewohnheit zurück. Sei
dem wie es sei — niemand würde in dem langschnäbeligen
Jacamar einen der geschicktesten Fliegenfänger vermuten.

So sei denn nochmals festgestellt, daß Instinkthandlungen mehr sind als lokale Reaktionen auf Reize und
daß wir darunter das allgemeinere Benehmen eines Tieres
zu verstehen haben; daß, obwohl sie mit dem Organismus
aufs engste verknüpft sind, sie sich dennoch nicht ohne
weiteres aus der anatomischen und morphologischen Untersuchung des Körperbaus deduzieren lassen; und daß sie
endlich, wie bereits erwähnt, den gleichartigen Gliedern
einer bestimmten Tiergruppe gemeinsam sind, und von
ihnen in äußerst ähnlicher, typischer Weise ausgeführt
werden. Kennen wir einmal die Instinkthandlungen des
großen Wasserkäfers oder irgend eines anderen Geschöpfes,
so können wir überzeugt sein, daß diese allen gleichen
Artgenossen gemeinsam sind und von ihnen in derselben
Weise ausgeführt werden. (Der Zusatz „gleich“ bezieht
sich auf den Gegensatz des Geschlechtes, durch den eine
gewisse Verschiedenheit bei Ausübung der Instinkthandlungen bedingt ist.)

Trotz alledem darf man nicht glauben, daß die Konstanz

der Instinkthandlungen eine absolute sei, und daß dieselben keiner Veränderung unterworfen sind. Wäre dies der Fall, so würde jeder organische Fortschritt auf dem Gebiete der Instinkte in Wegfall kommen. Ihre Beständigkeit ist vielmehr jenen anatomischen Charakteren vergleichbar, welche wir je nachdem als spezifische oder generische bezeichnen. Wenn wir jetzt, nach den umwälzenden Einflüssen, die Darwins „Entstehung der Arten" auf unsere Anschauungen ausgeübt hat, den anatomischen Bau als etwas „Konstantes" bezeichnen, so liegt es uns durchaus ferne, zu behaupten, daß derselbe absolut unveränderbar sei. Wir wissen, oder haben doch allen Grund anzunehmen, daß er häufigen Veränderungen unterliegt, von denen freilich viele, um nicht zu sagen die meisten, schwach und unauffällig sind. In ganz ähnlichem Grade ist wahrscheinlicher Weise die Betätigung des Instinkts einer gewissen Variabilität unterworfen. Auf der Basis strenger Beobachtung ist dies nun freilich schwer festzustellen, da schwache Abweichungen von dem normalen Typus der Instinkthandlungen sich sehr viel leichter der Beobachtung entziehen, als Abweichungen des Körperbaues. Wir müssen uns deshalb an Analogien halten und diese berechtigen uns nicht zur Annahme einer absoluten Konstanz.

Der nächste Punkt, den wir in Beziehung auf die von uns als instinktiv bezeichneten Tätigkeiten zu beobachten haben, ist, daß diese unter ganz bestimmten Verhältnissen ablaufen, die entweder häufig vorhommen oder mit dem Wohl und der Erhaltung der Rasse eng verknüpft sind. Oft dienen sie der Verteidigung des Tieres und sind dann meist mit anatomischen Merkmalen verbunden, die gleichfalls Schutzcharakter zeigen. So z. B. kugelt sich der, mit einer Stachelhaut bewehrte Igel zusammen, sobald er bedroht wird, und führt damit die ihm verliehene Schutzvorrichtung ins Treffen; ebenso zieht die Schildkröte Haupt und Glieder unter ihren Panzer, und die Schnecke ver-

kriecht sich in ihre Schale. In ähnlicher Weise bringt es der Einsiedler-Krebs zustande, nicht nur in seine geborgte Schnecke hineinzukriechen, sondern sich eine solche ganz nach seiner Körpergröße auszuwählen und es sich darin heimisch zu machen; ja eine bestimmte Abart, Pagurus, tut ein übriges, indem sie eine See-Anemone (Adamsia) an ihre Schale anheftet, deren den Fischen abstoßender Geschmack den Krebs und sein Anhängsel vor deren Gefräßigkeit schützt.

In vielen wohlbekannten Fällen von sogenannter Mimicry finden wir eine enge Verknüpfung zwischen dem der Täuschung dienenden Körperbau des Tieres und seinen Handlungen. Ein nicht selten vorkommender Käfer (Clytus arietis), welcher die Wespe nachahmt, legt ein ruheloses Benehmen an den Tag, das dem wohlgesetzten Wesen anderer Käfer zuwiderläuft, aber die Wespentäuschung sehr wirksam unterstützt. Ferner begegnen wir am Kap der guten Hoffnung einer harmlosen, eierfressenden Schlange (Dasypeltis scabra); diese pflegt ihren Kopf flach zu machen, sich wie zu einem Sprung zusammenzurollen, zu zischen und jählings wie zum Angriff vorwärts zu schießen — alles typische Züge der Bergnatter (Vipera atropos), welche ihr zum Vorbild dient. Sie selbst ist, wie gesagt, gänzlich harmlos und lebt von Eiern, deren Schalen sie mittels bestimmter, mit Schmelz umkleideter Rückenwirbel-Fortsätze, den bis in die Kehle vorspringenden sogenannten Schlundzähnen zermalmt. Aber augenscheinlich bietet ihr ihre Ähnlichkeit mit Vipera atropos sowohl im Äußeren wie im Benehmen einen äußerst wirksamen Schutz gegen ihre Feinde. Auch bei dem Nachstellen der Beute können solche Nachahmungen gute Dienste leisten. So z. B. pflegen gewisse Jagdspinnen, die den Fliegen, von denen sie leben, ähnlich sehen, ihre Köpfe in fast derselben Weise zu reiben, wie wir es von wirklichen Fliegen kennen. Diese nachahmenden Tätigkeiten dürfen nicht als bewußte Nachäffereien angesehen werden; es sind sicherlich Instinkt-

handlungen, eng mit der äußeren Ähnlichkeit verknüpft und wie diese Produkte der natürlichen Zuchtwahl. Eine große Anzahl von Instinkthandlungen dient schließlich dem allgemeinen Wohlbefinden des betreffenden Organismus, und wir sehen sie speziell unter solchen Umständen in Erscheinung treten, die sich im Leben des Individuums und der Art häufig zu wiederholen pflegen.

Viele dieser Tätigkeiten sind als normale Lebensgewohnheiten des betreffenden Tieres dem beobachtenden Zoologen so vertraut, daß sie in Gefahr geraten, von ihm übersehen zu werden, wie denn das Gewöhnliche und Familiäre nur zu leicht von dem Ungewöhnlichen und Seltenen in den Hintergrund gedrängt wird. Daß ein Insekt im Larven- oder Raupenzustand ein völlig verschiedenes Benehmen an den Tag legt, wie als Imago, d. h. als ausgebildetes Insekt, erscheint uns ganz natürlich und nicht im mindesten staunenswert. Ein Naturfreund indessen, der sich nur im mindesten über das Niveau des gewöhnlichen Sammlers erhebt, sieht in diesen Betätigungen und ihren Besonderheiten Probleme, deren Ergründung um nichts weniger interessant oder schwierig ist als die anatomischen Probleme, mit denen sie verknüpft sind. Bei Betrachtung der Instinkte aber dürfen die sich unter den unscheinbarsten normalen Verhältnissen abwickelnden Funktionen am allerwenigsten vernachlässigt werden. Bilden sie doch die umfangreichste, wenn auch nicht auffälligste Gruppe von Instinkthandlungen.

Nun gibt es aber noch eine andere Art von Instinkten, die selten oder nur ein einziges Mal in Aktion treten, und dann stets aufs allerengste mit der Fortsetzung der Rasse verknüpft sind. Von den vielen Drohnen, die der Bienen-Königin bei ihrem bräutlichen Fluge folgen, wird nur eine als Gatte bevorzugt, und dies ein einziges Mal im Leben. Und doch, würde der Gattungstrieb der Drohnen auch nur ein Jahr lang erlahmen, so würde die Rasse dezimiert werden; ja, läge sie einige wenige Jahre lang darnieder,

so wäre damit das Ende der ganzen Bienenherrlichkeit
erreicht. Der Instinkt ist ein unerläßlicher Faktor zur Erhaltung und Fortsetzung der Rasse. Und gerade unter
diesen nur selten betätigten Instinkten finden wir viele,
die immer aufs neue durch die Feinheit ihrer Anpassung
unser Erstaunen, unsere höchste Bewunderung erregen.
Aus diesen exquisiten Anpassungen wollen wir als Beispiel die Instinkthandlungen der Yucca-Motte (Pronuba
juccasella) hervorheben.[1])

Die strohfarbenen silbrig schimmernden Tiere ent-
schlüpfen ihren Puppenhüllen, sobald sich die großen,
gelblich weißen, glockenförmigen Blüten der Yucca, jede
nur für eine einzige Nacht, öffnen. Aus den Staubbeuteln
einer dieser Blüten holt nun die weibliche Motte den
Blütenstaub und knetet diesen klebrigen Stoff zu einem
Knäuelchen zusammen, das sie mit ihren stark vergrößerten
borstigen Tastern unter ihrem Kopfe festhält. So beladen
fliegt sie weg und sucht eine zweite Blume. Sobald sie
eine solche gefunden, ritzt sie mit den scharfen Schneiden
ihrer Legeröhre das Gewebe vom Pistill der Blume und
legt ihre eigenen Eier zwischen die Eizellen der Pflanze,
worauf sie schnell zur Narbe des Griffels hinaufeilt und
das befruchtende Pollen-Knäuelchen in deren trichter-
förmige Öffnung hineinstopft.

Nun sind aber diese Besuche der Motte für die Pflanze
unerläßlich. Man hat durch Versuche nachgewiesen, daß
ohne Vermittelung der Insekten kein Pollen die Narbe
erreicht und somit die Eizellen der Pflanze unbefruchtet
bleiben. Und die Befruchtung dieser Eizellen ist wiederum
unentbehrlich für die Larven, welche in vier oder fünf
Tagen aus den Eiern des Insekts auskriechen. Man hat
festgestellt, daß die Larven sich ausschließlich von den in
Entwickelung begriffenen Eizellen nähren und daher, wenn
die Befruchtung der letzteren unterbliebe, verkümmern

---

1) Kerner, Naturgeschichte der Pflanzen.

würden. Jede einzelne Larve nun verbraucht etwa zwanzig Eier und drei oder vier Larven pflegen auf eine Blume zu kommen, die Samenanlage der Pflanze aber enthält ungefähr zweihundert Eizellen. Nehmen wir also an, daß, rund gerechnet hundert Eizellen den Mottenlarven geopfert werden, so bleiben doch noch hundert übrig, die allein durch Mitarbeit der Motte zur Befruchtung und Reife gelangen.

Diese wundervoll angepaßte Instinkttätigkeit der Yucca-Motte wird nur ein Mal in ihrem ganzen Leben ausgeführt, und dies ohne irgendwelchen Unterricht, ohne Gelegenheit, sie bei andern zu sehen oder nachzuahmen, ja, soviel wir sehen können, ohne daß das Insekt eine Ahnung von der Tragweite seiner Handlungen hätte. Denn die weiteren Schicksale der Eier, welche die Motte legt, bleiben ihr ebenso verborgen wie der befruchtende Einfluß des von ihr vermittelten Blütenstaubs auf die Eizellen. Der eben beschriebene Fall mag auch zur Illustration einer nicht seltenen Art von komplizierten Instinkthandlungen dienen, nämlich des Ketten-Typus gewisser Anpassungserscheinungen. Wir sehen eine geschlossene Kette von Handlungen, und diese ist in jedem ihrer Glieder von bewundernswerter Anpassung. Ich möchte in Nachstehendem ein weiteres Beispiel für dies kettenartige Ineinandergreifen von Instinkten, von wunderbar angepaßten Einzelhandlungen geben.[1])

Ein gewisser Käfer der Gattung Sitaris (aus der Familie der Meloiden, der auch der gemeine Maiwurm oder Ölkäfer Meloe proscarabaeus L. angehört), pflegt seine Eier am Eingang der unterirdischen Gänge abzulegen, die von der Maurerbiene (Anthophora) gegraben werden. Aus diesen Eiern kriechen im Herbst die Larven, kleine behende Insekten mit sechs, mit einem scharfen Haken versehenen Beinchen, sehr verschieden vom gewöhnlichen

---

1) Nach M. Fabre von Sir John Lubbock in dessen „Scientific Lectures", 2. Aufl. S. 45 (1890) zitiert. Ich erwähnte den Fall bereits in „Animal Life and Intelligence", S. 438.

Typ der Käferlarven. Im Winter werden diese Larven apathischer, kehren aber im Frühjahr zu ihrer vorigen Lebhaftigkeit zurück. Und sobald im April die Drohnen der Maurerbiene ihre Höhle verlassen, um das Freie zu gewinnen, heften sich die Sitaris-Larven an dieselben an. Sie bleiben an den Drohnen haften bis zu deren Brautflug und gehen dann während der Kopulation auf die weibliche Biene über. Nun lauern sie, bis ihre Gelegenheit kommt. Sobald nämlich eine Biene ein Ei legt, stürzt sich die Sitaris-Larve darauf und bricht endlich ihr langes Fasten. „Noch ist die arme Mutterbiene sorglich mit dem Verschließen der Zelle beschäftigt, da stürzt sich schon der Feind auf ihren Sprößling und beginnt das Vertilgungsgeschäft; denn das Ei der Anthophora dient ihm nicht nur als Floß, sondern auch als Nahrungsmittel. Der Honigvorrat, welcher für eines von Beiden ausreichen würde, wäre für beide zu knapp. Folglich entledigt sich Sitaris zunächst einmal seines lästigen Rivalen. Nach acht Tagen ist das Ei gänzlich vertilgt, und auf seiner leeren Schale feiert Sitaris seine erste Metamorphose und erscheint von nun an in gänzlich veränderter Gestalt. Die bisherige Larve verwandelt sich in eine weiße fleischige Made, die, den Mund nach unten und die Tracheenöffnungen nach oben gekehrt, auf der Oberfläche des Honigs schwimmt. In diesem Zustand verbleibt das Tier, bis der Honig aufgezehrt ist". Es verwandelt sich, nach einigen weiteren Etappen, erst im August in einen richtigen Käfer.

Hier haben wir also einen hochinteressanten und wunderbar angepaßten Lebensvorgang, mit sehr ausgesprochenen Änderungen der Struktur und der äußeren Form, sowie mit damit Hand in Hand gehenden Handlungen. Woher kommt der Larve die Kenntnis ihrer Fähigkeiten, die, jede für sich betrachtet, in so großartiger Weise den Bedürfnissen der betreffenden Daseinsstufe angepaßt sind? Elterliche Unterweisung ist hier gänzlich ausgeschlossen, denn die Eltern bekommen ihren Sprößling überhaupt

nicht zu sehen; ebenso ist jedes Larvenindividuum von seinesgleichen getrennt, so daß eine Nachahmung gleichfalls undenkbar ist. Auch Intelligenz im gewöhnlichen Sinne des Wortes kann hier nicht im Spiele sein, denn als solche pflegen wir das Ergebnis einer Anzahl individueller Erfahrungen zu bezeichnen. Unsere Larve aber kann sich nicht infolge von vorausgehenden Erfahrungen an die Drohne anhängen, da sie noch nie zuvor etwas Ähnliches unternommen hat; noch dürfte sie beim Übergang von der Drohne zur Königin von dem Gesichtspunkte geleitet werden, daß dieser Übertritt für sie gewisse Annehmlichkeiten im Gefolge hat. Auf keiner Stufe ihrer komplizierten Larvenlaufbahn spielt somit Intelligenz, als Summe individueller Erfahrung aufgefaßt, eine Rolle. Wenn überhaupt, so kann nur die von Vorfahren ererbte Erfahrung in Betracht kommen, von Vorfahren die, jeder zu seiner Zeit, dieselben Manipulationen ausführten. Ob wir berechtigt sind, von ererbter Erfahrung zu sprechen, wird an anderer Stelle erörtert werden. Jedenfalls beruht der so typische instinktive Prozeß, den wir soeben betrachtet haben, im letzten Grunde auf Vererbung.

Hiermit haben wir bereits den Kern der Angelegenheit berührt; die echten Instinkthandlungen nämlich zeichnen sich durch eine gewisse Regelmäßigkeit des Ablaufs aus, die erblich ist, und nicht durch individuelle Erfahrung erlangt werden kann. Eine Lebensgewohnheit hingegen, in dem begrenzteren Sinne, wie wir ihn zu Anfang dieses Kapitels festgestellt haben, ist nicht eigentlich als Vererbungsprodukt aufzufassen. Sie ist in der Tat das Ergebnis individueller Erfahrung, und durch vielfache Wiederholung innerhalb des Lebensganges des betreffenden Tieres stereotyp geworden. Nun ist es allgemein bekannt, daß bezüglich der Frage „Sind erworbene Eigenschaften erblich?", eine Meinungsverschiedenheit zwischen den Biologen besteht. Für den vorliegenden Fall wäre die Frage genau genommen so zu formulieren: Können individuell er-

worbene Lebensgewohnheiten in Gestalt angeborener Instinkte vererbt werden? Ich will an dieser Stelle unserer
Betrachtungen kein Urteil über diese Sache abgeben; erst
nach sorgfältigster Durchforschung des Tatsachenmaterials
halte ich ein solches für angebracht. Ja, noch mehr, ich
betrachte es als wesentlich, daß die Ausdrücke „Lebensgewohnheit" und „Instinkt", sowie „angeboren" und „erworben" in einer Weise angewendet werden, die keinerlei
bestimmte Stellung zu obiger Frage präjudiziert; ich hoffe
vielmehr durch eine rein sachliche Darstellung den Boden
für ein scharfes Erfassen und angemessenes Beantworten
dieser strittigen Sache vorzubereiten.

Das Wort „Gewohnheit" oder „Lebensgewohnheit" ist
bereits definiert worden. Es setzt individuelle Erwerbung
voraus. Von „fix und fertigen" Gewohnheiten —, wenn
ich mich so ausdrücken darf —, können wir folglich nicht
reden. Was das Tier aber fix und fertig mit auf die Welt
bringt, können wir andererseits unter keinen Umständen
als Lebensgewohnheit bezeichnen. Augenblicklich beschäftigt uns indessen in erster Linie der Begriff „Instinkt",
von dem wir soeben festgestellt haben, daß er durch eine
bestimmte Regelmäßigkeit des Verlaufs charakterisiert
wird, die erblich und von der individuellen Erfahrung unabhängig ist. Instinktive Handlungen sind also fix und
fertige Dinge, mit anderen Worten: sie sind erblich. So
wollen wir denn die Ausdrücke „erblich" und „erworben"
in sich möglichst ausschließendem Sinne gebrauchen. Eine
ererbte Handlungsweise ist ausführbar, ehe noch irgend
eine individuelle Erfahrung dem betreffenden Wesen zu
Hilfe kommt. So können z. B. junge Teichhühner (Galli-
nula chloropus), sobald sie ausgekrochen sind und sich
von dem Choc ihres Geburtsaktes erholt haben, sofort
schwimmen, und das unter exaktester Ausführung der
Schwimmbewegungen. In diesem Fall ist die Ausübung
dieser Fertigkeit nicht nur an-, sondern in der Tat mitgeboren, da sie uns in vollkommenster Ausführung un-

mittelbar nach dem Momente der Geburt des Tieres vor Augen tritt. Schwalben hingegen vermögen nicht |sofort nach dem Auskriechen zu fliegen; sie sind dann noch zu unreif, ihre Flügel nicht genügend entwickelt. Sind sie aber erst einmal drei Wochen alt, dann haben ihre Flügel die nötige Größe und Tauglichkeit erlangt, und wir sehen die Schwälbchen mit großer, wenn auch noch nicht voll entwickelter Kraft und Behendigkeit durch die Lüfte schwirren. Hier also ist die Fähigkeit zwar angeboren, weil nicht von individueller Erwerbung abhängig, doch nicht, wie bei den Teichhühnern mitgeboren, da sie nicht unmittelbar oder kurz nach der Geburt ausgeübt wird. Man könnte solche Fertigkeiten, die erst einer gewissen Entwickelungszeit nach der Geburt zu ihrer Ausführung benötigen, als „verzögerte" bezeichnen. Die Ausübung des Schwimminstinkts seitens des Teichhuhns ist ererbt und mitgeboren; die Ausübung des Fluginstinkts bei der Schwalbe hingegen zwar ebenfalls ererbt, aber verzögert. Bezüglich der Anwendung der Ausdrücke „mitgeboren" oder „verzögert" bei voll entwickelten, dem Imago-Zustande angehörenden Insekten, kommt es auf den Standpunkt an, den wir gegenüber der zweiten Geburt des Tieres nach seinem Puppenschlaf einnehmen.

Wir wollen uns nunmehr jener Gruppe von Tätigkeiten zuwenden, die wir im ausgesprochenen Gegensatz zu ererbten als erworbene zu bezeichnen haben. Wenn wir z. B. ganz jungen Hühnern verschiedene Raupen, gute und übelschmeckende, hinwerfen, so werden die unerfahrenen Vögelchen zunächst unterschiedslos danach picken. Sehr bald jedoch werden sie nur die wohlschmeckenden Raupen aufnehmen und die schlechten liegen lassen. Zwei oder drei solche Übungsversuche würden dazu vollständig genügen. Später werden die Hühner, wenn man ihnen die Raupen noch so untereinandergemengt hinwirft, mit größter Bestimmtheit die guten hervorsuchen und die schlechten ignorieren. Erfahrung allein hat in diesem

Falle eine Differenzierung der Reaktion hervorgerufen, und zwar in sehr ausgesprochener Weise, und eben diese Differenzierungen, die Resultate individueller Erfahrung, sind es, die wir als „erworben" zu bezeichnen haben.

Nun gibt es allerdings innerhalb des Tierreiches eine Menge von Geschicklichkeiten, die in der Tat in absoluter Vollkommenheit angeboren sind — die nicht gelernt zu werden brauchen, sondern mit der größten Präzision bei erster Gelegenheit ausgeführt werden. In jedem Zirkus dagegen bieten sich uns Beispiele von nichtangeborenen Geschicklichkeiten, von Handlungen, die den Tieren erst gelehrt werden mußten; und jeder Besitzer eines klugen Hundes wird Fälle vorweisen können, wo sein Hund allein durch Erfahrung verbunden mit natürlicher Intelligenz, diese oder jene Geschicklichkeit erlernt hat, auf die wir denn auch den Ausdruck „erworben" mit vollem Recht anwenden dürfen.

Keineswegs aber darf angenommen werden, daß das Erworbene immer absolut neu sein muß, d. h. völlig losgelöst von instinktiver Unterlage. Im Gegenteil, in der weitaus größten Zahl der Fälle ist das Erworbene eine bloße Modifikation des Angeborenen. Zu dieser Tatsache liefert uns die Falkenjagd einen besonders prägnanten Beleg. Hier werden angeborene Instinkte gewisser Raubvögel, im vorliegenden Fall des Wanderfalken, zu jagdlichen Zwecken ausgebildet; und diese Ausbildung trägt ausgesprochenermaßen das Gepräge des „Erworbenen", da es sich stets um einen gänzlich wilden Vogel handelt, den der Falkonier sich heranzieht — sei es daß er sich einen voll befiederten jungen Falken einfängt, oder einen unflüggen Nestfalken aus dem Horste holt. Züchten lassen sich Jagdfalken nicht, ihre Trainierung aber erfordert die größte Vorsicht, Geduld und Geschicklichkeit. Der frisch gefangene Vogel muß zunächst an den Menschen gewöhnt werden; er wird mit einer leichten Haube bekleidet, mit Glöckchen behängt und mit Fußringen, Karabiner und Riemen versehen. Nun wird

er Tage lang, bis spät in die Nacht herumgetragen und fortwährend, zuerst sehr vorsichtig, mit einem Vogelflügel oder einer Feder gestreichelt. Dieser erste Teil der Abrichtung wird hauptsächlich im Dunkeln vollzogen und die Haube in einem nur ganz schwach erleuchteten Raume abgenommen. Dann bringt man den Falken dazu, bestimmte Geräusche der Lippen und Zunge mit der Fütterung, und späterhin bestimmte Worte und Zurufe mit entsprechenden Handlungen zu assoziieren. Nun kommt der Unterricht mit dem Köder oder dem Federspiel: eine tote Taube oder ein aus Federn gearbeitetes, mit etwas frischem Ochsenfleisch versehenes Federspiel wird dazu verwendet. Zunächst wird der Falke am Riemen abgerichtet, dann wird dieser durch eine Schnur verlängert, und der Falke durch einen Gehülfen von der Haube befreit. Der Falkonier, der 5 bis 10 Meter entfernt steht, ermuntert den Falken durch Zurufe und Auswerfen des Federspiels. Tag für Tag wird die Entfernung vergrößert, bis der Falke eine Strecke von etwa 30 Metern ohne Zögern zurücklegt. Hat er das einmal getan, so kann man ihn von da ab ohne Schnur nach dem Köder fliegen lassen, nach und nach bis zu einer Entfernung von annähernd einem Kilometer.

Wenn die Abrichtung soweit gediehen ist, muß der Falke lernen, nach dem Köder zu stoßen. Anstatt, daß man ihm weiter gestattet, den Köder einfach beim Heranfliegen aufzunehmen, reißt der Falkonier von jetzt ab den Köder beim Herannahen des Falken weg, läßt diesen über die Stelle, wo der Köder zuerst lag, hinwegfliegen, wirft ihn aber sofort wieder aus, damit der Falke ihn findet, wenn er sich danach umsieht. Dies darf in der ersten Zeit nur einmal gemacht werden, dann aber öfter und öfter, bis der Falke vorwärts oder rückwärts nach dem Köder stößt, so oft man will. Von nun an kann an lebendem Wild weiter geübt werden. Soll er auf Krähen oder Reiher dressiert werden, so muß man sich zwei oder auch mehr von diesen Vögeln verschaffen. Einen davon gibt man dem Falken von der Hand weg;

einen zweiten soll man nicht weit von ihm, einen dritten aber in ziemlicher Entfernung fliegen lassen. Wenn er diese Beute mit einiger Sicherheit annimmt, dann erst kann man ihn auf wilde Vögel loslassen. Jedoch muß man wohl darauf achten, daß bei den ersten Flügen der Falke nur günstige Bedingungen vorfindet; Wind und Wetter, sowie der Standort der Beute in dem Gelände will dabei wohl erwogen sein. „Bei Reihern und Krähen wird der Falke verkappt gehalten, bis die Beute in Sicht ist, und dann schnell abgekappt und losgelassen. Bei Wildgeflügel aber wird der Falke gelehrt, zuzuwarten, bis das Wild aufgescheucht ist." Ein guter flugkräftiger Jagdfalke erhebt sich in schnellem Aufstieg zu einer beträchtlichen Höhe — je höher desto besser — und folgt seinem Meister von Feld zu Feld, stets bereit, herabzustoßen, sobald das Wild „hoch gemacht" ist. Falken, die mit Erfolg gezähmt und mit Umsicht abgerichtet wurden, entwickeln oft eine wunderbare Klugheit und bringen es so weit, ihren Flug ganz den Bewegungen ihres Herrn anzupassen.

Diese Tatsachen und Bemerkungen aus Colonel Radcliffs Aufsatz „Über die Falkenjagd"[1]) zeigen uns, daß das Benehmen eines abgerichteten Falken nichts anderes ist, als eine Anpassung und Ausbildung der natürlichen angebornen Instinkte dieses Raubvogels. Seine fertige Leistung ist zur Hälfte Instinkt, zur Hälfte Abrichtung. Die Basis ist instinktiv oder angeboren, die Modifikation das Produkt erworbener Gewöhnung. Bei Haustieren, die vom Menschen nicht bloß aufgezogen, sondern auch gezüchtet werden, ist außerdem noch Gelegenheit für Änderungen durch künstliche Zuchtwahl gegeben, und wir werden dann vor die neue Frage gestellt, inwieweit die erworbene Abänderung (oder Modifikation) instinktiver Tätigkeit durch Vererbung zu einer angeborenen Eigenschaft werden kann. So z. B. spielen möglicherweise bei der Trainierung eines Apportierhundes erbliche Zuchtergebnisse mit, die bei dem Falken fehlen.

---

1) *Encyclopaedia Britannica,* 9. Auflage, IX. Bd.

Nun läßt sich einwenden, daß ein scharfer Gegensatz von „angeboren" und „erworben" deshalb nicht aufrechterhalten werden kann, weil ein Organismus nur dasjenige anzunehmen vermag, wofür er eine gewisse Anlage mit auf die Welt bringt, so daß wir immer wieder zur Vererbung als dem letzten Ausgangspunkt zurückzugreifen haben. Zum Beispiel ist es sehr schwierig, den skandinavischen Falken (F. gyrfalco) zum „Zuwarten" zu bringen, und beim Merlin oder Zwergfalken ist dies überhaupt nicht zu erreichen. Diese Arten entbehren überhaupt jeder erblichen Unterlage zu diesem Verhalten. Wir sehen also, daß nicht nur „Angeborenes" auf Ererbung beruht, sondern daß „Erworbenes" oder Erwerbbares ebenfalls von Vererbung abhängig ist oder doch in seiner Weiterentwicklung von derselben stark beschränkt wird.

Ein ähnlicher Einwand läßt sich auf Grund anderer Beobachtungen machen. Eine große Menge gewohnheitsmäßiger Tätigkeiten gehen aus einer gewissen Einschränkung oder Disziplinierung von zunächst willkürlichen, ungeordneten, sozusagen „wilden" Ausbrüchen natürlicher Aktivität hervor. Beobachten wir z. B. einen jungen Hund oder ein Kätzchen, wie es sich unter gewissen Schwierigkeiten mit Gegenständen seiner Umgebung zurechtzufinden sucht. Zunächst betätigt es seinen Tatendrang in etwas ungeordneter Weise, sucht auf verschiedene, oft sehr drollige und hilflose Art seinen Zweck zu erreichen. Nach und nach aber findet das Tierchen heraus, daß einige seiner Bemühungen mehr von Erfolg gekrönt sind als andere; diese nun wendet es von da ab häufiger an, und so werden allmählich die verschiedenartigen, über das Ziel hinausschießenden Versuche der ersten Lebensstufe auf solche, die einen Erfolg verheißen, eingeschränkt. Diese wiederum werden durch Wiederholung gewohnheitsmäßig, eine bestimmte Art des Verfahrens bürgert sich ein, und wir sagen dann, das Tier habe diese oder jene spezifische Gewohnheit angenommen.

Nun können solche Angewohnheiten von Forschern, die

sich gegenüber dem Gegensatz von „angeboren" und „erworben" skeptisch verhalten, als eine von dem Tiere getroffene Auslese aus mehr oder minder zweckmäßigen angebornen Tätigkeiten hingestellt werden. Um den Gegenstand in etwas andrem und dabei konkretem Lichte zu betrachten: nehmen wir an, ein kleiner Pavian bewegt seine Glieder zunächst in einer ihm angeborenen Art und Weise; jede Bewegung zeigt für sicn genommen ein bestimmtes Gepräge, aber keine Beziehung zu, keine Koordination mit anderen Bewegungen; und nehmen wir weiter an, daß als Ergebnis individueller Erfahrung $10\,\%$ dieser Bewegungen von ihm ausgesondert und so eingeordnet werden, daß sie einen Tätigkeitskomplex zur Erreichung eines bestimmten Zweckes darstellen, während die übrigen $90\,\%$ — so weit wenigstens der bestimmte Zweck in Frage kommt — ausgeschaltet werden, so haben wir eine Gewohnheit vor uns, die aus der Koordination eines kleinen Prozentsatzes von angebornen Gliederbewegungen entspringt. Aber — wird mancher einwenden — wenn nun die ausgelesenen $10\,\%$, sowie die ausgeschalteten $90\,\%$ der Bewegungen samt und sonders angeboren sind, und nur die Koordination der ersten $10\,\%$ die erworbene Gewohnheit ausmachen — wo bleibt da der radikale Unterschied zwischen „angeboren" einerseits und „erworben" andrerseits? Die Antwort auf diese Frage lautet, daß wir unsere Aufmerksamkeit mehr auf das fertige Gebäude, als auf das Rohmaterial fixieren sollten, aus welchem ersteres entstanden ist. Die aus der Koordination der $10\,\%$ ursprünglich zusammenhangsloser Bewegungen entstandene Tätigkeit ist als solche ein neues Produkt; und dieses Produkt ist die Folge von Erwerbung und als solche, als eine bestimmte koordinierte Tätigkeit keineswegs angeboren. Genau so, wie ein Bildhauer aus einem Marmorblock eine Statue meißelt, so modelt Erlernung und Übung eine bestimmte Tätigkeit aus einer Masse angeborner, zufälliger Bewegungen heraus. Oder wie ein Architekt eine Kathedrale aus einem Wust von Baumaterial durch Sichtung,

Bearbeitung und Verbindung passender Teile erstehen läßt, so baut die Übung eine Gewohnheit aus einem gegebenen Rohmaterial willkürlicher Bewegungen auf, indem sie diese sichtet, anpaßt, entsprechend verknüpft. Als das im eigentlichen Sinne Erworbene stellt sich uns also die definitive, koordinierte, zweckentsprechende Tätigkeit dar.

Es gibt indessen auch gewisse Tätigkeiten, die als solche angeboren, fix und fertig ererbt sind und deren Koordination von der Geburt an als etwas Abgeschlossenes vor uns hintritt, so z. B. das Schwimmen der jungen Teichhühner, sobald sie auf das Wasser kommen, und das Spinnen des Cocons seitens der Seidenraupe, wobei weder Übung noch Erfahrung eine Rolle spielen. In diesen Fällen entstammt Koordination und vollendete Ausbildung nicht dem Individuum, sondern seinen Vorfahren. Und wieder andere Tätigkeiten gibt es, deren Ausbildung und Koordination ein ausgesprochenermaßen individuelles und nicht ererbtes Produkt sind. Ob aber die in einer Generation erworbene Ausbildung sich den ererbten Ausbildungen zugunsten späterer Generationen addiert, diese Frage ist heute noch der lebhaftesten Diskussion zwischen den Biologen unterworfen.

Man darf nun keineswegs denken, daß der Unterschied zwischen „angeboren" und „erworben" — den wir in Obigem von allen möglichen Seiten zu beleuchten versucht haben — durch die Tatsache geschwächt wird, daß eine große Anzahl von Tätigkeiten, so z. B. der ausgebildete Vogelflug, als zum teil angeboren, zum teil erworben zu betrachten ist. Solche Beispiele zeigen uns vielmehr, wie unvollkommene Instinkte durch Gewohnheit und individuelle Erwerbung von Geschicklichkeit ausgebildet werden können. Aber gleichzeitig weisen sie uns gebieterisch auf eine scharfe Unterscheidung derjenigen Faktoren hin, deren Zusammenwirken ein so wunderbares Ergebnis erzeugte. Und nur die schärfste Auseinanderhaltung dieser Faktoren kann uns die Frage, ob die in einer Generation erworbene Vervollkommnung einer Tätigkeit die Unvollkommenheit der-

selben in der nächsten Generation zu vermindern vermag, in ihrer wahren Bedeutung erkennen lassen.

Es ist interessant, den Vogel- und Insektenflug von diesem Standpunkt aus zu vergleichen. Bei den Insekten findet man viele Beispiele, in denen der instinktive Faktor verhältnismäßig viel höher entwickelt, also eine vollkommenere Flugkunst angeboren ist, als bei den Vögeln oder wenigstens den meisten unter ihnen. Es entsteht hieraus die Frage: ist die verhältnismäßig größere Vollkommenheit des instinktiven Insektenflugs der Vererbung einer durch die Vorfahren erworbenen Fähigkeit zuzuschreiben? Oder haben wir die Tatsache darauf zurückzuführen, daß unter den Insekten eine größere Ausschaltung ungeschickter Flieger und infolgedessen eine natürliche Auslese instinktmäßig guter Flieger stattgefunden hat? Oder liegt noch ein anderer verborgener Grund vor?

Vorläufig wollen wir uns keine Antwort auf diese Fragen anmaßen. Wir sind zunächst nur bemüht, möglichst klare Unterscheidungslinien zu ziehen, die es uns ermöglichen, ihnen eine bestimmte und verständliche Fassung zu geben. Denn es ist nicht unwesentlich, solche Fragen zunächst einmal in den richtigen Brennpunkt einzustellen.

Der Unterschied zwischen Angeborenem und Erworbenem kann auch von einem psychologischen Gesichtspunkte aus betrachtet werden. Es gibt einen ererbten Mechanismus, der ein Tier in den Stand setzt, gewisse mehr oder weniger bestimmte, den Verhältnissen angepaßte Tätigkeiten auszuüben, ohne diese zuvor erlernt oder geübt zu haben (obwohl hier wir überall Übung den Meister macht), ohne ein Vorbild nachzuahmen und ohne die geringste individuelle Erfahrung, auf die sich eine Wahl des einzuschlagenden Verfahrens stützen könnte. Hier erblicken wir das Wirken einer Kraft, die sich als „erblicher Automatismus" bezeichnen läßt. Auf der anderen Seite haben wir einen psychologischen Mechanismus, der sich erst allmählich im Laufe des individuellen Daseins entwickelt und zwar durch

die angemessene Koordination und die andauernde Wiederholung einiger bestimmter Handlungen. Diese Handlungen
verwandeln sich durch fortwährende Wiederholungen zu
automatischen Gewohnheiten. Wir können diesen, im Laufe
des individuellen Lebens ausgebildeten Mechanismus sehr
gut als „erworbenen Automatismus“ bezeichnen. Die
biologische Frage, die wir uns hier zu stellen haben, heißt
nun: kann der erworbene Automatismus einer Generation
durch Vererbung zum „angeborenen Automatismus“ der
nächsten Generation beitragen?

Immer noch besteht indessen die, ein paar Seiten zuvor
erwähnte, aber nicht beseitigte Schwierigkeit, daß ein Tier
schließlich nur diejenigen Fähigkeiten erwerben kann, für
deren Erwerbung es eine Anlage mit auf die Welt bringt.
Und daß wir in allen Fällen, selbst wo wir ausgesprochen
individuelles Erwerben vor uns haben, zur Vererbung als
der letzten Ursache unsere Zuflucht nehmen müssen. Dies
ist zweifellos wahr, und es zeigt uns, daß die mehr oder
minder „fix und fertig“ angebornen Tätigkeiten die erblichen Möglichkeiten keineswegs erschöpfen. Alles, was
ein Tier durch Vererbung besitzt, kann unter zwei Rubriken
gebracht werden. Unter die erste Rubrik fallen jene ziemlich genau umschriebenen Anlagen, die das Tier in den
Stand setzen, sofort und bei erster Gelegenheit auf gewisse
wichtige und häufig wiederkehrende Verhältnisse seiner Umgebung in bestimmter Weise zu reagieren; diese Gruppe
möchte ich als „angeborene Handlungsweisen“ bezeichnen.
Unter die zweite Rubrik dagegen fällt das Vermögen, besonderen vereinzelt vorkommenden Verhältnissen zu begegnen, und dies könnte man als „angeborne Fähigkeiten“
bezeichnen. Die erste Gruppe kann man mit der Erbschaft
einer für besondere, im voraus bestimmte Eventualitäten
des Lebens festgelegten Summe vergleichen, die zweite
mit einer gewöhnlichen Hinterlassenschaft, die für jeden
vorkommenden Bedarf in Anspruch genommen werden kann.
Wird dieser Bedarf zur Gewohnheit, so kann das betreffende

Tier sozusagen seinen Bankier instruieren, eine bestimmte Summe für diesen Bedarf beiseite zu stellen und bereit zu halten. Dieses Arrangement wäre jedoch als ein ganz individuelles zu betrachten und ist keineswegs durch die an die Erbschaft geknüpften Bestimmungen bedingt.

Diese Einteilung vorausgesetzt hätten wir die instinktiven Tätigkeiten — wie wir sie dauernd bezeichnen wollen — unter die erste Rubrik einzureihen. Sie zeigen jene erbliche Vollendung die für das, was wir als „angeborne Handlungsweise“ bezeichneten, charakteristisch ist. Jedoch muß man eingedenk sein, daß, wie bereits erwähnt, eine vollkommene Einigung über die Bedeutung des Wortes instinktiv noch nicht erzielt worden ist. Wundt teilt allerdings die Instinkte in zwei Klassen: 1. die ererbten und 2. die erworbenen. Folglich dürfte die von uns beobachtete Einteilung kaum von ihm und seinen Schülern angenommen werden. Wo aber entgegengesetzte Ansichten vorliegen, ist es unerläßlich, die Stärke und Schwäche jeder einzelnen aufs sorgfältigste zu prüfen. Und so bin ich fest überzeugt, daß vom biologischen Standpunkte aus es richtiger ist, die Bezeichnung „instinktiv“ auf diejenigen Tätigkeiten einzuschränken, die mit einer gewissen erblichen Vollendung auftreten, und nur in diesem Sinne wird der Ausdruck „instinktive Tätigkeiten“ in diesem Buche gebraucht werden. Gewiß gibt es viele Fälle, die schwierig zu deuten und zu klassifizieren sind; diese müssen dann eben einzeln, so wie sie uns bei Fortsetzung dieser Studien entgegentreten, ins Auge gefaßt werden.

Zur größeren Bequemlichkeit möchte ich die vorgeschlagene Klassifizierung in Form einer Tabelle darstellen:

Ererbt.

Vollendet angeborne Handlungsweisen, zu denen die als „instinktiv“ bezeichneten gehören.	Angeborne Fähigkeiten, einschließlich
	1. des Vermögens der Assoziation und
	2. der erblichen Empfänglichkeit für Lust und Unlust.

Erworben.

1. Befestigung oder 2. Modifizierung vollendet angeborner oder instinktiver Handlungsweisen, bis diese durch Wiederholung zu Gewohnheiten werden. 3. Unterdrückung angeborner Handlungsweisen.	Besondere Anwendung angeborner Fähigkeiten: 1. gelegentliche, unter speziellen Verhältnissen stattfindende, 2. häufig wiederholte, zur Bildung erworbener Gewohnheiten führende.

Ziehen wir nun die Summe aus den vorhergehenden Betrachtungen, so läßt sich feststellen, daß vom biologischen Gesichtspunkt aus — und allein von diesem sind wir in der obigen Diskussion ausgegangen — die Instinkte angeborne, anpassungsfähige und koordinierte Tätigkeiten von verschiedengradig kompliziertem Wesen sind, die die Beteiligung des Organismus, als Ganzes genommen, involvieren. Sie sind nicht charakteristisch für die Individuen als solche, sondern werden von den gleichen Mitgliedern einer mehr oder minder begrenzten Tiergruppe in ähnlicher Weise vollzogen, und zwar unter Verhältnissen, die entweder häufig wiederkehren oder für die Fortsetzung der Rasse von besonderer Bedeutung sind. Obwohl im allgemeinen gesprochen konstant, sind sie doch, analog den morphologischen Bildungen, gewissen Abänderungen unterworfen. In ihrer Entwicklung sind sie häufig periodisch und in ihrem Auftreten kettenförmig verknüpft. Von Gewohnheiten unterscheiden sie sich insofern, als letztere ihre bestimmte Form individueller Erwerbung, meist infolge häufiger Wiederholung, verdanken.

II. Kapitel.

Einige Instinkte und Gewohnheiten junger Vögel.

In dem obigen Einleitungskapitel habe ich ein besonderes
Gewicht auf den Unterschied gelegt, ob die Ausführung
einer Tätigkeit in ihrer Vollendung angeboren oder erst
individuell erworben ist. Wir begegneten gewissen Handlungen, deren vollendete Ausführung ohne vorhergehende
individuelle Erfahrung zustande kam, und diese bezeichneten wir als „instinktiv". Andere hingegen gelangten erst
mittels eines längeren Prozesses der Erlernung, der Anwendung von Intelligenz oder der Nachahmung zum Ab-
schluß und wurden in ihrer endgültigen Ausführungsweise
durch häufige individuelle Wiederholung gewissermaßen
automatisch und stereotyp; diese nannten wir „erworben".
So weit die vorliegenden Studien in Betracht hommen, ist
es das Ausgebildetsein einer Handlungsweise, auf das wir
unser Augenmerk zumeist zu richten haben; und es soll
Sache der sorgfältigsten, vorurteilslosen Beobachtung sein,
in jedem uns beschäftigenden Falle zu entscheiden, ob
diese Ausbildung angeboren oder erworben ist. Im übrigen
wollen wir zunächst die Beobachtung der Tatsachen ganz
getrennt halten von der Frage nach den Ursachen. Erst
nach Beschreibung verschiedener Fälle möchte ich mich
der Frage zuwenden, ob die ausgebildet ererbte Tätigkeit
durch natürliche Zuchtwahl aus kleinen, ebenfalls erblich
bedingten Variationen entstanden oder ob sie auf die Vererbung einer individuell erworbenen Anpassung zurückzuführen ist. Das erste aber soll sein, eine Anzahl von
gewissenhaft beobachteten Beispielen vorzuführen.

Auch mit der subjektiven Auslegung der einzelnen Fälle wollen wir uns zunächst nicht oder nur ganz gelegentlich beschäftigen. Wir wollen uns nicht mit der Frage aufhalten, ob z. B. die Ausführung einer im eigentlichen Sinne instinktiven Tätigkeit — einer ausgebildet ererbten also — eine bloße physiologische Reaktion darstellt (ob von Bewußtsein begleitet oder nicht), oder ob angeborne Vorstellungen und ererbte Erinnerungen es sind, mit deren Hilfe das Bewußtsein des Tieres sein Verhalten in ein bestimmtes Geleise lenkt. Diese Erwägungen sind sehr eng mit den Fragen der Abstammung verknüpft und würden uns zu einer Diskussion über Vererbung von Erinnerungen und Vererbung von erworbenen Eigenschaften hinleiten, zwei Faktoren, die nach der Auffassung mancher Forscher bei der Auslegung gewisser Erscheinungen von nicht unerheblicher Bedeutung sind. Auch dieses Thema tun wir gut erst später zu diskutieren.

Wir haben also zunächst unsere Aufmerksamkeit auf genau und kritisch beobachtete Tatsachen zu richten, und viele Gründe sprechen dafür, daß wir unser Material vorerst aus dem bequem gelegenen Gebiet der jungen Geflügelwelt schöpfen. Erstens lassen sich die jungen Vögel leicht in einem Brutapparat ausbrüten, so daß der mütterliche Einfluß ausgeschaltet wird; ferner betätigen sich viele derselben bald nach der Geburt schon recht lebhaft; die meisten Arten bieten außerdem bei der Aufzucht keine besonderen Schwierigkeiten und lassen sich beliebig unter veränderte, gut übersichtliche Verhältnisse bringen. Alle diese Gründe machen das junge Geflügel besonders geeignet für die uns interessierenden Untersuchungen.

Das Haushuhn ist bereits ausgiebig zu Studienzwecken benützt worden, so vor allem durch Douglas Spalding[1], Preyer[2], Eimer[3] und schließlich durch Dr. Wesley

---

1) *Macmillan's Magazine*, Februar 1873. Bd. XXVII: „Instinkt".
2) W. Preyer, Die Seele des Kindes. I. T.
3) Th. Eimer, Die Entstehung der Arten. Jena 1888.

Mills.[1] Spaldings Beobachtungen sind viel zitiert, aber nicht in allen Punkten von Nachuntersuchern bestätigt worden.

Die Eier, aus denen die Objekte meiner eigenen Forschungen ausgebrütet wurden, habe ich entweder durchweg künstlich bebrütet oder wenige Tage vor dem Ausschlüpfen von der Henne weggenommen und in den Brutapparat übergeführt, so daß in keinem einzigen Fall das Benehmen der jungen Vögel von den alten beeinflußt werden konnte. Sie wurden dann in einem kleinen, von Drahtnetzen eingefaßten Hühnerhof oder in einem eigens für diesen Zweck reservierten Zimmer gehalten und nur gelegentlich auf einem kleinen Rasenplatz freigelassen.

Schon vor dem Ausschlüpfen hört man die kleinen Tierchen oft innerhalb des Eis piepen. Junge Teichhühner tun dies zuweilen schon achtundvierzig Stunden, kleine Enten vierundzwanzig Stunden, ehe sie völlig ausschlüpfen, und zwar macht man diese Beobachtung an starken, gesunden Vögeln. Der Schnabel mußte also die Luftkammer des Eis durchbrochen haben, so daß das embryonale Atmen durch direktes Luftatmen verdrängt wurde. Meistens, aber nicht in allen Fällen, zeigt sich die Eischale, sobald die Vögel anfangen innerhalb des Eis zu piepen, an irgend einem Punkt ihrer Oberfläche gebrochen oder gesprungen. Dieses Piepen ist eine wirkliche angeborene Tätigkeit, die nicht erlernt zu werden braucht. Ein junges Teichhuhn, das schweigend in seiner gesprungenen Eischale lag, antwortete durch Piepen auf mein leises Pfeifen, woraus hervorgeht, daß es schon so zeitig hören oder doch auf einen Gehörreiz reagieren kann. Hudson erzählt uns von einigen Vogelarten aus drei ganz verschiedenen Ordnungen Folgendes aus eigener Beobachtung[2]: „Wenn der kleine Gefangene noch an seiner Schale hämmert und leise piept, als bäte er um Befreiung, und es ertönt, noch so entfernt, ein Warnungsruf, so hört das

---

1) *Transactions R. S. Canada*, Sect. VI (1895) p. 249.
2) W. Hudson, Naturalist in La Plata. 1892. S. 90.

Hämmern und Piepen mit einem Male auf, und das Vögelchen liegt lange Zeit schweigend in seiner Eischale, bis
etwa die Mutter durch einen veränderten Ruf andeutet,
daß die Gefahr vorüber sei." Hier haben wir eine bemerkenswerte angeborene Reaktion auf einen äußeren
Reiz.

In einigen Fällen wird die Schale schließlich durch die
unruhigen Bewegungen des kleinen Vogels, in dem die
Luftatmung einen stärkeren Tätigkeitsdrang zu erzeugen
scheint, gesprengt. Einige Vögel jedoch, z. B. Enten, ritzen
einen kreisförmigen Spalt um das breitere Ende des Eis.
Wenn sie herausschlüpfen, ist ihr Daunenkleid naß und
von ziemlich zerzaustem Aussehen, auch sind die kleinen
neugeborenen Dinger einige Stunden lang recht hilflos,
kaum fähig, ihren Kopf aufrecht zu halten und gänzlich
unfähig zu stehen. Bei kleinen eben ausgeschlüpften Kibitzen (Vanellus cristatus) beobachtete ich, daß sie sich
mit ausgestrecktem Hals, den Schnabel auf den Boden
gedrückt, in einer allgemein bekannten Schutzstellung hin-
duckten. So wie ihre Eier sind auch sie selbst in der
Farbe gut ihrer natürlichen Umgebung angepaßt. Einige
junge Teichhühner, die in einer mit Watte ausgepolsterten
Schieblade zur Welt gekommen waren, hatten in ihren
ersten fünf oder sechs Lebensstunden so viel von der Watte
mit ihren Schnäbeln aufgepickt, daß es in einem Falle beinahe zur Erstickung gekommen wäre.

Wenn die Vögel zum ersten Male nach dem Ausschlüpfen
aus ihrer Schieblade genommen werden, kann man ein
gewisses Zusammenzucken vor der Hand, die sie ergriff,
bemerken, und dieses tritt um so stärker hervor, je länger
sie Zeit hatten sich von dem Choc der Geburt zu erholen.
Fast gar kein Erschrecken bemerkte ich bei Regenpfeifern
und Kibitzen. Hühnchen und Enten verhalten sich länger
still als Rebhühner und Fasanen, die sehr bald anfangen
herumzulaufen. Ein klein wenig instinktives Schreckgefühl,
das sich zuerst bei ihnen bemerkbar macht, ist bald ver-

schwunden, und nach einiger Lebenserfahrung suchen sie
die Hand, statt vor ihr zurückzuzucken. Trotzdem dürfen
wir das Erschrecken und Zurückzucken als einen angeborenen aber erst ein Weilchen nach der Geburt in aus-
geprägterem Grade auftretenden Zug ansehen. Und vielleicht ist auch eine ganz spezielle Anpassung hierbei im
Spiel. Die Henne z. B. ist ein etwas aufgeregtes Geschöpf,
und da wir Grund haben, anzunehmen, daß ein instinktives
Vertrauen zu ihr, als ihrer natürlichen Schützerin, bei den
Hühnchen nicht vorhanden ist, so treibt das angeborene
Schreckgefühl die letzteren zunächst eher von der Alten
weg, als zu ihr hin. Daher kommt es auch, daß die jungen
Vögel sich so gut an Pflegeeltern, selbst so fernstehende,
wie wir Menschen es sind, gewöhnen, wenn man sich nur
zeitig genug der Tierchen annimmt. Vom ersten Augenblick an bemerken wir einen starken instinktiven Trieb,
sich an warme, weiche Dinge anzuschmiegen. Wenn sich
mehrere kleine Vögel gleichzeitig in dem Fach des Brutapparats befinden, huscheln sie sich in drolligster Weise
zusammen und wühlen sich förmlich ineinander ein. Sind
es ältere und jüngere Hühnchen, dann kriechen die kleineren' in einer Art und Weise zwischen die Beine der
größeren, die diesen sichtlich recht unbequem ist. Diese
war mir besonders auffallend bei zwei eben ausgeschlüpften
Teichhühnern, die sich hartnäckig bemühten, zwischen
den langen, schmächtigen Beinen zweier älteren Vögel
gleicher Art unterzukriechen. Und in einer gemischten
Gesellschaft junger Vögel, die ich beobachtete, sah ich,
wie ein kleines Perlhuhn und ein noch jüngerer Fasan sich
durchaus unter zwei nur wenige Tage ältere Enten, eine
zahme und eine wilde, zu schmiegen suchen, und das mit
einer rührenden Vertrauensseligkeit, die von den gefräßigen
Enten, die nur ihr Futter im Kopf hatten, nicht gebührend
gewürdigt zu werden schien. Mills brachte zu einem Hühnchen zwei Tauben, eine Kropftaube und eine schwarze,
um zu sehen, ob die Kücken instinktive Furcht zeigen

würden. Aber nichts dergleichen! Die Hühnchen huschelten sich furchtlos an die Tauben an.

Diese Instinkthandlung ist natürlich unter normalen Verhältnissen dem entsprechenden Instinkt des Muttervogels, die Jungen unter seine Flügel zu nehmen, angepaßt. Aber bei künstlich bebrüteten Vögeln sucht der instinktive Trieb einen neuen Weg und erfährt eine gewisse Umgestaltung. Hühnchen, Fasanen, Kibitze, Teichhühner und andere junge Vögel, ob nun von wildem oder von Hausgeflügel abstammend, pflegten alle nach kürzester Zeit meine Hand zu suchen, sich fest hineinzuschmiegen und ihre Köpfchen zutraulich zwischen meine Finger hindurchzustecken. Hier sehen wir also den angeborenen instinktiven Trieb, sich in ein weiches Plätzchen zu ducken, durch erworbene individuelle Erfahrung modifiziert. Es war allerliebst zu sehen, wie drei kleine Fasanenkücken, zwei französische und ein englisches, mir durch alle Zimmer, wohin ich auch ging, nachliefen. Nachdem aber der instinktive Trieb erst einmal abgelenkt worden war, schien ihm sein ursprüngliches Ziel ganz zu entfallen; denn Hühnchen von nur drei Tagen schienen jede Neigung, bei der Mutterhenne unterzuschlüpfen, verloren zu haben, vorausgesetzt daß sie diese Neigung überhaupt als Naturtrieb mit auf die Welt gebracht hatten. Auch herrscht Meinungsverschiedenheit darüber, ob der Anblick der Henne oder ihr Glucken eine instinktive Reaktion hervorzurufen vermag.

Spalding beschreibt, wie ein Hühnchen, dem beim Ausschlüpfen die Augen verbunden worden waren, zwanzig Minuten später, nachdem die Augen von der Binde befreit waren, in einem rauhen Terrain, in Sicht- und Hörweite einer Henne mit einer ihm gleichaltrigen Brut auf die Erde gesetzt wurde. Nachdem es ungefähr eine Minute lang piepend dagestanden hatte, setzte es sich plötzlich in der Richtung auf die Henne zu in Bewegung, dabei eine so scharfe Auffassung seiner Umgebung an den Tag legend, wie es nur je im späteren Dasein des Tieres zu

erwarten war. Nicht ein einziges Mal bedurfte es des Stoßens gegen einen Stein, um sich zu vergewissern, daß die Bahn nicht frei sei. Es hüpfte über die kleinen Hindernisse, die auf seinem Wege lagen, schlug einen Bogen um die größeren und erreichte die Henne in so kurzer Zeit, als die Natur des Terrains es nur irgend zuließ. Dies war, wohlgemerkt, das erste Mal, daß das Hühnchen überhaupt offenen Auges lief.

Andere Hühnchen, die man, sobald sie ausgeschlüpft waren, in einen Sack gesteckt und dort ein oder zwei Tage gehalten hatte, folgten sofort dem Glucken einer Henne, die sich, ihnen unsichtbar, neun oder zehn Schritt entfernt in einem Kasten befand. Diese Beobachtung wurde an neun verschiedenen Hühnchen gemacht. Aber Spalding macht gleichzeitig darauf aufmerksam, daß diese instinktive Reaktion auf einen speziellen Gehörreiz nach dem Ablauf von zehn oder zwölf Tagen ganz verschwunden war.

Ich will nunmehr kurz über meine eigenen Beobachtungen berichten. Ich nahm zwei zehn Tage alte Hühnchen mit nach dem Hühnerhof, von dem die Eier, aus denen sie geschlüpft waren, stammten, und öffnete den Korb, in dem ich sie dorthin getragen hatte, ungefähr zwei Meter entfernt von einer Henne, die sich gluckend mit ihrer Brut unterhielt. Obwohl nun meine Hühnchen durchaus nicht erschreckt oder geängstigt waren, denn sie hüpften auf meine Hand, kratzten meine Handfläche und pickten die Körner auf, die darauf lagen, nahmen sie keinerlei Notiz von der alten Henne und ihrem Glucken. Ich steckte sie nun mit einer andern Henne zusammen in einen kleinen Hühnerstall; sie schenkten ihr jedoch keinerlei Beachtung, liefen nicht zu ihr hin, schienen sich aber auch nicht oder nur ganz wenig vor ihr zu fürchten. Drei andere Hühnchen wurden, als sie dreizehn Tage alt waren, von mir nach jenem Geflügelhof gebracht und vor einen Hühnerstall hingesetzt, in dem eine Henne ihre Brut lockte. Auch sie nahmen hiervon keine Notiz, sondern kratzten

unbekümmert auf dem Boden herum. Nachher setzte ich
sie zu der Henne in den Stall, die zunächst geneigt schien,
sie fortzuscheuchen, dann aber ganz freundlich zu ihnen
war, obwohl sie sich ferner von ihr hielten als die übrigen
Hühnchen. Den nächsten Tag ging ich wieder hin, und
sobald ich mich bückte und meine Hand ausstreckte, kam
einer meiner kleinen Freunde gelaufen, um sich vertrauensvoll hinein zu huscheln. So weit also bestätigen meine
Beobachtungen die Aussagen Spaldings über das Verschwinden der instinktiven Reaktion oder doch ihr Aus-
bleiben nach dem Verlauf weniger Tage. Der folgende
Fall zeigt, daß das instinktive Erkennen der Henne von
Seiten des Hühnchens, falls es überhaupt vorhanden war,
sehr schnell verschwindet. Ich nahm ein Hühnchen von
zwei und einem halben Tage (also von demselben Alter
wie Spaldings Versuchstiere) zu seiner eigenen Mutter hin,
die drei andere Hühnchen bei sich behalten hatte. Diese
folgten ihr überall und kamen sofort angelaufen, wenn sie
gluckte oder auf den Boden pickte. Mein kleiner Fremdling aber beachtete die Rufe seiner ihm bis dahin unbekannten Mutter nicht im geringsten und zeigte keinerlei
Neigung, sich ihr oder seinen drei Geschwistern anzuschließen. Er pickte unbekümmert und wohlgemut und
ganz selbständig umher, nahm kleine Steine auf, fraß hie
und da ein Körnchen, kam aber, sobald ich meine Hand
hinhielt, gelaufen und schmiegte sich zutulich hinein. Als
dann die Henne ihre drei Hühnchen unter die Flügel nahm,
setzte ich den kleinen Fremdling dicht daneben hin. Nun
gluckte sie und lockte ihn, hob eine Haferhülse auf und
ließ sie vor ihm fallen, kurz sie schien den kleinen
Burschen willkommen zu heißen und ihm auf jede Weise
entgegenzukommen — er aber ignorierte das mütterliche
Liebeswerben ganz und gar, spazierte weiter weg und
stellte sich in die Sonne. Nach etwa vierzig Minuten schien
er mehr geneigt, sich seinen Geschwistern anzuschließen,
während er die Existenz der Henne weiter hartnäckig

ignorierte. Ich selbst habe also keinerlei instinktive Reaktion auf die Lockrufe der Henne bemerken können, während, wie schon erwähnt, Spalding abweichende Resultate erzielt hat. Auch Hudsons Beobachtungen bezüglich des Eindrucks von Warnungsrufen auf unausgeschlüpfte Vögel erscheint uns als ein Beispiel von wirklich angeborener Reaktion auf einen Reiz. Wir brauchen also weitere Zeugnisse zur Klarstellung dieser Frage.

Wir wenden uns nun dem Instinkte des Pickens zu, einer Gruppe von Bewegungen, die wie kaum eine andere als angeboren bezeichnet werden darf. Wie die Beobachtungen von Spalding, Eimer, Preyer und andern endgültig erwiesen haben, ist das Picken nach Körnern und andern kleinen Gegenständen eine „fix und fertig" angeborene Instinkthandlung, und, wohlgemerkt, eine solche, die, da sehr kompliziert, eine hervorragende Exaktheit der Koordination erfordert. Das Zielen wird dabei zunächst zwar nicht immer mit absoluter, wohl aber mit annähernder Sicherheit ausgeführt, der Gegenstand, sofern er nicht direkt getroffen wird, doch nur knapp verfehlt (Spalding scheint mir indessen die Treffsicherheit ein wenig zu überschätzen). Wenn man die betreffenden Körner oder Eierbröckchen mit einer Nadel hin und her schiebt oder dicht vor dem Hühnchen fallen läßt, so scheint es, als ob diese Leckerbissen sein Auge besser auf sich zögen. Sehr bemerkenswert ist die Tatsache, daß die jungen Vögel nur nach Gegenständen zielen, die sich innerhalb erreichbarer Entfernung befinden, daß der Entfernungsbegriff also nicht erst durch Erfahrung von ihnen gelernt zu werden braucht. Nach einem in erreichbarer Nähe befindlichen Gegenstand von gewisser Größe zu picken ist folglich ein ausgebildet ererbter Instinkt und nicht das Resultat erworbener Geschicklichkeit. In beinahe allen Fällen wird, wie zu erwarten war, die einfache Handlung des Pickens korrekter durchgeführt, als die zusammengesetzte des Pickens und Erfassens, und diese wiederum korrekter als der noch

kompliziertere Vorgang des Pickens, Erfassens und Ver-
schluckens. Immerhin wird diese komplizierte Tätigkeit
oder Tätigkeitsgruppe so bald und nach so wenigen Proben
ausgeführt — oft schon nach dem dritten oder vierten
Versuch —, daß wir den ganzen Vorgang ausgesprochenermaßen als fertig-angeborenen Instinkt ansehen dürfen,
während die ersten „Proben" nur ein Instandsetzen des
ererbten organischen Apparates für neue Leistungen bedeuten.

Von den Vögeln, die ich selbst beobachtet habe,
pickten englische und französische Rebhühner früher und
mit größerer Treffsicherheit als andere Vögel, ließen aber
nach, wenn das, was sie aufpickten, sie nicht befriedigte.
Kibitze waren träger im Picken und die Koordination
ihrer Bewegungen nicht so gut durchgeführt. Hühner und
Perlhühner benahmen sich ungefähr gleich, Fasanen etwas
weniger geschickt. Junge Enten — und in dieser Beziehung scheinen die Abkömmlinge von wilden und zahmen
Enten sich zu gleichen — picken früh und ziemlich sicher,
aber sie fassen und schlucken nicht mit der gleichen Geschicklichkeit. Sie kauen ungeschickt an dem Bissen
herum und schütteln ihn oft unverschluckt wieder aus
dem Schnabel. Teichhühner aber zeigen ein etwas ab-
weichendes instinktives Verhalten. Von Anfang an hocken
sie sich, Kopf und Hals zurückgebogen auf den Boden
und schlagen mit ihren kleinen häutigen Flügeln; aus
dieser Stellung heraus öffnen sie ihre Schnäbel, mehr wie
die nackten Jungen von Elstern und anderen Nestvögeln
als wie von Hühnern oder Wildgeflügel. Bald aber picken
sie mit ziemlicher Sicherheit nach Gegenständen, die man
über sie hält, wenn es auch einige Zeit dauert, bis sie
Futter vom Boden aufnehmen. Ich machte mit zwei Teichhühnern den Versuch, sie möglichst wenig aus der Hand
zu füttern, um sie zu veranlassen, selbständig ihre Nahrung
zu suchen, mit dem Erfolge jedoch, daß die Tiere ein-
gingen. Crisp, der gute Gelegenheit hatte, diese Vögel

unter natürlichen Bedingungen in dem Burggraben von Playford Hall (Suffolk) zu beobachten, berichtet mir, daß die alten Vögel die jungen während der ersten Lebenstage mit dem Schnabel zu füttern pflegen. So wird also das instinktive Verhalten der Vögel aufs deutlichste durch diese Wahrnehmungen bestätigt.

Sind die Teichhühner aber erst ein wenig älter und reicher an Erfahrung, so staunt man über die Schärfe ihres Blicks sowohl auf große wie kleine Entfernungen, und über die Genauigkeit ihres Zielens. Ein ungefähr zehn Tage altes Teichhühnchen, das eine Weile in meiner Hand geruht hatte, erspähte, traf und erfaßte mit seinem Schnabel einige sehr unscheinbare Haare auf dem ersten Glied meines Zeigefingers. Auch ein kleines weißes Pünktchen auf meiner Hand erregte seine Aufmerksamkeit und veranlaßte es, immer wieder mit größter Sicherheit danach zu picken. Einige Tage darauf pickte eins der Teichhühner nach einem winzigen schwarzen Fleckchen auf meiner Hand, das weniger als einen halben Zentimeter von der Spitze seines Schnabels entfernt war. Dann wieder, kurz darauf, entdeckte es im Garten eine kleine Ameise, die etwa vier Schritte von ihm über die Mauer lief, rannte hin und ergriff das Insekt. Das Gesichtsfeld dieser Tiere ist, wie man sieht, sehr bald ausgiebig genug geordnet, um den praktischen Zwecken des Daseins dienen zu können.

Einmal zog ich einen jungen Fasan, der im Laufe der Nacht ausgeschlüpft war, um neun Uhr früh aus dem Fach des Brutapparats. Er war sehr unsicher auf seinen Beinchen, folglich nahm ich ihn in die Hand, und versuchte ihn zu bewegen, nach einem Stückchen Eidotter, das ich ihm mit der Pinzette hinhielt, zu picken. Er tat es nicht, folgte aber mit seinem Kopf jeder Bewegung des Gegenstandes, den ich in einem kleinen Kreise in einer Entfernung von 5 Zentimeter von seinem Schnabel bewegte. So einfach dieser Vorgang erscheint, ist es doch ein

schlagendes Beispiel für das Angeborensein koordinierter, in engster Beziehung zu den im Gesichtsfeld stattfindenden Vorgängen stehender Bewegungen. Denn das Ganze wurde ausgeführt ohne jede Möglichkeit des Lernens oder der Vorübung, und weniger als eine halbe Stunde nachdem der Vogel das Tageslicht zum erstenmal erblickt hatte. Andererseits waren zwei Nestlinge von Eichelhähern, die mir etwa zehntätig gebracht wurden, absolut unfähig, mit dem Blick den in gleicher Weise um ihren Kopf herumbewegten Bissen zu verfolgen. Sie sperrten nur gähnend ihre Schnäbel auf in der Hoffnung, etwas hineingesteckt zu bekommen. Als sie einige Tage später anfingen, Gegenstände mit Kopf und Augen zu verfolgen, waren ihre Bewegungen zunächst eckig und unbeholfen. Nach einer Woche jedoch folgten sie glatt und ohne Stockung meinen Bewegungen, wenn ich mit dem Futter einen Kreis von etwa einem Fuß im Durchmesser um ihren Käfig herum beschrieb. Es war ein sonderbarer Anblick, wie die zwei kleinen Häher ihre Köpfe ganz gleichmäßig in einem dem von mir beschriebenen entsprechenden aber kleineren Zirkel bewegten. In diesem Fall bedurfte es also eines gewissen individuellen Lernens und Einübens, das, wie oben geschildert, der Fasan nicht nötig zu haben scheint.

Hühnchen, Fasanen und andere, bald nach der Geburt sich frei bewegende Vögel können zum Picken gebracht werden, indem man mit dem Fingernagel, dem Bleistift oder Federhalter vor ihnen auf die Erde tippt und so das Picken der Henne nachahmt; sie nehmen dann auch Gegenstände auf, die sie sonst unberührt lassen würden. S. E. Peal[1] erzählt, daß die Leute von Assam, wenn sie frisch ausgeschlüpfte Fasanenhühnchen im Dschungel finden, diese lehren Futter aufzunehmen, indem sie kräftig auf das Mus von Reis und Ei, womit sie ihr Geflügel zu füttern

---

1) *Nature*, 9. April 1895.

pflegen, tippen. Ohne dies Manöver, sagen sie, würden viele der Vögel zugrunde gehen. Claypole sagte mir gleichfalls, nach dem Berichte eines seiner Freunde, der die praktische Erfahrung gemacht, wollen junge, im Brutapparat geborenen Strauße kein Futter aufnehmen, wenn man nicht den Boden vor ihren Augen nach Art des Vogelpickens betupft. Bei jungen Teichhühnern hatte diese List keinen Erfolg, ebensowenig bei Kibitzen.

Die soeben berichteten Tatsachen haben wahrscheinlich zu der von Darwin[1]) unterstützten Vermutung Anlaß gegeben, daß das Picken bei jungen Hühnern zunächst durch das Geräusch des Pickens anderer suggeriert wird. Aber sowohl Spalding wie Preyer (a. a. O.) zeigten, daß das Geräusch kein notwendiger Faktor beim Wecken dieses Instinktes ist. Und meine eigenen Beobachtungen bestätigen die ihrigen. Sicher ist es der Anblick der künstlichen Picktätigkeit und der durch sie hervorgerufenen Bewegung der Körnchen oder anderer kleiner Objekte, welcher die suggestive Wirkung auslöst und nicht irgendwelches begleitende Geräusch.

Was nun die Gegenstände betrifft, auf welche junges der elterlichen Führung entzogenes Hausgeflügel zunächst loszupicken pflegt, so kann man sagen, daß zuerst mit der größten Unparteilichkeit auf alle möglichen Dinge von geeigneter Größe zu Felde gezogen wird. Körner, Steinchen, Brotkrumen, zerschnittene Wachszündhölzchen, Johannisbeeren, Papierschnitzel, Knöpfe, Glasperlen, Zigarrettenasche oder Stummel, Maden, Zwirnsfädchen, Fleckchen auf den Dielen, die Augen ihrer Kameraden, ihre eigenen Zehen und die ihrer Gefährten — kurz alles und jedes, was nur einigermaßen entsprechende Größenverhältnisse aufweist, wird an- und wenn möglich aufgepickt und mit dem Schnabel geprüft. Ganz ähnlich bei jungen Fasanen, Perl- und Teich-

---

1) Ch. Darwin, Der Ausdruck der Gemütsbewegungen. 2. Aufl. Stuttgart 1874. S. 48, Zitat aus Mowbray.

hühnern. Letztere beobachtete ich eine Stunde lang, als sie zum zweiten- oder drittenmal in meinem kleinen Garten losgelassen wurden. Sie pickten an allen Dingen von annehmbarer Größe, die sie mit ihren Schnäbeln erreichen konnten, herum. Ein ererbtes Unterscheidungsvermögen zwischen den nährenden und nicht nährenden Gegenständen, oder zwischen angenehm und unangenehm schmeckenden scheint nicht vorhanden zu sein. Dieses muß zweifellos individuell erworben werden. Sehr bald jedoch wissen die Vögel, was gut und was widerlich zu essen ist, und lernen das Aussehen eines Dinges mit seinem Geschmack zu verknüpfen. Ein zwei Tage altes Hühnchen zum Beispiel hatte schon gelernt Stückchen Eidotter aus ihrem Gemisch mit Eiweißstückchen herauszulesen. Nun schnitt ich kleine Stückchen Orangenschale in genau derselben Größe wie die Eidotterbrocken und mischte sie statt letzterer unter das Eiweiß. Eines davon wurde sofort ergriffen aber kopfschüttelnd von dem Hühnchen wieder fortgeschleudert. Noch einmal nahm es eines der Orangenstücke auf, hielt es einen Augenblick im Schnabel, ließ es fallen, und kratzte sich dann nachdenklich am Schnabelansatz. Das genügte. Auf keine Weise konnte es nunmehr bewogen werden, ein Stückchen Orangenschale aufzunehmen. Ich entfernte nun die unschmackhaften Brocken und ersetzte sie durch Eigelb, welches jedoch unberührt blieb, weil das Hühnchen es jedenfalls für Orangenschale hielt. Nach einigem unentschlossenen Betrachten des gelben Brockens fing es zaghaft wieder an danach zu picken, ihn nur eben berührend, nicht erfassend, pickte abermals, faßte und verschluckte mit wiederhergestelltem Vertrauen den Leckerbissen.

Einigen anderen Hühnchen warf ich Larven von Euchelia jacobiae vor; dies sind übelschmeckende Raupen, die sich durch abwechselnde schwarze und goldgelbe Ringe auszeichnen. Sie wurden sofort aufgenommen aber unversehrt wieder fallen gelassen; die Hühnchen wischten sich

die Schnäbel — ein unverkennbares Zeichen von Angewidertsein — und haben nur selten ein zweites Mal die Raupen angefaßt. Ich entfernte nun die Eucheliaraupen und warf sie erst gegen Abend den Hühnchen wieder vor. Einige versuchten es noch einmal damit, ließen es aber bald wieder sein. Am nächsten Tag gab ich den jungen Vögeln braune Spannraupen und grüne Raupen vom Kohlweißling. Zuerst wurden sie mit unverhohlenem Mißtrauen betrachtet, bald aber ergriff eins der Hühnchen eine Spannraupe und rannte mit ihr davon, von seinen Kameraden verfolgt, deren einer ihr die Raupe entriß und sie verspeiste. In einigen Minuten waren alle Raupen aufgefressen. Später am Tag bekamen die Hühnchen wieder einige eßbare Raupen, die flott verspeist wurden, und hierauf wieder einige Eucheliaraupen. Eines der Hühnchen lief danach, stutzte und wischte sich den Schnabel — jedenfalls war durch den Anblick der schwarzgelben Raupe die Erinnerung an deren widerlichen Geschmack geweckt worden. Ein anderes Hühnchen ergriff eine Raupe, ließ sie aber sofort wieder fallen. Ein drittes näherte sich einer dahinkriechenden Euchelia, stieß den Warnungsruf aus und rannte davon. Darauf streute ich wieder eßbare Raupen hin, die sofort munter verspeist wurden. So hatten die Hühnchen bald gelernt, durch den Anblick gut- und schlechtschmeckende Raupen zu unterscheiden. Ebenso lernten kleine Teichhühner sehr schnell zwischen eßbaren Käfern und Weichkäfern (Telephorus fuscus) zu unterscheiden. Diese Unterscheidung ist jedoch, wie bereits gesagt, nicht ererbt sondern erworben. Es vergeht z. B. stets ein Weilchen, ehe die jungen Vögel sich abgewöhnen, nach ihren eigenen frischen Exkrementen zu picken, obwohl diese offenbar widerlich schmecken.

Wie ich schon erwähnte, sind die Eucheliaraupen auffällig durch gelbe und schwarze Streifung gekennzeichnet. Es will mir scheinen, als ob der Zweck dieser auffälligen Färbung der wäre, die individuelle Erfahrung der jungen

Vögel und ihre Assoziation zu unterstützen, ihnen zu einer scharfen und schnellen Unterscheidung zu verhelfen; eine ererbte, instinktive Vermeidung von Raupen mit Schreckfarben scheint nicht vorhanden zu sein. Junge Teichhühner fanden die auffällig gefärbte, als „Steinbrechwidderchen" bezeichnete Motte (Zygaena filipendula) übelschmeckend, doch waren es nur die Flügel, die ihren Widerwillen erregten, denn der von den Flügeln befreite Rumpf wurde mit sichtlichem Behagen verspeist, während die losgetrennten Flügel mit allen Zeichen des Abscheues zurückgewiesen wurden. Es lag mir daran, festzustellen, ob das verschiedene Aussehen von Stinkregenwürmern (Lumbricus foetidus) und andern kleinen Würmern genügte, um sie dem Teichhühnchen kenntlich zu machen, dies war jedoch offenbar nicht der Fall. Ein Experiment zeigte mir aber den ausschlaggebenden Einfluß der ersten Erfahrung. Denn das eine der Teichhühner, das zuerst einen solchen Lumbricus erhielt, zögerte lang, ehe es irgend einen anderen Wurm berührte, während ein anderes, welches erst, nachdem es einige weniger prononziert schmeckende Würmer gefressen, den ersten Stinkregenwurm fraß, obwohl zunächst etwas mißtrauisch geworden, sodann jeden ihm vorgelegten Wurm vorsichtig aufnahm und je nach dessen Geschmack wegwarf oder hinterschluckte. Nach einigen Tagen fraßen indessen beide Teichhühner, so oft sie hungrig waren, auch Lumbricus foetidus.

Meine Beobachtungen über den Eindruck von schlechtschmeckenden Insekten auf junge Vögel wurden einzig und allein im Hinblick auf die Frage gemacht, ob bei den Vögeln instinktive Abneigung gegen jene vorhanden sei, doch habe ich kein einziges Beispiel einer solchen gefunden. Eucheliaraupen wurden von allen Vögeln, mit denen ich experimentierte, versucht und nach wenigen Versuchen gemieden, obwohl ein hungriger Eichelhäher gleich beim ersten Mal fünf hintereinander fraß, dann aber

nie wieder eine einzige, obwohl er oft Gelegenheit dazu hatte. Die braunen Puppen seiner Motte wurden dagegen von den Hähern mit sichtlichem Vergnügen verspeist. Alle Vögel vermieden die große wollharige Raupe des braunen Bären (Arctia caja); während aber Eichelhäher, Enten und Teichhühner die kleinen naheverwandten Raupen (Nemeophila plantaginis und Chelonia villica) fraßen, fanden Haus- und Perlhühner sowie Fasanen, denen ich sie vorlegte, dieselben Raupen abstoßend. Die Eichelhäher fraßen zunächst willig die Puppen des Stachelbeerspanners (Abraxas grossulariata), am folgenden Tage jedoch schon zögernder und unter einigem Schnabelwischen. Einer der Eichelhäher fraß auch die große Raupe des Lindenspinners (Phalera bucephala), welche von den übrigen Hähern sowie den kleinen Enten und Hühnern zurückgewiesen wurde. Nachdem er die Raupe mehrere Male auf der Stange hin- und hergerieben hatte, zerriß er sie, verzehrte ihr Inneres mit viel Genuß und ließ nur die Haut übrig, die später jedoch ebenfalls verspeist wurde. Zwei Tage später sah ich ihn eine Raupe in genau derselben Weise verzehren. Wie bereits erwähnt, fühlten sich Teichhühner von den Flügeln des Steinbrech-Widderchens (Zygaena filipendula) angewidert. Weichkäfer (Telephorus fuscus) und Marienkäfer (Cocinella septempunctata) wurden probeweise gefressen, nach Versuchen aber gemieden. Der Reinertrag meiner Untersuchungen war die Erkenntnis, daß in Abwesenheit elterlicher Unterweisung die kleinen Vögel selbst ausprobieren müssen, was gut und was schlecht schmeckt, und daß sie keine instinktiven Abneigungen mit auf die Welt bringen.

Natürlich möchte ich hiermit nicht behaupten, daß solche überhaupt nicht existieren. Um so kühne Behauptungen zu rechtfertigen, bedürfte es viel ausgedehnterer Versuchsreihen. Diejenigen Vogelarten, an denen die geschilderten Beobachtungen gemacht wurden, besitzen unter natürlichen Bedingungen Eltern, welche sie bezüglich der Ernährung

schon in die richtigen Wege leiten würden. Diese elterliche Leitung dürfte bis zu gewissem Grade das Eingreifen
der natürlichen Zuchtwahl lahmlegen und die Ausschaltung
solcher Elemente, die ohne Anweisung Schädlichkeiten
fressen und daran zugrunde gehen, verhindern. Es gibt indessen Vögel, wie z. B. die Großfußhühner oder Megapodiden,
die in Erdhaufen, abseits jeder elterlichen Fürsorge ausgebrütet werden und um die kein Muttervogel sich bemüht. Diese besitzen möglicherweise instinktive Abneigungen, die unsere behüteteren Vogelarten nicht kennen.

Daß die Vogeleltern in den meisten Fällen die Unterweisung der Kleinen übernehmen, ist sicher und über
allen Zweifel erhaben. Und bei den jungen Vögeln
scheint ebenso sicher der Trieb vorzuliegen, sich nach
dem mütterlichen Schnabel, oder besser gesagt, nach
irgend einem Schnabel eines anderen Vogels zu richten.
Ich habe junge Fasanen und ein junges Perlhuhn kleinen
Enten nachlaufen sehen, offenbar in der vergeblichen Erwartung, von ihnen gespeist zu werden; denn ein Vogel,
der sich Wohltaten aus eines Entleins gierigem Schnabel
erwartet, ist sicher, enttäuscht zu werden. Doch sind
junge Enten unordentliche Fresser, und lassen manches
Körnchen ihres Mahles an der Schnabelwurzel hängen;
diese werden nun von den kleinen Perlhühnern mit Sorgfalt weggepickt, bis die Perlhühner selbst — was schnell
genug der Fall —, selbständig werden.

Wasser an sich scheint keine ausgesprochene instinktive
Reaktion hervorzurufen. Eimer[1]) ließ einen großen Tropfen
Wasser auf ein Brett niederfallen. Zuerst nahmen seine
Hühnchen davon keinerlei Notiz; sobald man aber den
Wassertropfen durch Bewegen des Brettes zum Zittern
brachte, machte sich sofort eines der Hühnchen ans
Trinken, und zwar mit vollkommener Fertigkeit und in
der wohlbekannten Art und Weise erwachsener Hühner.

---

1) Th. Eimer, Die Entstehung der Arten. Jena 1886.

Spalding erzählt[1]), daß seine Hühnchen, obwohl durstig, Wasser nicht durch den Anblick erkannten, höchstens, so sagte er, in der Gestalt von Tautropfen auf dem Gras; auch mußten sie bis zu gewissem Grade erst lernen, zu trinken. Sie pickten zunächst bloß auf das Wasser los, oder vielmehr auf irgendwelche Pünktchen im Wasser oder an seinem Rande. Mills[2]) sagt: „Wenn man jungen Hühnchen Wasser anbietet, so picken sie zunächst nach vereinzelten Tropfen am Rande des Zinngefäßes, in dem das Wasser sich befindet; zufällig gerät ihr Schnabel dabei in Berührung mit dem Wasser, und nun erst trinken sie richtig“.

Ich setzte meinen Hühnchen ein niedriges Gefäß vor, in das ich Wasser getan hatte. Mehrere liefen wiederholt durch das Gefäß hindurch, ohne seinem Inhalt Beachtung zu schenken. Nach etwa einer Stunde pickte eines der, in der flachen Schüssel stehenden Hühnchen an seinen Füßen herum und benetzte dabei seinen Schnabel; sofort erhob es nun seinen Kopf und trank munter und mit den charakteristischen Bewegungen des Huhns. Darauf pickte ein anderes nach einer Wasserblase dicht am Rande und trank dann gleichfalls. Die Berührung des Schnabels mit dem Wasser löste also die charakteristische Reaktion und die fix und fertig angeborene Tätigkeit aus. Ich fand sogar, daß die sicherste Art, die Vögel zum Trinken zu bringen, darin bestand, einige Körnchen Futter in das Wassergefäß hineinzulegen. Sie pickten dann nach dem Futter und gerieten auf diese Weise zufällig auf die Bekanntschaft mit dem Wasser. Ein gutes Beispiel für die Assoziation, auf die das intelligente Vorgehen der Tiere so wesentlich gegründet ist, liefert die Beobachtung, wie ein Hühnchen, das bis dahin erst ein Mal, in seichtem Wasser stehend, getrunken hatte, bald darauf, nachdem es soeben durch Wasser gelaufen war, anhielt, um zu trinken. Hier waren es die nassen

1) *Macmillan's Magazine*, Febr. 1873, S. 288.
2) *Trans. R. S. Canada*, Sect. IV, 1895, S. 250.

Füße, die assoziiert mit dem früheren Erlebnis des Trinkens, die entscheidende Anregung auf das Hühnchen ausübten.

Junge Enten zeigten keine größere Vertrautheit mit dem Wasser als junge Hühner. Sie spazierten verschiedentlich durch Wasser, ohne davon Notiz zu nehmen. Erst nachdem ich den Schnabel eines Entleins unter die Wasseroberfläche gehalten hatte, trank es wiederholt und schaufelte dabei gleich das Wasser in der für Enten so charakteristischen Weise auf. Sein Gefährte ahmte diese Leistung bald nach und trank von da ab auch munter darauf los. Auch Fasanen schienen dem Wasser in einem flachen Gefäß keine Beachtung zu schenken. Sie pickten indessen nach Tröpfchen an meinen Fingerspitzen oder an der Spitze eines Zahnstochers, und noch längere Zeit zogen sie diese Manier dem Trinken aus einem Gefäß vor. Höchst wahrscheinlich sind sie im Naturzustand zunächst auf das Naß der Tautröpfchen angewiesen, die wie Perlen das Grün ihrer Umgebung beleben. Auch die Teichhühnchen liebten es zuerst, das Wasser von meinen Fingerspitzen abzulesen. Nachdem ich ihnen aber ein Bad gegeben hatte, indem ich sie in die hohle Hand nahm und langsam unter die Oberfläche tauchte, streckten die Vögel, sobald das Wasser ihren Kopf erreichte, diesen hinein und fingen an zu trinken.

Ich habe bereits bemerkt, daß man das Auge eines eben ausgeschlüpften Vogels schneller auf das Futter lenken kann, wenn man dieses hin und her bewegt. Die Henne — und das läßt sich auf jedem Geflügelhof beobachten — hebt die Körner, die ihre Jungen fressen sollen, vor ihnen auf und läßt sie wieder fallen. Bewegliche Insekten, Engerlinge oder Raupen ziehen die Aufmerksamkeit der Kleinen rascher auf sich als ruhende Objekte, und werden, wenn sie nicht zu groß sind, unverzüglich attackiert. Ein eintägiges Hühnchen wird eine laufende Fliege beim siebenten bis zwölften Versuch erhaschen. Auch Fasanen zeigen diese Sicherheit, während

kleine Enten, die ungeschickter im Gehen sind, laufende Fliegen nicht so leicht zu fangen vermögen. Selbst Schutzfärbung kommt gegen die verräterische Beweglichkeit solcher kleiner Insekten nicht auf, so scharf sind die Augen der jungen Vögel. Ein Räupchen des kleinen Kohlweißlings (Pieris rapae), das sich auf einem Kressenblatt befand, mit dem seine klare grüne Farbe gut verschmolz, wurde, sobald es seinen Kopf bewegte, von einem Teichhühnchen aufgespießt. Eben ausgeschlüpfte Exemplare der stabförmigen Diapheromera femorata, die ich von Poulton erhielt, wurden, sobald sie sich nur bewegten, von den Lindenblättern weggeschnappt. Ebensowenig wie bezüglich der gut und schlecht schmeckenden konnte ich bezüglich stachelbewaffneter und unbewaffneter Insekten einen instinktiven Unterschied der Reaktion bei den jungen Vögeln wahrnehmen. Dieser ist offenbar ein Ergebnis individueller Erfahrung.

Folgendes ist ein Bericht von Spalding über seine Beobachtungen. „Ein Hühnchen, an dem Hörversuche vorgenommen wurden, und dem deswegen gleich bei der Geburt die Augen verbunden worden waren, befreite man, als es drei Tage alt war, von seiner Augenbinde. Sechs Minuten lang saß es piepend da und guckte sich um; dann begann es mit den Augen den Bewegungen einer 20 Zentimeter entfernten Fliege zu folgen; nach abermals vier Minuten pickte es nach seinen eigenen Zehen, um gleich darauf kräftig auf die Fliege, die nun in erreichbare Nähe gekommen war, loszuhacken, und das mit Erfolg, denn es ergriff und verschluckte sie auf den ersten Hieb. Nun saß das Hühnchen wieder sieben Minuten lang piepend und um sich schauend still, bis es eine Biene, die vorbeiflog, erspähte und so kräftig anpickte und von sich stieß, daß diese hilflos und flügellahm am Wege blieb.“ Spalding berichtet ferner, daß ein eintägiges Entchen eine Fliege im Fluge erhaschte und verspeiste.

Zunächst muß ich, inbetreff der durch obige Beobach-

tungen dargelegten Treffsicherheit gestehen, daß mir derartige Resultate bei ersten Versuchen im Insektenfangen sehr ungewöhnlich erscheinen! Meine eigenen Beobachtungen ergeben ein wesentlich verschiedenes Bild. Hatte ich doch am dritten, und dann wieder am fünften und sechsten Lebenstag mit jungen Hühnchen Experimente mit dem ausschließlichen Zweck, ihre Treffsicherheit zu prüfen, unternommen. Ich hatte zwei oder drei Fliegen unter einem Wasserglas in guter Beleuchtung gehalten. Die jungen Vögel pickten nach den kleinen Gefangenen in dem Glase, die ich hierauf einzeln herausschlüpfen ließ. Die Hühnchen schossen sofort auf die Fliegen los, es gelang ihnen jedoch in keinem einzigen Fall, sie im Fluge zu fangen, obwohl sie eine oder die andere beim Herauskriechen aus dem Glase erwischten. Ich probierte es auch mit Wassergläsern, auf die ich Pappdeckel gelegt hatte, die ich wegzog, sobald die Vögel die Fliegen gesehen hatten und Eifer bezeugten, sie zu fangen. Nun kann man einwenden, daß die Versuchsbedingungen nicht den natürlichen Verhältnissen entsprachen und den Vögeln keine besonders günstige Gelegenheit gewährten. Aber ich habe auch sonst beobachtet, wie Hühnchen, kleine Enten, Fasanen, Perl- und Teichhühner wiederholt nach Fliegen, die um sie herum schwirrten oder an ihnen vorbeiflogen, zielten, ohne sie zu treffen, was ihnen, ehe sie zehn bis vierzehn Tage alt waren, überhaupt nicht gelang. Eine wilde und eine zahme junge Ente sowie ein Hühnchen, die ich mit anderem Geflügel zusammen in einem Zimmer hielt, fuhren öfters nach den Fliegen, die auf dem Boden herumkrochen. Dem wilden Entchen glückte der erste Fang, als es sieben Tage alt war, dem Hühnchen mit neun Tagen, die zahme Ente war kein einziges Mal erfolgreich. Auch habe ich nie gesehen, daß ein Huhn, Fasan oder Ente von zwei bis drei Tagen beim ersten Versuch eine Fliege gefaßt hätte, nicht einmal eine auf dem Boden laufende, deren Flügel vorher gestutzt worden

waren. Ich muß deshalb wiederholen, daß nach meiner persönlichen Erfahrung jene angeborene Treffsicherheit, von der Spalding berichtet, den neugeborenen Vögeln abgeht; daher kann ich nicht umhin, seine Ergebnisse, so lange bis sie von anderen Beobachtern bestätigt werden, als ungewöhnliche zu bezeichnen und als solche, die einen übertriebenen Begriff von der angeborenen Geschicklichkeit der Vögel geben.

Betrachten wir ferner das Benehmen des Spaldingschen Hühnchens gegenüber der Fliege, die es verspeiste und der Biene, die es verletzte und von sich stieß. Es liegt hier eine Andeutung vor, als ob eine instinktive Unterscheidung zwischen der eßbaren Fliege und der wehrhaften Biene vorhanden gewesen sei und sich geltend gemacht habe, trotzdem jene Insekten zunächst nur im Fluge dem Hühnchen vorgestellt wurden. Es ist wohl möglich, daß das Summen der Biene den Unterschied in dem Benehmen des Huhns bewirkte; aber alle meine eigenen Beobachtungen sprechen gegen die Annahme, daß eine fertig angeborene Unterscheidungsfähigkeit vorliegt. Spalding ist anderer Meinung. Er betrachtet die Furcht vor der Biene als instinktiv aber unvollkommen, womit er wohl sagen will, daß sie noch nicht die Form unweigerlicher Flucht vor derselben erreicht hat. Um seine eigenen Worte anzuführen, so waren die Hühnchen „unsicher, scheu und mißtrauisch". Besser noch, den ganzen Passus wiederzugeben. „Als mein Truthahn eine Woche alt war, lief ihm eine Biene quer über den Weg — die erste, glaube ich, die er noch gesehen hat. Er stieß den surrenden Angstton aus, stand einige Sekunden mit ausgestrecktem Hals und ausgesprochener Angstmiene da, und entfernte sich dann in entgegengesetzter Richtung. Daraufhin machte ich eine Anzahl von Experimenten mit Hühnern und Bienen, und fand, daß in der großen Mehrzahl der Fälle die Hühnchen eine instinktive Angst vor den stachelbewehrten Insekten an den Tag legten; doch waren die Ergebnisse nicht gleichmäßig, so daß ich das

Benehmen der Hühner im allgemeinen noch am ehesten als unsicher, scheu und mißtrauisch bezeichnen möchte." Ich selbst kann nun, soweit meine Beobachtung geht, die hier vorgebrachten und von Spalding verallgemeinerten Tatsachen bestätigen, unterscheide mich aber von ihm in ihrer Auslegung. Soweit ich seiner Meinung folgen kann, glaubt er, die Scheu und das Mißtrauen der jungen Vögel sei gegen Bienen als solche gerichtet, und erblickt darin einen wenn auch unvollkommenen angeborenen Abscheu gegen dieses gefährliche und zwar instinktiv als gefährlich erkannte Insekt. Meine eigenen Untersuchungen aber brachten mich zu folgenden Schlußfolgerungen: erstens, daß sich ein angeborener Unterschied der Reaktion zeigt, je nachdem die bewegten Objekte, seien es nun lebendige oder auch bis dahin unbekannte leblose Gegenstände, groß oder klein sind; mit einem Wort: es besteht angeborene Scheu und Mißtrauen gegen jedes größere Etwas, das sich auf die Vögel zu bewegt, oder ihnen zugeworfen wird. Zweitens aber, daß diese Erscheinungen durch individuelle Erfahrung sehr viel stärker ausgeprägt werden. Ein junges, etwa eintägiges Hühnchen pickt dreist nach einer gewöhnlichen Fliege, die man ihm mit einer dünnen Pinzette hinhält, erschrickt aber und zieht sich zurück, sobald man ihm eine Schmeißfliege, besonders eine summende, in derselben Weise nähert; ebenso wird ein kleiner Vogel eifrig auf kleingehackte Wachszündhölzer zulaufen, während ein Kästchen voll solcher ihm Schrecken erregt. In diesen Fällen aber ist die Erfahrung, die den Unterschied des Benehmens rechtfertigen könnte, gering. Ich hörte auch ein halb Dutzend Hühnchen, am vierten Tage ihres selbständigen Daseins, die Alarmnote geben, als sie einen großen Käfer, der auf dem Rücken lag und alle Beine von sich spreizte, erblickten. Selbst nachdem eines der Hühnchen schließlich mit einem kurzen „Pick" den Käfer attackiert und auf die Seite geworfen hatte, traute sich weder dieses noch eines der anderen mehr in seine

Nähe. Keine Frage aber, daß diese Dinge durch Erfahrung weiter betont und differenziert werden. Ich warf einmal eine große Fliege mit gestutzten Flügeln zwischen mehrere zwei Tage alte Hühnchen. Nur eines von diesen traute sich heran und gab dann die Alarmnote. Trotzdem verfolgte es nachher die Fliege und fing sie nach mehreren vergeblichen Versuchen. Bald gab ich ihnen wieder eine solche Fliege; nun lief dasjenige Hühnchen, das die erste Fliege gefangen und schmackhaft gefunden hatte, sofort hinzu und erwischte die Fliege beim zweiten Angriff. Während kleine Würmer mit Gier aufgepickt werden, werden große von jungen Vögeln gemieden und entlocken ihnen häufig den Alarmruf. Am fünften Lebenstag traute sich kein einziges der Hühner an einen besonders großen Wurm heranzugehen. Kleine Stücke rotbraunen Wollfadens aber, die ähnlich wie Würmer aussahen, wurden mit Eifer aufgepickt und mit erstaunlicher Gier gefressen, so lange sie die Größe einiger Centimeter nicht überschritten. Vor einem, zehn Centimeter messenden Faden fürchteten sie sich, bis eines von ihnen, kühner als die übrigen, ihn erfaßte, worauf die anderen dieses Hühnchen und seine umfangreiche Beute sofort verfolgten, bis es sich in eine stille Ecke rettete und sie verschluckte. An ihrem achten Lebenstag standen die Hühnchen scheu um ein Stück Zucker herum, das ich zwischen sie hineingeworfen hatte, stießen erst den Alarmruf aus, liefen aber dann rasch darauf zu, pickten es eilig an und zogen sich ebenso eilig zurück. Junge Teichhühner fürchteten sich zuerst vor großen Würmern, fraßen aber bald die größten, die ich nur finden konnte. Ein kleiner Fasan, der sonst willig auf meine Hand gekommen war, um die Wespenlarven, die ich auf die Handfläche gelegt hatte, zu holen, stieß eines Morgens die Alarmnote aus und weigerte sich, wie sonst auf meine Finger zu hüpfen. Der Grund: fünf oder sechs Larven waren zusammengeklebt, so daß sie eine größere Masse bildeten, vor der er sich fürchtete. Teichhühnchen fürch-

teten sich zuerst vor der gewöhnlichen gelben Motte Triphaena pronuba und ebenso vor Phaesia gamma, obwohl sie beide mit Vergnügen fraßen, nachdem ich ihnen erst einmal tote Motten gegeben hatte.

Zweifellos sieht die erste Reaktion junger Vögel auf den Anblick bewegter Gegenstände einem instinktiven Erkennen sehr ähnlich. Kibitze erfaßten kleine Würmer mit einer Gier, die eine angeborene Vertrautheit mit dieser natürlichen Nahrung vermuten lassen könnte; doch schienen sie sich vor etwas Größerem zu fürchten. Und ich bin überzeugt, daß ihre instinktive Reaktion nicht dem Wurm als solchem, sondern dem kleinen beweglichen Gegenstand galt — während ein größeres bewegtes Objekt eine gänzlich verschiedene Reaktion hervorruft.

Fasanen und Rebhühner, die zum ersten Male einen Wurm aufnahmen, pflegten diesen zu schütteln und gegen den Boden zu schleudern; ja, einer der jungen Vögel tat dies mit solchem Ungestüm, daß er selbst dabei das Gleichgewicht verlor und umfiel, worauf er längere Zeit nicht wieder bewogen werden konnte, einen Wurm auch nur anzusehen. Noch mehr fast als die kleinen Haushühner huldigen sie ferner der Gewohnheit, mit ihrer Beute, sei es eine Raupe oder ein Wurm, auszureißen. Sehr auffallend war dies bei zwei jungen Fasanen, die, obwohl gleichaltrig, sehr verschiedener Größe waren, denn wenn auch der kleinere nie den leisesten Versuch machte, seinen größeren Kameraden zu berauben, nahm doch dieser, sobald er einen Wurm oder ein Räupchen erwischt hatte, Reißaus und führte sich erst in einiger Entfernung seine Beute zu Gemüt. Manchmal versuchte er, eine Zehe des kleineren Bruders zu erwischen und damit abzuziehen, dann purzelten natürlich beide hin. Diese Art und Weise des Benehmens scheint angeboren zu sein.

Äußerst interessant ist Spaldings Beobachtung der von jungen Truthühnern beim Fliegenfangen angewandten Manier, da sie alle Kennzeichen einer angeborenen Tätig-

keit aufzuweisen scheint. „Ich beobachtete", so berichtet er, „wie ein noch nicht anderthalb Tage alter Truthahn den Schnabel auf Fliegen und andere kleine Insekten gerichtet hielt, ohne diese zunächst aufzupicken. Während er dies tat, wackelte sein Kopf ein wenig, so wie man es zuweilen bei einer Hand sieht, die durch eine gewisse Willensanstrengung ruhig gehalten wird. Ich beobachtete und notierte den Vorgang zunächst ohne seinen Sinn zu verstehen. Denn später erst erkannte ich dies Verfahren als eine stehende Eigentümlichkeit des Truthahns, der, wenn er eine Fliege auf irgend einem Gegenstand sitzen sieht, sich mit sachtem und gemessenem Schritt an das ahnungslose Insekt heranstiehlt, seinen Kopf sehr langsam und stetig bis auf ungefähr zwei Zentimeter von seiner Beute vorstreckt, um dann plötzlich loszufahren und sie zu verschlingen." Diese Beobachtungen sollten noch durch Versuche mit Truthühnern und größeren Insekten, z. B. Bienen, ergänzt werden.

Um auf eben diese Bienen zurückzukommen, so beobachtete ich kein einziges Mal, daß sie aus instinktiver Kenntnis ihrer wehrhaften Eigenschaften von jungen Vögeln gemieden wurden. Was ich bemerkte, war Folgendes. Ich warf einigen fünf Tage alten Hühnchen, deren eines, kühner als die anderen, große Fliegen mit Wonne zu vertilgen pflegte, eine Biene zu. Die meisten fürchteten sich vor ihr ebenso, wie vor den großen Fliegen. Das beherzte Hühnchen aber schnappte sie auf und lief mit ihr davon. Bald ließ es jedoch die Biene fallen, schüttelte den Kopf und wischte sich den Schnabel. Es hatte jedenfalls das Gift der Biene geschmeckt, ohne noch gestochen worden zu sein, denn es war nach wenigen Minuten ganz munter und unbekümmert. Doch hat es die Biene nicht wieder angerührt. Später am Tage tat ich eine große Fliege und eine kleine stachelige Hummel unter ein umgestülptes Wasserglas. Zwei von den Hühnchen liefen um das Glas herum und pickten nach den Insekten. Darauf ließ ich die Hummel herausschlüpfen, die sofort

von dem mutigeren Hühnchen erfaßt, gegen den Boden gestoßen und ohne Zögern verspeist wurde. Einer anderen Gruppe von Hühnern gab ich erst Hausbienen, die zunächst aufgegriffen, aber bald wieder gemieden wurden, und hierauf Schlammfliegen (Eristalis), die der Hausbiene sehr ähnlich sehen. Diese wurden nun gleichfalls gemieden, da ihre Ähnlichkeit mit den Bienen sie schützte. Später gab ich den Vögeln nochmals Eristalis, und verleitete ein Hühnchen, durch Darauftippen mit einem Bleistift eine der Fliegen aufzunehmen. Es lief damit fort, von den Kameraden verfolgt, deren einer ihm die Fliege entriß und verpeiste. Die übrigen Schlammfliegen wurden dann unberührt gelassen, und nur eine davon späterhin gefressen. Ältere Hühnchen pflegen nach einer Hummel oder einem großen Käfer zu picken, sie auf den Boden zu stoßen und verletzt auf die Seite zu schleudern. Genau so verfahren sie aber mit einem größeren Klümpchen von braunem Papier. Die Art des Benehmens ist also sicherlich ererbt; der Gegenstand, gegen den es angewandt wird, scheint hingegen durchaus keine angeborenen Erinnerungen zu erwecken. Dann gab ich einigen kleinen Enten eine Biene, einer der Vögel ergriff und verschluckte sie und wurde wahrscheinlich gestochen, denn er kratzte lange Zeit an seinem Schnabel herum, einmal rechts, einmal links, und schien ziemlich verstimmt. In einer halben Stunde indessen war alles Ungemach vergessen, doch lehnte das Entchen eine weitere Biene, die ich ihm anbot, ab, wollte auch von einer Schlammfliege nichts wissen. Zwei oder drei Tage später aber las es eine wehrlose Hummel auf und schleppte sie zum Wasser, wo es sie eine Weile lang kaute und dann verschluckte. Meine Erlebnisse mit kleinen Teichhühnern waren ganz ähnlicher Natur. Ich bot zwei von ihnen eine Hummel an, das eine Huhn schien sich zu fürchten, das andere verspeiste die Hummel mit Appetit. Später, als die Hühner vierzehn Tage alt waren, gab ich ihnen wieder zwei Hummeln,

diese wurden nun sofort und ohne Zögern ergriffen und tüchtig gezaust. Eins der Hühnchen wurde hierbei wahrscheinlich gestochen, denn es schüttelte seinen Kopf, kratzte sich an der Schnabelwurzel und lief immer und immer wieder ans Wasser, um zu trinken. Nach dreiviertel Stunden hatte es sich wieder erholt, nicht ohne bis dahin nach seiner Weise gehörig geschimpft zu haben. Das andere Hühnchen fraß eine Biene ohne üble Folgen. Zwei Tage später erhielten diese zwei Teichhühnchen eine Hummel, deren Stachel entfernt worden war, aber nun wollte das zuvor gestochene Teichhühnchen nichts von der Hummel wissen, während das andere sie ergriff und fraß. Am folgenden Tage gab ich ihnen zwei Schlammfliegen: das gestochene Teichhuhn wollte auch mit diesen nichts zu tun haben, das andere aber fraß beide. Später fraß es eine Volucella (eine Fliege, die die Wespe nachahmt), und zwar ohne Zeichen instinktiver Abneigung. Ein ander Mal, nachdem ich mich vergewissert hatte, daß die Scheu vor Eucheliaraupen vorhanden sei, machte ich den Versuch, dem kleinen Teichhuhn eine Wespe, von der ich den Stachel entfernt hatte, zu reichen, in der Idee, daß die schwarzgelbe Streifung der letzteren möglicherweise den mit diesen Farben assoziierten widerlichen Geschmack der Raupe in Erinnerung bringen würde. Dies geschah jedoch nicht; die Wespe wurde ergriffen und aufgezehrt.

In keinem einzigen Fall habe ich eine instinktive Furcht vor Wespen beobachtet. (Den Stachel derselben pflegte ich vor Beginn des Versuchs zu entfernen). So waren einige junge Wespen eines Tages aus einem, Larven und Puppen enthaltenden Nest auf den Boden gefallen, wo eine wilde und zahme junge Ente, ein Hühnchen, ein Perlhühnchen und ein junger Fasan sich auf der Suche nach Futter herumtrieben. Die Entchen schnappten sofort nach den Wespen und fraßen sie; darauf beteiligten sich auch die andern Vögel, mit Ausnahme der jungen Fasanen,

die nicht einmal größere Fliegen leiden mochten, an dem
Gelage, und das mit Genuß, so daß eine große Menge der
schläfrigen Wespen daran glauben mußten. Auch die kleinen
Eichelhäher fraßen mehrere der Wespen, die sie, ehe sie sie
verschluckten, mit der Schnabelspitze zu Brei zerdrückten.

Es würde ermüdend sein, mit gleicher Ausführlichkeit
weitere Beobachtungen zu berichten, die alle mit genügender Bestimmtheit auf ein Ziel hinweisen: nämlich daß,
obwohl anfänglich eine angeborene Scheu vor größeren,
sich lebhaft gebärdenden und besonders summenden Insekten unverkennbar besteht, diese Scheu doch nicht von
vornherein spezialisiert erscheint, sondern daß schließlich
Suchen oder Meiden eines Objektes sich fast gänzlich aus
den Ergebnissen der individuellen Erfahrung ableiten läßt.
Es liegt daher, falls diese Beobachtung Stich hält, auf der
Hand, daß wir es bei Experimenten über die verhältnismäßige Schmackhaftigkeit von Insekten und Raupen mit
Schutz- oder Schreckfärbung nicht mit instinktiver Abneigung bei dem Vogel zu tun haben, sondern daß die
Ergebnisse in erster Linie von seiner vorhergehenden Erfahrung mit den betreffenden Insekten abhängen; dasselbe dürfte ebenso wie bei Vögeln auch bei andern Tieren
der Fall sein. Natürlich gibt es auch individuelle Unterschiede offenbar angeborener Art; so sind manche Vögel
von Haus aus ängstlicher als andere. Viel hängt aber
auch von dem Charakter der ersten Erfahrung ab. Ein
Vogel, der während seiner ersten Lebenstage eine Biene
mit üblen Folgen verspeist hat, wird lange Zeit nicht nur
Bienen, sondern auch größeren Motten, Fliegen und Käfern
aus dem Wege gehen, während ein Vogel, der erst auf
einer späteren Lebensstufe gestochen wird, vielleicht von
da ab ein im allgemeinen vorsichtigeres Benehmen an den
Tag legen wird; das Hauptergebnis ist aber eine Vermeidung der Bienen und der bienenartigen Schlammfliege.
In mehreren Fällen habe ich beobachtet, daß der Stich
einer Biene oder auch der Geschmack ihres Stachelgiftes

den Vogel nicht gegen Bienen zu warnen schien, so lange diese nicht summten, daß aber andrerseits eine Furcht vor summenden Insekten im allgemeinen, also auch Fliegen, dadurch geweckt worden war. Einige Unterschiede in den Ergebnissen dieser Versuche mögen dem Umstand zuzuschreiben sein, daß in manchen Fällen die Biene, welcher der Vogel seine erste schmerzliche Erfahrung verdankte, summte, in anderen Fällen aber nicht.

Es scheint folglich, daß der Trieb, nach kleinen Gegenständen in erreichbarer Entfernung zu picken, eine angeborene Eigenschaft ist, die erhebliche Sicherheit und eine komplizierte Koordination der Muskeltätigkeit voraussetzt; daß ferner die Gegenwart größerer, sich bewegender Gegenstände Zaudern, sowie eine zweifellos instinktive Scheu und Angst hervorruft; daß eine instinktive Unterscheidung über dies hinaus aber nicht vorhanden ist; daß das Wohlgefallen an diesem oder der Abscheu vor jenem Nahrungsmittel durchaus Sache der individuellen Erfahrung ist; und daß, durch den häufig wiederholten Vorgang des Wählens das Fressen gewisser Gegenstände (unter Vermeidung der andern), zu einer mehr oder minder gefestigten Gewohnheit wird.

Ich beschließe dieses Kapitel mit einigen Beobachtungen, die ich an Nesthockern gemacht habe. Die ungefiederten Jungen dieser Vogelarten werden von den Alten entweder mit Würmern, Käferlarven und sonstigen Insekten oder mit anderem Futter, das sie für ihre Kinder gesammelt oder bereitet, in einigen Fällen auch durch eine besondere Art der Absonderung präpariert haben, gefüttert. Die Kleinen sperren einfach in Erwartung des Futters ihre Schnäbel auf; aber die Reaktion des Schluckens ist eine angeborene Anpassung. Ein gefleckter Fliegenschnäpper von ungefähr einem Tage, dessen Augen noch nicht einmal offen waren, pflegte auf den Gehörreiz eines leisen Pfiffs hin seinen Hals vorzustrecken und seinen Schnabel weit aufzusperren, um sodann die Stückchen rohen Rindfleischs, die ich ihm gab, gierig hinunterzuwürgen. Auch Schwälbchen im Nest rea-

gieren auf den leisesten Pfiff durch ähnliches Aufsperren des Schnabels. Die Augen des Fliegenschnäppers waren noch drei Tage lang, nachdem ich ihn erhalten hatte, geschlossen. Ich hatte ihn in ein kleines mit Watte ausgefüttertes Spankörbchen gesetzt und dies in die Ecke des Brutapparats gestellt. Sobald es nun, in Intervallen von dreißig zu vierzig Minuten, ein oder zwei Bissen Nahrung zu sich genommen hatte, pflegte es ganz energisch sein Hinterteil über den Rand des Körbchens hinauszuschieben und seine Exkremente zu entleeren. Auch Eichelhäher und andere junge Nestvögel vollführten diese instinktive Handlung, dadurch vermeidend „ihr eigenes Nest zu beschmutzen". Die Exkremente sind in eine Art Haut eingeschlossen und können, ohne dies Häutchen zu zerstören, mit einer Pinzette angefaßt werden. In vielen Fällen nehmen die alten Vögel die Exkremente in den Schnabel und lassen sie in einiger Entfernung vom Neste fallen. Ein Freund von mir, der Vögel sehr liebte und ihre Gewohnheiten seit Jahren beobachtete, sah, wie Schwalben durch die Eingangspforte seines Hauses ein und aus flogen, und um sie zum Nestbau zu verlocken, ließ er daraufhin Holzregale an dem Eingang anbringen. Bald bauten sie auch wirklich auf diesen Brettern Nester. Nun beobachtete er, wie die jungen Vögel, sobald sie alt genug waren, das Nest zu verlassen und auf das Brett zu gehen, nach der Fütterung durch ihre Eltern von diesen hin und her gestoßen wurden, bis sie sich herumdrehten und auf die Bretter ausleerten, worauf ihre Exkremente unverzüglich von einem der Eltern mit der Schnabelspitze aufgenommen, fortgetragen und weiter draußen deponiert wurden.

Zwei kleine Eichelhäher, die mit zehn Tagen zu mir gebracht wurden, zeigten keine Spur von Angst, sondern fraßen gierig alles, was ich für sie bereit hielt, und gediehen vorzüglich zu stattlichen Exemplaren. Die folgende Beobachtung, die ich am neunten Tage, nachdem ich die Vögel erhalten hatte, anstellte, ist bemerkenswert als Bei-

spiel verzögerter instinktiver Tätigkeit. Ich bot einem der Eichelhäher einen Sonnenwendkäfer (Rhizotrogus solstitialis) an, der von ihm zurückgewiesen wurde. Der andere Eichelhäher aber erfaßte den Käfer sofort mit dem Schnabel, beugte seinen Kopf und versuchte, ihn mit dem Fuß auf die Sitzstange zu drücken. Nachdem dieser Versuch zwei oder dreimal erfolglos verlaufen war, hüpfte der kleine Eichelhäher auf den Boden des Käfigs, ließ den Käfer fallen, ergriff ihn, als er fortlief, von neuem, bis es ihm endlich nach zwei oder drei weiteren Anläufen gelang, ihn zu verschlucken, indem er ihn von der Schnabelspitze in den Hals hinterschleuderte. Dies was das erste Mal, daß der Häher Nahrung selbständig vom Boden auflas oder in dieser Weise verschluckte.

Nach einiger Zeit, als beide Häher gelernt hatten, sich selbst ihr Futter zu suchen, gab ich ihnen einen kleinen toten Vogel, auf den sie sofort losstürzten, um ihn zu zerreißen und jeden Bissen gierig zu verschlingen. Zu derselben Zeit besaß ich zwei kleine Fliegenschnäpper, die gerade begannen, ihre Flügel in kleinen Flügen zu prüfen. Der Käfig, in dem ich die Eichelhäher hielt, hing außerhalb des Fensters von dem Zimmer, in dem sich die Fliegenschnäpper befanden, und wenn ich letztere fütterte, pflegte ich das Fenster zuzuschließen. Nach der Fütterung nämlich unternahmen die Fliegenschnäpper kleine Flugversuche in dem Zimmer, und so oft sie sich der Fensterscheibe näherten, sah ich die beiden Häher in große Aufregung verfallen. Es kam ein verhängnisvoller Tag, an dem ich fahrlässigerweise unterlassen hatte, das Fenster zu schließen. Einer der Fliegenschnäpper aber flog, ohne erst die Fütterung abzuwarten, sobald seine Käfigtüre geöffnet war, davon, und ehe ich noch ein Unglück verhüten konnte, hatte er bereits den Käfig der Eichelhäher erreicht und sein Köpfchen durch das Drahtgitter hindurchgesteckt. Der Eichelhäher aber fuhr, einem Speerstecher gleich, wie der Wind auf das Vögelchen los und drehte ihm den Kopf

vom Rumpfe ab. Der kleine Vogel war sofort tot, ohne auch nur mit den Flügeln zu schlagen.

Ein andermal setzte ich einen kleinen Frosch in den Häherkäfig. Einer der Vögel hüpfte herab, aber der Frosch quakte so laut, daß beide Vögel sichtlich erschraken. Indessen hatte ich nicht das Herz, den Frosch länger in dem Käfig zu lassen und gab ihm die Freiheit. Fast zwei Wochen später (einige Tage nach der Fliegenschnäpper-Tragödie) setzte ich eine kleine Kröte in der Größe von 2—3 Zentimetern in den Käfig. Einer der Eichelhäher erfaßte das Krötchen mit der Schnabelspitze, schleuderte es aber wieder von sich und hüpfte dann auf seine Stange hinauf. Die Kröte verblieb nun völlig regungslos auf allen Vieren, den Rumpf ziemlich hoch über den Boden erhoben, in einer sichtlich gespannten Körperstellung, und das fast zwölf Minuten lang. Inzwischen war einer der Eichelhäher wieder von der Stange heruntergehüpft und hatte, seine Flügel hoch über den Rücken emporgestreckt, mit dem Schnabel auf die Kröte zugestoßen, ohne sie jedoch wirklich zu berühren, worauf er sich wieder auf seine Stange zurückzog. Nun machte der Häher keine weiteren Angriffe, sondern fixierte nur die Kröte von seiner hohen Warte herab. Nach sieben oder acht Minuten drehte er sich auf seiner Stange herum, und nun fiel die Kröte auf ihren Bauch zurück, kroch schleunigst von dannen und versteckte sich in dem Zwischenraum zwischen Käfigboden und Wand. Aus dieser eingeengten Lage befreite ich sie und ließ sie laufen. Das Verhalten der beiden Tiere — Vogel und Amphibie — lieferte indessen ein hübsches Beispiel für gewisse tierische Gepflogenheiten, die in diesem Fall wohl stark auf instinktiver Basis beruhen dürften.

Die Fliegenschnäpper, die ich unter Beobachtung hielt, nahmen das rohe Fleisch, mit dem ich sie fütterte, mit einem raschen Zuschnappen des Schnabels von den Spitzen der Pinzette. Kommt dies daher, daß sie sich im Naturzustand von lebenden Insekten nähren?

III. Kapitel.

Ortsbewegungen bei jungen Vögeln.

Wenn junge Vögel in einem Brutapparat zum Ausschlüpfen gebracht werden, erscheinen sie zunächst erschöpft und brauchen einige Zeit, um sich von der „Kata-
strophe“ ihrer Geburt zu erholen. Ich habe sie deshalb
gewöhnlich zwölf Stunden lang in Ruhe gelassen; nach
dieser Zeit pflegten die kräftigen und gesunden unter ihnen
anzufangen, sich herumzubewegen und sich in die Ecken
der Schublade zu begeben. Nahm man sie dann heraus
und setzte sie auf die Erde, so zeigten Hühnchen, Rebhühner, Fasanen, Perlhühner und Kibitze eine solche Fertigkeit im Gehen, eine solche Sicherheit in ihren ererbten
koordinierten Bewegungen, daß über den im echtesten
Sinne instinktiven, angeborenen Charakter dieser vollendet
auf die Welt gebrachten Tätigkeiten kein Zweifel herrschen
kann. Entchen und Teichhühner sind zunächst etwas
wackliger auf den Füßen. Die Beine der ersteren zeigen
eine Tendenz zum Auseinanderfahren, und der Rumpf
sinkt deswegen auf den Boden. Ein Hühnchen, Rebhuhn
oder Fasan steht bereits am ersten Tage seines Lebens
auf einem Bein, sich mit dem andern am Köpfchen kratzend,
kaum daß er ein wenig dabei ins Schwanken gerät; eine
Ente aber pflegt bei solchen Versuchen umzupurzeln oder
rückwärts auf ihren Schwanz zu fallen; die doppelte Koordination des Aufeinemfußstehens und Kopfkratzens über-
steigt zunächst noch ihre Kräfte. Die geschickte Art, mit
der ein kleines Fasanenkücken von wenig Tagen sich durch

ein Drahtgitter zwängt, ist nicht nur wunderhübsch anzusehen, sondern bemerkenswert als hervorragende Beherrschung des lokomotorischen Apparats. Kleine Teichhühner scheinen eine Neigung zu haben, auf alles Mögliche hinaufzukrabbeln, so z. B. auf irgend einen Haufen Tücher, die zufällig auf der Erde liegen. Sie gebrauchen dabei ihre häutigen Flügel in einer eigenartigen Weise, indem sie sie wie Hände übereinandersetzen, in gleicher Art, wie es von jungen Tauchern und dem südamerikanischen Hoactzin (Opisthocomus cristatus) beschrieben wird.

Diese Vögel zeigen in ihrem frühesten Lebensalter eine Kralle an dem Daumen und eine zweite an dem Zeigefinger des Handskeletts, das die Grundlage der Flügel bildet. Ihre Nestlinge kriechen fast wie junge Vierfüßler herum und können sich mittels dieser Flügelkrallen am Nest oder an Zweigen festhalten.[1]

Wenn man das dürre Flügelchen eines eben ausgeschlüpften Teichhuhns untersucht, wird man ebenfalls einen verhältnismäßig großen Daumen (oder Pollex) und auch eine Kralle daran vorfinden; und wenn ich auch nicht bemerkt habe, daß letztere beim Klettern von besonderem Nutzen ist, so gebraucht dieser Vogel doch seine Flügel in einer von den Gewohnheiten der Fasanen und Rebhühner stark abweichenden Art. Auch letztere zeigen eine Tendenz, auf unsere Füße oder auf ein niedriges Polster oder etwa, wie einer meiner kleinen Fasanen, auf den Rücken eines ruhenden Foxterriers zu hüpfen — eine Handlungsweise, die uns an die Art, wie sie unter natürlichen Verhältnissen auf den Rücken der Vogelmutter zu steigen pflegen, erinnert. Und doch ist das Klettern des Teichhühnchens eine ganz andere Sache und wird in ganz verschiedener Art, unter eigentümlichem Übereinandersetzen der Flügel

---

1) J. J. Quelch, in *Ibis* von 1890, S. 327, 335; ebenso W. P. Pycraft, in *Natural Science,* Bd. V, S. 358; und Fredk. A. Lucas, *Report of U. S. National Museum for 1893,* S. 662, wo die jungen Vögel auch abgebildet sind.

vollzogen. Es ist überflüssig darauf hinzuweisen, daß diese Fertigkeit dem kleinen Vogel unter seinen natürlichen Lebensbedingungen sehr nützlich beim Besteigen des locker zusammengefügten Nestes sein würde. Später, als mein einziges überlebendes Teichhühnchen etwa sechs Wochen alt war, nahm ich es nach einem Guthof, in dessen Nähe ein kleiner Wasserlauf vorbeifloß. Die Art und Weise, wie es dort den Uferhang hinab- und hinaufkletterte und zwischen dem Röhricht ein- und ausschlüpfte, so sicher und gewandt, als habe es nie eine andere Umgebung gekannt, war höchst bemerkenswert, da es bisher keinerlei Erfahrung mit Hindernissen dieser Art gehabt hatte. Man empfing den Eindruck des echten ererbten Teichhuhn-Charakters und seiner Verwandtschaft mit der Land- und Wasser-Ralle.

Sehr bald beginnen unsere jungen Vögel, als da sind Kibitze, Fasanen, Perlhühner und Haushühner, zu laufen. Bereits am zweiten Tage ihres Lebens rennen sie ganz selbständig herum, und man kann nicht umhin, die Sicherheit zu bewundern, mit der sie ihren Weg, sei es nun zur Erlangung von Futter oder um einem andern Vogel zu entgehen, verfolgen. Äußerst komisch ist die Art und Weise, wie ein kleines Perlhuhn einem zu entwischen sucht, wenn man es ins Bett stecken will; es läuft dann rückwärts und seitwärts und stellt sich so drollig an, wie ich es bei keinem andern Vogel beobachtet habe. Als weiteres Beispiel für die Art und Weise, in der junge Vögel schon sehr früh ihre Füße zu gebrauchen wissen, zitiere ich einige meiner Notizen über französische Rebhuhnkücken. Vierundzwanzig Stunden nach ihrem Ausschlüpfen hatte ich sie in einen Behälter getan, der aus einer warmen Kammer und einem offenen Gang bestand, die durch eine mit losen Flanellappen verhängte Türöffnung verbunden waren. Nach wenigen Stunden hatten sie bereits gelernt aus der warmen Kammer heraus und wieder hinein zu laufen, wo sie sich dann dicht an die mit Watte überzogene Wärmröhre hinhockten. Als sie vierunddreißig Stunden alt waren, setzte

5*

ich, während ich das eine Fasanenkücken fütterte, das andere
in den Gang und stellte vor die Öffnung nach der warmen
Kammer eine etwa 8 Centimeter hohe Zigarettenschachtel.
Der kleine Fasan, obwohl selbst nur halb so groß, sprang
ohne weiteres auf die Schachtel und durch den Flanellvorhang in die warme Kammer hinab. Dann setzte ich
den andern Fasan in den Gang. Er nahm einen Anlauf zum
Sprung auf die Schachtel und verfehlte sie, sprang nochmals
und landete stolz auf dem Deckel. Hier lief er nun ein
Weilchen im Kreise herum, stets den Rand der Schachtel
vermeidend, nach einer Minute jedoch war er durch den
Flanellvorhang zu seinem Gefährten hinabgesprungen, der
nach ihm piepend in der Kammer saß. Am nächsten
Abend sprang er bereits aus einer Höhe von annähernd
zwanzig Centimetern auf den Boden.

Es ist sehr möglich, daß unter natürlichen Verhältnissen
die kleinen Hühner ihre Füße früher gebrauchen lernen als
unter künstlichen. Ein von Yarrell zitierter Korrespondent
des Magazine of Natural History[1] fand ein Strandläufer-
nest, in dem sich drei kleine Vögelchen und ein Ei befanden, aus dem bereits der Schnabel des ausschlüpfenden
vierten hervorragte. „Als ich dieses Ei herausnahm“, so
erzählt der Schreiber, „um es näher zu betrachten, ent-
eilten die kleinen Vögel, die nicht länger als seit einer
oder höchstens zwei Stunden ausgeschlüpft sein konnten,
dem Nest mit einer Geschwindigkeit, als ob sie schon seit
vierzehn Tagen auf den Beinen gewesen wären.“ Ich
könnte noch andere Beobachtungen in derselben Richtung
zitieren, glaube aber, genug angeführt zu haben um zu
beweisen, daß die Koordination des Gehens und Laufens
als eine vollendet angeborene betrachtet werden kann.

Nun zu den Schwimmbewegungen. Ein oder zwei Tage
alte Entlein, die ich in ein laues Bad fallen ließ, stießen

---

[1] Yarrell, British Birds. Bd. II, S. 609, Zitat aus *Mag. Nat. Hist.*,
Bd. VI, S. 148.

und schlugen einige Sekunden lang heftig um sich, nach
einer Minute jedoch schwammen sie bereits mit leichten,
behenden Bewegungen herum und pickten nach kleinen
Spuren am Rand der Wanne. Die Bewegungen ihrer
Füße waren aufs genaueste eingestellt und tadellos
koordiniert. Ich verglich dann eine zahme mit einer
wilden Ente, beide ungefähr fünfzehn Stunden alt, ohne
irgend einen Unterschied in ihrer Schwimmfertigkeit zu
entdecken. Beide schwammen anfänglich mit etwas hastigen
Bewegungen, aber sonst gut. Eine der wilden Enten
legte, während sie schwamm, ihren Schnabel an das Ge-
lenk des einen Beines und schien das Wasser als etwas
Lästiges zu empfinden. Was mich am meisten an so
jungen Vögeln in Erstaunen setzte, war, daß sie ebensowohl auf einer Stelle, hurtig Wasser tretend, verweilen
als auch pfeilgrad in flottem Tempo dahinzuschwimmen,
wie schließlich jede beliebige Wendung auszuführen vermochten.

Kleine Teichhühner, die ich ins Schwimmbad brachte,
als ihr Flaum noch kaum trocken war, und ehe sie auch
nur einigermaßen sicher gehen konnten, schwammen, nachdem ich sie ganz sacht auf dem Handteller ins Wasser
hinabgelassen hatte, mit ziemlicher Sicherheit davon. Der
einzige Unterschied zwischen ihren Beinbewegungen und
denen etwas älterer Vögel war, daß ihre Schwimmtempi
etwas langsamer, ausgreifender und auch ein wenig
fahriger waren. Auch wird das kaum trocken gewordene
Daunengefieder sehr schnell durchnäßt und zieht den Vogel
tiefer in das Wasser hinab. Unter natürlichen Bedingungen
ist das junge Teichhühnchen sofort mit dem Wasser vertraut. F. A. Knight erzählte mir, daß er wiederholt kleine
Teichhühnchen am ersten Tag nach dem Ausschlüpfen
aufstöberte und diese dann schnell ins Wasser krabbeln
und davonschwimmen sah. Ein ander Mal jedoch erwiesen sich die Vögelchen als weniger perfekte Schwimmer,
so daß Knights Gefährtin zwei von ihnen mittels ihres

Sonnenschirms wieder flott zu machen hatte. Auch notierte sich Knight seinerzeit — ach, daß doch alle Menschen ebenso pünktliche Notizen machen möchten! — daß eines der so von ihm aufgestöberten Teichhühnchen unter einen Holzklotz untertauchte. Nun hatte ich selbst alles Mögliche angestellt, um meine kleinen Teichhühner zum Tauchen' zu bringen, hatte sie in das Wasser hineingejagt, in meine Hände geklatscht, die Türe zugeschlagen, ihnen sogar Ohrfeigen versetzt — alles ohne Erfolg. Ich spielte ihnen einige Töne auf der Violine vor, selbst das ließ die erschreckende Wirkung, auf die ich gerechnet hatte, vermissen! Augenscheinlich betrachteten sie dies alles als unvermeidliche Begleitumstände ihrer Erziehung. Ich zog eine Art Barriere durch das Badegefäß, sie auf diese Weise in einen kleinen Raum zusammenpferchend, und jenseits der Barriere plazierte ich ihr Lieblingsfloß, einen alten Zigarrenschachteldeckel, auf den sie stets so schnell als möglich zu klettern pflegten. Ich hoffte dadurch zu erreichen, daß sie unter der Barriere durchtauchen sollten, um ihr Floß zu erreichen. (Hier sei beiläufig bemerkt, daß junges Wassergeflügel, Enten und Teichhühner, das man nur gelegentlich schwimmen läßt, weniger eifrig ins Wasser geht als diejenigen ihrer Artgenossen, die, unter natürlichen Verhältnissen geboren, von Anbeginn an dauerndes Schwimmen gewöhnt werden, ja, kleine Entchen, die einige Tage vom Wasser ferngehalten wurden, schienen geradezu eine gewisse Scheu davor zu empfinden.[1])

Von ihrem Floß angelockt, versuchten also meine Teichhühnchen, über die Barriere zu klettern, machten aber keine Anstalten, darunter durchzutauchen. Ich lüftete die Stange ein wenig, so daß etwa ein Centimeter Zwischenraum zwischen ihr und dem Wasser entstand, und so lang

---

[1] Dasselbe erzählt man von jungen Gänsen. S. Lewes, Problems of Life and Mind Prob. I. Kap. II. § 22, Fußnote; auch T. R. R. Stebbing, Essays on Darwinism S. 73.

der kleine Vogel imstand war, Kopf und Schnabel durch
diesen Raum hindurchzustecken, bemühte er sich auch
den übrigen Körper hinüberzuzwängen; wenn ich aber
den Raum weiter verengte, unterließ er alle Versuche,
unter dem Gitter durchzuschlüpfen, so daß meine Bemühungen, das Tierchen zum Tauchen zu bewegen, vergebens waren. Als das letzte Exemplar dieser Brut nach
einem in der Haide von Yorkshire gelegenen Gut transportiert wurde, in dessen Nähe sich ein Bach befand,
hoffte ich, daß nun seine natürlichen Tauchtalente sich
entfalten würden. Während der ersten Zeit indessen
blieben diese Regungen auch hier latent. Eines Tages
aber, als das Hühnchen neun Wochen alt und schon ziemlich stark befiedert war, schwamm es in einem engeren
Teil des Baches, mit steilen Ufern an beiden Seiten, als
ein unschöner, rauhhaariger junger Hund tappig daherge-
watet kam und einen ungeschickten Angriff auf das kleine
Teichhühnchen unternahm. Wupp — noch ehe man mit
den Augen blinzeln konnte, war das Teichhühnchen unter
dem Wasser, und nach einem weiteren Moment sah ich
seinen Kopf dicht am Ufer wieder emportauchen. Obwohl in ihrem Auftreten etwas verzögert, konnten wir
hier die ererbte instinktive Tätigkeit in angeborener Vollendung und Reinheit erblicken, und zwar in absolut
typischer Form, denn nie hatte das Vögelchen zuvor ge-
taucht, nie andere Vögel tauchen sehen. Meiner Ansicht
nach war die Schwierigkeit, ihn in dem künstlichen Bad
zum Tauchen zu bringen, teilweise der unnatürlichen Umgebung zuzuschreiben — obwohl bemerkt werden muß,
daß er auch in dem Bach anfangs nicht ans Tauchen
dachte —, zum großen Teil aber meiner Unfähigkeit, ihm
irgendwelchen Schrecken einzujagen, so sehr hatte das
Vögelchen sich an mich und meine sonderbaren Manieren
gewöhnt; ja seine Zahmheit mir und anderen gegenüber
stand in ausgesprochenem Gegensatz zu der außerordentlichen Ängstlichkeit solcher Vögel an ihren natürlichen

Aufenthaltsorten. In Newtons „Dictionary of Birds"[1]) wird uns erzählt, daß „obwohl häufig in der Nachbarschaft der Menschen anzutreffen, die Teichhühner trotzdem das eingefleischte ängstliche und heimliche Wesen der Ralliden nicht verleugnen können; furchtsam und scheu verstecken sie sich bei dem leisesten Anlaß; und nur unter außergewöhnlichen Verhältnissen können sie vermocht werden, sich mit zahmen Enten und Hühnern gemeinsam füttern zu lassen, geberden sich aber auch dabei stets mißtrauisch". Mein kleiner Freund Tinker, wie er von uns getauft worden war, hatte indes alle Ängstlichkeit seiner Rasse überwunden, und war so zahm wie das allerzahmste Kücken, das sich gesittet unter dem Scheunentor ergeht.

Analoge Beispiele instinktiver Tätigkeiten bietet uns das Verhalten der Wasserschmätzer und des Hoactzin. Die Art und Weise wie der Wasserschmätzer, Cinclus aquaticus, taucht und von seinen Flügeln unterstützt, auf dem Boden des Stromes, wo er sich mit den Krallen an den Steinen des Grundes festklammert, dahinläuft, ist schon oft beschrieben worden. Einen alten Vogel habe ich noch nie auf diese Weise entkommen sehen: wenn ein solcher gestört wird, fliegt er einfach davon. Der Herzog von Argyll beschreibt einen Fall eigner Beobachtung, wo ein junger Wasserschmätzer, der gestört wurde, sich aus dem Nest herunterfallen ließ und instinktiv in einer nahen Wasserlache untertauchte. Ich möchte hier die Stelle in der der Herzog diesen Vorfall erzählt, unverkürzt wiedergeben.[2]) „Ein paar Wasserschmätzer hatten voriges Jahr ihr Nest in Inverary gebaut, und zwar in der Wand eines kleines Tunnels, der zu dem Zweck angebracht worden war, einen Wasserlauf unter einem Spielplatz hindurch zu leiten. Die Jahreszeit war sehr trocken und der Wasserlauf zur Zeit der Ausbrütung und des ersten Heranwachsens der jungen Vögel fast vollständig

---

1) S. 590.

2) *Contemporary Review*, Juli 1875, „On Animal Instinct" Bd. XXVI, S. 352.

ausgetrocknet. Eines Tages wurde einer der Nestlinge, damals schon beinahe völlig befiedert, zur näheren Untersuchung in die Hand genommen, ein Ereignis, das seine Gefährten so erschreckte, daß sie aus dem Nest herausfuhren und ganz wild herumliefen und -flatterten, dem Tunnelausgang zu. Dort hatte eine ansehnliche Wasserlache dem Einfluß der Dürre widerstanden; ihre Fläche lag mitten im Pfade der davoneilenden Vögel. Diese schienen die Wasserfläche zunächst kaum zu bemerken; war doch ihr Flug genau so ziellos, wie der anderer Nestlinge in demselben Angstzustand gewesen wäre. Zufällig stolperte aber eins der kleinen Vögel in die Pfütze, und es zeigte sich nun eine höchst sonderbare Wirkung: Als der Vogel das Wasser berührte, gab es erst eine Art Stillstand, als ob das Geschöpf verwundert sei. Dann aber schien sich sofort die Erinnerung an seine ererbten Fähigkeiten zu melden. Denn nun tauchte er sofort mit der ganzen Behendigkeit seiner Vorfahren unter, und die Bewegungen seiner Flügel unter dem Wasser boten ein prächtiges Beispiel für die doppelte Anpassung an zwei verschiedene Elemente, welche für die Flügel der Tauchervögel so charakteristisch ist. Der kleine Wasserschmätzer, der zwischen Schlinggewächse geschlüpft war, entschwand meinen Blicken so vollkommen, daß ich zuerst dachte, er sei ertrunken. Aber nach einiger Zeit erschien er wohlbehalten wieder am Licht, wurde eingefangen und wieder in sein Nest zurückgesetzt."

Der Hoactzin, der eigentümliche hühnerartige Vogel, dessen Kletterkünste bereits Erwähnung fanden, ist in seiner Jugend auch Taucher und Schwimmer. Seine Nester befinden sich oberhalb des Wassers, und Quelch beobachtete, daß, wenn einer der kleinen Hoactzins ins Wasser fiel und er mit seiner Hand in die Nähe kam, jener schnell in das dunkle undurchsichtige Wasser hinabtauchte und erst mehr als einen Meter entfernt wieder an die Oberfläche kam.

Hudson erzählt uns[1]): „als ich einstmals eins von den Eiern des Parra Jacana, das ich in meiner Hand hielt, betrachtete, teilte sich auf einmal die bereits gesprungene Eierschale, und der kleine Vogel sprang von meiner Hand und fiel ins Wasser. Als ich mich bückte, um ihn vor dem Untergang zu bewahren, sah ich bald, daß meine Hilfe überflüssig war, denn kaum hatte er das Wasser berührt, so streckte er schon das Köpfchen heraus, und schwamm, seinen Körper fast ganz unter dem Wasser haltend, wie eine verwundete Ente, die sich der Beachtung entziehen will, hurtig nach einer kleinen Bodenerhöhung, wo er dem Wasser entstieg und sich ähnlich wie junge Kibitze, dicht und unbeweglich ins Gras duckte". Bezüglich des fast völligen Unter-Wasser-Seins des Körpers beim Schwimmen muß man bedenken, daß die Daunen eines eben ausgeschlüpften Hühnchens noch feucht zu sein pflegen. Aber selbst nach dem Trocknen der Daunenfedern habe ich wieder und wieder beobachtet, daß junge Teichhühner, wenn man sie ins Wasser fallen läßt — und darin unterscheiden sie sich von jungen Entchen — völlig naß werden und beim Schwimmen nur wenig von ihrem Rücken über dem Wasser zeigen. Dasselbe scheint bei dem eben ausgeschlüpften Jacana, als es von Hudsons Hand ins Wasser herunterfiel, der Fall gewesen zu sein.

Enten schwimmen nicht nur, sie tauchen auch sehr bald nach der Geburt. Ein wildes Entchen, voll Leben und Übermut, das ich, als es noch nicht sechs Tage zählte, in ein Wassergefäß setzte, steckte sofort seinen Kopf unter Wasser und tauchte, eine ganze Strecke über den Boden des Gefäßes hinschwimmend, wie es schien aus purer Lebenslust und Freude an der Bewegung. Enten, die auf Bäumen brüten, führen ihre Jungen ans Wasser, indem sie sie in einigen Fällen im Schnabel tragen. Acerbi, den Yarrell[2]) zitiert, sagt von dem Sägetaucher (Merganser):

---

1) W. H. Hudson, Naturalist in La Plata S. 112.
2) Yarrell, British Birds, Bd. III, S. 398.

„Sobald die Eier ausgebrütet sind, nimmt die Mutter ihre Jungen vorsichtig zwischen den Schnabel und trägt sie bis zum Fuß des Baumes, legt sie dort ab und zeigt ihnen dann den Weg zum Flusse, in dem sie sofort mit erstaunlicher Sicherheit herumschwimmen." Auch von dem Haubensägetaucher, der Eiderente und anderen Vögeln dieser Gruppe erzählt man, daß sie ihre Jungen in dieser Weise tragen. Dasselbe sagt Yarrell[1]) auch von der Brandente (Anas tadorna L.). Sir R. Payne Gallwey aber, den H. Cornish in seinem Buch „Wild England of today" (S. 64) zitiert, berichtet, daß er eine solche Ente sah, die bei Ebbe, „als der niedere Wasserstand ihr nicht erlaubte, ihre Brut ins Meer zu führen, ihre Kleinen auf dem Rücken trug, wobei jedes Entlein sich an eine Feder anklammerte, nachdem es an der liegenden Mutter hinaufgeklettert war und sich sorgfältig ein sicheres Plätzchen ausgewählt hatte". Auch die jungen Vögel dieser Gattung sind sichere Schwimmer.

Es würde interessant sein zu konstatieren, ob die obenerwähnten Vögel instinktiv ins Wasser gehen, d. h. ob allein der Anblick des Wassers genügt, um sie zum Hineingehen und Schwimmen zu veranlassen. John Watson, der sich hierbei auf einen erfahrenen Wildhüter als Gewährsmann beruft, sagt von den Brandenten[2]), daß deren Junge „sobald sie ausgebrütet waren, das salzige Meerwasser zu wittern schienen, und gelegentlich Meilen zurücklegten um es zu gewinnen". Es wäre sehr interessant, diese Frage durch direkte Beobachtung über jeden Zweifel zu erheben. Leider bin ich selbst bisher nicht in der Lage gewesen, so gründlich wie ich gemocht hätte, mit Enten zu experimentieren. Eine Brut kleiner Enten, die ich vor mehreren Jahren beobachtete und die von einer Henne ausgebrütet worden waren, schienen mir mehr zufällig an

---

1) a. a. O. Bd. III, S. 398.
2) J. Watson, Nature and Woodcraft S. 192.

den Rand eines Teiches zu gelangen; sie tranken etwas Wasser aus demselben und verließen ihn dann zum Teil wieder, einige aber wateten etwas weiter, netzten Brust und Kopf, begaben sich dann vollständig in den Teich hinein und schwammen. Da, unter natürlichen Verhältnissen, die Elternvögel ihre Jungen ins Wasser zu führen pflegen, erscheint es nicht unwahrscheinlich, daß der instinktive Trieb in der Natur des neugeborenen Tieres nicht eingewurzelt vorhanden ist. Doch kann diese Frage endgültig nur durch erweiterte direkte Beobachtung gelöst werden.

Der slavonische Ohrensteißfuß (Podiceps auritus) hat einen Schutzinstinkt, der würdig ist, festgehalten zu werden. Proctor, ebenfalls von Yarrell[1]) zitiert, schoß einen solchen, als er gerade nach dem Tauchen an die Oberfläche kam, und „war erstaunt, zwei Junge, die offenbar unter den Flügeln der Alten versteckt gewesen waren, aufs Wasser niederfallen zu sehen". Er fügt hinzu „ich schoß später noch mehrere Vögel dieser Art, die alle mit ihren Jungen unter dem Flügel zu tauchen pflegten. Diese waren mit den Köpfen gegen den Schwanz des Muttervogels gebettet, während ihre Schnäbel auf dem Rücken des letzteren ruhten". Hierbei ist zu bemerken, daß der Steißfuß und andere Taucher ihre Flügel nicht zur Fortbewegung unter dem Wasser benutzen.

Ehe ich die mit dem Schwimmen verknüpften Tätigkeiten verlasse, möchte ich noch auf eine merkwürdige, von Herrn Thomson, Beamten des Zoologischen Gartens von London, beobachtete Gewohnheit hinweisen, welche Hedley[2]) folgendermaßen kommentiert. „Vögel, die auf Teichen oder Tümpeln schwimmend zu schlafen pflegen, sind in Gefahr, während des Schlafs nach dem Ufer zu getrieben zu werden und irgendeinem Raubtier zur Beute zu fallen. Um

---

1) a. a. O. Bd. III, S. 414.
2) F. W. Headley, The Structure and Life of Birds. S. 171, 172.

dies zu verhindern, haben Enten und andere Vögel die Gewohnheit, beim Schlafen das eine Bein unter den Flügel zu schieben und mit dem anderen sachte zu paddeln, so daß sie sich im Kreise herumdrehen. An langen Sommerabenden beginnen sie mit dieser Tätigkeit während es noch hell ist, und das ist die beste Zeit, sie zu beobachten. Diese höchst sonderbare Gewohnheit ist eine Art nützlich angewandten Schlafwandelns und zweifellos völlig vereinbar mit vollständiger Bewußtlosigkeit". Es wäre interessant, festzustellen, ob diese Gewohnheit eine im eigentlichen Sinne instinktive ist, und wie es sich erklärt, daß das Paddeln im Kreise das Treiben nach dem Ufer verhindert. Daß die lokomotorischen, beim Schwimmen und Tauchen zu Tage tretenden Tätigkeiten ererbte, obwohl zweifellos der Ausbildung und Verbesserung durch Übung und individuelle Erfahrung unterworfene Instinkte sind, steht für mich über jedem Zweifel.

Wenn wir uns nun zu der für die Vögel so charakteristischen Flugtätigkeit wenden, so sehen wir deutlich, daß sie, wenn auch zu den Instinkthandlungen zu rechnen, doch weitaus bei der Mehrzahl der Vögel dem Typus der sogenannten verzögerten Instinkte angehört. Spalding hielt einige junge Schwalben im Käfig, bis sie voll befiedert waren, und ließ sie dann fliegen. „Eine, die ich frei ließ, flog ein oder zwei Meter weit dicht am Boden hin, und stieg dann in der Richtung einer Buche, um die sie graziös herumflog, in die Luft. Lange Zeit noch konnte ich sie verfolgen, wie sie um die Buchen herumschwirrte und prachtvolle Evolutionen in der Luft hoch über den Bäumen ausführte. Auch an Meisen und Zaunkönigen machte ich ähnliche Versuche und mit demselben Resultat."[1] Preyer[2] erzählt uns Folgendes: „Die jungen Rotschwänzchen, welche ich vor dem Flüggewerden beobach-

---

[1] *Nature*, Bd. XII, S. 507.
[2] W. Preyer, Die Seele des Kindes.

tete, erhalten keine Anweisungen zum Fliegen. Sie üben
aber die Flügel vor dem ersten Flugversuch im Nest, indem sie dieselben ausbreiten und schwirren lassen. Der
erste Ausflug ist langsamer als der Flug der Eltern: das
junge Tier fliegt abwärts, aber stößt nirgends an, und
nach wenig Tagen ist seine Sicherheit bewunderungs-
würdig. Mit der Übung erhöht sich das Selbstvertrauen."

Das folgende Experiment, auf das Dr. Van Dyk aus Beirut
meine Aufmerksamkeit lenkte, kann ohne Schwierigkeit
ausgeführt werden. Wenn man ein ein- oder zweitägiges
Hühnchen in einen Korb setzt, den man fest in der Hand
hält, dabei aber mit großer Geschwindigkeit durch die Luft
sinken läßt, so wird das neugeborne Vögelchen seine kleinen
unfertigen Flügel genau so ausspreizen, wie es, wären die
Flügel ausgebildet, dazu dienen würde, ein allzu jähes Fallen
zu vermeiden; ist das Kücken nur ein klein wenig älter, so
wird es bei diesem Versuch die Flügel mit einer flugartigen
Bewegung auf und nieder schlagen. In beiden Fällen haben
wir es mit einer instinktiven Reaktion zu tun. Bei kleinen
Teichhühnern habe ich diese Bewegungen erst als sie
mehrere Wochen alt waren, beobachtet, denn wie schon
erwähnt, sind die allerfrühesten Evolutionen, die diese Vögel
mit ihren nackten und mageren Flügeln ausführen, sonderbar
und regellos; sie strecken dieselben vorwärts über den
Rücken oder richten sie zu beiden Seiten des zurück-
gebogenen Kopfes auf, wenn man ihnen Futter hinhält
oder sie sich zanken, oder wenn ihnen ein fremdes Wesen,
sei es nun ein kleines Huhn oder selbst eines ihrer eignen
Sippe, oder vielleicht ein unverschämter Spatz begegnet,
der in ihr Gartenheiligtum eingedrungen ist. Mit Vorliebe
werden die Flügel und Zehen solcher ihren Weg kreuzenden
Vögel angegriffen, gepickt und gekniffen.

Meine ersten Versuche mit etwas vollständiger befiederten
Vögeln machte ich an Mauerschwalben. Ich nahm zwei
dieser Vögel aus verschiedenen Nestern. Bei dem einen
waren die Flügel schon entwickelt und er flog im Zimmer

um und um. Bei dem andern waren die Flügelfedern kürzer und die Flügel überhaupt mehr abgestumpft. Dieser letztere konnte nur eben über den Boden hinfliegen. Ich ließ ihn über eine Tischplatte hinflattern, und als er an die Kante derselben gelangte, flog er mit beträchtlicher Zielbewußtheit zur Erde, wo er, ungefähr zwei Meter vom Tisch entfernt, etwas ungeschickt landete. Er flog auch von meiner Hand, die ich über meinen Kopf emporhielt, zur Erde, mußte jedoch zu diesem Fluge, gegen den er sich durch festes Umkrallen meiner Finger sträubte, erst durch Abschütteln veranlaßt werden. Der Umstand, daß diese Schwalbe von selbst nur längs des Bodens zu flattern pflegte, schien mir darauf hinzudeuten, daß sie, ehe sie zu mir kam, noch nie das Nest verlassen hatte; einen direkten Beweis hierfür hatte ich jedoch nicht.

Ich bat meinen Freund, H. F. Howard, der mir jene Mauerschwalben verschafft hatte, ein Nest mit drei jungen Schwalben zu beobachten, deren Eltern auf einem eigens zu diesem Zwecke angebrachten Sims innerhalb der Eingangspforte des Hauses eines Verwandten von Herrn Howard gebaut hatten. Nach der üblichen Zeit kamen die Schwälbchen auf dem Rand des Nestes zum Vorschein, wo sie mit den Flügeln schlagend und diese ausbreitend, standen. Eins von ihnen, das ungefähr zwei Wochen alt sein durfte, — vielleicht ein oder zwei Tage darüber — nahmen wir in mein Arbeitszimmer. Es klammerte sich mit seinen scharfen Krallen an meine Finger, als wir es jedoch, etwa einen halben Meter über dem Erdboden, mit Gewalt loslösten, flog es davon. In die Luft geschleudert flog es um drei Seiten des Zimmers herum, ohne sich wesentlich zu erheben, stieß dann, knapp zwei Meter über dem Fußboden an den Fensterladen und ließ sich darauf am Boden nieder. Bei weiteren Versuchen landete es ungeschickt auf der Kante eines Simses, wo es sich, nach echter Schwalbenart, seinen Schwanz an die Kante gelegt, festklammerte. Versuche mit einer zweiten Schwalbe hatten denselben Erfolg. Beide

schienen ihre Flügel „auszuprobieren", und wir glaubten, „selbst innerhalb der kurzen Zeit unserer Versuche einen gewissen Fortschritt in der Kunst des Schwalbenflugs zu bemerken. Mit dem dritten Nestling machten wir keine Versuche. Als die beiden andern wieder in das Nest getan worden waren, zogen wir uns ein wenig zu weiterer Beobachtung zurück, waren jedoch keineswegs gefaßt auf das, was nun geschah. Eine der Schwalben stieg umgehend auf den Rand des Nestes, zögerte einen Moment und begab sich sodann, in niedertauchendem Flug die Eingangstüre passierend, ins Freie. Wo sie sich niederließ, konnten wir nicht ergründen, obwohl wir, unter eifriger Beihilfe meines Foxterriers Tony die ganze Umgebung absuchten, so daß anzunehmen blieb, daß die Schwalbe ziemlich weit geflogen und auf irgend einem Baum oder Busch gelandet sein mußte. Daraus ging hervor, daß die neue Erfahrung der Luftdurchsegelung einen recht befriedigenden Eindruck bei dem jungen Vogel hinterlassen hatte und ihn deshalb zur Wiederholung anregte, was ich mir von einem solchen Akt neuer und reizvoller Kraftentfaltung sehr gut vorstellen kann.

Howard, der die weiteren Unternehmungen jener jungen Schwalben beobachtete, erzählte mir, daß die zweite etwa zwei Stunden später ebenfalls ausflog. Er suchte die Ausreißer und fand sie nach einiger Zeit auf einem Eschenzweig, etwa fünf bis sieben Meter über dem Erdboden. Die alten Vögel, im höchsten Grade aufgeregt, waren damit beschäftigt, sie zu füttern und zur Rückkehr in das heimische Nest zu bestimmen; allein vergebens. Nun versuchten sie, das dritte Schwälbchen zum Verlassen des Nestes zu bewegen, aber obwohl es mit den Flügeln flatterte, konnte es keinen genügenden Mut zum Fliegen aufbringen. Um 10 Uhr abends hatten sich die Schwalbeneltern entschlossen, sich trotz der Zerstreuung ihres Nachwuchses zur Nachtruhe zu begeben. Früh am nächsten Morgen waren die drei jungen Schwälbchen wieder im Nest versammelt,

wo sie den ganzen Tag blieben. Um 12 Uhr am folgenden
Tage flog das eine wieder fort und blieb bis zum Einbruch
der Nacht abwesend; das zweite rückte später ebenfalls aus,
kam aber verschiedentlich im Laufe des Tages zum Neste
zurück. Drei Tage jedoch vergingen, bis auch die dritte
unserer kleinen Versuchsschwalben ihren ersten Flug wagte
— oder, um ganz gewissenhaft Bericht zu erstatten, bis
alle drei Schwälbchen das Nest verließen (denn wir hatten
die zögernde Schwalbe mit keinerlei Zeichen versehen).
Sie kehrten denselben Abend zurück, waren die nächsten
zwei Nächte fort, die zwei darauffolgenden jedoch wieder
im Neste anwesend. Um diese Zeit verließ Howard das
Haus seines Verwandten.

Im Laufe des nächsten Jahres hatte mein Freund, Howards
Verwandter, Grund zur Annahme, daß ein Mitglied der neuen
jungen Schwalbenbrut in der Eingangspforte gestorben sei,
holte sich deshalb eine Leiter, um ausfindig zu machen,
wohin der Körper gelegt worden sei, fand aber, daß dieser
nicht mehr vorhanden, mutmaßlich also von den alten Vögeln
fortgetragen worden war. Die drei übrigen jungen Schwälbchen lagen ihn anstarrend an die Wand geduckt, bis nach
wenigen Augenblicken eins von ihnen plötzlich an ihm vor-
beisauste, und durch die Pforte hinaussegelte, im nächsten
Moment von seinen beiden Geschwistern verfolgt. Sie flogen
in den Garten und setzten sich auf Sträucher, wo sie einige
Minuten später von den alten Vögeln gefunden wurden, die
sich nun sofort daran machten, sie zu überreden und an-
zuspornen, sich auf eine benachbarte Esche zu verfügen
(dieselbe Esche übrigens, auf der die vorjährigen Schwalben
sich niedergelassen hatten). Sie taten dies, indem sie dauernd
nach der Esche und wieder zurückflogen. Im Lauf einer
halben Stunde befanden sich die sämtlichen jungen Schwälbchen sicher und wohlgemut auf einem der höchsten Zweige,
wo sie den ganzen Tag aushielten und von den Alten gefüttert wurden. Abends fanden sich dann zwei der Vögelchen
wieder in dem Nest in der Eingangspforte ein.

Diese jungen Schwalben waren von ihrem Ausschlüpfen ab immer unter Beobachtung gewesen, und hatten, außer daß sie gelegentlich ihre Flügel ausspreizten und glätteten, noch keinen anderweitigen Gebrauch von denselben gemacht, ehe sie so plötzlich ihren ersten, stürmischen Flug in die Freiheit unternahmen.

Mein Freund hatte bei anderer Gelegenheit einmal ein Nest mit jungen Hänflingen in einer niedrigen Hecke entdeckt. Er stand einige Minuten in Betrachtung der jungen Vögel versunken und überlegte sich gerade, daß er bald wiederkommen und nach ihnen sehen wolle — da, als er sich über das Nest beugte, erhob sich plötzlich einer der Kleinen und flog davon, verfolgt von seinen Geschwistern; alle schlugen dieselbe Richtung ein; sie sahen aus wie von einem jähen Windhauch aufgestöberte Distelflocken und wie solche kehrten auch sie nicht wieder zu ihrem Ausgangspunkt zurück.

Sowohl Eichelhäher wie Fliegenschnäpper, die ich von frühestem Alter aufgezogen habe, bedienten sich ihrer Flügel zunächst beim Hüpfen von Stange zu Stange. Dies jedoch beanspruchte wenig Übung in der Flugtechnik und keinerlei besondere Unterweisung. Das erste Mal, daß ich Fliegenschnäpper in einem geschlossenen Raume in die Luft warf, ließen sie sich in sanftem Bogen auf die Erde sinken. Für einen anhaltenden und zielbewußten Flug waren ihre Flügel noch nicht kräftig genug. Die Eichelhäher waren schon vorgeschrittener in ihrer Entwickelung, als ich ihnen einen über die Grenzen ihres Käfigs hinausgehenden Spielraum gewährte. Sie flogen in wohlgeregeltem Fluge im Zimmer herum. Einer von ihnen versuchte, auf einem Sims zu landen, verfehlte aber den Anschluß und sank zur Erde. Ein anderer hatte sich den oberen Rahmen eines Bildes zum Rastplatz ausersehen, und obwohl ziemlich ungeschickt und erst nach längeren Manipulationen mit Beinen und Flügeln gelang es ihm dort Fuß zu fassen, und wenn auch außer Atem und erregt, seinen Standort zu behaupten.

Vögel wie Hühnchen, Fasanen und Perlhühner gebrauchen ihre Flügel beim Laufen und beim Hinauf- und Herunterspringen von kleinen Gegenständen und Hindernissen in ihrer Bahn. Hier ist ein Zusammenarbeiten von individueller Übung und ererbter Fähigkeit deutlich zu beobachten. Sie scheinen ihre Flügel mit beträchtlicher Sicherheit zu verwenden, noch ehe diese genügend entwickelt sind, um das volle Gewicht des Körpers zu tragen.

Diese in genügender Ausführlichkeit berichteten Beobachtungen bestätigen diejenigen von Spalding und Preyer. Es ist außer Frage, daß manche Vögel, ohne vorhergehende Erfahrung imstande sind, beträchtliche Entfernungen fliegend zurückzulegen und das mit einer Sicherheit, die absolut angeboren, wenn auch in ihrem Zutagetreten verzögert ist. Zweifellos geht schon zuvor im Nest einiges Schlagen und Flattern mit den Flügeln vor sich, was wir als eine erste Übung in der Koordination ansehen können; die Koordination des wirklichen Fluges aber, mit einer mehr oder minder bestimmten und geordneten Fortbewegung ist denn doch etwas ungleich Feineres und Komplizierteres als jene kleinen Flügelexerzitien auf dem Rand des Nestes. Unter normalen Verhältnissen begleiten und bevormunden selbstverständlich die Eltern ihre Jungen beim Fluge. Und sicherlich spielt Nachahmung eine gewisse Rolle bei der Flugentwickelung, obwohl wahrscheinlich mehr in dem Sinne, daß sie das Junge zu seinem ersten Fluge reizt, als indem sie ihm bei den Einzelheiten des Flügelgebrauchs dienlich ist. Jedenfalls beweisen Beobachtungen wie die obigen ein nicht zu übersehendes Maß vollendet angeborner Fertigkeit. Sie ist es, die die Basis einer durch Übung und Erfahrung weiterzubildenden Tätigkeit bildet. Wir können hier den Ausspruch anwenden, den Miß Hayward in anderem Zusammenhang in ihren „Bird Notes" (S. 80) tut; „Vögel ererben eine Menge von Dingen, doch nicht alles; und vielleicht wie beim Menschen, bedarf das Ererbte weiterer Ausbildung."

Vielleicht könnte man hier einwenden, daß junge Vögel, ehe sie noch selber fliegen, viel Gelegenheit haben, den Flug ihrer Eltern und anderer ausgebildeter Vögel zu beobachten. Dies ist wahr genug. Indessen wer hätte je gelernt, eine schwierige Arbeit zu verrichten, wenn er sie nur, und sei es in noch so vorzüglicher Weise von andern ausführen sah? Laßt jemanden, der niemals Billard oder Lawntennis gespielt hat, eine Woche lang die gewandtesten Champions dieser Künste beobachten, und mit dem Auge alle die feinsten Anpassungen, die das Spiel der Meisterhand kennzeichnen, verfolgen. Und dann laßt ihn ein Queue oder ein Racket in die Hand nehmen und versuchen, was er nun, ohne vorangegangene individuelle Übung in dem betreffenden Spiel leisten wird. Er wird total hilflos dastehen. Die Bewegungen, die so leicht aussahen, die feinen Wendungen, die so natürlich erschienen, werden dem Anfänger sicher mißlingen, so genau er auch ihre Ausführung durch andere beobachtet haben mag. Und anzunehmen, daß ein kleiner Vogel einzig und allein durch Beobachtung seiner Eltern so gut fliegen sollte, wie unsere Schwälbchen dies taten, hieße eine Anschauung hinnehmen, die sowohl praktische Erfahrung als auch die Lehren der Psychologie als im höchsten Grade unwahrscheinlich erscheinen lassen.

Übrigens gibt es einen Fall — und es ist dies einer der bemerkenswertesten von den uns zur Zeit vorliegenden — wo ein Vogel, dessen Eltern, wohlbemerkt, kein Interesse an seinem Wohlergehen nehmen, beinahe sofort nach dem Ausschlüpfen fliegt. Dies findet bei den Großfußhühnern oder Megapodiden statt. Die Megapodiden, hühnerartige Vögel, haben ihre Verbreitung in der australischen Region. Einige Arten legen ihre Eier in große hügelartige Haufen, die sie zu diesem Zwecke aufrichten (daher der populäre Name Hügelbauer) andre in Löcher im warmen Sande. Eine größere Anzahl Hühner legen ihre Eier an denselben Fleck und bekümmern sich nicht weiter um deren Schicksal oder um das der auschlüpfenden Jungen.

Die Eier sind von einer relativ enormen Größe und werden
in beträchtlichen Intervallen gelegt. Aus jedem derselben
schlüpft ein bereits ziemlich befiederter Vogel. Kaum
wollte ich glauben, daß das ausgestopfte Exemplar, das
mir Chapman in Newyork zeigte, einen eben ausgeschlüpften
Vogel darstellte. Dr. Worcester, der auf den Philippinen
Gelegenheit hatte Megapodius cumingi zu studieren, erzählte mir, daß der eben ausgeschlüpfte Vogel oft fast
zwei Meter weit durch die Erde zu kriechen hat, ehe er
das Tageslicht erreicht. „Es geschieht öfters", so sagt er
in einem Briefe, den ich mit seiner Erlaubnis zitiere, „daß
man, im Begriff in einem der Hügel nach Eiern zu graben,
auf junge Vögel stößt, die auf der Reise nach dem Tageslicht begriffen sind. Ergreift man diese nicht sofort, noch
ehe sie sich befreien können, so entfliehen sie unweigerlich,
da sie schnell und geschickt zu fliegen verstehen. Ich
machte einmal einen erfolglosen Versuch, beim Graben in
dem Hügel einen eben ausgeschlüpften Vogel zu fangen
— dieser flog mir ohne Schwierigkeit davon und verschwand schleunigst im dichten Buschwald".

In Beziehung auf den dem vorigen verwandten Maleo,
Megacephalon rubripes, von Celebes, der seine Eier in
den warmen vulkanischen Sand legt, sagt A. R. Wallace[1]):
„Die jungen Vögel arbeiten sich, sobald sie ihre Eischalen
gesprengt haben durch den Sand an die Luft und rennen
sofort nach dem Walde; und Herr Duivenboden aus Ternati
versicherte mich, daß sie bereits am Tage ihres Aus-
schlüpfens fliegen können. So hatte er einige Eier mit
sich an Bord seines Schoners genommen, aus denen während der Nacht Junge geschlüpft waren; diese flogen am
Morgen bereits ganz munter in seiner Kabine hin und her".
Hier also sehen wir Vögel, bei denen die instinktive Koordination des Fluges nicht, wie in den meisten Fällen mehr
oder minder verzögert, sondern sofort nach der Geburt in

---

1) A. R. Wallace, Malay Archipelago, Auflage v. 1894, S. 204.

Erscheinung tritt. Und in diesem Falle war ebensowohl elterliche Unterweisung als auch die Nachahmung älterer Vögel ausgeschlossen.

Eine angeborene Grundlage für den Vogelflug mag demnach als sicher angenommen werden. Und auf dieser Grundlage baut sich dann die vollkommene und höchst bewundernswerte Leistung auf. Denn niemand würde wagen können, zu bestreiten, daß die einzigartige Gewandtheit, die sich im voll entwickelten Vogelfluge äußert — in dieser Tätigkeit, die in manchen Fällen mit dem äußersten, in andern mit dem leisesten Aufwand an körperlicher Anstrengung ausgeführt wird — der schwirrende Flug des Falken, der kreisende der Mauerschwalbe, das blitzschnelle Herumschießen und plötzliche Haltmachen des Kolibris, das anmutsvolle Schweben der Möve, das sachte Niedergleiten des Storches, von dem man sich beispielsweise erzählt, daß er von den hohen Felsen, auf denen die Stadt Constantine erbaut ist, in einer Neigung von 1 auf 5 Meter zu Tale gleitet, und die Ebene erst in einer Entfernung von beinahe einer Meile von seinem Ausgangspunkte gewinnt[1], ja selbst der einfache Niederflug einer Taube vom Hausdach, ohne das leiseste Vibrieren ihrer Flügel bis zu dem Augenblick, wo sie, im Begriff niederzusitzen, sich der Windrichtung zukehrt — niemand, so wiederhole ich, würde es wagen zu bestreiten, daß die feinen, ja exquisiten Einstellungen, die all die genannten Nuancen des Vogelflugs hervorbringen, rein instinktiver Natur sind. In ihrer höchsten Vollendung das Resultat von Übung und individueller Erfahrung, sind sie jedoch zweifellos auf ererbter Basis aufgebaut.

„Sobald er seine Flügel gebrauchen kann", so erzählt uns Headley von der Möve[2], „kann man den jungen Vogel einen großen Teil des Tages fleißig üben sehen. Und

---

1) Britonnière, zitiert im „Dictionary of Birds", S. 263.
2) F. W. Headley, The Structure and Life of Birds, S. 232.

die größten Koryphäen ihrer Kunst — die Adler, Geier, Störche und Albatrosse — erlangten ihr Virtuosentum, indem sie sich auf alle Arten von Luftströmungen einübten." Zweifellos hat Headley vollkommen Recht. Man braucht nur mit einer gewissen Sorgfalt den Flug der Vögel zu verfolgen, so wird man bemerken, mit welcher Leichtigkeit, Genauigkeit und Akkuratesse sie dem Winde Vorteile abzugewinnen, ihre Flügelstellung seiner Richtung und Stärke anzupassen verstehen. Bei einem Falken oder einer Möve kann man, wenn man sie z. B. einen Küstenvorsprung oder einen Hügelkamm umschweben sieht, beobachten, wie sie das starke Aufwärtsströmen der Luft, das durch das natürliche Terrainhindernis hervorgerufen wird, ihrem Fluge nutzbar machen. Bei leichtem Winde sehen wir die Flügel einer Möve oder Meerschwalbe weit ausgebreitet; aber sobald der Wind stärker bläst, wird der Flügel teilweise eingezogen, indem er von der Stelle ab, wo er sich ungefähr in der Mitte seiner Länge biegt, einen spitzen Winkel beschreibt. Man vergleiche die Art und Weise, wie ein Sperling ohne jede Schwierigkeit des Auffluges vom Boden abschnellt und davonschwirrt, mit dem schwerfälligen Aufflug eines Cormorans oder einer Ente, die nur unter Schwierigkeit vom Wasser los- und in ihr gegebenes Flugtempo hineinkommen. Der Albatroß, so hervorragende Flugkraft er auch besitzt, zögert lange dicht über der Wasserfläche, ehe er sich zu freierem Fluge erhebt, und ‚fliegt immer dem Wind entgegen auf. Und dagegen wieder die Lerche! Wie vorzüglich versteht sie es, in vertikalem Aufstieg über die Wiese empor zu flattern, ‑wie trefflich erhält sie ihren Körper im Gleichgewicht, wie kunstgerecht paßt sie ihre schnellen Flügelschläge dem steilen Emporstieg in die Lüfte an! Es darf nicht bezweifelt werden, daß alle diese spezielleren Fliegekünste von dem einzelnen Vogel nicht ohne beträchtliche Übung erreicht werden, wie tief auch das angeborene Flugvermögen in der Vererbung wurzeln mag.

Individuelle Unterschiede in der Art zu fliegen sind teils als spezialisierte Tätigkeitsmethoden angeboren, teils durch ererbte Verschiedenheiten des Baues bedingt. Wenn z. B. ein Falke nach einem Reiher geworfen wird, so fliegt der letztere, sobald er den Falken kommen sieht, in die Höhe, vom Falken verfolgt. Bei dieser Gelegenheit läßt sich die Verschiedenheit im Charakter des Flugs wohl beobachten: der Reiher, mit seinen großen, konkaven, abgestumpften Flügeln und seinem leichten Körper, erhebt sich in kleinen Kreisen. Der Falke dagegen, mit langen spitzen Flügeln und einem relativ schweren Körper begabt, beschreibt eine weite Spirale und bringt die größere Entfernung, die er zu durchmessen hat, bald genug durch die Geschwindigkeit seines Fluges ein. Dieses setzt sich fort, bis der Falke genügenden Vorteil errungen hat, um auf den Reiher niederzustoßen.

Die verschiedenen Flugtypen im Verhältnis zu den Flügeltypen, die mit einer mehr steilen oder mehr schwebenden Flugart verknüpften Probleme — das sind Forschungsgebiete von lockendem Reiz. Aber sie liegen außerhalb unseres gegenwärtigen Themas, auch hätte ich nichts Neues darüber zu berichten. Daß der fluggeübte Vogel bis zu gewissem Grade die Stärke und verschiedene Richtung der Luftströmungen zu unterscheiden vermag, steht für mich außer Frage. Ist es der Luftdruck auf den Brustfedern, der dem Vogel die nötigen Anhaltspunkte für die Erlangung jener Erfahrung liefert, die, unter fortwährender Übung, seinen Flug zu einer so vollkommenen Naturerscheinung stempelt? Wir wissen es nicht. Wir können nur sagen, daß die Erfahrung, wie auch immer gewonnen, eines der Elemente jener erworbenen Fähigkeiten ist, die im letzten Grunde auf der angeborenen Basis erblich übertragener Artcharaktere ruhen.

IV. Kapitel.

Weitere Beobachtungen an jungen Vögeln.

Unsere Betrachtung der instinktiven Tätigkeiten des Gehens, Laufens, Schwimmens, Tauchens und Fliegens haben uns die Erkenntnis erschlossen, daß in den vorliegenden Fällen das Ererbte in einer angeborenen Koordination der Bewegungsreaktionen unter einer entsprechenden Einwirkung von Reizen bestand. Nicht nur ein bestimmter Bau des Flügels oder des Beines wird vererbt, sondern auch das Nervensystem, welches eine automatische Verteilung von Strömungen nach den betreffenden Muskelgruppen veranlaßt: so daß diese ohne vorhergegangene Übung und Erfahrung, mit genau abgemessener Gradstärke in Aktion treten, die kompliziertesten Zusammenziehungen und Erschlaffungen in genau durchgeführter Anordnung vollziehen, und uns das Bild einer instinktiven Handlungsweise von hervorragender Anpassungsfähigkeit bieten.

Bei Besprechung der bei der Nahrungsaufnahme in Betracht kommenden Tätigkeiten entdeckten wir im Picken nach kleinen, in passender Entfernung befindlichen Gegenständen eine ebensolche angeborene koordinierte Bewegungsreaktion. Doch scheint es, nach unseren Beobachtungen, als sei die Bevorzugung einer gewissen Gattung von Gegenständen und das Zurückweisen anderer das Ergebnis individueller Erfahrung. Wir maßten uns indessen nicht an, auf Grund unserer auf wenige Spezies begrenzten Studien eine umfassende, allgemein gültige These zu pro-

klamieren, sondern gaben offen zu, daß höchst wahrscheinlich Fälle vorhanden sind, wo spezielle sensorische Reize entsprechende ererbte Reaktionen hervorrufen; mit anderen Worten, daß bei manchen Vögeln ein instinktiver Widerwille gegen gewisse, ihnen zum ersten Male vor Augen tretenden Objekte bestehen mag.

Ich möchte nun zunächst einige Beispiele instinktiver Furcht vor bestimmten Tieren oder Dingen vorführen, möchte aber betonen, daß fürs erste die Angelegenheit ausschließlich im Sinne der Beobachtung besprochen werden wird. Das Erforschen des Wesens oder der letzten Ursachen des betreffenden Affektzustandes soll uns zunächst nicht beschäftigen, sondern einem späteren Kapitel vorbehalten bleiben. Was wir sammeln möchten, sind Beweise instinktiver Reaktion, wie z. B. das aus angeborenem Widerwillen erfolgende Zurückschrecken vor einem unbekannten Objekt.

Der Leser wird sich erinnern, daß wir eine instinktive Furcht vor Bienen oder Wespen als solchen bei den jungen Vögeln nicht fanden, hingegen eine, mutmaßlich instinktive Scheu vor größeren Fremdkörpern oder fremden Tieren irgend welcher Art, besonders wenn sich diese lebhaft oder mit Geräusch (wie z. B. Summen) bewegten. Dies würde die Folgerung nahelegen, daß die instinktive Angst sich weniger auf einen bestimmen sichtbaren Gegenstand, als auf gewisse Arten der Betätigung bezieht. Ich habe meinen Foxterrier so dressiert, daß er passiv und völlig ruhig in Gegenwart der Vögel bleibt, obwohl seine zitternden Muskeln zeigen, daß die Selbstbeherrschung, die ihre Nähe ihm auferlegt, keine geringe ist. Kein einziger von den jungen Vögeln hat unter diesen Verhältnissen die geringste Angst vor ihm an den Tag gelegt. Fasanen, Rebhühner und Kiebitze pickten nach seiner Nase, wenn er sie beschnüffelte und liefen zwischen seinen Beinen herum. Ein dreitägiges junges Wildentchen brachte seine Selbstbeherrschung beinahe zu Falle, indem

es an seiner Schnauze herumknabberte. Ein zweiundein-
halbtägiges Kücken wurde ihm zum ersten Male vorgestellt. Aufrecht saß er da und schnüffelte mit herab-
gebogenem Kopf an dem Vögelchen herum. Dieses aber
lief zutraulich zwischen seine Füße, rannte dort munter
herum und kroch dann behende unter seinen Körper, wo
es sich in ein warmes Eckchen huschelte. Als ich leise
die Tür öffnete, um einen meiner Dienstboten zu rufen,
dessen Herz, wie ich wußte, von dem Anblick dieser
zärtlichen Gruppe gerührt sein würde, sah ich, wie Tony,
kaum daß ich den Rücken wandte, das Hühnchen ergriff —
diesmal war ihm die Sache doch ein wenig zu gemütlich
geworden — und es sanft ein oder zwei Meter weit fort-
trug. Als ich ihn ansah, ließ er es sofort los und sah
ziemlich schuldbewußt aus; aber das Hühnchen war völlig
unverletzt und wie es schien, kaum oder überhaupt nicht
erschrocken, denn eine halbe Stunde nachher zeigte es
keinerlei Furcht vor dem Hunde. Weder Hühnchen, noch
kleine Fasanen und Eichelhäher, ja nicht einmal die winzigen Fliegenschnäpper zeigten die geringste Angst vor
einem Kätzchen, ja die Hühnchen fürchteten nicht einmal
die ausgewachsene Katze.

Die jungen Teichhühner, obwohl sie mich keineswegs
fürchteten, stellten sich doch in Positur und fingen an zu
zanken, wenn ich sie aufnehmen wollte. Sie liebten es
in die Hand genommen und geliebkost zu werden und
kamen, sobald ich sie rief, deshalb lege ich mir ihr
Schelten, wenn ich sie sanft in die Hand nahm, mehr als
eine energische Forderung nach Würmern aus. Sie
setzten sich übrigens ebenso in Positur, wenn der Hund
sie beriechen wollte; legte er sich aber hin, so pickten
sie mit ungeheurer Keckheit nach seinen Zehen und den
Spitzen seiner Ohren. Zwei oder dreimal nahm er eins
von ihnen in sein Maul, aber mit größter Vorsicht und
Sanftmut. Das eine, welches ich dann nach Yorkshire
nahm, kam eines Nachmittags dazu, als der Hund aus der

Zinnschüssel, die das Wasser für die Vögel enthielt, trank, worauf es ihm einen tüchtigen Schnabelhieb auf die Nase versetzte, und mit einem zweiten beinahe sein Auge verletzt hätte. Bei anderer Gelegenheit kam das Teichhühnchen angehüpft und setzte sich auf den Rand der Schüssel, in welcher der eingeweichte Hundekuchen für den Terrier sich befand. Als aber dieser kam und sich über sein Essen hermachen wollte, empfing ihn das unverschämte kleine Huhn mit unverhohlen feindlichen Schnabelhieben. Ich muß nochmals bemerken, daß Tony stets von sanftestem Benehmen ist, außer wo es sich um Ratten, Kaninchen und dergleichen, ihn eng berührendes Wild handelt, und daß er sich nie aggressiv gegen das Hühnervolk zeigte. Auch vor den großen ruhigen Schäferhunden auf dem Pachthof fürchteten sich die kleinen Teichhühner nicht. Doch habe ich schon erzählt, wie ein übermütiges tollpatschiges Hündchen sie zu schrecken und ins Wasser zu scheuchen vermochte.

Während zweifellos spezifische und individuelle Unterschiede vorhanden sind, indem einige Vögel scheuer und ängstlicher sind als andere, lassen sich zwischen den Jungen von wildem und zahmem Geflügel keine durchgehenden Unterschiede wahrnehmen. Meine zahmen und wilden Entchen, die zusammen und in Gesellschaft der andern Vögel aufwuchsen, zeigten in dieser Beziehung keine bemerkbaren Verschiedenheiten. Rae, ein sorgfältiger Beobachter, sagt allerdings[1]: „Wenn die Eier einer wilden Ente zusammen mit denen einer zahmen derselben Henne zum Ausbrüten untergeschoben werden, so werden die Entlein der ersteren bereits am ersten Tage, an dem sie das Ei verlassen, versuchen sich zu verstecken, oder falls Wasser sich in der Nähe befindet, beim Herannahen des ersten Menschen, sich in dieses hinein-

---

[1] *Nature,* 19. July 1883. Zitiert in G. J. Romanes, Die geistige Entwicklung im Tierreich. Leipzig 1885.

flüchten, während die Jungen aus dem Ei der Hausente keine oder annähernd keine Angst zeigen — beides klare Beweise des Vorhandenseins von ererbtem Gedächtnis". Meine eigenen Beobachtungen, soweit ich imstande war, welche zu machen, bestätigen diesen Ausspruch keineswegs. Ich habe bereits erzählt, mit welch unverschämter Familiarität das Wildentchen meinen Foxterrier behandelte, und kann nur wiederholen, daß bezüglich instinktiver Angstäußerungen ich kaum einen Unterschied zwischen den Jungen von wildem und zahmem Geflügel wahrnehmen konnte. Charles A. Allen erzählt von den Jungen der schwarzen Ente (Anas obscura)[1]), die er unter natürlichen Verhältnissen beobachtete, „zie zeigten keine Scheu, sondern huschelten sich zutraulich in unsere Hand".

Die kleinen Vögel gewöhnen sich so gründlich an ihre Umgebung, daß sie sich scheu und mißtrauisch gegenüber einem neu eingeführten Gegenstand zeigen. So waren meine Eichelhäher gewohnt, in einer flachen Zinnschüssel zu baden; als ich nun eine weiße Schale in ihren Käfig einführte, waren sie sehr erschrocken, sprangen und flatterten aufgeregt umher, und stießen ihren heiseren Angstschrei aus. Das erste Mal, als ich die flache Zinnschüssel in das Zimmer stellte, in dem sich die gemischte Vogelgesellschaft aufhielt — Wildentchen, Hausentchen, Kücken, kleine Perlhühner und Fasanen — erschienen die letzten drei auffallend geängstigt, sie standen da und starrten mit vorgestreckten Hälsen auf die neue Erscheinung, stießen auch den Alarm- oder Angstruf aus, ebenso wie als ich einen großen Knäuel von zusammengeknittertem Papier unter sie warf. Auch ein javanischer Sperling in einem Käfig schien ihnen Angst einzuflößen. Die Enten hingegen zeigten das Unbehagen, das sie vielleicht ebenso fühlten, in weniger ausgesprochener Weise — vielleicht weil sie nicht, wie die anderen Vögel über einen Alarm-

---

1) C. A. Allen, The Nesting of the Black Duck on Plum Island. *The Auk,* Bd. X (1893) S. 57.

ruf verfügen. Aber über eine Stunde dauerte es, ehe sie sich in die Nähe der Schüssel wagten. Leider habe ich es unterlassen, den kleinen Vögeln meinen Hund in einem etwas späteren Stadium ihres Lebens, — etwa als sie 10 Tage alt waren — zum ersten Mal vorzuführen. Ich möchte annehmen, daß sie dann Zeichen von Angst gezeigt hätten, nicht vor dem Hunde als solchem, sondern vor etwas, das ihnen neu war und außerhalb ihrer bisherigen Erscheinungssphäre gelegen. Denn in gewisser Weise wächst die Ängstlichkeit mit der vermehrten Kenntnis der Dinge dieser bösen Welt!

Sehr bemerkbar ist der Eindruck eines plötzlichen Geräusches auf junge Hühner: ein Niesen, ein Händeklatschen, ein schriller Geigenton oder ein plötzliches Einfallen eines Papierknäuels erschreckt sie aufs heftigste. Sie stieben auseinander und ducken sich nieder, oder ducken sich auch dort nieder, wo sie sich gerade befinden. Ihr fortwährendes „Piep, piep" verstummt und es folgt Totenstille, jeder Vogel hockt stumm und unbeweglich auf seinem Platz. Nach einer Minute etwa erheben sie sich wieder und nehmen ihr Gepiepe von neuem auf. Auch Kibitze ducken sich sofort, wenn sie ein plötzliches Geräusch vernehmen. Der Eindruck auf Fasanen ist ein etwas anderer. Ich habe beobachtet, wie sie bei einem Klopfen an der Türe sozusagen erstarrten und verstummten. Eines Tages wurde, als zwei von ihnen, im Alter von dreizehn Tagen, herumspazierten und dabei ein behagliches Piepen ertönen ließen, ein lauter Ton auf der Violine gespielt. Beide verfielen in eine Art von Starrheit; das Piepen verstummte, und der eine, dessen Fuß gerade beim Gehen gehoben war, blieb eine halbe Minute lang in dieser Position, mit vorwärtsgestrecktem Kopf, als wäre er in der Stellung, in der ihn jener scharfe Laut überraschte, zur Bildsäule erstarrt. Dann machte er wieder einige Schritte, blieb jedoch abermals ungefähr solange wie das erste Mal in der beschriebenen Pose stehen.

Auch F. A. Knight beschreibt sehr gut diese Art des Benehmens bei dem Fasanenhühnchen. Er erzählt[1] wie ein alter Vogel, „nachdem er aus dem Gewirr der Hecke herausgetreten, in langsamer und feierlicher Gangart über den Fußpfad hinstolziert, mit einer gewissen herausfordernden Kopfbewegung, die den Stolz der Familienmutter zu markieren scheint. Einen Meter hinter ihr erscheinen, eines hinter dem andern, die kleinen Mitglieder der Familie, die sich auch schon tapfer durch die Hindernisse der Hecke hindurchschlagen. Zwei von ihnen haben sich soeben frei gemacht — winzige, weiche Daunenbällchen, seit wenigen Tagen dem Ei entschlüpft — da läßt der Muttervogel, plötzlich eine Gefahr witternd, zwei scharfe Alarmrufe ertönen. Sofort stehen die zwei winzigen Geschöpfe still, wie zu Stein erstarrt. Nicht einmal in das Gras zu ducken getrauen sie sich, so sehr stehen sie unter dem Bann ihrer Starrheit. Eins von ihnen hatte gerade seinen Kopf gewandt — vielleicht um sich nach seinen Gefährten umzuschauen — und bleibt nun in dieser Stellung unbeweglich stehen. Ein neu hinzutretender Mensch würde Schwierigkeit haben, die winzigen Dingerchen zwischen den Steinen und Kräutern des Wegrains zu entdecken. Wir gehen ungefähr einen Meter weit vor ihnen vorbei, und noch immer geben sie kein Lebenszeichen. Inzwischen ist der Muttervogel durch eine gegenüberliegende Hecke geschlüpft, von wo aus er sich, sobald die Gefahr vorüber ist, seiner kleinen Schar wieder nähern wird."

Auf junge Teichhühner wirkt ein plötzliches Geräusch in anderer Weise. Es scheint sie zu veranlassen, in irgend eine Ecke zu rennen. Ich beobachtete einige kleine Kibitze und ein Teichhühnchen, alle ungefähr eine Woche alt, als die Türe zugeschlagen wurde. Der Eindruck war ein frappant verschiedener. Die Kibitze fielen, wo sie

---

1) F. A. Knight, „By Moorland and Sea", S. 168.

standen, zu Boden, das Teichhühnchen aber fuhr heftig in die Höhe und begann mit solcher Vehemenz davon zu laufen, daß es schließlich stolperte und zappelnd an der Erde lag. Ein oder zwei Tage zuvor hatte ich die kleinen Teichhühner und Kibitze zum ersten Mal in dasselbe Gehege getan. Die ersteren, damals fünf Tage alt, ließen sofort den Alarmruf ertönen. Eins davon lief weg, ein anderes zeigte Kampflust und pickte, wenn auch immerhin etwas zaghaft nach einem der Kibitze. Nach Ablauf einer Viertelstunde herrschte bereits die größte Eintracht. Vor meinem ruhigen Hund also hatten die Teichhühnchen keine Angst, während ihnen die lebhaften jungen Kibitze schon eher Furcht einflößten!

Folgende Beobachtungen Spaldings sind schon öfter zitiert worden: „Eines meiner kleinen protégés, ein zwölftägiges Vögelchen, ließ eines Tages, während es in meiner Nähe herumlief, das gewisse Surren ertönen, das das Herannahen einer Gefahr signalisiert. Ich sah mich daraufhin um und — siehe da! — weit, weit über uns war ein kreisender Sperber zu erblicken. Auch der erstmalig vernommene Ruf eines Habichts machte einen lebhaften Eindruck. Ein junger Truthahn, dessen ich mich angenommen hatte, als er noch im geschlossenen Ei sein Piepen ertönen ließ, nahm, am zehnten Tage seines jungen Lebens, gerade in höchstem Behagen sein Frühstück aus meiner Hand entgegen, als der Habicht aus einem benachbarten Verschlag heraus ein scharfes „schiep, schiep, schiep" ertönen ließ. Wie ein Pfeil schoß der arme kleine Truthahn nach der entgegengesetzten Seite des Zimmers und verharrte dort vor lauter Angst ganz regungslos und stumm, bis der Habicht von neuem einen Laut ausstieß — nun aber gings in wilder Flucht durch die offene Türe hinaus bis zur entferntesten Ecke des Vorplatzes, wo mein Truthähnchen sich scheu und geduckt in den Winkel verkroch und dort wohl an zehn Minuten sitzen blieb. Noch mehrere Male im Laufe jenes Tages hörte es die angstweckenden

Rufe, und jedesmal mit demselben Gebahren höchsten Schreckens."

In bezug auf die oben angeführte Beobachtung des Effekts, den ein hoch in den Lüften fliegender Sperber erzeugt, läßt sich immer noch bezweifeln, ob die Reaktion von dem speziellen Reiz des Sperberanblicks ausgelöst wurde. Denn ich sah ein andermal, wie ein Teichhühnchen erschrak und sich ins Röhricht flüchtete, als einige Gänse in beträchtlicher Höhe über ihm hinwegflogen. Auch Miß Haywood beschreibt einen hieher gehörigen Fall. Sie erzählt[1]): „Ein Rotkehlchen pfiff wie gewöhnlich auf dem Geländer meiner Veranda, um sein Stückchen Speck von mir zu fordern; als ich aber das Fenster öffnete und ihm seinen Speck hinwarf, stand es, ohne den Speck zu beachten, vollständig regungslos, das Auge angestrengt auf den Zenith gerichtet. Lange blieb es so in Aufwärtsstarren versunken .... Ich öffnete sodann das Fenster und schaute in die Höhe — und siehe da, hoch über dem Hause hinfliegend erspähte ich einen Reiher. Er war es, den der kleine Vogel so gespannt beobachtete." Obwohl es nun vorkommen mag, daß ein Reiher ganz gelegentlich einmal ein Rotkehlchen verspeist, bezweifle ich, ob wir rechtmäßigerweise annehmen dürfen, daß es sich bei dem angeführten Vorfall um das instinktive Erkennen eines Feindes handelte. Es wird übrigens allgemein angenommen, daß Vögel in einem Geflügelhof Aufregung an den Tag legen, wenn ein Habicht über sie wegfliegt, welche sie nicht dokumentieren, wenn es sich um eine Krähe handelt. Gesetzt, dies sei der Fall, so ist die Tatsache einer solchen Unterscheidungskunst höchst wahrscheinlich dem Umstande zuzuschreiben, daß die Mutterhenne die traditionelle Habichtfurcht durch das Ausstoßen ihres Warnungsrufes weitergibt, desselben Warnungsrufes, den ihre eigenen Eltern ausstießen, als sie selbst ein Kücken war. Wenn wir dies annehmen, so

---

1) Bird Notes S. 105.

Morgan, Instinkt und Gewohnheit.   7

müßten im Brutapparat geborne Kücken dieser Unter-
scheidungsgabe ermangeln. Wer je unter einem Flug-
drachen gejagt hat, weiß übrigens, daß man Wildgeflügel
durch eine leidliche aber immerhin recht ungenaue Nachahmung eines Raubvogels täuschen kann.

Dieselben Zweifel hege ich in bezug auf den Habicht-
schrei, der Spaldings Truthühnchen ängstigte. Ich habe
kleine Vögel durch so mannigfache Arten fremder und un-
gewohnter Geräusche erschrecken sehen, daß ich sehr
geneigt bin anzunehmen, daß, wenn Spalding einen lauten
Ton auf der Geige gespielt hätte, sein junger Truthahn sich
in genau derselben Weise benommen haben würde; und daß
mit andern Worten diese Erzählung mir durchaus keinen
Beweis für das instinktive Erkennen des Habichts als eines
Raubvogels und deshalb gefährlichen Feindes zu liefern
scheint, sondern nur eine instinktive Reaktion auf einen
schrillen und befremdlichen Laut darstellt.

Um festzustellen, ob bei jungen Fasanen eine instinktive
Furcht vor schlangenartigen Tieren vorhanden sei, ver-
schaffte ich mir eine große Blindschleiche und legte sie
vor das Fach des Brutapparats, in dem die Vögel die
Nacht zu verbringen pflegten. Als ich das Behältnis öffnete, traten die jungen Vögel beinahe auf die Blindschleiche, die ziemlich beweglich und munter war, nahmen
aber keinerlei Notiz von ihr, bis nach einiger Zeit eines
von ihnen nach dem Auge, ein anderes nach der ein- und
auszüngelnden Zunge der Blindschleiche zu picken begann.
Diese Beobachtung hat mich zu dem naheliegenden Gedanken geführt, daß das fortgesetzte Zungenspiel der
Schlangen als ein Lockmittel für junge und unerfahrene
Vögel dient, und daß die Fälle von sogenannter Faszina-
tion auf dem Flattern der Vögel um diesen anziehenden
Gegenstand herum beruhen könnten. Ich erinnere mich
ganz deutlich als Knabe eine Grasschlange beobachtet
zu haben, die mit erhobenem Haupt und bis auf ihr
Züngeln ganz regungslos dalag, umflattert von drei oder

vier jungen Vögeln, die einen immer enger werdenden Kreis beschrieben. Es machte wirklich den Eindruck eines Zaubers; aber sehr wahrscheinlicherweise war es nur ein Wettstreit, wer der erste sein würde, jenen verlockenden, aber flüchtigen Wurm zu erwischen! Mit der Zeit werden sie auf diese Weise zu einem verhängnisvollen „Nähertreten" veranlaßt.

F. Howard Collins erzählte mir, daß eines Tages, als er im Mittelländischen Meer, unfern, jedoch außer Sicht der Südostküste von Spanien kreuzte, während eines heftigen Windes eine jedenfalls von der Küste abgetriebene Taube auf seiner Yacht Zuflucht nahm. Dieser Vogel zeigte keinen Augenblick auch nur die geringste Angst oder Schüchternheit gegenüber der Mannschaft, die sie mit sich auf die Back nahm, wo sie sich sofort zu Hause zu fühlen schien. Sie blieb auch weiterhin ganz zufrieden, lief umher, suchte sich ihr Futter und schlief unbehelligt von dem Ab- und Zugehen der Mannschaft, die aus mehr als einem Dutzend Matrosen bestand. Kein Käfig, keine Fessel irgendwelcher Art wurde angewandt. So blieb sie über sechs Monate an Bord, so lange als eben die Seereise dauerte, wurde hierauf von einem der Matrosen mit an Land genommen, und blieb bei ihm über ein Jahr. Ob ihre große Zahmheit von ihrem Nahrungsbedürfnis resp. Ausgehungertsein herrührte, oder von der Tatsache, daß sie noch nie vorher einen Menschen gesehen hatte, muß dahingestellt bleiben.

All diese Beobachtungen scheinen Hudsons Ansicht zu stützen, daß die Furcht der Vögel vor bestimmten Tieren eine Sache der „Erfahrung und Tradition" ist.[1] Eine instinktive Angst vor dem Menschen dürfte kaum vorhanden sein, und wenn man sich nur sanft und geräuschlos bewegt, so kann man die kleinsten Nestlinge im Nest füttern. Ebensowenig scheint instinktive Angst vor Katzen zu bestehen,

---

[1] W. H. Hudson, Naturalist in La Plata, Kap. V, S. 53.

denn wenn eine solche sich nur leise genug bewegt, kann sie ganz dicht an junge Vögel heranschleichen, bis diese zufällig den Alarmruf ihrer Eltern oder anderer Vögel hören. Was sofort eine instinktive Reaktion hervorruft, ist das von raschen Bewegungen begleitete Herannahen eines lebhaften Tieres oder selbst ein vom Winde herangetriebenes Blatt. „Ein Stück Zeitungspapier", sagt Hudson, „das zufällig vom Winde herbeigetragen wird, flößt einem unerfahrenen jungen Vogel genau denselben Schrecken ein wie ein Bussard, der sich, den Tod in den Klauen, aus den Lüften auf ihn herabstürzt." Während nun die Erfahrung wächst, bleibt es immer noch das Ungewöhnliche, das Angstreaktionen hervorruft. So wird ein Kibitz zusammenknicken und sich niederducken, sobald er das kräftige Geräusch einer mit der Hand zerknütterten Papierdüte hört.

Bei Vögeln, die unter natürlichen Verhältnissen neben ihren Eltern aufwachsen, dient deren Alarmruf als Warnung, und wie Hudson ganz richtig bemerkt, wird die Angst vor besonderen Feinden und gefährlichen Tieren durch Tradition weitergegeben. „Habichte", sagt er, „sind die offensten, gewalttätigsten und hartnäckigsten Feinde, welche kleinere Vögel haben; und es ist geradezu wunderbar zu beobachten, wie gut die verfolgten Arten die Gemeingefährlichkeit der verschiedenen Raubvogelarten einzuschätzen wissen und wie der Grad des zur Schau getragenen Schreckens aufs genaueste dem Umfang der drohenden Gefahr entspricht." Diese Unterschiede aber scheinen mir weder das Ergebnis der Vererbung noch rein individueller Erwerbung zu sein, sondern eine Rassenerfahrung darzustellen, die durch die traditionellen Alarmrufe weitergegeben wird.

Aber auch hier, ebenso wie bei der Reaktion auf den Anblick von eßbaren respektive schlechtschmeckenden Gegenständen, müssen wir den Fehler zu weitgehender Verallgemeinerung vermeiden. Zweifellos gibt es Fälle, wo durch den Anblick bestimmter Objekte instinktive

Angst erweckt wird. Dies zu leugnen würde eine Miß-
achtung des Beweismaterials und ein Aufbauen von Dogmen auf negativen Prämissen bedeuten. Es ist möglich,
daß nicht immer das instinktive Vermeiden eines sich
rasch nähernden Tieres, sei es harmlos oder harmvoll, aus-
reicht, um die Jungen vor Vernichtung zu beschützen. So
scheint der Fall z. B. bei den Megapodiden zu liegen.
Hier wurde möglicherweise der Konstitution der Megapodiden durch die natürliche Zuchtwahl eine angeborene
Furcht vor gewissen Tieren eingeprägt.

Gehen wir jetzt zu den von jungen Vögeln geäußerten
Lauten über. Wie es sich auch mit dem elaborierten Gesang der Singvögel verhalten mag, in dem C. A. Witchell
und andere das Resultat von Tradition und Nachahmung
erblicken, so kann doch kein Zweifel darüber obwalten,
daß die von den meisten jungen Vögeln hervorgestoßenen
Laute rein instinktiver Natur und daß einige derselben
von Anfang an wohldifferenziert sind. Bei dem Küchlein
des Haushuhns unterschied ich wenigstens sechs verschiedene Äußerungen: zunächst das sanfte „Piepen", Ausdruck
der Zufriedenheit, welches ertönt, wenn man die kleinen
Vögel in die Hand nimmt. Ein weiterer leiser Laut, eine
Art Zweiklang, scheint mit lebhaftem Lustgefühl assoziiert
zu sein, er ertönt z. B. wenn man den Rücken des Hühnchens streichelt und liebkost. Sehr charakteristisch und
deutlich ist der Gefahrruf — ein schwer zu beschreibender,
aber leicht zu erkennender Klang. Dieser wird schon am
zweiten oder dritten Tage ausgestoßen. Wird eine große
Hummel, ein schwarzer Käfer, ein umfangreicher Wurm,
ein Stück Zucker oder kurz und gut irgend etwas Großes
oder Fremdes unter die Hühnchen geworfen — sofort ertönt das Gefahrsignal. Ferner gibt es einen gewissen pie-
penden Ton, der offenbar das Verlangen nach etwas bedeutet. Er verstummt gewöhnlich, wenn man zu dem
Tierchen hingeht und ihm einige Körner hinwirft, ja selbst
wenn man sich bloß in seine Nähe stellt. Meine Hühnchen

z. B. waren an meine Anwesenheit im Zimmer gewöhnt und wurden gewöhnlich unruhig, wenn ich hinausging — dies war der Moment, wo sie jenen Laut von sich gaben. Ferner haben wir das grelle „Quiecks", wenn man sie entgegen ihren Wünschen anfaßt, und schließlich den schrillen Notruf, wenn z. B. eines von ihnen von seinen Kameraden getrennt wird. Ein mit Entchen zusammen aufgezogenes Küchlein schrie stets in dieser Weise, wenn die kleinen Enten zum Schwimmen ans Wasser geführt wurden. Ich bezweifle nicht im geringsten, daß alle diese Laute einen suggestiven Einfluß auf die Affektsphäre der übrigen Kücken haben oder doch bald erlangen. Sicher ist es, daß der Gefahrruf z. B. sofort die übrigen jungen Vögel, seien es nun ebenfalls Hühnchen oder auch andere Arten, zur lebhaftesten Wachsamkeit veranlaßt. Doch scheint dieser suggestive Einfluß zum Teil wenigstens das Resultat von Assoziation und das Produkt von Erfahrung zu sein, obwohl dies ein Punkt ist, über den sich schwer mit annähernder Sicherheit urteilen läßt. Bei kleinen Fasanen war von Anfang an ein sanfter, pfeifender Zufriedenheitston und ein schrillerer Notruf zu unterscheiden. Am sechsten Tag trat ein Alarm- oder Gefahrruf, ganz ähnlich dem des Haushühnchens hinzu, wenn z. B. dem kleinen Fasan plötzlich ein talergroßes Stückchen Papier in den Weg kam; und wenn ich später mit meiner Pinzette einem jungen Fasanen einen Wurm fortnahm, stieß er ebenfalls diese Note aus und gebärdete sich sehr kampflustig. Ein anderer junger Vogel stieß diesen Ton aus, als er einen javanischen Sperling in einem Käfig erblickte. Der Klageton des Rebhuhns wird sechs oder siebenmal schnell nacheinander ausgestoßen, worauf eine Pause eintritt. Der Ton des Kibitzkückens ist sehr hoch gestimmt und ähnlich dem jedermann bekannten Ruf des ausgewachsenen Vogels. Ebenso gibt das noch ganz flaumige Perlhühnchen von Anfang an die für die Spezies so charakteristischen Laute von sich. Sein Gefahrruf ist nicht unähnlich dem des

Küchleins. Das Gepiepe junger Enten ist relativ monoton, auch konnte ich bei ihnen keinen Gefahr-. oder Alarmruf bemerken. Die kleinen Teichhühner piepen, wie schon erwähnt, bereits im Ei, noch vor dem Ausschlüpfen. Am Tage, wo sie das Licht der Welt erblicken, kann man schon zwei Töne bei ihnen unterscheiden: einen Rufton, etwas tieferen Charakters als bei dem Haushühnchen, dabei ziemlich rauh und heiser, und ein „twiet-twiet" des Behagens, das ein wenig an das Zwitschern eines zufriedenen Kanarienvogels erinnerte. Am Ende einer Woche konnte ich fünf unterschiedliche Töne oder Tontypen bemerken. Erstlich ein rauhes „Kreck-kreck" beim Fordern des Futters, bei Aufregung oder Ärger irgendwelcher Art; dies wurde immer in zusammengekauerter Haltung, mit zurückgeworfenem Kopf und vorwärts gespreizten, in der für die Vögel so überaus charakteristischen Art bewegten Flügeln ausgestoßen, die ich schon früher erwähnt habe; zweitens ein klagender oder nörgelnder Laut, Ausdruck von Unlust; drittens ein schriller, jäher Schmerzruf, wenn z. B. sein Flügel von einem der Nachbarn gezwickt wurde; viertens ein sanftes, anhaltendes Zirpen der Zufriedenheit; und letztens das kanarienvogelähnliche „twiet, twiet" größten Behagens. Sicher scheint mir, daß zum mindesten die rauhen Töne eine suggestive Macht besitzen, denn wieder und wieder sah ich, wie das „Kreck-kreck" eines Individuums ein anderes veranlaßte die so charakteristische Aufregungspose einzunehmen.

Daß suggestive Warnungsrufe den Vögeln in ihrem Freileben sehr wertvoll sind, wird kein Mensch bezweifeln. So sagt Miß Haywood[1]): „Ich habe oft gesehen, wie ein Vogel, der ganz friedlich auf dem Fensterbrett Körner pickte, ohne meine Anwesenheit auf der andern Seite der Scheibe zu beachten, sich auf den Warnruf eines Rotkehlchens hin jäh umwandte und nach der vermuteten

---

1) Bird Notes. S. 39.

Gefahr Umschau hielt." Ebenso ist es ja allgemein bekannt, daß unter natürlichen Verhältnissen die verschiedenen von der Henne geäußerten Laute für ihre Kücken suggestiven Wert besitzen; aber auch hier ist es schwer zu bestimmen, wie weit die verschiedenen Rufe eine „fertig ererbte" Reaktion erwecken, oder wie weit das Wirken der individuellen Erfahrung dabei mit ins Spiel kommt. Hudson konstatiert allerdings als Resultat persönlicher Beobachtung, daß ein innerhalb der Eischale pochendes Vögelchen sofort verstummt, wenn es die warnende Note des Muttervogels vernimmt. Er berichtet ferner, daß die Warnrufe der Pflegeeltern auf die Jungen des Kuhvogels (Moluthrus) absolut keinen Eindruck machen. Ich selbst neige im großen und ganzen zu der Ansicht, daß Warnrufe eine rein instinktive Reaktion hervorrufen.

Ich möchte mich nunmehr zu einigen scheinbar unbedeutenden, aber nicht uninteressanten Tätigkeiten wenden, von denen einige stark unterschiedliche Merkmale gewisser Arten junger Vögel bilden. Sämtliche aber beruhen, obwohl durch individuelle Übung und elterliches Beispiel zu größerer Vervollkommnung gebracht, auf ererbter Basis und können deshalb als fundamentale instinktive Charaktere betrachtet werden.

Ein Entlein von nur wenigen Stunden sehen wir sich seitlich am Kopfe kratzen. Allerdings kann es passieren, daß es aus mangelhafter Koordination dabei umpurzelt. Denn die doppelte Leistung: auf einem Bein zu stehen und sich zu kratzen ist nicht so einfach, wie sie aussieht. Aber weder das Familiäre des Kratzvorgangs noch irgend ein kleiner dabei vorkommender Lapsus darf uns gegen die Tatsache blind machen, daß wir es hier mit einer vollendet angeborenen Tätigkeit zu tun haben, ja mit einer durchaus nicht einfachen Tätigkeit, die auf einem ziemlich komplizierten Netzwerk ererbter Instinkte beruht. Eine lokale Reizung (ich erzeugte eine solche bei jungen Vögeln künstlich und fand sie stets von der gleichen Reaktion begleitet)

setzt ein ganzes Uhrwerk von Bewegungen in der hinteren Extremität jener Seite in Gang, deren Folge es ist, daß der gereizte Fleck und kein anderer gekratzt wird; manchmal wird auch der Reizungspunkt mit dem Schnabel bearbeitet und wird in jedem einzelnen Falle ohne das Vorhandensein vorangegangener Übung oder die Ausbildung von „Lokalzeichen" mit unfehlbarer Sicherheit lokalisiert. Ebenso beeilte sich ein kleines Teichhühnchen, ein Stück Lattich, das es aufgegabelt hatte und das ihm im Halse stecken geblieben war, durch heftiges und rasches Kratzen oder Zupfen zu entfernen, und das unter völliger Beherrschung dieser Manipulation. Und ein junger, eben ausgekrochener Fasan, der noch aus der Hand gefüttert wurde, · wischte seinen durch das Futter verklebten Schnabel mit der größten Sicherheit und Sauberkeit am Boden ab. Man könnte einwenden, dies seien mehr Reflexbewegungen als instinktive Tätigkeiten. Wie ich schon gesagt habe, ist die Grenze so genau nicht zu ziehen. Auf jeden Fall beweisen sie jene Unfehlbarkeit der Reaktion, die mit der wunderbaren Feinheit des physiologischen Mechanismus zusammen die Wurzel aller instinktiven Tätigkeit bildet.

Das Zurechtputzen des Gefieders ist ebenfalls ein fertig ererbter Zug. Ich habe gesehen, wie ein kleiner Kibitz, am Abend vorher ausgekrochen und soeben zum erstenmal aus dem Schubfach des Brutapparats herausgehoben, sein Köpfchen zurückbog und mit seinem Schnabel Kopf- und Brustfedern bearbeitete. Bei kleinen Teichhühnern ist ferner die ganz bestimmte Art und Weise, wie sie nach einem Bad das Wasser aus ihren flaumigen Daunenfedern herauswringen und hinterher mit einer raschen Kopfbewegung vom Schnabel abschütteln, bemerkenswert, doch habe ich dieses Verfahren in den allerersten Lebenstagen nicht bei ihnen beobachtet. Kücken, Fasanen und andere junge Vögel pflegen, wenn man sie aus dem Korb, in dem sie geschlafen haben, befreit, sich in ruckweisen kleinen Anläufen fortzubewegen, welche die durch Stunden der

Ruhe und Untätigkeit angesammelte Energie zu bekunden scheinen; junge Enten und Teichhühner benehmen sich in ähnlicher Weise. Ganz verschieden hiervon jedoch ist der kleine Freudentanz, mit dem etwas ältere Haus-, besonders aber Teichhühnchen ihre Freiheit und die frische Morgenluft zu begrüßen pflegen. Kleine Enten strecken ihren Hals vorwärts, schlagen mit ihren unfertigen Flügelchen und rennen dann vor lauter Übermut und Lebenslust im Kreise herum. Und die Manier, wie sie mit ihrem Schnabel erst durch fleißiges Hinundherreiben die Brust, dann den Schwanz und schließlich den Rücken, diesen besonders eifrig, — und zwar mit dem ganzen Kopf, nicht nur mit dem Schnabel — zurechtputzen, zeigt sie uns als Enten von angeborener Lebensart. Das Scharren des Bodens ist sowohl bei Fasanen wie Hühnern fertigt ererbt. In manchen Fällen geschah es schon am vierten oder fünften Tag, bei andern erst am achten oder neunten, wobei die äußeren Bedingungen stets die gleichen waren, nämlich ein mit etwas Sand überstreutes Blatt Zeitungspapier. Ich beobachtete auch, daß einige sehr heftig auf dem glatten Boden der leeren Zinnschüssel, die für gewöhnlich ihr Wasser enthielt, herumscharrten. Begierde nach Futter ist wohl als Prädisposition zu dieser angeborenen Tätigkeit zu betrachten. Ich habe schon berichtet, wie ein kleiner Fasan, den ich aus der Hand mit Wespenlarven fütterte, nach beendigter Ration auf meine Hand hüpfte und scharrte, wie um mehr zu fordern. Aber obwohl das Kratzen selbst zweifellos angeboren ist, wird seine weitere Anwendung von der Erfahrung bestimmt, die diese Tätigkeit in einem Fall als nützlich, in einem andern als nutzlos stempelt. So pflegte ein Hühnchen, das nachts im Brutapparat gehalten wurde, in dessen Gang sich ein Gemisch von Sand und Erde, Stückchen Kokes und Holzkohle, untermengt mit einigen Körnern und Futterresten befand, hier nach den vereinzelten Körnern zu scharren. Als es dann aber tags über in ein Zimmer gelassen wurde, auf dessen Boden

sich nur ganz wenig Sand und Kies verstreut fand (so daß
die dort befindlichen Körner leicht zu erkennen waren),
scharrte es nach Ablauf von ein oder zwei Tagen fast nie
mehr. Die Erfahrung hatte die originale angeborene Tätigkeit in Übereinstimmung mit den Verhältnissen gebracht.
Bei jungen Perlhühnern konnte ich kein Scharren im Erdboden bemerken. Vielmehr zeigten diese Vögel eine Tendenz, ihren Schnabel seitlich in die Erde zu bohren. Sehr
eigentümlich war auch die Art, wie die kleinen Kibitze
ihre Schnäbel tief in die Erde wühlten und dann damit
vorwärts pflügten, ganz anders als wir es sonst von „Schar-
rern" gewohnt sind. Bei den Kücken gehören Sandbäder
gleichfalls zu den ererbten Instinkten; sie treten gewöhnlich ungefähr am achten Lebenstage auf. Nun hatte ich,
wie gesagt, nur ganz dünn Sand über den Boden oder
eine Zeitung streuen lassen, so daß das bewußte Sandbad
eine ziemlich dürftige Affäre war. Trotzdem wurde es
eine Viertelstunde lang betrieben, die Vögelchen kauerten
sich nieder, sträubten ihr Gefieder, flatterten mit den Flügeln
— kurz sie unterließen nichts von alledem, was zu einem
korrekten Vogelsandbad gehört. Die kleinen Entchen liebten
vor allem ihr Morgenbad. Jeden Tag um neun Uhr früh
wurde ein großes schwarzes Servierbrett, auf dem eine
flache Zinnschüssel mit Wasser stand, in ihren Verschlag
hineingesetzt. Ungeduldig liefen sie hinzu, tranken und
badeten in dem erfrischenden Naß. Am sechsten Tage
wurde ihnen das Servierbrett samt der Zinnschüssel wie
gewöhnlich hingestellt, doch diesmal ohne Wasser. Sie
liefen herzu, löffelten mit ihren Schnäbeln auf dem Boden
der Schüssel herum und machten alle zum Trinken gehörigen Schnabelbewegungen. Auch kauerten sie sich
nieder, „tauchten" mit den Köpfen und wackelten mit den
Schwänzen, ganz wie sonst. Über zehn Minuten badeten
sie auf diese Weise in nicht vorhandenem Wasser, doch
denke ich, daß die Kühle der Zinnschüssel ihrer Brust vielleicht ein angenehm erfrischendes Gefühl bot. Darauf gab

ich ihnen Wasser. Am nächsten Tage wiederholte ich das Experiment mit der trocknen Schüssel. Wieder rannten sie herbei, schabten mit ihren Schnäbeln auf dem Boden der Schüssel herum und kauerten sich nieder. Nun aber gaben sie den Versuch, ihr trockenes Bad zu genießen, auf. Am dritten Morgen kamen sie angewackelt, betrachteten enttäuscht ihre leere Schüssel und zogen betrüblich wieder ab. Eines meiner kleinen Teichhühner, damals eine Woche alt, machte einen andeutungsweisen Versuch, seine Brust in die Schüssel zu ducken, hörte aber gleich wieder damit auf, auch machte es nie wieder irgendwelche Anstalten zu plätschern, obwohl es ebenso wie seine Gefährten mit Vorliebe in dem Wasser stand. Fünf Wochen später wurde eines der Teichhühnchen nach einem Pachthof in Yorkshire mitgenommen und am ersten Morgen nach seiner Ankunft an den zu jenem Gut gehörigen kleinen Wasserlauf gebracht. Als es denjenigen Teil des Baches erreichte, wo dieser über Kieselsteine hinwegrauscht und plätschert, blieb es stehen, tauchte unter und gab sich einem ausschweifenden Badevergnügen hin; es spritzte das Wasser über sich und nach allen Seiten, schüttelte sein Federkleid und benahm sich so recht wie ein alter Praktikus. Jeden Tag wurde das Baden nun wiederholt und jeden Tag mit größerer Energie, die dann vom dritten Tage an ziemlich konstant blieb. Ich weiß übrigens nicht, ob dies derselbe Vogel war, der schon zu Hause jenen schwachen Badeversuch unternommen hatte (wahrscheinlich war es ein andrer). Auf alle Fälle war die Vollendung der ersten wirklichen Badeveranstaltung frappant. Als die Teichhühnchen gerade einen Monat alt waren, bemerkte ich zum erstenmal jenes charakteristische Aufwärtsschnicken des damals noch ganz schwarzen und flaumigen Schwanzes. Die weißlichgelben Deckfedern des unteren Schwanzes, die sich beim ausgewachsenen Vogel als Begleiterscheinung besonderer Lustgefühle spreizen, traten erst nach abermals einem Monat auf.

In bezug auf das Baden verdient die folgende Beob-

achtung an Eichelhähern berichtet zu werden. Zehn Tage nachdem ich sie als Nestlinge von ein bis anderthalb Wochen erhalten hatte, stellte ich ein flaches Zinngefäß mit Wasser in ihren Käfig. Sie nahmen keine Notiz davon, da sie vermutlich bis dahin noch kein Wasser gesehen hatten, denn sie wurden mit einem Brei gefüttert, in dem alles, was sie brauchten, enthalten war. Plötzlich hüpfte einer der Häher in das Wasser, ob mit Absicht oder aus Zufall, weiß ich nicht, und sofort knickte er seine Beine ein, kauerte sich nieder und sträubte seine Federn, wie es badende Vögel zu tun pflegen, obwohl seine Brustfedern das Wasser kaum berührt hatten. Der andere aber zwickte mit seinem Schnabel den Rand der Schüssel und pickte dann an deren Innenseite herum, wobei er zufällig seinen Schnabel befeuchtete. Sogleich begann auch er, seine Federn in der bewußten Art zu sträuben, obwohl er sich ganz außerhalb des Wassers befand. Nach einem Weilchen ging er in die Schüssel hinein, tauchte seine Brust in das Wasser und begann ein lustiges Flattern und Plätschern. Der kleine Vogel nahm ein gründliches Bad, worin ihm sein Gefährte auf dem Fuße folgte, und beide verbrachten darauf unter lebhaftem Flügelgeflatter eine halbe Stunde bei elaborierter Toilette, wobei die Schopffedern abwechselnd niedergelegt und aufgerichtet wurden, was beim Hähervolk stets einen Zustand der Aufregung bedeutet.

H. T. Charbonnier erzählte mir von ganz ähnlichen von ihm selbst gemachten Beobachtungen. Einer etwa fünf Wochen alten Elster, die von ihm von klein auf gehalten worden war, wurde in ihrem Käfig eine Schüssel mit Wasser vorgesetzt. Sie pickte ein paarmal nach der Oberfläche des Wassers und fing dann an, außerhalb der Schüssel und ohne überhaupt ins Wasser gegangen zu sein, alle die Gesten durchzunehmen, die ein Vogel beim Baden auszuführen pflegt; sie duckte ihren Kopf, flatterte mit den Flügeln und dem Schwanze, hockte sich hin und spreizte sich. Später und ganz allmählich nahm sie die

Gewohnheit des wirklichen Badens an und schien ihr Bad
bei regnerischem Wetter kaum erwarten zu können.

Die Neugier der Eichelhäher war sehr deutlich ausgeprägt.
Bald nachdem sie den Käfig bezogen hatten, untersuchten
sie jeden Winkel, jedes hervorstehende Drahtendchen, jeden
Fleck auf dem Holzwerk der Seitenwände und des Glases.
Jeder neu hinzukommende Gegenstand wurde herum-
geschleppt und aufs neugierigste betrachtet. Ein Wachszündhölzchen war bald in die kleinsten Partikelchen zer-
rissen. Nachdem sie mit solch einem Fund ein Weilchen
herumgehüpft waren und probiert hatten, ihn zu zerstückeln,
trugen sie ihn in eine Ecke des Käfigs und versuchten,
ihn mit kräftigen Schnabelschlägen in den Boden hinein
zu hämmern. Und wieder und wieder — so oft auch ihr
Auge darauf fiel —, kehrten sie zurück, hämmerten ein
Weilchen und hüpften dann wieder davon. Unter natürlichen Bedingungen hätten sie das Ding sicherlich vergraben. Auch sonst wurden eine Menge offenbar instinktiver Züge beobachtet, wie z. B. die Schlafstellung mit
umgedrehtem Kopf und zwischen die Federn gestecktem
Schnabel und das Heben des Kopfes über den Flügel
beim Kratzen des ersteren, und noch manches derartige;
doch fürchte ich durch weitere Einzelheiten zu ermüden.

Vielleicht habe ich ohnedies schon die Geduld des Lesers
auf eine harte Probe gestellt. Meine Tagebuchnotizen
— obwohl ich sie aus einer beträchtlichen Anzahl täglich
niedergeschriebener Beobachtungen ausgesondert habe —
mögen in verschiedenen Fällen ein wenig trivial erscheinen.
Doch können wir es überhaupt nur bei allergenauester,
allereingehendster Beobachtung unternehmen, das ungeheure
Gebiet der Vererbung abzumessen. Bei anatomischen Untersuchungen gebührt es sich, das Hauptaugenmerk auf die
Einzelheiten des Baus zu richten; und bei einem Studium
der Lebensgewohnheiten und Instinkte dürfen wir nicht
vor dem Zeitverlust und der Arbeit zurückschrecken, welche
durch eine tägliche, ja beinahe stündliche Beobachtung

der Tiere bedingt ist. So erst dürfen wir es wagen, eine Grenze zu ziehen zwischen dem, was in relativer Vollendung ererbt wird, und dem, was durch Erfahrung und Nachahmung zustande kommt.

Beobachtungen, wie ich sie in diesem und den vorhergehenden Kapiteln niedergelegt habe, müßten über viel längere Zeitabschnitte und an einer großen Anzahl anderer Tierarten ins Werk gesetzt werden. Wenn das Wenige, das ich hier niedergeschrieben habe, andere anspornen würde, eine Methode der Beobachtung aufzugreifen, die viel Anregung gewährt und bisher noch viel zu wenig gepflegt worden ist, so würde damit eine meiner Absichten bei Festlegung aller dieser Einzelheiten aus meinem eignen Tagewerk erfüllt sein. So gibt es viele Tätigkeiten und Eigentümlichkeiten, die gewöhnlich als instinktive angesehen und der Vererbung zugeschrieben werden, die aber auch ein Ergebnis der Tradition, der Überlieferung durch das Beispiel der Eltern im Zusammenleben mit ihren Kindern sein können. So z. B. wenn Rebhühner sich nachts dicht aneinander gedrückt zusammenschaaren, so scheint es, nach der Anordnung ihrer Exkremente zu urteilen (die in einem Kreise von wenig Zentimeter Durchmesser verteilt sind), als ob sich die Vögel in einem Kreise, die Köpfe nach außen, die Schwänze nach innen gewendet, gruppieren. Ist nun diese Eigentümlichkeit instinktiv oder ist sie überliefert? Von den Jungen des amerikanischen Rebhuhns (Ortyx virginiana) wird uns folgendes berichtet[1]: „Wenn die Schatten des Abends sich senkten, scharten sie sich in einem Kreise und rüsteten sich zum nächtlichen Schlummer, indem sie ihre Schwänze dicht zusammen legten und mit ihren hübschen gesprenkelten Köpfchen eine wachsame Rundsicht hielten." Die Tatsache, daß diese letztgenannten Vögel, scheinbar instinktiv, derartige Sitten pflegen, läßt es glaubhaft erscheinen, daß auch bei unsern europäischen

---

1) Yarrell, British Birds.

Rebhühnern diese Gewohnheit eine instinktive ist. Meine eignen Versuchsvögel starben zu früh, als daß ich diese Erscheinung hätte bemerken können.

Ich möchte nun einige der allgemeineren Schlüsse, die sich aus meinen Beobachtungen ziehen lassen, wie folgt zusammenfassen.

1. Vollendet ererbtes instinktives Benehmen ist im wesentlichen eine motorische Reaktion oder eine Kette von motorischen Reaktionen. Herbert Spencers Beschreibung des Instinkts als einer komplizierten Reflexhandlung ist daher voll gerechtfertigt.

2. Diese Tätigkeiten zeigen häufig sehr fein ausgebildete, ererbte Koordination.

3. Sie werden von Reizen ausgelöst, deren Natur im wesentlichen ziemlich genau bestimmt ist, und dürften in gewissen Fällen eine Reaktion auf ganz bestimmte Gegenstände sein. Die letztere Mutmaßung ist jedoch noch zu wenig durch befriedigende Beobachtungen erhärtet.

4. Es scheint noch kein überzeugendes Beweismaterial für die Vererbung von Ideen oder Kenntnissen vorzuliegen; d. h. die bisher beobachteten Fälle lassen sich ebenso gut dahin auslegen, daß das, was vererbt wird, nur den Charakter einer physiologischen Reaktion besitzt.

5. Assoziation ist ein bedeutender Faktor und entwickelt sich bald, als Resultat individueller Erwerbung.

6. Erworbene umschriebene Tätigkeiten werden vermittels Assoziation auf der Basis angeborener Reaktionen entwickelt; letztere unterliegen im Laufe der Erfahrung, um neuen Bedingungen gerecht zu werden, gewissen Modifikationen.

7. Erworbene umschriebene Tätigkeiten können durch häufige Wiederholung zu mehr oder minder stereotypen Lebensgewohnheiten werden.

V. Kapitel.

Beobachtungen an jungen Säugetieren.

Die systematischsten Beobachtungen an jungen Säugetieren, die ich kenne, sind die von Wesley Mills.[1]) Sie
haben zum Gegenstand die Sinnesempfindungen, die instinktiven Tätigkeiten, sowie die frühen Gewohnheiten
des Hundes, sowohl des reinrassigen wie des bastardierten,
der Katze, des Kaninchens und Meerschweinchens; und sie
sind in Gestalt von Tagebüchern niedergelegt, mit Vergleichen bezüglich der erhaltenen Resultate und mit
klaren und logischen Schlußfolgerungen versehen. Die Beobachtungen am Meerschweinchen ergänzen und erweitern
die von Preyer in seinem Buche „Die Seele des Kindes“[2])
niedergelegten. Spalding legte der British Association
1875 eine Studie über seine Untersuchungen an jungen
Schweinen vor.[3]) Und W. H. Hudson hat einige sehr
interessante Beobachtungen an Hochwild und Schafen von
Südamerika herausgegeben.[4])

Genau so wie die Jungen verschiedener Vogelarten auf
verschiedenen Stufen ihrer Entwicklung das Ei verlassen,
— so können z. B. die Megapodiden sofort nach ihrem
Ausschlüpfen fliegen, und auch unser kleines Haushuhn
kriecht in einem viel fortgeschritteneren Stadium aus als

---

1) *Trans. Roy. Soc. Canada,* Sect. IV. (1894) S. 31—62; und 2. series
Sect. IV. (1895—1896). S. 191—252.

2) W. Preyer, Die Seele des Kindes. I. Teil.

3) „Habit and Acquisition“. *Nature,* Bd. XII. S. 507.

4) W. H. Hudson, The Naturalist in La Plata. Kap. VI.

die Taube oder die Krähe — genau so verhält es sich auch bei den Säugetieren. Ganz zu geschweigen von den Monotremen (Ornithorhynchus und Echidna), die Eier legen, aus denen sehr unreife Junge ausschlüpfen, oder den Beuteltieren, wie dem Känguruh, bei denen die Jungen gleichfalls sehr unfertig zur Welt kommen und zunächst in einem Beutel herumgetragen werden, ist der Unterschied zwischen den verschiedenen Arten der Placentarier, mit denen wir vertraut sind, schon gerade groß genug. Das eintägige Hündchen ist viel hilfloser als das eintägige Lamm, das neugeborene Kätzchen unreifer als das neugeborene Meerschweinchen. Und bei Vergleichung der bei der Geburt vorhandenen Fähigkeiten und Sinnesausbildung der jungen Tiere muß diese Tatsache in erster Linie berücksichtigt werden.

Hündchen und Kätzchen zum Beispiel können noch einige Tage nach der Geburt nichts tun als kriechen, und es dauert lang, bis eine definitive und genaue Koordination der hinteren Gliedmaßen eintritt. Auch Kaninchen, Ratten und Mäuse bewegen sich kriechend und in unbehilflich ausgespreizter Manier; und obwohl ein zwei Tage altes Karnikel es zustande bringt, einen Augenblick lang zu stehen, sieht es doch jämmerlich aus, sobald es anfängt sich fortzubewegen. Rinder, Schafe und Hochwild hingegen können sehr bald nach der Geburt stehen und gehen. „Obgleich sowohl das rote wie das gelbe Rehkalb der Mutterhindin schon wenige Minuten nach der Geburt zu folgen vermag," erzählt uns Cornish[1]), „so verbergen die ängstlichen Mütter ihre Jungen doch im hohen Farnkraut oder Nesselgestrüpp, und es sind nur die älteren Rehkälber, die auf freier Flur oder im Gefolge der Rudel gesehen werden. Wenn solch ein Rehkitz zur Welt kommt, wird es von seiner Mutter ganz sanft mit der Nase angetupft, bis es sich ins Farrenkraut niederlegt; dann

---

1) Cornish, Wild England of Today, S. 124, 125.

geht die Alte weg und beobachtet ihr Kleines von weitem, kommt auch in gewissen Abständen zur Fütterung zurück, oder dirigiert es, falls Regen droht und das Wetter umzuschlagen scheint, nach einem geschützteren Obdach."

„Ich habe viel Gelegenheit gehabt," erzählt W. H. Hudson[1]), „die ein- bis dreitägigen Jungen von Cervus campestris, dem gewöhnlichen Wild der Pampas, zu beobachten, und die Vollkommenheit der Instinkte bei diesem zarten Alter erschien mir, für Wiederkäuer, äußerst bemerkenswert. Wenn ein Jäger, und sei es auch in Begleitung von Hunden, in die Nähe einer Hindin und ihres Hirschkalbs gelangt, so bleibt das weibliche Tier zunächst unbeweglich stehen, ihr Kleines an der Seite; plötzlich aber, wie auf ein verabredetes Zeichen, rennt das Kalb mit äußerster Geschwindigkeit von dannen, und nachdem es eine Entfernung von sechshundert Metern bis gegen einen Kilometer erreicht hat, versteckt es sich in einer Erdmulde oder in dem langen Gras, indem es sich dicht an den Boden anschmiegt und den Kopf in horizontaler Lage vor sich hinstreckt. So bleibt es liegen, bis die Mutter es aufsucht. (In sehr jugendlichem Alter wird es sich hierbei auch ohne weitere Fluchtversuche greifen lassen). Nachdem das Hirschkalb weggelaufen ist, bleibt die Hindin noch eine Weile in ihrer monumentalen Haltung stehen, als wäre sie entschlossen, den Angriff abzuwarten, und erst wenn die Hunde sie dicht bedrängen, sucht auch sie das Weite, wählt aber dabei prinzipiell eine der von dem Hirschkalb eingeschlagenen möglichst entgegengesetzte Richtung. Zuerst läuft sie langsam, in einem nahezu hinkenden Tempo, unter häufigem Stillestehen, fast als ob sie die Feinde nachlocken wolle, ähnlich wie dies Rebhühner, Enten oder Kibitze zu tun pflegen, wenn man sie von ihren Jungen wegtreibt. Aber sobald die Verfolger ihr näher rücken, beschleunigt sie

---

1) a. a. O. S. 110, 112.

ihren Lauf, dessen Geschwindigkeit anwächst, je mehr es ihr gelingt, sich und jene von dem Ausgangspunkt zu entfernen."

Auch von den Schafen der Pampas erzählt uns Hudson mancherlei[1]), z. B. daß es der erste Instinkt des neugeborenen Lammes ist, sich auf die Füße zu stellen, der zweite, zu saugen; und daß hierauf sofort der wichtige Instinkt auftritt, jedem sich entfernenden Gegenstande nachzulaufen und vor dem sich nähernden zu entfliehen. „Sobald das Mutterschaf, und sei es aus einer ganz geringen Entfernung, auf das Lamm zukommt, erschrickt dieses und läuft voller Angst von der Mutter weg, hört auch nicht auf ihre Stimme, wenn sie dem Kinde zublökt. Gleichzeitig pflegt es einem Menschen, Hund oder Pferd, kurz irgendeinem lebendigen Wesen vertrauensvoll nachzulaufen, sobald dieses sich nur von ihm fortbewegt. Ein sehr häufiges Vorkommnis in den Schafgebieten der Pampas ist es, ein Schaf plötzlich aus dem Schlaf aufschrecken und irgendeinem Reiter nachlaufen zu sehen, wobei es sich dicht an den Fersen seines Pferdes hält. „Dieser stümperhafte Instinkt," so heißt es weiter, „wird jedoch, sobald das Lamm gelernt hat, das Mutterschaf von anderen Tieren und seine Stimme von anderen Geräuschen zu unterscheiden, abgelegt."

Hinsichtlich der echten alten, von den vor dreihundert Jahren eingeführten Tieren abstammenden Schafrasse, die auf Kosten jener Eigenschaften, die das Schaf als Nahrungsmittel und Wollproduzent für den Menschen wertvoll machen, etwas von der ungezähmten Kraft des wildlebenden Tieres wiedergewonnen hat, berichtet Hudson folgendes[2]): Ich habe häufig beobachtet, wie ein Lämmchen mitten im Winter zur Welt kam, und die Mutter es bei bitterkaltem, windigem Wetter auf die hartgefrorene Erde fallen ließ. In weniger als fünf Sekunden stand es bereits auf seinen

---

1) a. a. O. S. 106—108. 2) a. a. O. S. 108, 109.

Füßen und war so kräftig und stark, wie eintägige Lämmer anderer Arten. Das Mutterschaf, bereits ungeduldig über die kurze Verzögerung, und ohne Miene zu machen, das Neugeborene zu säugen, hat indessen bereits in scharfem Trab die Herde eingeholt, worauf das Lamm, das vor knapp einer Minute das Licht der Welt erblickte, ihr nachläuft und tapfer mit ihr Schritt hält."

Noch andere Säugetiere verschiedener Gruppen zeigen bald nach der Geburt eine gewisse Lebhaftigkeit, einen Betätigungsdrang. Meerschweinchen von siebzehn Stunden, die Mills auf seinen Arbeitstisch setzte, liefen so flink über den Tisch, daß sie beinahe die Tischkante erreicht hätten, ehe man sie greifen konnte. Und von Hasen erzählt man sich, daß sie laufen, sobald sie auf die Welt kommen. Hudson schildert in dem soeben zitierten Kapitel, wie ganz junge Fledermäuse, die noch nicht einmal fliegen konnten, es verstanden, sich in geschicktester Weise durch Blätter und zarte Zweige einen Weg nach oben zu bahnen, bis sie eine beträchtliche Höhe erreichten, worauf sie sich an einem Zweig festklammerten und so, Seite an Seite, den Kopf nach unten, verharrten. Wenn wir dem „erfahrenen Jäger", den Thunberg zitiert, Glauben schenken dürfen, so ergriff ein soeben geborenes Hippopotamus, das sich von Hottentotten überrascht sah, die Flucht, indem es schleunigst den Weg nach dem benachbarten Flusse einschlug. Diese Beobachtung bedarf indes der Bestätigung, die nicht so einfach zu beschaffen ist. Eine oft erwähnte Beobachtung Spaldings hingegen dürfte leichter zu kontrollieren sein. Er tat ein neugeborenes Ferkel in eine Handtasche und behielt es dort sieben Stunden lang. Dann setzte er es außerhalb des Schweinestalls, ungefähr drei Meter von seiner in diesem befindlichen Mutter entfernt, auf den Boden. Es rannte nun sofort zum Schweinekoben hin und lief an dessen Außenseite entlang, bemüht, zu seiner Mutter zu gelangen; um dies zu erreichen, mußte es sich unter einem Balken hin-

durchzwängen, eine Leistung, die es glänzend bewältigte. Spalding nimmt an, daß das Schweinchen dabei von dem Grunzen der Mutter geleitet wurde, doch macht Preyer darauf aufmerksam, daß der Geruchsinn auch eine orientierende Rolle gespielt haben mag. Wenn Spalding richtig beobachtete, so haben wir es hier mit einer sicheren Lokalisation des vernommenen Geräusches zu tun.

Ich habe nun einige Leute, die Gelegenheit zu einschlägigen Beobachtungen haben, in der Sache befragt, und sie gebeten, ihrerseits dieser Erscheinung nachzuforschen. Doch außer einigen sehr skeptischen Bemerkungen habe ich nichts Bestimmtes ermitteln können. Mann Jones gab mir den Ausspruch eines „gewissenhaften Beobachters" (seines Zeichens Ex-Landwirt, Holzsäger, Bergmann und Wilddieb!) wieder, der lautete: „Der Ausdruck 'laufen' sollte für ein Ferkel, soweit wir solche in Devonshire haben, überhaupt nicht gebraucht werden. Bis zu sechsunddreißig oder achtundvierzig Stunden nach der Geburt kriechen diese Tiere mehr als daß sie gehen und taumeln auch später noch, sobald sie sich in Bewegung setzen". „Dies", so sagte mir Jones, „stimmt mit meinen eigenen Erfahrungen an derselben Rasse überein." Andere Schweinerassen scheinen sich ja als Neugeborene etwas lebhafter aufzuführen. Indessen bleibt es doch wünschenswert, weiteres Material zur Bestätigung von Spaldings Beobachtungen herbeizuschaffen.

Wenn nun ein Meerschweinchen, wenige Stunden nach der Geburt, durch einen leisen Pfiff erschreckt eiligst davonläuft, so haben wir es mit einem der vollkommensten Beispiele instinktiver Reaktion zu tun. Daß neugeborene Hunde und Kätzchen ein solches Betragen nicht an den Tag legen, ist größtenteils ihrer rückständigeren körperlichen Entwicklung zuzuschreiben. Je weiter diese fortschreitet und die Kraft der Gliedmaßen zunimmt, um so deutlicher manifestiert sich die gezwungenermaßen verzögerte instinktive lokomotorische Tätigkeit. Da aber nun

diese Manifestation — im Gegensatz zu der verzögerten Instinkthandlung des Tauchens bei Teichhühnern und Enten — eine mehr allmählige ist, und da jede allmählige Entwicklung normalerweise unter gleichzeitiger individueller Erfahrungserwerbung verläuft, kann man das Gehen oder Laufen, wiewohl es zweifellos auf instinktiver Basis beruht, doch nicht schlechthin als angeborene Tätigkeit bezeichnen. Teilweise ist es jedenfalls das Resultat von Erfahrung. Viele solcher Fähigkeiten zeigen diesen doppelten Ursprung des Instinkts und der Erwerbung, und nicht immer ist es leicht, jedem dieser Faktoren den ihm gebührenden Anteil zuzumessen. Gerade deshalb herrschen auch so viele Meinungsunterschiede in dieser Angelegenheit. Spalding[1] z. B., der die Ansicht „jener Schule von Psychologen, die die Meinung aufrecht erhalten, daß wir und alle anderen Tiere im Laufe des individuellen Lebens alle zu unserer Erhaltung nötigen Kenntnisse und Fertigkeiten zu erwerben haben" bekämpft, geht entschieden zu weit in der entgegengesetzten Richtung, wenn er nämlich behauptet, „daß die Fortschritte eines Kindes nichts anderes seien, als die Entfaltung ererbter Kräfte". Gewiß ist solche Entfaltung vorhanden, aber sie steht unter der Leitung individueller Erfahrung. Das regelmäßige Strecken und Beugen der Beine, „welches schon Monate, bevor die ersten erfolgreichen Gehversuche gemacht werden, auftritt, wenn man das Kind aufrecht auf den Fußboden stellt und sacht vor sich herschiebt", ist instinktiv, wie schon Preyer[2] zeigt und wie Mark Baldwin[3] bestätigt. Aber unter normalen Verhältnissen ist das Gehen des Kindes keine reine instinktive Tätigkeit, sie wird in hervorragender Weise von der Erfahrung unterstützt, und repräsentiert, ebenso wie der vollendete Vogelflug ein gemeinsames Produkt von Instinkt und Erwerbung. Bei dem frühreifen Meer-

---

1) *Nature.* Bd. XII. S. 507, 508.
2) W. Preyer, Die Seele des Kindes.
3) M. Baldwin, Mental Development of the Child and the Race. S. 82.

schweinchen hat der Instinkt die Oberhand, bei dem unentwickelteren Kätzchen dagegen bleibt der Erfahrung die Hauptrolle vorbehalten.

Sehr interessante Beobachtungen hat Mills in Folgendem zusammengefaßt. Er schreibt; „Ich habe bei sämtlichen neugeborenen Hunden und noch einigen anderen von mir beobachteten Tieren (z. B. der Katze und dem Kaninchen) gefunden, daß sie es bereits am ersten Lebenstage vermeiden, von ihrem, nur wenig über dem Erdboden erhöhten Ruheplatz herabzukriechen. Sobald sie sich dem Rand der Fläche, auf der sie sich befinden, nähern, zögern sie, klammern sich mit ihren Krallen fest oder suchen sich sonst irgendwie vor dem Fallen zu schützen; manchmal geben sie auch Angsttöne von sich, schreien und lassen eine deutliche Erschütterung ihres Nervensystems erkennen“. Dann fügt er hinzu: „es war interessant zu bemerken, daß eine Wasserschildkröte, die ich jahrelang besaß, jederzeit über die Fläche, auf der sie sich gerade befand, hinausging und sich zur Erde fallen ließ“. Die neugeborenen Tiere, mit denen Mills experimentierte, waren noch blind, so daß ihr Benehmen nicht auf einer Gesichtswahrnehmung, sondern wahrscheinlich auf dem Gefühl der Leere, der Haltlosigkeit fußte, das beim Erreichen jenes Randes eintrat; diese Tiere vertreten somit eine sehr bemerkenswerte Gattung instinktiven Benehmens. Zum Vergleich mag eine Beobachtung Spaldings an einem zwei Tage alten Schweinchen herangezogen werden. „Auf einen Stuhl gesetzt sah es sofort, daß die Höhe bis zur Erde in Betracht gezogen werden müsse, ließ sich auf die Knie nieder und sprang dann erst hinab.“ Spaldings Ausdruck vom „In-Betracht-Ziehen der Höhe“ ist anfechtbar und unglücklich gewählt. Das Niederknieen vor dem Sprung indessen ist keine Vermutung sondern direkte Beobachtung. Mann Jones spricht sich in einem Briefe an mich aus wie folgt. „Das Niederlassen auf die Knie (oder Einknicken des Fußgelenks) ist die allgemeine Ruhe-

stellung bei alten und jungen Schweinen, und die einzige
hier zulässige Schlußfolgerung ist die, daß die Muskeln
vom Stehen ermüdet waren." Er fährt fort: „Ich bezweifle, ob irgend ein Säugetier je aus dieser Stellung
heraus abgesprungen ist. Hätte das Ferkel vom Stuhl
herunter gewollt, ohne sich erst auf die Füße zu stellen,
so hätte es einfach abrutschen können. Praktische Männer,
mit denen ich über diese Sache gesprochen habe, bezeichnen den Ausdruck 'springen' als äußerst uncharakte-
ristisch." Als ich einen braven Landmann veranlassen
wollte, dieses Experiment für mich zu wiederholen, antwortete er mir: „Wer wird aber das Schwein bezahlen?"
und deutete durch diese Antwort in bezeichnender Weise
an, was seiner Meinung nach das Endergebnis eines solchen
Versuches sein würde. Sollte irgend ein Schweinezüchter
diese Zeilen lesen, so wird er sich vielleicht trotzdem
veranlaßt fühlen, ein ähnliches Experiment vorzunehmen.

In demselben Grade, in dem die Beherrschung über die
einzelnen Gliedmassen zunimmt, werden auch die lokomotorischen Tätigkeiten vervollkommnet. Hier aber zeigen
sich die konstitutionellen Unterschiede. Schon im Alter
von drei Monaten, ebenso wie später im erwachsenen Zustand, sind die motorischen Fähigkeiten der Katze, die
Feinheit und Genauigkeit ihrer Koordination größer als
beim Hund; und beim ausgewachsenen Hund größer
als beim ausgewachsenen Kaninchen. Die Beherrschung
der vorderen Extremitäten ist bei der Katze besonders
bei Ausübung ihrer Klettertätigkeit und beim Fang ihrer
Beute bemerkenswert. Einem kleinen Kätzchen wird es
leichter, in die Höhe als herabzuklettern. Ein hundert
Tage altes Kätzchen von Wesley Mills kletterte, durch
irgend etwas erschreckt, einen nahen Baum bis zur Höhe
von ca. 10—12 Metern hinauf. Es fürchtete sich aber,
wieder von dort herabzusteigen und mußte nach Verlauf
einiger Zeit mittels einer Stange heruntergeholt werden.
Solch eine kleine Katze, die hilflos auf einem Baume

sitzt, ist kein ungewöhnlicher Anblick. Der Trieb zum Klettern scheint allen Katzen angeboren zu sein, ebenso ihre im Dunkel des Abends gesteigerte Lebhaftigkeit. Auch beim Kaninchen treten schon früh die bekannten ruckweisen, heftigen, springenden Gebärden hervor, das Scharren auf der Erde aber noch früher, das charakteristische Wischen der Schnauze mit den Vorderpfoten bereits am zweiten Tag, und später, etwa am fünfzehnten, das Aufrichten auf den Hinterfüßen („Männchenmachen“) und die für diese Tiere so ungemein bezeichnende Art zu laufen. Ganz verschieden davon ist die trippelnde Gangart des Meerschweinchens. Eine instinktive Tendenz zu graben verzeichnet Dr. Mills beim Kaninchen nicht, hingegen berichtet Drane[1]) von einem zahmen Hasen, der hartnäckig in seinem Lager zu graben suchte. Die Haltung und Bewegung des Schwanzes bei Katze und Hund zeigt angeborene Züge, und die sozial abhängige Natur des Hundes, im Gegensatz zu der Selbstsicherheit der Katze, können bald genug beobachtet werden. Bei der Katze sehen wir einen zweifellos ererbten Zug in dem von uns als Ausdruck von Furcht oder Zorn betrachteten Krümmen des Rückens — begleitet von gutturalem Knurren, Fauchen und einem kräftigen Spucken als Schlußeffekt. Ebenso ist das Lecken des Fells (Pfote sechzehnter Tag, Hals und Brust zweiundzwanzigster Tag), das Abwaschen des Gesichts (neunundzwanzigster Tag) und das Strecken und Dehnen nach Art alter Katzen als angeboren zu betrachten. Angeboren aber verzögert scheint mir das Schnurren der Katze (fünfundvierzigster Tag), ebenso die, bei kleinen Katzen viel deutlicher als bei Hunden ausgesprochene Tendenz, sich an irgendeinen kleinen bewegten Gegenstand heranzupirschen. Dieser Trieb wird, wie mir scheint, von jedwedem beweglichen Ding ausgelöst, denn ich konnte zwischen dem Benehmen

---

1) *Trans. Cardiff Naturalist Society.* Bd. 27. T. II. 1894--95.

des Kätzchens einer von einem Uhrwerk bewegten und einer natürlichen Maus gegenüber keinen Unterschied entdecken. Trotzdem bezweifle ich nicht, daß der Geruch einer richtigen Maus nicht ohne Eindruck bleibt. Eine Beobachtung von Dr. Mills bestätigt dies. So wird auch ein Jagdhund durch den Geruch irgendeines Wildes sofort auf das „qui-vive" gebracht. Wenn ich z. B. Fasanen- oder Rebhuhneier im Brutapparat hatte, so nahm mein Foxterrier ein „geruchliches" Interesse an dem Brutkasten, das ihm bei Hühner- und Enteneiern fern lag. Noch größere Unterschiede machte er gegenüber den jungen Vögeln. Teilweise mag diese Unterscheidung auf Assoziation und Erfahrung basieren, in stärkerem Grade aber — darin sind wir wohl alle einig — auf Vererbungseinflüssen.

Obwohl von einem ganz verschiedenen Anfangsstadium der Entwicklung ausgehend, stimmen Meerschweinchen und Kaninchen in einem überein, der raschen Erreichung der Reife ihrer respektiven Fähigkeiten. Das Meerschweinchen ist schon sehr bald nach der Geburt fähig, für sich zu sorgen und imstande, eine unabhängige Existenz zu führen, das Kaninchen dagegen ist blind, taub, unfähig, sich einigermaßen zweckmäßig zu bewegen, kurz und gut ein völlig hilfloses Individuum. Und doch, so verschieden der Ausgangspunkt ihrer Entwicklung auch ist, durchlaufen beide Tiere so rasch die ersten Stadien der Entfaltung ihrer angeborenen Fähigkeiten (unterstützt durch die Erfahrung hinsichtlich dessen, was ihrem relativ einfachen Dasein taugt), daß nach drei bis vier Wochen „kaum ein weiterer Fortschritt mehr zu verzeichnen ist." „Nach dem ersten Lebensmonat", schreibt Mills, „gibt uns der Vergleich zwischen Hunden, Katzen und verwandten Säugetieren keine besonderen Fingerzeige mehr. Die Nagetiere bleiben weit zurück und scheinen der Erziehung, sei es durch den Menschen, sei es durch die Natur, kaum mehr zugänglich zu sein. Mit anderen Worten, sie profitieren wenig durch die Erfahrung, kaum daß diese ihre Instinkte kräftigt oder die

einfachen körperlichen Funktionen ihres Lebenslaufs unterstützt." Andererseits hat Mann Jones gefunden, daß manche Kaninchen einem beträchtlichen Grad von Erziehung zugänglich sind, und es keineswegs an Intelligenz fehlen lassen. Auch bei Ratten hat er ähnliche Beobachtungen gemacht. Und Drane berichtet uns in interessanter Weise über die außerordentliche Entwicklung eines zum Haustier und Familienmitglied erhobenen Hasen.

Was aber die Entfaltung der Sinnestätigkeit betrifft, so zeigt ein Meerschweinchen bald genug nach der Geburt, wie gut es sehen, hören und schmecken kann, und es ist, nach Dr. Mills, irrig, zu behaupten, daß diese Funktionen bei der Geburt noch nicht vorhanden seien. Ebenso verhält es sich beim Hasen. Gewiß ist auch hier eine Entwicklung der Tätigkeiten durch Wiederholung unverkennbar, aber der Weg bis zum fertigen Zustand wird mit großer Schnelligkeit zurückgelegt. Der Faktor der Vererbung überwiegt weitaus.

Alle jungen Säugetiere sind bei oder gleich nach ihrer Geburt empfindlich für Wärme und Kälte und zeigen eine Tendenz, die Wärme — in erster Linie die des mütterlichen Körpers — aufzusuchen. Auch die Empfindlichkeit gegen Berührung scheint früh entwickelt zu sein. Wenn man die Schnauze oder Nase eines Kätzchens am zweiten Lebenstage berührte, besonders aber wenn die Innenseite der Nasenlöcher gereizt wurde, folgte umgehend ein Zurückziehen des Kopfes. Bei jungen Kaninchen erregt schon die leiseste Berührung, ja ein leichtes Anhauchen mit dem Munde große Unruhe; sie bewegen sich in ihrer bekannten zappeligen, schlecht koordinierten Manier, und erscheinen äußerst aufgeregt. Eine Fliege, die ihnen übers Gesicht kriecht, veranlaßt sie zu heftigen zuckenden Bewegungen des ganzen Kopfes und der Ohren. Als einem noch nicht vierundzwanzig Stunden alten Kaninchen eine Lösung von Bittersalz und gewöhnlichem Salz ins Maul gestrichen wurde, um seine Geschmacks-

fähigkeit zu prüfen, machte es gewisse Bewegungen mit den Pfoten, wie um das unliebsame Salz zu entfernen. Am siebenten Tage aber verstand es sein Pfötchen schon ganz geschickt zur Entfernung eines irritierenden Gegenstandes, wie z. B. einer seine Schnauze berührenden Feder zu gebrauchen. Das zwischen Reiz und Reaktion verlaufende Zeitmaß ist verschieden. Bei Hund und Katze z. B. dauert die „latente Periode" zwischen Gekniffenwerden und der dadurch erzeugten Reaktion wesentlich länger als beim Kaninchen. Eine junge Katze kratzte, wie beobachtet wurde, am sechzehnten Lebenstage Kopf und Ohren mit dem Hinterfuß; und in demselben Alter sah man diese Tätigkeit beim jungen Hunde auftreten, nämlich am siebzehnten Tag. Bei beiden Tieren entwickelt sich, wie bereits erwähnt, die Koordination der hinteren Gliedmaßen etwas spät. Ein Himalaya-Kaninchen dagegen brauchte seine Hinterpfoten schon am zweiten Lebenstage zum Kratzen. Es darf nicht bezweifelt werden, daß derartige Reflexe, die auf eine lokale Reizung Gliederbewegungen folgen lassen, welche zur Beseitigung jener Reizung geeignet erscheinen, ihrer Natur nach ererbt sind. Sie sind es, welche die Grundlage weitergehender und exakterer Lokalisation der Reizungsstelle, und feinerer Anpassung der zur Beseitigung des Reizes nötigen Bewegungen bilden.

W. Preyers Experimente beweisen uns, daß junge Meerschweinchen schon in zartester Jugend zu riechen und zu schmecken vermögen, ja bereits in einem Alter, das mehr nach Stunden als nach Tagen zählt. Mit verbundenen Augen vermied das Tierchen Thymian- und Kampferöle, leckte an Zucker, nicht aber an Glas oder Holz. Auch Mills fand, daß sein Meerschweinchen am ersten Lebenstage an einer in Zuckerlösung getauchten Feder leckte, während es sich von einer mit Aloelösung benetzten abwandte. Einigen dieser Tiere wurden in ihre Kästen Pfeffermünzpastillen, Kandiszucker, Salz und Kampfer ge-

legt. Sie leckten nur ein Mal an dem Salz, gingen aber wieder und wieder an den Zucker. Beim Kaninchen scheinen Geschmack und Geruch schon am siebenten Tag gut entwickelt zu sein. Hinsichtlich Hund und Katze traut sich Mills weder zu behaupten noch zu leugnen, daß bei der Geburt dieser Tiere Geschmack und Geruch vorhanden seien; sollte es der Fall sein, aber nur in schwächstem Grade, und ohne den Tieren viel nützen zu können. Die Rolle, die jene Sinne während der blinden Periode der Tiere spielen, ist jedenfalls eine ganz unbedeutende. Allerdings schnüffelte ein zweitägiges Kätzchen mit einer gewissen Ängstlichkeit, als Mills seine Hand, die er kurz zuvor über das Fell eines Bernhardiners gerieben hatte, dicht an die Nase des kleinen Geschöpfes brachte. Am zwanzigsten Lebenstage hatte der Geruchssinn beim Hunde schon beträchtlichen suggestiven Wert erlangt.

Kaninchen, Kätzchen und Hund kommen mit geschlossenen Augen zur Welt. Das Kaninchen öffnet die Augen am zehnten, elften oder zwölften Tage, die Katze am achten oder neunten, der Hund zwischen dem elften und dreizehnten, wobei ausgesprochene individuelle Unterschiede mitsprechen. Das Meerschweinchen hat die Augen bei der Geburt bereits offen, und nach siebzehn Stunden sehen diese frühreifen Tiere ganz gut und zeigen auch bereits die Reflexbewegung des Blinzelns. Dieser Reflex tritt bei der Katze ganz schwach am elften, beim Kaninchen am vierzehnten Tage und beim Hund am fünfzehnten Tage auf, d. h. in jedem dieser Fälle drei Tage, nachdem die Augen sich überhaupt öffneten. Bei Hund und Katze scheint er sich indessen nur langsam zu entwickeln und wird nie so lebhaft wie beim Menschen. Noch mehrere Tage nach dem Öffnen der Augen und zwar länger beim Hund als bei der Katze, fand es Mills schwierig, Beweise für deutliches Unterscheidungsvermögen zu erlangen, und besonders beim Hunde tritt der Gesichtssinn in diesem Alter weit hinter dem Geruchssinn zurück. Selbst am

sechzehnten Lebenstage des Kaninchens glaubt Mills sich noch vorsichtig ausdrücken zu müssen, indem er sagt: „Ich glaube, daß es jetzt beginnt, Gegenstände dem Anblick nach zu unterscheiden". Hier beginnt nun die individuelle Erfahrung ihre wichtige Rolle bei der Ausbildung einer einigermaßen deutlichen Wahrnehmungstätigkeit zu spielen.

Ebenso wie Hund und Katze scheint das Kaninchen bei der Geburt taub zu sein; eines jedoch „spitzte" schon am zehnten Tage (ein Himalaya-Kaninchen am zwölften), mit Kopf und Ohren, als eine Hundepfeife ertönte. Die Katzen zeigten am achten Tage Spuren von Gehör, während junge Hunde erst ungefähr am siebzehnten Tage mit einer gewissen Deutlichkeit auf Laute reagierten, wobei zu berücksichtigen ist, daß die Ohrstellung beim Hören von Geräusch bei beiden Tieren einigermaßen verschieden ist. Sehr bald wird der Gehörsinn hinsichtlich der Richtung des Gehörten fein und geschärft. Wichtig ist es, bei all diesen Beobachtungen eines zu bedenken, daß wir nämlich alle unsere Kenntnisse der · beschriebenen Sinnesempfindungen allein aus der Bewegungsreaktion der Tiere schöpfen. Es ist wohl möglich, daß Sinnesempfindungen existieren, ehe die entsprechende Bewegungsreaktion sich entwickelt hat, und andererseits mögen wir als Empfindung auslegen, was zunächst nichts anderes als einen physiologischen Reiz bedeutet.

Viel ist schon über den Instinkt oder die Reflextätigkeit des Saugens geschrieben worden. Zweifellos können saugende Lippen- und Mundbewegungen bei einem eben geborenen Kind oder Säugetier durch irgend einen angemessenen, zwischen die Lippen eingeführten Gegenstand hervorgerufen werden. Preyer fand, daß junge, zwischen acht und siebzehn Stunden alte Meerschweinchen, die seit ihrer zweiten Lebensstunde von der Mutter getrennt gewesen waren, konzentrische Lösungen von Soda, Glyzerin und Weinsäure, die durch Tuben in ihre Münder ein-

geführt wurden, ebenso gierig wie Milch oder Wasser, unter kräftigen Saugbewegungen einsogen. Und er schließt daraus, daß unter dem Einfluß des Hungers der reflexauslösende Reiz der Lippenberührung die gleichzeitig wirkenden Geschmacksreize zurückdrängt. Es ist demnach anzunehmen, daß die Saugtätigkeit einen, von entsprechenden Sinnesreizen ausgelösten Reflex darstellt, und somit als reines Vererbungsprodukt zu betrachten ist. Wodurch wird das neugeborene Kind zu der Brustwarze der Mutter, wodurch das neugeborene Reh zu den Zitzen der Hindin geleitet? Was das menschliche Baby betrifft, so sucht es seinen Weg in sehr unsicherer und tastender Weise, und wird unter natürlichen Verhältnissen nach einer kleinen hilflosen Irrfahrt durch die Hand der Mutter zum Ziele geführt. Preyer ist der Meinung, daß bei Tieren der Geruchssinn die Säuglinge zu der Mutterbrust hinleitet. Er berichtet, daß neugeborene Hunde, die durch Durchschneidung des Geruchsnerven geruchlos gemacht wurden, so lange sie blind waren, die Zitzen der Hundemutter nicht zu finden vermochten. Sie rutschten auf dem Bauche umher und suchten sich überall anzusaugen. In normalem Zustand aber finden blinde Hundesäuglinge die Brust sofort. Mills berichtet nun allerdings abweichende Resultate seiner eigenen Beobachtungen. „Ich kann", schreibt er, „meine in meiner ersten Arbeit über den Hund ausgesprochene Meinung nicht zurücknehmen, daß der neugeborene Hund, und wie ich jetzt hinzufügen kann, auch die neugeborene Katze die Zitze der Mutter mehr durch das Gefühl als durch den Geruch findet, und daß zunächst die Wärme jener Körperteile sie zu Bauch und Brust der Mutter hinzieht." Dieselbe Meinung vertritt Mann Jones. „Soweit ich beobachten konnte", schreibt er in einem Brief, dessen Zitierung er mir gestattet hat, „ist es die Wärme der mütterlichen Brust, welche die Kleinen zur Annäherung an die Zitzen veranlaßt, aber viele der Säuglinge würden noch lange Zeit herumsuchen,

schöben nicht Sauen, Hündinnen und Katzen die Jungen
mit der Schnauze, die beiden letzteren Spezies auch mit
ihren Pfoten, in den warmen Bereich der Mutterbrust, sobald sie im Begriff sind, aus demselben herauszugeraten.
Ferner habe ich sowohl Hündinnen wie Katzenmütter auf-
stehen und sich in anderer Stellung wieder hinlegen
sehen, um die Zitzen in Fällen, wo die Säuglinge die Brust
nicht zu finden vermochten, in bequemeren Kontakt mit
den Mäulern der Kleinen zu bringen. Von einem mir bekannten Mann, der besonders viel mit Tieren zu tun hat
und ein hervorragend guter Beobachter ist, sowie von mir
selber ist bemerkt worden, wie ein schwächliches Lämmchen, das umsonst nach dem Euter suchte, von seiner
Mutter mittels ihres Kopfes, der Schultern und des Nackens,
die ihr als Hebel dienten, auf die Füße gestellt wurde;
hierauf stellte sich die Mutter über dem Lämmchen auf
und brachte die Zitzen in Berührung mit den Lippen des
kleinen Tieres; diese Bemühungen wurden fortgesetzt, bis
das Neugeborene trank."

Von den Pampasschafen sagt Hudson: „kaum geboren,
ist es der erste Impuls des Lammes, sich auf die Füße zu
stellen, sein zweiter zu saugen, doch geht es hierbei nicht
so sicher vor, wie der neugeborene Vogel, der sofort das
richtige Futter zu finden weiß" (eine Auffassung, der ich
meinen Beobachtungen zufolge nicht beipflichten kann),
„denn es weiß nicht, woran zu saugen. Es nimmt alles
ins Maul, was ihm unterläuft, meistens einen Busch Wolle
aus dem Fell des mütterlichen Nackens, und hieran saugt
es dann eine geraume Weile. Es ist sehr wahrscheinlich,
daß der starke Geruch des Schafeuters das Lamm schließlich zu diesem Körperteil hinlockt, und daß ohne solche
Direktive es in vielen Fällen verhungern würde, ohne das
Euter gefunden zu haben."

Mann Jones sagt weiter in dem bereits zitierten Brief:
„eine mir bekannte Dame, eine sehr gute Beobachterin,
versicherte mich, daß bei einigen Schweinerassen die

Jungen sich beim Finden der Brust so hilflos anstellen, daß viele derselben eingegangen wären, hätte man nicht nachgeholfen, und sie hat viele Fälle gesehen, wo die Zitze direkt in die Schnauze des Ferkels eingeführt werden mußte, um seinen Hungertod zu verhindern.

Soviel ich beobachten konnte, geht dieser Prozeß um so rascher vor sich, je größer der Unterschied zwischen der Temperatur der Mutter und der Atmosphäre ist. Ferkel, neugeborene Hunde und Katzen werden umso energischer zur Mutter hingedrängt, je größer der Gegensatz zwischen der Lufttemperatur und der Wärme des mütterlichen Körpers ist."

Wohlgemerkt haben wir es hier mit den allerersten Anfängen jener Tätigkeit zu tun, die von so hervorragender Wichtigkeit für das junge Säugetier ist. Es steht außer Frage, daß bei der weiteren Ausbildung dieser Handlung die Erfahrung die ihr gebührende Rolle spielt, und daß hier wie überall Übung den Meister macht. Ob der sanfte rhythmische Druck der Vorderpfoten auf die Brustdrüsen des Muttertieres zum Teil instinktiv ist, wäre schwer zu sagen, sicher ist, daß die Übung diese Nachhilfe wirksamer macht. Darwin war der Ansicht, daß die Gewohnheit dieses rhythmischen Drückens ererbt sei, und häufig kann man sehen, wie eine ältere Katze dem Kissen, auf dem sie schnurrend schlummert, kleine Drücke verabreicht.

Nun zurück zu den Anfängen der Saugtätigkeit und den charakteristischen Gewohnheiten des Säuglings. In Ermangelung weiterer Belege wollen wir uns der Ansicht anschließen, daß die Jungen durch die Sehnsucht nach Wärme zur Mutterbrust hingezogen werden, und daß ihre erste Berührung mit den Zitzen entweder infolge willkürlicher Bewegungen und eines vagen Triebes, an irgend etwas zu saugen, entsteht (da sie ja auch andere Gegenstände anzusaugen pflegen), oder aber infolge eines Geruchsreizes, oder schließlich infolge äußerer Hinleitung seitens der Mutter oder eines anderen Individuums.

Der suggestive Einfluß des Geruchs ist äußerst wichtig sowohl für die Jäger unter den Tieren, wie z. B. Hund und Katze als auch für den jagdbaren Typ, wie z. B. das Kaninchen. Deshalb ist es interessant zu ergründen, inwieweit der Einfluß gewisser Gerüche erblich fixiert ist. Spalding hat in dieser Angelegenheit eine häufig zitierte Beobachtung gemacht[1]): „So alt", sagte er, „ist der Kampf zwischen Hund und Katze, daß das Kätzchen seinen Feind schon kennt, ehe es ihn sehen und ehe noch seine Furcht ihm im geringsten dienlich sein kann. Eines Tages im vergangenen Monat brachte ich, nachdem ich den Hund gestreichelt hatte, meine Hand in einen Korb zwischen vier blinde, dreitägige Kätzchen. Der bloße Geruch meiner Hand veranlaßte sie auf sehr drollige Weise zu fauchen und zu spucken". Meine eigenen Versuche lassen mich bezweifeln, ob diese Reaktion so spezifisch ist wie Spalding annimmt, d. h. so ausschließlich durch den Hundegeruch veranlaßt wurde. Ein Hauch aus einer Ammoniakflasche sowie ein wenig Stroh aus dem Schweinekoben brachte annähernd denselben Eindruck hervor. Auch erzählt Mills, wie erstaunt er war, als ein, plötzlich durch irgend etwas gestörtes Kätzchen von zartestem Alter sich fast ganz so benahm, als wenn es einem Hunde gegenüberstünde, nur in etwas markierterer Weise. „Trotzdem", fährt er, sein Tatsachenmaterial gegeneinander abwägend, fort, „erweckt das Benehmen eines nur wenige Tage älteren Kätzchens gegenüber dem bloßen Hundegeruch an der menschlichen Hand die Empfindung, als sei bereits jetzt eine instinktive Angst oder Abneigung gegen den Hund vorhanden. Allerdings habe ich ein ähnliches Benehmen bei kleinen Katzen beobachtet, wenn ein Reizmittel unter ihre Nase gebracht, oder sie, sobald sie zu hören vermochten, durch ein plötzliches Geräusch erschreckt wurden." Ja sogar Mills in eigner Person, als

---

1) *Nature.* Bd. XII. S. 507.

er, am siebenundzwanzigsten Lebenstage seines Kätzchens in einem etwas auffallenden Kleidungsstück „von heller Farbe und mit vertikalen Streifen versehen" vor dasselbe hintrat, veranlaßte das kleine Tier, das Mäulchen aufzureißen und energisch zu zischen. Mann Jones erzählt mir, daß er häufig junge Katzen Hunden vorgestellt habe und umgekehrt und daß auf Seiten des jüngeren Tieres keine Antipathie zu bemerken war, bei den älteren auch nur dann, wenn es infolge schlechter Gesellschaft sich zum „Krakehler" ausgebildet hatte.

Darüber kann kein Zweifel herrschen, daß bei Katzen die Art der Reaktion auf stark beunruhigende Reize — das Öffnen des Maules, das gutturale Zischen, in schwereren Fällen ein explosives Spucken — angeboren und außerordentlich charakteristisch ist. Allgemein bekannt sind diese Äußerungen des erst wenige Wochen zählenden Kätzchens beim Anblick oder gar der Annäherung eines Hundes, was dann noch durch ein ebenso charakteristisches Krümmen des Buckels und Sträuben der Haare verschärft wird. Doch habe ich das gleiche Benehmen durch den Anblick eines großen Karnickels verursacht gesehen. Bei Katzen dieses Alters — drei bis vier Wochen — habe ich gefunden, daß der Geruch meiner Hand nach Streicheln des Hundes oder nachdem ich sie mir von diesem habe lecken lassen, nichts andres als ein neugieriges Schnüffeln hervorrief. Selbst wenn der Hundegeruch instinktive, von lebhaftem Affekt begleitete Äußerungen hervorruft, so müssen diese mehr als physiologische Reaktionen, freilich unter Mitwirkung des Oberbewußtseins, denn als Wiederauflebung jener rein mythischen Bewußtseinszustände aufgefaßt werden, die man als angestammte Erinnerungen zu bezeichnen pflegt. Zu behaupten, daß ein Kätzchen „seinen Feind erkennt, ehe es ihn noch zu sehen vermag", ist eine poetische Auffassungsweise, die vor dem Forum wissenschaftlicher Untersuchung nicht so recht besteht. Höchstens haben wir hier eine angeborene Reaktion nütz-

licher Art vor uns, die gleichzeitig die Resultate der Erfahrung vorweg nimmt und eine Basis für das Wirken späterer Erfahrung liefert.

Bei allen Beobachtungen über instinktive Antipathie muß selbstverständlich jeder Einfluß der Eltern ausgeschaltet werden. Ich trug einmal ein noch blindes Hündchen zu einem Lager kleiner Katzen, um zu sehen, ob diese Zeichen des Widerwillens verraten würden. Die Katzenmutter war gerade abwesend. Da zu meinem Erstaunen keinerlei Reaktion auf diese Visite erfolgte, wiederholte ich den Versuch. Dies Mal war unglücklicher Weise die Katzenmutter daheim, und lange habe ich die Spuren ihrer Krallen an meinen Lippen getragen. Die kleinen Kätzchen aber zeigten sich diesmal sehr aufgeregt, und es war nicht schwer, die Zusammenhänge zwischen dieser Aufregung, dem Benehmen der alten Katze und dem Hundegeruch zu ergründen.

Ich habe ferner beobachtet, wie mein Foxterrier ein junges, ungefähr vierzehn Tage altes Lamm, das auf dem Felde lag, beschnüffelte. Es zeigte keine Spur von Angst, obwohl die zwei Tiere sich Nase an Nase befanden, bis das alte Schaf, ängstlich blökend, herangelaufen kam; da erst sprang das Lämmchen in die Höhe und lief zu seiner Mutter. Ich bin daher der Meinung, daß viele der weitverbreiteten Annahmen bezüglich instinktiver Angst irrig oder doch übertrieben sind, und daß das, was Hudson bei Vögeln festgestellt hat — daß deren Furcht eine Folge von Erfahrung und Überlieferung sei — sich auch auf Säugetiere erstreckt. Hinsichtlich einer dieser populären Annahmen sagt Selous[1] Folgendes: „Ich halte es für einen Irrtum, zu behaupten, daß Ochsen und Pferde eine instinktive Angst vor dem Geruch des Löwen haben. So habe ich erlebt, daß ein, zum Tragen von Fleisch abgerichtetes Pferd es ebenso ruhig litt, ein blutiges, noch dampfendes

---

[1] Selous, Travel and Adventure in Africa, S. 126.

Löwenfell aufgepackt zu bekommen, als wäre dies nur ein harmloses Antilopenfell; dies Verhalten dauert wenigstens so lange, als das Pferd noch von keinem Löwen erschreckt oder angepackt worden ist; soweit kann ich aus persönlicher Erfahrung sprechen."

Und doch mag dort, wo zwei Tiere ihre gegenseitigen natürlichen Feinde sind, eine gewisse instinktive Basis vorhanden sein. Auch müssen wir stets eingedenk bleiben, daß dasjenige, was wir inktinktiv nennen, nur die Grundlage bildet, auf die das Erworbene im Laufe der persönlichen Entwicklung aufgebaut wird.

Mills hat das sehr klar auseinandergesetzt. „Die ganze Lebensgeschichte der Katze" sagt er „ist eine Illustration der Tatsache, daß, so stark auch die Instinkte bei einem intelligenten Tier sein mögen, sein psychisches Leben doch von der Erfahrung bedingt ist, das heißt also, daß fast keine reinen Instinkte übrig bleiben — Instinkte die, wie manche Forscher anzudeuten scheinen, durch keinerlei Erfahrung beeinflußt sind. Mir scheint solche Annahme schwer faßlich. Jeder Lebenstag meines Kätzchens zeigte mir einen neuen, auf Erfahrung beruhenden Fortschritt, und dasselbe läßt sich vom Hunde behaupten; doch muß ich hinzufügen, daß die ersten acht bis zehn Lebenswochen den stärksten Beitrag zu dieser Sammlung neuer Erfahrungen liefern". Natürlich ist die Erweiterung der Erfahrungssphäre stets im Einklang mit und in hohem Grade abhängig von dem angeborenen Charakter eines Tieres. Auch dieser Ansicht huldigt Mills in vollem Maße; denn er äußert bei Besprechung und Vergleich der Tagebuchnotizen über einen reinrassigen Hund und einen Mischling, daß Vererbung stets stärker als das Milieu war, ist und sein wird. Der Faktor der Erblichkeit darf bei der Entwicklung erworbener Eigenschaften nie außer Acht gelassen werden.

Aber trotzdem, wie Mills sagt, bei einem geistig höherstehenden Tier nach einer gewissen Zeit „fast keine seiner

Instinkte übrigbleiben", da das, was als Instinkt mitgeboren wurde, nach und nach durch Erfahrung und Hinzuerwerbung modifiziert und angepaßt wird, so bleibt doch der fundamentale Unterschied zwischen einerseits dem Instinktiven und Angeborenen, andrerseits dem durch individuelle Erfahrung Erworbenen bestehen. Und die Tatsache, daß das Erwerben selbst erst durch eine angeborene Fähigkeit zu erwerben ermöglicht wird, ja, daß die jeweilige Art und Weise des Erwerbens verschieden ist und sich stets in Übereinstimmung mit dem ererbten Charakter eines Tieres befindet, ändert nicht das geringste an der Wichtigkeit dieses Unterschiedes. Die instinktive Handlung geht der Erfahrung voran; die erworbene oder erlernte Handlung geht aus Erfahrung hervor. Und dieser Unterschied steht fest, so schwer es auch im einzelnen Falle sein mag, zu entscheiden, ob eine Tätigkeit im wesentlichen instinktiv oder im wesentlichen erworben sei. Das Endergebnis individueller Entwicklung mag zwiefachen Ursprungs sein — und ist es wohl fast immer — nämlich teils aus Instinkt, teils aus Erfahrung zusammengesetzt; der Unterschied zwischen den zwei Faktoren wird aber durch die Tatsache dieses ihres Zusammenwirkens nicht aufgehoben. Wenn wir Wasser in Branntwein schütten, so haben wir nicht mehr reinen Branntwein, sondern mehr oder weniger verdünnten, doch ist der Alkohol nichts destoweniger noch vorhanden und macht seine Gegenwart bemerkbar. Wenn wir nun das Wasser der Erfahrung mit dem Branntwein des Instinkts mischen, haben wir ein entsprechendes Produkt, dessen einer Teil aus der Flasche, dessen anderer aus dem Brunnen stammt. Und wenn Mills aufrecht erhält, daß das psychische Leben der Katze durch Erfahrungen bestimmt wird, können wir dies nur in dem Sinne auffassen, daß der Branntwein des Instinkts im Laufe der individuellen Entwicklung mehr und mehr verwässert wird.

Wo Tiere von ihren Eltern aufgezogen werden, ist es

häufig sehr schwierig zu bestimmen, wie weit ein besonders charakteristisches Benehmen dem ähnlichen Benehmen der Eltern oder dem eigenen Instinkt zuzuschreiben ist. Wenn jedoch die Jungen in sehr zartem Alter von den Eltern getrennt werden, wird die instinktive Grundlage sofort klarer und augenfälliger. In dieser Beziehung sind die folgenden Beobachtungen von Charles F. Batchelder, deren Zitierung er mir gestattet hat, von größtem Interesse.

„Das Nest, in dem unser graues Eichkätzchen (Sciurus carolinensis leucotis, Sapper) seine Jungen aufzieht, befindet sich gewöhnlich zwischen den höchsten Zweigen eines großen Baumes. Es ist eine wulstige Masse von Holzstücken und Blättern, oben ganz geschlossen, so daß es nur durch eine kleine Öffnung in der Seitenwand betreten werden kann. In der Mitte befindet sich eine muldenartige weich ausgefütterte Vertiefung, wo die Jungen geboren werden und wo sie, von der Außenwelt abgeschlossen, ihre erste Kindheit verbringen.

Aus einem solchen Nest auf dem Wipfel einer hohen Weißkiefer (Pinus strobus, Linn.) erhielt ich am 12. Mai 1877, aus einem Wurf von vieren, zwei junge graue Eichhörnchen. Diese waren so jung und schwach, daß sie, angeklammert an den rauhen wollenen Überrock, den ich zur Zeit trug, Mühe hatten, daran emporzuklettern, so gute Gelegenheit dazu ihnen auch dieses Kleidungsstück bot. Es war offenbar, daß sie sich noch nie aus ihrem Nest herausgewagt hatten; und noch sicherer war es, daß sie bis dahin noch keinerlei Bekanntschaft mit der Erde gemacht hatten, die durch einen dicken Schirm von Ästen vor dem Nest verborgen gewesen war.

Als ich sie nach Hause brachte, waren sie vom Verhungern bedroht, denn festes Futter vermochten sie nicht zu essen, und an die Milch im Napf schienen sie auch nicht heran zu wollen. Um diese Schwierigkeit zu beseitigen, improvisierte ich eine Saugflasche, indem ich durch den Kork einer weithalsigen Flasche eine Federpose

steckte, und die Flasche mit einer Mischung von Sahne und heißem Wasser füllte. Dies tranken die kleinen Tiere mit Behagen. Nach einigen Tagen lernten sie, die Milch aus dem Napf zu trinken und bald wurden sie durch Darreichung von Brod und Milch an festere Nahrungsmittel gewöhnt.

Nachdem sie einige Zeit von dieser Art Futter, Biskuits und Brodrinden gelebt hatten, gab ich ihnen eines Tages eine Hickorynuß (weiße amerikanische Wallnuß), eines der wichtigsten Nahrungsmittel der ausgewachsenen Eichkätzchen, deren kräftige Zähne nur wenige Augenblicke zum Durchbeißen der dicken, harten Schalen brauchen. Zuerst betrachteten die Eichhörnchen die Nüsse aufmerksam, so als hätten sie eine hochinteressante Neuheit vor sich, und schließlich machte sich das unternehmendere der beiden Tierchen an die Bearbeitung der Nuß, als ob es herauskriegen wollte, was für Herrlichkeiten diese wohl bergen möchte. Mit bisher nie gezeigter Geduld knabberte es an der Nuß herum, bis es endlich, nach mehr als halbstündigem fleißigem Nagen, Zutritt zu dem Kern gewann. Nach der Übung weniger Tage war ein hoher Grad von Geschicklichkeit und Schnelligkeit beim Entkernen dieser holzverschalten Leckerbissen erreicht, und von da ab flaute das Interesse an solchen Dingen wie Biskuits merklich ab, und Hickorynüsse bildeten von jetzt ab das Hauptgericht im Speisezettel der Eichkätzchen.

Die Tierchen wurden nun oft für Stunden aus ihrem Käfig genommen, und in einem Zimmer frei gelassen. Hier konnten sie sich ausgiebig Bewegung machen, klettern und über die Möbel springen, die Fenstervorhänge hinauflaufen und so gut es sich machen ließ, regelrechte Eichhörnchenexistenzen führen. Hier war es, daß sie, im Alter von ein oder zwei Monaten (unglücklicherweise habe ich das genaue Datum nicht verzeichnet) einen sehr interessanten Instinkt verrieten. Oftmals sah ich das eine oder andere von ihnen, wenn mehr Nüsse da waren, als sie be-

wältigen konnten, eine Nuß ergreifen und sich im Zimmer umschauen, bis es einen passenden Platz gefunden hatte, wo es dieselbe, sei es im Schutz eines Sofabeines oder in der Höhlung eines geschnitzten Schreibtischfußes auf dem Teppich deponieren konnte. Es preßte die Nuß in den Teppich hinein und machte sodann alle Gesten durch, die das Einscharren in die Erde mit sich bringt (so z. B. das Festdrücken der Erde über dem versteckten Gegenstand) und ging nachher, wie nach einer glücklich erledigten Arbeit seinen Beschäftigungen nach.

Ich möchte hierzu noch bemerken, daß im Naturzustand die ausgewachsenen Eichhörnchen dieser Spezies normalerweise in den Zeiten des Überflusses keine Vorräte von Nüssen sammeln, sondern daß sie die überflüssigen nehmen und einzeln zwei bis drei Zentimeter tief unter der Erde vergraben, indem sie, wo dies nötig ist, ein kleines Loch aushöhlen und die Nuß hineinschieben, sie dann zudecken, und die Erde darüber festklopfen und drücken. So vergraben sie eine große Menge, so viele, daß sie sich kaum erinnern könnten, wo die einzelnen liegen, wenn sie sie nicht durch ihren Geruchssinn, der sehr fein ist, wieder zusammenbrächten. Oft sieht man ein Eichhörnchen auf der Erde hin und her laufen und hier und dort herumschnüffeln, gelegentlich stehen bleiben, um zu scharren und fast regelmäßig dabei eine Nuß zu Tage fördern.

Es war sehr interessant zu beobachten, wie meine jungen Eichhörnchen sich darin gefielen, ihre Nüsse an den Stellen des Teppichs zu verstecken, die dem Begriff des Loches am nächsten kamen, und daß sie sich durch die Tatsache, daß nach vollbrachtem „Verstecken" die Nüsse immer noch sichtbar blieben, keineswegs beirren ließen. Auch ist es interessant, sich dabei gegenwärtig zu halten, daß zu der Zeit als sie von ihren Eltern entfernt wurden, sie nicht nur noch nie die Manipulation des Nüsse-Vergrabens gesehen hatten, sondern den Eigenschaften von Nüssen und Erde noch absolut fremd gegenüberstanden."

In diesem Falle ist das unerlernte instinktive Vorgehen um so auffallender, als es zu keinem nützlichen Resultat führen konnte. So weit wir es überblicken können, ist hier, um an den obigen Branntwein-Vergleich anzuknüpfen, das ererbte Originalgetränk von dem Wasser der Erfahrung nicht verdünnt worden. Andererseits ist die Art, wie Mills seinem Kätzchen reinliche Gewohnheiten beibrachte, ein ebenso lehrreiches Beispiel für Erwerbung durch Assoziation, wobei freilich einige instinktive Züge, wie z. B. das Scharren im Sande, mitspielen.

Ich habe hier vieles aus den Notizen verwendet, die Mills in den Arbeiten, auf die ich Bezug genommen habe, niedergelegt hat, und ich möchte den Leser nur noch versichern, daß vieles, was unerwähnt blieb, von gleichem Interesse und gleicher Wichtigkeit ist. Diese Tagebücher sollten von allen Erforschern des Tierlebens aufmerksam gelesen werden. Besonders interessant sind seine Beobachtungen des sogenannten „Spieltriebes", Ausfluß eines Überschusses an Lebenskraft, der sich in den verschiedensten Äußerungen betätigt. Diese Äußerungen stehen in engerem oder weiterem Zusammenhang mit Tätigkeiten, die im späteren Leben des Tieres für dieses von Wichtigkeit sind, und befördern vor allem die Entwicklung der lokomotorischen Gewandtheit, die ebenfalls so außerordentlich wesentlich für das Individuum ist. Interessant ist auch der prägnante Einfluß, den ein Zusammenkommen mit andern Hunden auf einen bis dahin ganz zurückgezogen aufgewachsenen jungen Hundebastard ausübte. „Seine Entwicklung verlief buchstäblich sprungweise", sagte Mills. Auch die, hinsichtlich ihrer eigenen Artgenossen weniger gesellige Natur der jungen Katze findet Erwähnung.

„Das Betragen eines Kätzchens", so erzählt uns der treffliche Beobachter weiter, „übt weniger Einfluß auf das seiner Kameraden, als das eines jungen Hundes auf die seinen." Die Länge der Zeit, die ein Kätzchen braucht, um ordentlich Milch aus einer Schüssel zu trinken (und

zwar dauert dies viel länger als beim jungen Hunde) und feste Nahrung zu genießen, scheint uns darüber aufzuklären, daß hier das Erlernen den Instinkt überwiegt. Der beim Kaninchen sehr zeitig einsetzende spontane Versuch zu fressen, sowie die Tatsache daß, obwohl der Hund ein so ausgesprochen fleischfressendes Tier ist, das junge Hündchen doch, ehe ein bestimmter Entwicklungsgrad erreicht ist, durch die Nähe von Fleisch nicht mehr aufgeregt wird als durch irgend einen anderen Gegenstand, dies beides zeigt aufs deutlichste, daß in der psychischen wie physischen Entwicklung eine bestimmte Ordnung der Dinge herrscht, sowohl bezüglich der Rasse wie des Individuums. Doch ist nunmehr genug über die instinktiven Reaktionen sowie über die erworbenen Lebensgewohnheiten junger Säugetiere gesagt worden.

Diejenigen, die mit dem Leben und dem Benehmen wilder und domestizierter Tierarten vertraut sind, werden sich eine Menge instinktiver Züge derselben zurückrufen können. Die Art und Weise, wie ein Hund sich auf der Stelle herumdreht, ehe er sich niederlegt, wie er seine Pfote hebt, wenn er aufgeregt oder auf der Spur irgend eines Wildes ist, die Art, wie eine Katze ihr Junges trägt, die eigenartigen Instinkte der Wiederkäuer, die Hudson so treffend beschreibt, die zahllosen charakteristischen Züge, die jedes Tier, je nach seiner Art, entfaltet, würden genügen, Bände anzufüllen. Bezüglich solcher Tatsachen möchte ich jeden Beobachter bitten, gewissenhaft zu prüfen, wie weit sie zweifellos und unmißverständlich angeboren sind, oder wie weit sie durch individuelle Erwerbung, sei es auf dem Wege der Erfahrung oder der Nachahmung erzeugt wurden.

VI. Kapitel.

Die Beziehung des Bewußtseins zur Instinkt-handlung.

Auf dem Gebiet biologischer Phänomene gibt es nichts Wunderbareres als die Reihenfolge von Veränderungen, die während der Ausbrütung des Eies vor sich gehen. Auf der Oberfläche der zentralen Dottermasse findet sich, wenn das Ei gelegt wird, ein kleiner Flecken von etwas hellerer Farbe. Legt man das Ei unter die Henne, oder in das Fach des Brutapparats und hält man diesen zirka drei Wochen lang unter einer Temperatur von 40° C., so tritt eine derartige Umwandlung ein, daß ein kleines Hühnchen dem Ei entschlüpft, das 24 Stunden später aufs munterste nach kleinen Gegenständen pickt, von denen es einige auswählt und andere zurückweist. Wofern wir nun nicht der Anschauung huldigen, daß Vögel ihr Leben lang unbewußte Automaten oder Maschinen von höchst wunderbarer Präzision seien, so müssen wir dem eintägigen Kücken, das jeden Augenblick im Umkreise der Welt, in die es geboren wurde, neue Erfahrungen sammelt, Bewußtsein zusprechen. Nicht nur besitzt es Empfindungen, sondern es gestaltet seine Handlungen entsprechend den Empfindungen, die es im Laufe der kurzen Stunden seines eigentlichen Lebens gefühlt hat, indem es die Wiederkehr gewisser Empfindungen sucht, die Erneuerung anderer hingegen meidet. Es erscheint uns von einem ähnlichen Bewußtsein geleitet, wie jenes ist, das uns selbst in unsern Handlungen bestimmt. Sein Bewußtsein mag

an Kompliziertheit stark hinter dem uns Menschen auszeichnenden zurückstehen; es mag gewisse Züge entbehren, die für das menschliche Bewußtsein charakteristisch sind — kurz, es mag naiverer und mehr rudimentärer Art sein. Immerhin erfüllt es seinen Zweck, das Hühnchen durch die relativ einfachen Verhältnisse seines jungen Lebens hindurch zu steuern.

Wenn man nun einerseits vernünftigerweise nicht behaupten kann, daß das Ei, so wie es der Henne untergelegt wird, Bewußtsein besitze; andererseits ebensowenig vernünftigerweise das eintägige Kücken als unbewußten Automaten bezeichnen darf — so muß doch zwischen den beiden Stadien ein Augenblick liegen, in dem das Bewußtsein seinen Ursprung hat. Wann tritt dieser Augenblick ein, und wie verhält es sich damit? Wollten wir versuchen, diese Frage mit nur einiger Gründlichkeit zu untersuchen, so hätten wir zunächst die weitere Frage zu lösen: „Woraus entspringt das Bewußtsein?" Dies aber würde zu einer äußerst schwierigen und für die meisten von uns nicht besonders interessanten Diskussion führen. Wir müßten entscheiden, ob Bewußtsein sich ausschließlich aus der materiellen und physischen Unterlage, die das entstehende Hühnchen bietet, entwickelt; oder ob es durch irgend einen äußeren Faktor eingeführt wird; oder ob es schließlich aus einem mit dem materiellen Ei verknüpften Etwas entsteht, das, obwohl noch nicht eigentliches Bewußtsein, sich doch dazu entwickelt. Solche Probleme wollen wir an dieser Stelle nicht zu lösen unternehmen. Die größte Wahrscheinlichkeit scheint mir auf Seiten der dritten Alternative zu liegen, und aus ihr heraus läßt sich die greifbarere Frage stellen: „Wann tritt das Bewußtsein in Wirksamkeit?"

Unter wirksamem Bewußtsein verstehe ich dasjenige, was ein Tier dazu veranlaßt, seine Handlungen mit dem Licht vorangegangener Erlebnisse zu beleuchten und entsprechend einzurichten. Es ist offenbar, daß, nach der an-

gedeuteten Hypothese, Empfindungszustände bestehen, die physiologische oder andere Prozesse zwar begleiten, ohne jedoch die genannte Wirksamkeit bei der Lebensführung auszuüben. Diese Zustände haben keinen praktischen Wert, so lange sie nicht Daten abgeben, die dem betreffenden Tier und seiner Lebenserfahrung dienlich sind. So mögen z. B. in der Reihenfolge von Veränderungen, die in dem befruchteten Ei stattfinden, Empfindungszustände dieser Art vorhanden sein. Doch fehlt uns jeder Anhaltspunkt dafür, daß die folgenden Erscheinungen in irgend welcher wichtigen Beziehung durch jene vorangegangenen Empfindungen, falls diese überhaupt bestanden haben, beeinflußt werden. Und gerade daß die Handlungen des Hühnchens durch die Resultate von Erfahrung beeinflußt erscheinen, läßt uns das Vorhandensein wirksamen Bewußtseins voraussetzen.

Wir haben Grund anzunehmen, daß dieses wirksame Bewußtsein die Funktionen der höheren Gehirnzentren begleitet, die sich in der Großhirnrinde befinden, und deshalb auch kortikale Zentren genannt werden. Diese wieder stehen in Verbindung mit gewissen andern Nervenzentren, den niederen oder subkortikalen Zentren und den Rückenmarkszentren, und diese wiederum mit verschiedenen Teilen des Körpers durch Vermittelung der Nervenfasern, die man in zwei große Gruppen einteilen kann: in die zentripetal-leitenden Nerven, die von den verschiedenen Körperteilen aus Erregungen nach innen, zu den Nervenzentren leiten; und in die zentrifugal-leitenden, die von den Nervenzentren aus Erregungen nach außen, zu den verschiedenen Körperteilen hin leiten.

Nun ist es die Aufgabe der subkortikalen Zentren, die Funktionen des Körpers durch die von den zentrifugal-leitenden Nerven nach außen gehenden Erregungen zu koordinieren. Und diese Koordination, die nur von den subkortikalen Zentren ausgeht, erreicht zuweilen eine außerordentliche Feinheit und Kompliziertheit. Doch

scheint es immerhin, daß ihr koordinierender Einfluß ausschließlich innerhalb der Sphäre physiologischer Tätigkeit liegt. Dies mag in einem gewissen, oben angedeuteten Sinne, mit einer Art von Empfindung verbunden sein; wirksame Bewußtseinstätigkeit oder, wie manche es nennen, „Oberbewußtsein" ist aber dabei nicht beteiligt. Die koordinierende Tätigkeit der subkortikalen Zentren, so weit sie nicht durch den Einfluß höherer Zentren, deren Mitwirkung stets mit Oberbewußtsein verbunden ist, geleitet und kontrolliert wird, können wir als eine automatische bezeichnen; den Begriff des „tierischen Automatismus" möchte ich indessen im Gegensatz zu Huxley, der dieses Wort in einem viel umfassenderen Sinne gebraucht, auf diejenige organische Tätigkeit beschränken, die aus dem koordinierenden Einfluß der subkortikalen Nervenzentren hervorgeht. Danach ist eine automatische Handlung eine solche, die ohne die unmittelbare und wirksame Beteiligung jener mit Oberbewußtsein verknüpften physiologischen Prozesse der Gehirnrinde vor sich geht.

Die Zentren der Hirnrinde allein sind es, deren Funktionen — so weit wir wenigstens wissen oder mit einiger Gewißheit annehmen dürfen — von Oberbewußtsein, in dem Sinne wie wir das Wort gebrauchen, begleitet werden. Sie sind das Zentrum der Leitung, die Oberaufsicht sozusagen; oder, um mich noch präziser, wenn auch etwas pedantisch auszudrücken, sie sind diejenigen Zentren, in denen die Prozesse stattfinden, die auf die subkortikalen Zentren einen Einfluß ausüben und mit Bewußtsein verknüpft sind. Sie werden direkt oder indirekt in Tätigkeit versetzt durch die Erregungen der zentripetalleitenden Nerven und üben sodann ihren Einfluß auf die subkortikalen automatischen Zentren aus, indem sie 1. entweder deren Tätigkeit verstärken, oder 2. sie zurückhalten, oder schließlich 3. dieselbe teils verstärken, teils zurückhalten je nach dem Effekt der zentripetalen Erregungsströme.

Diese technische Auseinandersetzung erschien mir un-

erläßlich als Einleitung zu der Frage: Welche Beziehung besteht zwischen dem Bewußtsein und der Ausübung instinktiver Tätigkeiten? Man könnte die Frage auch folgendermaßen formulieren: Welches ist die Beziehung zwischen Automatismus, wie wir ihn definiert haben, und der Ausübung von Instinkttätigkeit? Wir wollen nunmehr Verallgemeinerungen auf sich beruhen lassen und eine bestimmte Frage ins Auge fassen, indem wir uns den Fall betrachten, wie ein junges Hühnchen instinktiv nach einem Körnchen oder einem anderen kleinen Gegenstand pickt, der sich in passender Entfernung befindet. Die logischen Möglichkeiten dieses Vorgangs sind folgende:

1. Die Tätigkeit kann absolut automatisch erfolgen.

2. Die Tätigkeit kann nicht absolut automatisch, sondern bis zu gewissem Grade von Bewußtsein geleitet erfolgen.

Falls rein automatisch kann sie entweder:

a) von Bewußtsein begleitet,

b) nicht von Bewußtsein begleitet erfolgen.

Oder um Obiges zusammenzuziehen und in eine für unsere Diskussion handlichere Form zu bringen:

1. Das Hühnchen kann ein durchaus unbewußt handelnder Automat sein. Oder:

2. Das Hühnchen kann unter der Leitung des Bewußtseins und folglich nicht absolut automatisch handeln. Oder:

3. Das Hühnchen kann automatisch handeln, seine automatische Reaktion kann aber die Erweckung des Bewußtseins zur Folge haben, so daß der weitere Verlauf der Tätigkeit durch dieses geleitet und kontrolliert wird.

Nehmen wir nunmehr an, daß die erste Hypothese die richtige sei und daß das Hühnchen, so weit die erwähnte Tätigkeit in Frage kommt, ein vollständig unbewußter Automat sei. Zugegeben, daß das erste Picken ausreichend durch diese Annahme zu erklären ist, indem die Reaktion durch den Reiz ausgelöst wird unter rein physiologischen, sich innerhalb der Sphäre der automatischen Koordination der subkortikalen Zentren haltenden Bedingungen. Hier

kann indessen eingewendet werden, daß vernünftigerweise nicht anzunehmen sei, daß das Hühnchen nach dem Korn pickt, ohne es zu sehen und daß dies mithin eine Mitarbeit des Bewußtseins involviert. Aber erstlich sind wir nicht in der Lage anzunehmen, daß mehr als ein rein physiologischer Reiz auf die Retina stattgefunden hat; und zweitens, wären wir selbst in der Lage, so würde es doch denkbar sein, daß, obwohl die zentripetalen Erregungen des Retinareizes die Wahrnehmung des Korns zur Folge haben, die zentrifugalen Nervenerregungen, welche die koordinierte Tätigkeit der Muskeln veranlassen (und eben diese koordinierte Tätigkeit ist es, die die eigentliche Instinkthandlung ausmacht), nicht nur automatisch, sondern unbewußt vor sich gehen. Ja, es spricht in der Tat vieles dafür, daß die zentrifugalen Nervenerregungen und die molekularen Vorgänge in den subkortikalen Zentren, aus denen erstere unmittelbar ausströmen, bei der ersten Ausübung einer Instinkthandlung ohne Bewußtseinsbegleitung vor sich gehen. Und doch, wenn wir die instinktive Reaktion als Ganzes und nach allen Richtungen hin betrachten, so gewahren wir gewisse Anzeichen dafür, daß, wenn auch an sich automatisch, sie doch jedenfalls gewisse Anhaltspunkte für Bewußtseinsvorgänge bietet, und daß, sei auch das Hühnchen noch so sehr Automat, es doch keineswegs ein völlig unbewußter Automat ist. Aber wie, so wird man fragen, kann der Beobachter entscheiden, ob Bewußtsein als Begleitzustand, wenn auch zunächst ohne leitenden Einfluß, vorhanden ist? Nur indem er die spätere Tätigkeit des Tieres beobachtet. Wir sehen uns also gezwungen, die Nachwirkungen abzuwarten, ehe wir entscheiden können, ob das erste Picken von Bewußtsein begleitet ist oder nicht. Und beobachten wir nunmehr den Vogel beim weiteren Verlauf seiner Pickversuche, so finden wir, daß die Sicherheit derselben rapid zunimmt und daß sie bald unter einer unmittelbaren Leitung und Kontrolle zu stehen scheinen, so daß sie gesteigert oder gehemmt werden können, je

nachdem der Gegenstand verlockend oder widerwärtig erscheint. Nun können wir ruhig folgende Regel aufstellen: **Was außerhalb der Erfahrung liegt, vermag keine Anhaltspunkte für die bewußte Leitung späterer Handlungen abzugeben.** Wenn wir sagen: Das Verhalten richtet sich nach dem Lichte der Erfahrung, so meinen wir damit, daß das Bewußtsein dessen, was uns vorher — sagen wir einmal gestern — passierte, uns heute hilft, ähnliche Folgen zu vermeiden.

Waren aber die Geschehnisse des gestrigen Tages unbewußte, so vermögen sie uns keine Anhaltspunkte für unser heutiges Verhalten zu geben. Geschieht also das erste Picken des jungen Hühnchens unbewußt, so befindet es sich vollständig außerhalb der Erfahrungssphäre desselben und vermag infolge dessen keinen Wegweiser für spätere Handlungen abzugeben. Und ebensowenig kann dies das zweite, dritte und folgende Picken, so lange es automatisch und unbewußt vor sich geht. Doch zeigt uns die Beobachtung, daß nicht nur die beim Picken aktivierten Tätigkeiten sich zu größerer Vollkommenheit entwickeln, sondern daß sie eine wesentliche Rolle in dem Leben des kleinen Vogels spielen. Dieses Leben aber als „unbewußt", zu bezeichnen, würde doch die größte Ungereimtheit bedeuten, denn nur der Appell an das Bewußtsein ist imstande, das Verhalten des Hühnchens zu bestimmen. Somit sehen wir uns gezwungen, die Hypothese des unbewußten Automatismus fallen zu lassen, und zwar aus dem Grunde, daß die vorliegenden Tätigkeiten zur Erfahrung des Tieres beisteuern, ihm Anhaltspunkte für ferneres Verhalten liefern, daß sie, selbst der Kontrolle und Modifikation unterworfen, Empfindungen und Gefühle erwecken, die in das bewußte Dasein des Tieres übergehen.

Lassen Sie uns also annehmen (in Übereinstimmung mit Möglichkeit Nr. 2), daß das allererste Picken bereits unter der Leitung des Bewußtseins erfolgt. Nun gründen sich Leitung und Kontrolle auf vorausgegangene Erfahrung.

Z. B. wird ein Hühnchen den ersten Weichkäfer, dem es begegnet, aufgreifen; aber nach ein oder zwei Proben dieser ihm widerwärtigen Kost wird es, obwohl es zunächst einem in einiger Entfernung herumlaufenden Exemplar nacheilt, innehalten, sobald es deutlich erkennt, welches Insekt es vor sich hat. Das Hühnchen bezwingt seinen Antrieb zu picken im Hinblick auf die vorangegangene schlechte Geschmackserfahrung. Indessen liegt es auf der Hand, daß beim erstmaligen Picken noch keine individuelle Erfahrung vorhanden ist, im Hinblick auf welche die Handlung geleitet und kontrolliert werden kann. Daher können wir die Möglichkeit Nr. 2 nur auf Grund der Hypothese gelten lassen, daß Erfahrung vererbt wird. Aber obwohl es durchaus vorstellbar ist, daß die Folgen der Erfahrung auf irgend einem uns bisher unbekannten Weg erblich überliefert werden — daß z. B. die erworbenen Geschicklichkeiten einer Generation bei der nächsten bereits angeboren sind —, so ist von hier bis zur Vererbung der Erfahrung selbst noch ein weiter Weg. Insofern wir nicht eine Art von Metempsychose voraussetzen oder annehmen, daß ein Individuum sich dessen, was seinen Eltern oder Großeltern widerfuhr, erinnert, müssen wir an der Tatsache festhalten, daß die bewußte Erfahrung des Individuums sich auf die Erlebnisse seines eignen Lebenslaufs beschränkt. Wenn wir uns also vor Augen halten, daß der Ausdruck „ererbte Erfahrung" nur ein zusammenfassender Name für die angeborenen organischen Folgen — gesetzt daß solche existieren — vorausgegangener Erfahrungen ist, so sehen wir uns genötigt, den Schluß zu ziehen, daß im Falle des ersten Pickens das Hühnchen noch keine Erfahrung besitzt, im Hinblick auf die es seine Handlung leiten und kontrollieren könnte. Gesetzt Bewußtsein sei vorhanden, so ist es doch noch nicht in Wirksamkeit getreten. Somit wäre auch unsere zweite Hypothese entkräftet.

Wir sehen uns folglich auf unsere dritte Hypothese zurückgedrängt: daß nämlich die erste rein automatische Reaktion

die Erweckung des Bewußtseins zur Folge hat, unter dessen
Leitung nunmehr die weiteren Tätigkeiten des Hühnchens
zu stehen kommen. Unter diesem Gesichtspunkt gewährt
das erste Picken — und immer wieder möchte ich in Erinnerung rufen, daß unsere Betrachtung sich auf das allererste Auftreten einer instinktiven Reaktion im individuellen Leben des Tieres richtet — obwohl es nur einen
physiologisch-automatischen Instinkt darstellt, bereits Anhaltspunkte für das Bewußtsein; es liefert die Ausgangser-
fahrung, mit deren Hilfe spätere Pickversuche geleitet und
kontrolliert werden können. Ist dies nicht — so mag man
einwenden — ein Widerspruch dessen, was einige Seiten
zuvor behauptet wurde, daß nämlich die zentrifugalen Erregungen an sich beim ersten Ausüben einer Instinkthandlung nicht mit Bewußtsein verknüpft seien? Nein, so be-
haupte ich, der Widerspruch ist nur ein scheinbarer, kein
wirklicher.

Es ist allerdings in hohem Grade wahrscheinlich, daß
alle die primären Anhaltspunkte, die zum Aufbau der Erfahrung beitragen, durch Vermittelung der zentripetalen
Erregungen geliefert werden. Wenn wir letztere zu einer
bequemen, aber nicht streng logisch geschlossenen Gruppe
vereinigen, so können wir behaupten, daß diese Anhaltspunkte
zunächst seitens der spezifischen Sinnesorgane geliefert
werden, der Organe des Sehens, Hörens, Schmeckens, Rie-
chens und Tastens, des Temperatur- und Ortssinnes; zweitens
seitens der bei den Körperbewegungen beteiligten Organe;
und drittens seitens des Herzens, der Blutgefäße, der Haut,
der Lungen, Drüsen, Verdauungsorgane usw. Somit hätten
wir 1. spezielle Sinnesempfindungen, 2. motorische (kin-
ästhetische) Empfindungen und 3. Organempfindungen; diese
alle werden durch Vermittelung der zentripetal-laufenden
Nerven ausgelöst, die in die Gehirnrindenzentren ein-
münden. Die Tätigkeit der letzteren aber ist stets mit
Bewußtsein verbunden. In vorliegendem Falle also, beim
ersten Picken des Hühnchens, haben wir zunächst einmal

als Einleitung die Empfindungen der Sehorgane; und
zweitens die motorischen (kinästhetischen) Empfindungen,
die bei Ausübung des Pickens entstehen. Vielleicht sind
auch Organempfindungen beteiligt, die uns indessen zunächst nichts angehen. Wenn wir also sagen, daß das
erste Picken, wenn auch an sich nur eine physiologische,
automatische Reaktion, trotzdem Anhaltspunkte für das
Bewußtsein bietet, so meinen wir damit, daß der Vorgang
des Pickens dem Bewußtsein motorische Empfindungen
liefert, die bereits in komplizierten Gruppen miteinander
verbunden sind und die ihren Ausgangspunkt in den
zentripetalen Erregungen der bei diesem Vorgang speziell
beteiligten Organe haben.

Eine weitere Betrachtung dieses Vorgangs vom physiologischen Gesichtspunkt wird vielleicht noch etwas mehr
Klarheit schaffen. Wir haben gesehen, daß das, was zweifel-
los· angeboren, schon aus diesem Grunde einen wesentlichen Faktor jeder instinktiven Reaktion ausmacht, die
motorische Koordination ist. Irgend ein Reiz setzt
die Rindenzentren in Tätigkeit, die mit Empfindung,
sagen wir einmal Gesichtsempfindung, verbunden ist.
Aber auch die subkortikalen Zentren und in manchen
Fällen die des Rückenmarks werden in Aktion gesetzt
und bewirken eine automatische Verteilung zentrifugaler
Erregungen in den Nervenbahnen der motorischen Organe,
— z.B. derjenigen Organe, die beim Picken und Schwimmen
beteiligt sind. Und diese zentrifugal laufenden Erregungen
sind so exakt und künstlich angeordnet und von so fein
abgestufter Intensität, daß sie die genau passenden Bewegungen hervorbringen. Was wir hier sehen, ist angeborene motorische Koordination, wahrscheinlich ein rein
physiologischer Vorgang. Sobald aber die betreffende Tätigkeit auf diese Weise, also automatisch und als Reaktion
auf einen entsprechenden Reiz ausgeübt wird, so ist sie
von Bewußtsein begleitet. Dies ist gewissen komplizierten
Gruppen zentripetaler Erregungen zuzuschreiben, die von

den bei der Instinkttätigkeit beteiligten Körperteilen nach
dem Sensorium — wahrscheinlich dem Hirnrindengebiet —
hinströmen. So werden dem Bewußtsein die ersten Erfahrungen zugeführt, die schon, je nach dem Wesen der
betreffenden Reaktion, zu bestimmten Gruppen geschlossen
auftreten, ein Punkt, der für die physiologische Deutung
von Wichtigkeit ist. Diese primäre Gruppenbildung ist
nunmehr fest mit der Handlung verwoben, und somit wird
viel von dem Kräfteverbrauch, der zu einer bewußten Verknüpfung von Tätigkeiten erforderlich wäre, gespart. Die
gruppierten oder assoziierten Empfindungen bilden dasjenige, was Rutgers Marshall als „Instinktempfindungen"
bezeichnet. Oder wenn wir die Vorstellung in ein anderes
Wort kondensieren wollen, so können wir sagen, daß die
Entstehung der Hirnveränderungen, welche die primären
Erfahrungsmomente begleiten, auf einer Art „Rückstoß" beruht (also auf einer zentripetalen Einwirkung). Die instinktive motorische Koordination geschieht durch „Vor-
stoß" und vermittels zentrifugaler Nervenerregungen und
ist zunächst eine rein physiologische Angelegenheit;
dann aber erfolgt ein Rückstoß seitens der bei dieser
instinktiven Reaktion beteiligten Organe, und dieser
Rückstoß leitet zentripetale Nervenerregungen bis in
die höheren Rindenzentren hinein. Hier entsteht sodann das erste Stückchen bewußter Erfahrung, bei dessen
Licht spätere Reaktionen ähnlicher Art noch feiner regu-
liert und zu einem verbesserten Ergebnis geführt werden
können. Denn immer wieder müssen wir bedenken, daß
der hier besprochene Fall das allererste Auftreten einer
instinktiven Reaktion betrifft. Bei dieser einzigen ersten
Gelegenheit entsteht die begleitende Bewußtseinstätigkeit
allein durch Rückstoß. Bei späteren — bereits unter der
Einwirkung von Assoziation stehenden — Gelegenheiten
modifizieren die Wiedererweckungen früherer Erfahrungen
den ganzen Prozeß, der nun unter voller Mitwirkung des
Bewußtseins vor sich geht.

Genau gesagt ist also das Ergebnis unsrer Diskussion das folgende: daß nämlich bei der allerersten Ausübung einer instinktiven Tätigkeit die dabei zu tage tretende Koordination (oft eine [äußerst feine) automatisch ist und nicht unter Leitung des Bewußtseins steht; daß hingegen die Ausführung jener Tätigkeit selbst Anhaltspunkte für das Bewußtsein abgibt, unter deren Einwirkung die späteren Ausübungen derselben Handlung weiter ausgebildet, modifiziert oder gehemmt werden können. Daraus folgt, daß sich uns eine derartige angeborene Tätigkeit nur gelegentlich ihres ersten Auftretens in unverfälscht instinktiver Form präsentiert. Bei weiteren Wiederholungen dagegen erscheint sie bereits mehr oder weniger durch die Einflüsse individueller Erlebnisse verändert.

So sehen wir also, daß diese Tätigkeiten gleichzeitig erworbene und instinktive oder angeborene Elemente umschließen; und wenn die dazu erworbenen Modifikationen durch Wiederholung stereotypiert worden sind, so betrachten wir sie als Gewohnheit. Wir können somit bei Vögeln oder jungen Säugetieren die Instinkte als das automatische, rohe Material betrachten, das durch Einwirkung des Bewußtseins zu etwas umgewandelt wird, was ich „instinktive Gewohnheit" nennen möchte, ein Ausdruck, der eine auf angeborener instinktiver Grundlage ruhende, aber durch erworbene Erfahrung veränderte Tätigkeit bezeichnet.

Auch bei einer sogenannten verzögerten Instinkthandlung, wie bei dem von mir beschriebenen Tauchen des jungen Teichhuhns ist es — wenn auch bei dem ersten Mal der automatische Charakter überwiegt — schwer zu begreifen und eigentlich höchst unwahrscheinlich, daß nicht die individuelle Erfahrung des jungen Vogels bereits bei dem allerersten Tauchversuch einen Einfluß auf die Art und Weise, wie dieser ausgeführt wird, ausüben sollte. Da wir nun eine absolut ehrliche Auslegung der Tatsachen anstreben, so müssen wir einräumen, daß eine Handlung auch einen gemischten Ursprung aufweisen kann. Und wenn

wir einen noch so scharfen Unterschied zwischen dem Instinkt als etwas Angeborenem und der Gewohnheit als etwas
Erworbenem konstatieren, so dürfen wir deshalb die Tatsache nicht außer Acht lassen, daß zwischen Instinkt und
Gewohnheit eine lebhafte Wechselwirkung besteht, so daß
die erste Ausübung einer „verzögerten" Instinkthandlung
sehr wohl in engstem und unentwirrbarem Zusammenhang
mit denjenigen Gewohnheiten stehen kann, die das junge
Tier auf der betreffenden Lebensstufe bereits erworben hat.

Lassen wir zunächst einmal diese Anschauung als eine
feststehende gelten, so dürfen wir nunmehr zu der Frage
nach dem Wesen jenes bewußten Impulses schreiten, der,
wie allgemein angenommen wird, die Ausübung einer
Instinkthandlung begleitet. Tatsächlich indessen wissen
wir darüber nichts Bestimmtes und nehmen nur auf grund
allgemeiner Beobachtungen sein Vorhandensein an, so daß
seine Teilnahme als psychologischer Faktor auf gänzlich
hypothetischen Grundlagen beruht. Wir beobachten, wie
ein Kücken nach einem Körnchen pickt und sagen, daß
der Vogel dabei einem instinktiven Impuls gehorcht, der
ihn auf eben diese Weise auf den Gesichtsreiz reagieren
läßt. Wir setzen ein neugebornes Teichhuhn oder Entchen
auf das Wasser, sehen es davonschwimmen und sagen dann,
daß die Berührung des Wassers mit der Haut des Tieres
den instinktiven Impuls zu Schwimmbewegungen ausgelöst
hat. Oder wir beobachten, wie die Larve des großen
Wasserkäfers den Teich verläßt und sich in die feuchte
Erde einwühlt, und wieder schreiben wir dieses Vorgehen
den Eingebungen eines instinktiven Impulses zu. Es mag
ja sein, daß in jedem dieser Fälle ein psychologischer
Impuls wirksam ist, und sicher wäre es übereilt, sein Vorhandensein zu leugnen. Aber Näheres darüber wissen wir
nun einmal nicht, und so werden wir am sichersten gehen,
wenn wir die Sache von einem rein physiologischen
Standpunkte betrachten, und die Frage nach einem
möglicherweise mitwirkenden psychologischen Faktor auf

sich beruhen lassen. Sehen wir also zunächt zu, welches die physiologischen Bedingungen der in Betracht kommenden Vorgänge sind.

Eine Psychologie des Impulses würde, in Umrissen skizziert, ungefähr folgendermaßen aussehen. Soweit es sich um menschliche Betätigungen handelt, stellen wir impulsive Handlungen in Gegensatz zu solchen, die unter offensichtlicher Berücksichtigung bestimmter Beweggründe erfolgen. So unterscheiden wir impulsive Handlungen von überlegten, und es erscheinen uns die ersteren tiefer in der Natur des Menschen eingewurzelt, dem Automatismus näherstehend, als die letzteren, die verstandesmäßigen Handlungen. Und viele von uns haben harte Kämpfe zu bestehen, ehe es ihnen gelingt, durch Anwendung ihres höheren Urteilsvermögens jene impulsiven Tendenzen, die uns durch Vererbung oder die Macht der Gewohnheit natürlich sind, zu bezwingen. Ein gesteigerter Affektzustand, so wie Zorn oder Angst, Begierde oder Erregung disponiert stark zu impulsiver Handlungsweise. Der vom Säuferwahnsinn Befallene erliegt regelmäßig auftretenden Perioden, in denen sein ganzes Sein nach dem verlangt, was, wie er weiß, sein leibliches und seelisches Verderben bedeutet. Er geht bei einem Gasthof vorbei, durch dessen offene Tür er sieht, wie irgend ein Mann das Glas an die Lippen hebt. Dieser Reiz überwältigt ihn bei seinem ohnehin kritischen Zustand ganz und gar. Er folgt seinem Impuls, bestellt ein Glas Branntwein und stürzt es hinunter. Vorausgesetzt ein Zustand der Begierde oder heftiger Erregung, vorausgesetzt eine Gelegenheit zur Befriedigung, so ist der Impuls, — so fasse ich es wenigstens auf — der unmittelbare Begleiter der augenblicklichen physiologischen Konstellation; oder anders ausgedrückt: wenn die organische Spannung verbunden mit dem, je nach seiner Stärke von uns als Bedürfnis, Sehnsucht oder Begierde bezeichneten Affekt durch einen bestimmten, zu ihrer unmittelbaren Lösung anspornenden Reiz verstärkt wird. Nun ist der Impuls, wenn wir diese flüchtige

Skizze seines Wesens zum Ausgangspunkte nehmen, ein ausgesprochen innerlicher Zustand, der uns zu der Ausübung
bestimmter Handlungen zwingt. Er ist der Vorläufer, der
die Handlungen selbst nach sich zieht. Die Ausübung der
Tätigkeit — sagen wir einmal der von einem zornigen
Menschen geführte Schlag — ist nicht die Ursache, sondern
die Folge des Impulses. So pflegen wir Menschen den
Ausdruck Impuls auf die psychologischen Zustände eines
bestimmten Augenblicks anzuwenden, einen Bewußtseinszustand damit zu bezeichnen, doch wohlverstanden einen
mit gewissen physiologischen Bedingungen verknüpften, und
aus gewissen physiologischen Bedingungen hervorgehenden.
Und da, bei einer Betrachtung instinktiver Tätigkeiten, die
psychologischen Gesichtspunkte sich allzusehr auf Mutmaßungen beschränken dürften, ist es ratsam, unser Augenmerk vornehmlich der physiologischen Seite der Vorgänge
zuzuwenden. Zu diesem Zwecke möchte ich die Resultate,
die aus diesem kurzen Abriß über das Wesen des Impulses
hervorgegangen sein dürften, auch auf den Instinkt anwenden.

Nehmen wir nochmals den Fall des eben ausgebrüteten
Hühnchens als einen ebenso einfachen wie typischen vor,
so läßt sich derselbe folgendermaßen zerlegen: Das Bedürfnis
nach Nahrung beginnt sich geltend zu machen und den
Organismus in einen Zustand der Bereitschaft für die mit
der Nahrungsaufnahme verbundene Reaktion zu versetzen.
Bei einem solchen zur Reaktion vorbereiteten Hühnchen bewirkt der Anblick eines kleinen, sich eventuell bewegenden
Gegenstandes die Auslösung einer physiologischen Reaktion
in Gestalt der Pick-Tätigkeit. Die Folge ist, daß der Organismus unter dem Einfluß des vorliegenden allgemeinen
Bedürfnisses, verbunden mit dem spezifischen äußeren Reiz
sozusagen in einen Zustand erschütterten Gleichgewichts
versetzt wird. Unbewußt oder bewußt fühlt es sich getrieben
nach dem bewegten Gegenstand zu picken. Der Reiz wird
fortgesetzt — und schließlich, sobald die Gleichgewichts-

erschütterung einen gewissen Grad erreicht hat, gibt sich der Organismus der Pick-Bewegung hin. Denn eine gewisse Stärke der durch den Reiz erzeugten physiologischen Gleichgewichtsstörung ist die Vorbedingung der von dem tierischen Mechanismus auszuführenden Reaktion. Nun läßt sich sehr gut annehmen, daß, ehe der Organismus faktisch der Reaktion gehorcht, gewisse zentrifugale Nervenerregungen stattfanden, welche den Körpermechanismus in Bereitschaft zur Reaktion versetzten, und daß von dem auf diese Weise partiell gereizten motorischen Mechanismus ein vom Bewußtsein begleiteter schwacher Rückstoß erfolgt. Nehmen wir an, daß dem so sei und versuchen wir, uns hypothetisch die Bewußtseinsvorgänge, wie sie die nacheinander folgenden Stadien einer instinktiven Reaktion begleiten mögen, zu vergegenwärtigen. Zunächst finden wir ein unbestimmtes Bedürfnisgefühl von zentripetaler Beschaffenheit, wie z. B. den Hunger; dann erfolgt die Empfindung des Reizes durch Anblick eines bewegten Wurmes oder Käfers, auch dieses offenbar ein zentripetaler Vorgang; hierauf dürfte ein vom Bewußtsein begleiteter Zustand folgen, der sich aus einem zentripetalen Rückstoß seitens der bei der nunmehr einsetzenden Reaktion beteiligten Organe herleitet, und schließlich folgt der Bewußtseinszustand, der die aktuelle Ausführung der automatischen Reaktion begleitet, durch welche das allgemeine Unlustgefühl sowie die durch die besondere Einwirkung des äußeren Reizes hervorgerufene speziellere Erregung aufgehoben wird. Auch hier haben wir es nach unsrer Auffassung mit zentripetalen Vorgängen zu tun. Als Impuls aber möchte ich denjenigen Zustand bezeichnen, der den unmittelbaren Vorläufer der das vorher gestörte Gleichgewicht wieder herstellenden Reaktionshandlung bildet, wobei ich die zentripetale Natur dieses Vorgangs nochmals betonen möchte. Um mich allgemeiner auszudrücken, so läßt sich auch ein Impuls als eine Tendenz des Organismus bezeichnen, seine unmittelbaren Bedürfnisse zu befriedigen, und seine Daseinsbedingungen zu erfüllen;

und je nachdem diese Tendenz gehemmt oder gefördert wird, sprechen wir von der Befriedigung oder Nichtbefriedigung eines Impulses.

Noch möchte ich den Leser darauf aufmerksam machen, daß der Ausdruck „Impuls" wie manche andere Bezeichnungen der Psychologie von verschiedenen Gelehrten in verschiedenem Sinne gebraucht wird. Derjenige Impuls, den wir in den obigen Zeilen betrachtet haben, wird zuweilen auch als „blinder Impuls" oder „Trieb" bezeichnet. Auch möchte ich wiederholt betonen, daß bei meiner Analysierung der ersten Ausführung einer Instinkthandlung die Annahme eines bewußten Impulses eine rein hypothetische ist, während ich die Feststellung, daß im Organismus durch einen Reiz oder eine Gruppe von Reizen eine Gleichgewichtsstörung erzeugt und durch den entsprechenden Reaktionsvorgang das Gleichgewicht wieder hergestellt wird, als eine folgerichtige Ermittlung aus gut beobachteten Tatsachen betrachtet sehen möchte. Was aber die subjektive Unterströmung bei erstmalig ausgeführten Instinkthandlungen betrifft, so können wir mit annähernder Bestimmtheit sagen, daß wir sie in Gestalt der von uns als Impuls bezeichneten Erscheinung vor uns haben. Sehen wir also den Impuls als einen physiologischen Trieb mit (möglicherweise) einer psychologischen Unterströmung an, so haben wir mit dieser Feststellung die Grenze dessen erreicht, was wir über das Wesen der Instinkthandlung wissen.

Es erübrigt noch, einige Worte über die Beziehung des erworbenen Automatismus der Gewohnheit zu dem angebornen Automatismus des Instinkts zu sagen. Wenn wir behaupten, daß irgend eine häufig wiederholte Gewohnheit mit der Zeit automatisch wird, so meinen wir damit, daß sie ohne bewußte Überlegung und Kontrolle ausgeführt wird. Die Hirnrinde und die mit ihr verknüpfte Bewußtseinstätigkeit hat gewissermaßen dem körperlichen Mechanismus den Stempel eines häufig, in ganz derselben besonderen Art ausgeführten Prozesses aufgedrückt. Wie das geschieht,

wissen wir nicht, doch ist die Tatsache allgemein bekannt. Viele Handlungen, die zunächst unsere vollste bewußte Aufmerksamkeit und Kontrolle erfordern, gewinnen mit der Zeit durch häufige Wiederholung den Charakter automatischer Tätigkeiten, die wohl meist im Gefolge von Bewußtsein, häufig aber auch ohne dasselbe vollzogen werden. Sie haben sich zu einfachen, unbewußten oder bewußten physiologischen Reaktionen umgewandelt, und fallen somit unter unsere Definition automatischer Handlungen im eigentlichen Sinne, welche ohne die unmittelbare und energische Mitarbeit der mit Bewußtsein verknüpften molekularen Prozesse der Hirnrinde vor sich gehen.

Ob im Falle des erworbenen Automatismus die Nervenerregungen sich noch immer in der Gehirnrinde abspielen, oder durch einen Vorgang, den ich dem Abschneiden oder Abkürzen eines Weges vergleichen möchte, auf die niederen Gehirnzentren beschränkt wurden, kann man heutigen Tages noch nicht mit Bestimmtheit feststellen. Wüßten wir mit nur annähernder Bestimmtheit, welche speziellen Teile der Hirnrinde bei der Kontrolle der Handlungen beteiligt sind, so könnten wir uns eher für eine der beiden Möglichkeiten entscheiden. Leider aber liegt dies bisher außerhalb unserer Erkenntnis. Alles was wir mit einiger Sicherheit — soweit von Sicherheit bei so feinen und komplizierten Vorgängen gesprochen werden kann — behaupten können, ist, daß diejenigen Rindenzentren die bei Zustandekommen und Kontrolle einer Handlung zumeist beteiligt waren, außer Aktion treten, sobald die Handlung durch Gewohnheit zu einer automatischen wird.

Ebenso wie beim angebornen Instinkt-Automatismus, so erzeugt auch beim erworbenen Gewohnheits-Automatismus ein Reiz oder eine Anzahl von Reizen einen Zustand der Gleichgewichtsstörung, welche durch die gewohnheitsmäßige Handlung wieder aufgehoben wird. Wenn wir, wie oben angeregt wurde, den Ausdruck „Impuls" auf einen Trieb des Organismus anwenden, bei Eintritt eines bestimmten

Reizes aus dem relativ unstabilen Zustand von Bedürfnis oder Begierde in den relativ stabilen der Befriedigung überzugehen, so haben wir im erworbenen Automatismus als Gegenstück zum instinktiven Impuls einen Gewohnheits-Impuls vor uns. Wird nun ein solcher Trieb in irgend einer Weise gehemmt oder vereitelt, so wird dadurch der vorhergehende Zustand der Gleichgewichtsstörung erhöht oder verschlimmert, und der Trieb selbst pari passu verstärkt. Ein sehr klarer Denker und vorzüglicher Schriftsteller, Henry Rutgers Marshall[1]) geht so weit, den Ausdruck „Impuls" für diejenigen Bewußtseinsphasen gebraucht sehen zu wollen, welche durch Verhinderung instinktiver Handlungen hervorgerufen werden, für solche Fälle also, wo trotz bestimmter objektiv vorhandener Reize die Auslösung der Reaktion aus dem oder jenem Grunde unterblieb. Ich glaube indessen, daß Rutgers Marshall hierin zu weit geht. Der impulsive Trieb wird wohl durch solche Bedingungen betont und verstärkt; daß er aber durch Verhinderung hervorgerufen werde, scheint mir doch eine etwas zu weitgehende Behauptung.

Zum Schlusse dieser Auseinandersetzungen vergegenwärtigen wir uns das Bild, wie der Organismus, ausgerüstet mit einem gewissen Vorrat von angebornem Automatismus von mehr oder minder instinktivem Charakter ins Leben eintritt, um sich späterhin einen gewissen neuen Vorrat an erworbenem Automatismus zuzulegen. Der spätere Zustand ist zum Teil eine Modifikation des früheren, doch enthält er auch neu hinzugekommene Elemente. Und es gehört zu den Obliegenheiten jener Intelligenz, über die ich im nächsten Kapitel reden werde, einen beherrschenden Einfluß bei dem Zustandekommen der erworbenen Gewohnheits-Automatismen auszuüben.

---

1) *Nature,* Bd. LII, S. 130.

VII. Kapitel.

Intelligenz und die Erwerbung von Gewohnheiten.

Wenn ein Unteroffizier eine Anzahl von Rekruten übernimmt, so gilt es, zunächst auf die Betätigung jedes einzelnen unter ihnen ein wachsames Auge zu haben. Es liegt ihm ob, unnötige, ungelenke und falsche Bewegungen zu hemmen, rasche und kräftige Befolgung seiner Befehle zu befördern; sein Ziel muß sein, die Leute nicht wie isolierte Einzelwesen, sondern wie Bestandteile einer zusammengesetzten Körperschaft handeln zu lassen, die sich zu einer wohlkoordinierten Aktion, von deren Wirksamkeit ihre späteren Erfolge abhängen, vereinigen. So daß, wenn diese Leute ihren Platz in der Front einnehmen, jeder in der Lage sein möge, seine eigene Rolle ohne Zögern oder Schwanken in richtiger Anpassung an die Gesamtaktion auszuführen. Die Leute sind fest eingeteilt in Kompagnien, Bataillone usw., und schließlich haben wir eine disziplinierte Armee mit Brigaden, Divisionen und Armeekorps, mit Artillerie, Genietruppen, Kavallerie und Infanterie; mit ihrer Beamten- und Ärzteschaft; alle diese Gruppen haben ihre gesonderte Verantwortlichkeit, ihre eigenen speziellen Angestellten, und befähigt zu den verschiedenartigsten und gleichzeitig geordnetsten Bewegungen untersteht das Ganze dem Willen eines Oberbefehlshabers.

Bei dem tierischen Organismus ist es das in der Hirnrinde lokalisierte Bewußtsein, welches die Kräfte eines Körpers in einigermaßen analoger Weise drillt und organisiert. Wenn aber das Bewußtsein sein Amt übernimmt,

zeigt es sich, daß ein beträchtlicher Teil des Drills bereits
vollzogen worden ist. Es hat nicht mehr nötig, den physiologischen Mechanismus zu lehren, wie gewisse Tätigkeiten ausgeführt werden, denn diese werden bereits in
automatischer Weise vollzogen. Das Intelligenz-Departement mit seinen besonderen Sinnenwerkzeugen usw. ist
schon so weit in Betrieb gesetzt, als die Übermittelung
von Information es erfordert; das Verpflegungsamt, die
Verdauungsorgane, Lungen, Herz und was dazu gehört,
befindet sich ebenfalls aktionsbereit und in tadelloser Verfassung und erwartet nichts als Zufuhr von außen. Viele
komplizierte Handlungen, angepaßte Tätigkeiten reflektorischer Art werden unter den entsprechenden Bedingungen
flott und ohne Unterweisung seitens des Bewußtseins ausgeführt. Dem Bewußtsein bleibt nichts übrig als zuzuschauen
und sich Notizen zu machen über das, was vor sich geht.
Die Zahl und Kompliziertheit der instinktiven Tätigkeiten,
die das Bewußtsein bei seinem Eintritt vorfindet, ist je
nach der Rangstufe, die das betreffende Geschöpf im Tierreich einnimmt, verschieden; am stärksten sind wohl die
genannten Automatismen bei Insekten und Spinnen entwickelt. Bei Vögeln sind sie deutlicher als bei Säugetieren, und ganz verschwindend und schwer aufzuzeigen
beim Menschen. Daneben gibt es eine Anzahl mehr oder
minder isolierter Tätigkeiten, die zunächst geringeren Anpassungswert besitzen, ich möchte sie mit noch gänzlich
rohen Rekruten vergleichen; so z. B. die verhältnismäßig
sinnlosen und willkürlichen Zappelbewegungen eines menschlichen Kindes, das hilflos auf dem Schoß der Mutter liegt.
Dem Bewußtsein kommt es zu, diese unsicheren Versuche
in Bahnen zu lenken, wo sie sich den Zwecken des animalischen Daseins unterzuordnen und den Bedingungen,
unter denen letzteres verläuft, anzupassen vermögen; es
kommt ihm zu, allmählich die Tätigkeiten der verschiedenen
Kompagnien (als welche wir uns die Muskelgruppen hierbei vorstellen), in Wechselwirkung zu einander zu bringen,

und, den Oberbefehl ergreifend, den Kampf des Lebens mit dem bestmöglichen Erfolg zu führen.

Ein Gleichnis wie das obige darf man indes nicht zu weit treiben, und ich habe es nur zum Zwecke der Erläuterung angewendet. So z. B. hat der Unteroffizier intelligenzbegabte Individuen vor sich, die imstande sind, ihre Handlungen selbst zu leiten und zu bestimmen. Das Bewußtsein hingegen hat es mit automatischen Bewegungen und Tätigkeiten zu tun, die — je nach dem einzelnen Fall — willkürlicher oder instinktiver Natur, jedes eigenen Willens entbehren. Was hingegen das Gleichnis zeigen soll, ist dies: daß weder der Unteroffizier einerseits, noch das Bewußtsein andrerseits imstande ist, die Tätigkeiten selbst, um die es sich handelt, hervorzubringen. Diese Tätigkeiten sind gegebene. Und alles, was man mit ihnen vornehmen kann, ist, daß man einige zu erhöhten Leistungen anspornt, andre hemmt oder zurückdrängt. Und ebenso wie der Unteroffizier seine Leute genau beobachten muß, da auf den Ergebnissen dieser Beobachtung das Zustandekommen einer korrekten Leistung beruht, ebenso ist das Bewußtsein absolut angewiesen auf die Nachrichten, die es durch die von den Nervenbahnen zum Großhirn geleiteten zentripetalen Erregungen erhält. Auf diesen Nachrichten basiert seine, ob nun in fördernder oder hemmender Richtung ausgeübte Wirksamkeit. Und ebenso wie der höhere Offizier die Operationen, die unter der Leitung niederer Chargen ausgeführt werden, einem einheitlichen Ganzen dienstbar zu machen hat, fällt es dem Bewußtsein anheim, die seitens verschiedener Nervengruppen erhaltenen Mitteilungen untereinander zu verknüpfen, und eine Anzahl verschiedenartiger Tätigkeiten auf einer mehr oder minder zielbewußten Aktionsbahn zu vereinigen. Auch hier wieder hinkt unser Gleichnis einigermaßen, denn Unteroffizier und höherer Offizier sind getrennte Individualitäten, während das Bewußtsein unteilbar ist und sozusagen alle Chargen in sich einschließt.

Trotzdem jedoch der einheitliche Charakter des Bewußtseins feststeht, liefert uns unsere eigene Erfahrung reichliche Anzeichen dafür, daß, 'je höher das die körperlichen Tätigkeiten leitende Bewußtsein sich entwickelt, desto mehr die Regulierung der physiologischen Reaktionen im einzelnen einer unterbewußten Leitung anheimfällt, die, obwohl untrennbar mit den höheren Zentren des bewußten Willens verknüpft, doch im Einzelfall wenig Mitwirkung von ihnen erfordert. Jeder Reiter, Billardspieler, Klaviervirtuose weiß sehr gut, daß, sobald einmal eine bestimmte Geschicklichkeit erreicht ist, die Leitung gewisser Seiten seiner Tätigkeit getrost dem Unterbewußtsein überlassen werden darf, und seine Aufmerksamkeit nicht weiter in Anspruch zu nehmen braucht. Gewohnheit hat diese Tätigkeiten dem Bestand der erworbenen Automatismen einverleibt. Trotzdem beherrscht das Oberbewußtsein als kluger Feldherr mit wachsamem Auge die Situation. Solange die Aktion pünktlich und befriedigend verläuft, gibt es seine Gegenwart nicht zu erkennen; sobald aber eine Entgleisung vorkommt, schreitet es rasch und energisch ein.

Es wird wenige Menschen geben, die die Wichtigkeit erworbener Gewohnheiten innerhalb des Tierreiches in Abrede stellen, müssen wir doch alle Arten von Geschicklichkeiten der Tiere unter jene Bezeichnung einreihen. Denn selbst wo die betreffende Geschicklichkeit auf einer angeborenen, instinktiven Grundlage basiert, wird sie (vielleicht mit Ausnahme einiger instinktiver Tätigkeiten der Insekten und anderer Wirbellosen) im Laufe des individuellen Lebens vervollkommnet, verfeinert und zweckentsprechender ausgebildet. Ja, wir dürfen die Wirkung des Bewußtseins als eine doppelte betrachten: einmal bewirkt es das Zustandekommen von Gewohnheiten überhaupt, und ein andermal dient es der Nutzbarmachung aller vorhandenen Kräfte, einschließlich jener erworbenen Gewohnheiten gegenüber den verschiedenartigen Anforde-

rungen des täglichen Lebens. In welcher Weise vollzieht sich nun die Leitung seitens des Bewußtseins? Und wie haben wir uns das Erwerben und die Nutzbarmachung von Geschicklichkeiten oder Fähigkeiten vorzustellen?

Es steht über jedem Zweifel, daß, vom psychologischen Gesichtspunkt betrachtet, die Assoziation von Eindrücken und Vorstellungen, von der wir schon einige Beispiele angeführt haben, hierbei von fundamentaler Wichtigkeit ist. Welche Stellung man auch der Assoziation in der menschlichen Psychologie zuweisen mag, innerhalb der primitiveren Psychologie solcher Geschöpfe wie z. B. junger Vögel, kann man ihre Wichtigkeit unmöglich bestreiten. Wenn wir sehen, wie bald kleine Hühnchen unterscheiden lernen zwischen den Raupen von Euchelia jacobiae und denen des Kohlweißlings, wenn wir sehen, mit welcher Wonne sie nach den letzteren schnappen und wie bestimmt sie die ersteren zurückweisen, so haben wir hier den handgreiflichsten Fall einer Assoziation zwischen Aussehen und Geschmack. Preyer erzählt, wie bald seine Hühnchen das Geräusch des Klopfens mit dem Nahen des Futters zu assoziieren wußten. Auch habe ich selbst geschildert, wie eines meiner eigenen Kücken, das eben erst in einem Wasserbecken trinken gelernt hatte, plötzlich beim Durchschreiten einer Pfütze in einer Weise stutzte, als ob das Gefühl nasser Füße sich bei ihm mit der Befriedigung des Durstes assoziiert habe. Meine kleinen Fasanen assoziierten Wasser mit dem Anblick eines Zahnstochers, von dessen Spitze ich ihnen die ersten Tropfen zu schlürfen gegeben hatte, meine Entchen die Vorstellung des Wassers so eng mit dem Anblick ihrer Zinnschüssel, daß sie sich in dieser niederduckten, zu trinken und zu baden versuchten, obwohl sie gänzlich leer war und einige Minuten lang bei diesem Tun verharrten. Ein kleines Teichhuhn, für das wir Würmer mit dem Spaten ausgegraben hatten, wobei es auf die umgegrabenen Schollen gehüpft war und auf jedes sich windende Würmchen los-

gepickt hatte, pflegte daraufhin von weitem herbeizulaufen, sobald es sah, daß ich einen Spaten zur Hand nahm. Ich brauche diese Beispiele kaum weiter fortzuführen. Die Beobachtung junger Vögel bietet eine eindrucksvolle Illustrierung zur Psychologie der Assoziation, wobei man sich Tag für Tag gründlicher von der Wichtigkeit der letzteren zur Erlangung von Erfahrungen überzeugen kann, Erfahrungen von einem allerdings einfachen und elementaren, aber nichts destoweniger für das Leben des Individuums äußerst wichtigen Charakter.

Man könnte mir einwenden, daß, so wichtig auch die Assoziation an sich ist, ihre Wirksamkeit bei der Kontrolle von Handlungen auf noch tieferliegenden Ursachen beruhe. Zugegeben, daß bei einem Hühnchen, das einmal einen übelschmeckenden Bissen sah und sodann kostete, sich eine Assoziation zwischen Anblick und Geschmack gebildet hat, so daß bei einer späteren Begegnung mit demselben Gegenstand dessen spezielles Aussehen sofort einen speziellen Übelgeschmack wachruft. Wie haben wir uns aber dann den Zusammenhang zwischen der Widerlichkeit der Eucheliaraupe und der Unterdrückung des Triebes, danach zu picken, wie den Zusammenhang zwischen dem Wohlgeschmack der Kohlweißlingsraupe und der erhöhten Gierigkeit, mit der dieselbe erfaßt wird, zu denken? Warum haben Geschmacksreize einer gewissen Art diesen, Geschmacksreize einer anderen Art den entgegengesetzten Effekt? Welches sind die physiologischen Faktoren der Reaktionserhöhung im einen, der Reaktionshemmung im andern Fall? Ich glaube, es gibt auf dieses nur eine ehrliche Antwort: wir wissen es nicht. Die Beantwortung dieser und vieler ähnlicher Fragen muß der Zukunft vorbehalten bleiben. Soviel aber läßt sich heute schon sagen: Gewisse Reize rufen Erregungen (wahrscheinlich in der Hirnrinde) hervor, deren Resultat in der Verhinderung der zu einer Wiederholung derselben Reize führenden Tätigkeiten besteht; andre Reize hingegen bewirken kor-

tikale Erregungen, deren Resultat eine Steigerung der
zu einer Wiederholung derselben Reize führenden Tätigkeiten ist. Die Empfindungen aber, welche die erstgenannten Veränderungen begleiten, nennen wir unangenehme oder schmerzliche, diejenigen, die im Gefolge
der letztgenannten auftreten, angenehme. Dies scheint
mir klar und unanfechtbar und geht in nichts über den
heutigen Stand der Forschung hinaus.[1]

Zweifellos spielt die Vererbung bei diesen mit Lust oder
Unlust verknüpften Gehirnvorgängen eine äußerst wichtige
Rolle, ja dieselben basieren durchaus auf den angeborenen,
von Eltern und ferneren Vorfahren übernommenen Kräften
und Eigenschaften. Wenn aber die kortikalen Steigerungs-
oder Hemmungsvorgänge auf Vererbung beruhen, wenn
ferner diese Steigerung und Hemmung die Grundlage
bildet, auf der sich die Erwerbung von Erfahrungen sowie
die vernünftige Leitung individueller Tätigkeiten aufbaut
— wo bleibt da der Gegensatz zwischen instinktiven und
erworbenen Eigenschaften, zwischen automatischen und
vernünftigen Handlungen?

Sehen wir uns noch einmal die Fälle, um die es sich
handelt, genauer an. Ein Hühnchen erblickt zum ersten
Mal in seinem Leben eine Euchaliaraupe; unter dem Einfluß des Gesichtsreizes pickt es nach ihr, kostet sie und
schreckt unter dem Einfluß des Geschmackreizes wieder
zurück. Soweit ist alles instinktiv und automatisch vor
sich gegangen. Hierauf werfen wir ihm ein anderes
Exemplar derselben Raupe vor. Instinkt und Automatismus allein würden zu einer Wiederholung desselben Vorgangs führen: des Sehens, Pickens, Schmeckens, Zurück-
schreckens. Und je öfter wir das Experiment wiederholten,
um so glatter würde der Ablauf dieser Äußerungen —

---

[1] Vgl. Mark Baldwins Auseinandersetzungen in seinem Werk „Mental
Development of the Child and the Race" 1895. S. 278 und an anderen
Stellen über das was er als „biological or organic imitation" bezeichnet.

Sehen, Picken, Schmecken, Zurückschrecken — vor sich gehen. Entspricht aber nun die Wirklichkeit dieser Darstellung? Durchaus nicht. Bei der zweiten Wiederholung bereits benimmt sich das Hühnchen, unter dem Eindruck der vorhergehenden Erfahrung, anders. Obwohl es sieht, pickt es nicht, sondern schreckt zurück, ohne zu picken. Wir nehmen an, daß in seiner Erinnerung der üble Geschmack wieder auflebt. Und diese Annahme ist voll berechtigt, denn zuweilen können wir beobachten, wie das Kücken seinen Schnabel an der Erde wetzt, wie um einen schlechten Bissen zu beseitigen, obwohl es die Raupe nicht einmal berührt hat. Folglich handelt unser Hühnchen diesmal nicht als Automat und nicht instinktiv. Sein Benehmen ist im Lichte seines ersten Erlebnisses revidiert worden. Was hat nun aber stattgefunden, was diese aus Erfahrung geborene Modifikation veranlaßt? Die Antwort auf diese Frage enthüllt uns zugleich das wesentlichste Element des Unterschiedes zwischen angeborenen und erworbenen Tätigkeiten. Sie heißt in zwei Worten: Assoziation und aus dieser hervorgehend Suggestion. Die erste Erfahrung des Hühnchens mit der Eucheliaraupe führte zu einer Assoziation zwischen der Erscheinung derselben und ihrem Geschmack, oder, physiologisch gesprochen, zu einer direkten Verbindung zwischen zwei verschiedenen kortikalen Erregungen. Bei der zweiten Gelegenheit wird der Geschmack bereits durch den Anblick der Eucheliaraupe suggeriert; oder, physiologisch gesprochen, die Erregung der Geschmackszentren wird durch die Erregung der Sehzentren direkt veranlaßt. So haben wir also in der Assoziation und Suggestion die Vermittler zwischen dem Organismus und seinen Erfahrungen zu erblicken, die den letzteren über seinen rein instinktiven, automatischen Zustand emporheben. Die Assoziation aber stellt sich uns als eine rein individuelle Erscheinung dar und ist — wenn auch auf ererbter Basis beruhend und zwischen ererbten Tätigkeiten vermittelnd — völlig und

unmittelbar abhängig von den Eindrücken individuellen Erlebens. Und somit ist die Entwicklung eines für die Lebensführung tauglichen Oberbewußtseins von der Verknüpfung oder Assoziation von Empfindungszuständen abhängig. Ohne solche Verknüpfung wäre die Empfindung nichts weiter als eine Begleiterscheinung gewisser organischer Vorgänge im Nervensystem oder anderswo.

Wenn wir also das Benehmen junger Vögel oder andrer Tiere beobachten, so gewahren wir eine, mit bewußten Wahl- und Willensäußerungen verknüpfte Entwicklung. Denn wenn man ihnen eine Handvoll vermischter Raupen zuwirft, so wählen sie die guten und lassen die schlechtschmeckenden unberührt. Dieser Wahlprozeß beruht auf einer angeborenen Gabe der Assoziation, die des weckenden Anstoßes individueller Erfahrung bedurfte, um wirksam zu werden und nicht als bloße Möglichkeit ein Schlummerdasein im Organismus zu führen. Auf diesen bewußten Wahlvorgängen beruhen in all ihrer Ausdehnung die erworbenen Tätigkeiten im Gegensatz zu den angeborenen und fernerhin, wie ich noch zeigen werde, die ganze geistige Entwicklung im Gegensatz zu der rein physiologischen.

Damit aber der Leser ganz klar gehe hinsichtlich der Bedeutung des Ausdrucks „bewußter Wahlvorgang", so meine ich damit die Determinierung von Tätigkeiten mit Hilfe der durch das Bewußtsein erzeugten assoziativen Eindrücke; oder mit anderen Worten Vorgänge, die auf Erfahrung basieren. Ein Organismus, der seine Erfahrungen ausnützt, dieses verwirft, weil es sich nicht bewährt hat, jenes bevorzugt, weil es sich als nützlich oder angenehm erwies, übt bewußte Wahl aus.

Die Grundlagen tierischer Intelligenz[1]) ruhen auf der

---

1) Über diesen Punkt möge der Leser in Wundts „Vorlesungen über die Menschen- und Tierseele", 24. Vorlesung, nachlesen. „Der entscheidende Punkt", sagt der Gelehrte, „für die Unterscheidung solcher intelligenzähnlicher Assoziationswirkungen und eigentlicher Intelligenz-

individuellen Wahlhandlung, die ihrerseits wieder von der Assoziation und der damit verknüpften Suggestion abhängig ist. Denn wie könnte ein Hühnchen lernen, Eucheliaraupen zu vermeiden, wenn sich nicht der Anblick ihres schwarzgelb geringelten Körpers mit ihrem widerlichen Geschmack assoziiert hätte, und zwar so eng und mit solch feinem Ineinandergreifen, daß die starke instinktive Tendenz, auf jeden kleinen, in passender Entfernung befindlichen Gegenstand loszupicken, jäh durch den von der Geschmackserinnerung erzeugten hemmenden Impuls gehindert wird. Oft ist eine einzige Erfahrung imstande, eine Assoziation herzustellen. Ich bemerkte, wie eins meiner sieben Tage alten Kücken wiederholt nach einer Stelle der Zeitung pickte, die ich, gestützt gegen einige solidere Gegenstände zur Umfassung der Hühnchenecke meines Arbeitszimmers benützt hatte. Das Pünktchen, das Blackie's Auge auf sich gezogen hatte, erwies sich als die Nummer der Zeitung. Mein Kücken übertrug sodann seine Aufmerksamkeit auf eine benachbarte Ecke des Blattes, die es gerade noch erreichen konnte. Es ergriff die Ecke, zerrte sie herunter und schuf sich so eine Bresche, durch die es in das ausgedehnte Gebiet meines Arbeitszimmers einbrechen konnte. Ich haschte den kleinen Deserteur und setzte ihn an dieselbe Stelle seines Gewahrsams. Sofort ergriff er wieder die Zeitungsecke, zerrte sie herunter, entfloh von neuem, wurde wieder eingefangen, aber dieses Mal auf die entgegengesetzte Seite

handlungen wird immer darin liegen, daß jene auf die Verknüpfung einzelner entweder unmittelbar durch Sinneseindrücke erweckten oder mittels derselben wiedererweckten Vorstellungen beschränkt bleiben, während eine intellektuelle Tätigkeit im engeren Sinne des Wortes nur da anzunehmen ist, wo eine wirkliche Bildung von Begriffen, Urteilen und Schlüssen oder eine freie willkürliche Phantasietätigkeit nachgewiesen werden kann." Auch darin stimme ich mit Wundt überein, daß es „selbst solchen Handlungen der Tiere, die am nächsten an die Sphäre des Verstandes heranreichen, gerade an den für das Dasein wirklicher Begriffe, Urteile und Schlüsse wesentlichen Merkmalen" fehlt.

seines improvisierten Pferches gestellt. Sehr bald begab
er sich jedoch zu seiner bewährten Ausfallspforte, riß die
bewußte Zeitungsecke abermals herunter und entfloh zum
dritten Male. Eine einzige zufällige Erfahrung hatte genügt,
das Vögelchen zu orientieren und die Assoziation in ihm fixiert.
Ich trennte mich am Abend dieses Tages von meinem
kleinen Gefährten, weiß daher nicht, wie lange die Assoziation vorgehalten hätte; indessen haben andere Erfahrungen mir bewiesen, daß eine einmal geschaffene Assoziation nicht so bald verwirkt wird. So weigerte sich ein
kleines Teichhuhn, das ein einziges Mal Eucheliaraupen
geschmeckt hatte, noch nach 3 Wochen solche zu berühren, obwohl es inzwischen keine Raupe der Art gesehen oder Gelegenheit gehabt hatte, die Assoziation auf-
zufrischen, und obwohl es andererseits eine Menge anderer
Würmer in der Zwischenzeit kennen gelernt hatte.

Ich glaube kaum, daß ich einem technischen Ausdruck
Gewalt antue oder ihm einen von dem allgemein gebräuchlichen abweichenden Sinn aufzwinge, wenn ich
meines Hühnchens, auf seine zufällig gemachte Erfahrung
basierendes Fluchtmanöver als „intelligent" bezeichne. Ist
ein so fundamentaler Unterschied zwischen dieser Leistung
und der meines Foxterriers Tony, der das Gartentor öffnet,
indem er den eisernen Riegel mit dem Kopfe in die Höhe
schiebt, nachdem er einmal beim Hinausgucken durch die
Holzstäbe an den unteren Rand der Türe geraten war und
den Riegel ganz zufällig gelüftet hatte? Seitdem profitiert
er von dem glücklichen Ergebnis dieser zufälligen Erfahrung und öffnet das Tor, sobald ihm der Sinn danach
steht. Jedenfalls befindet sich in diesen, auf direkter
Assoziation aufgebauten Handlungen etwas von der eigent-
lichsten Essenz dessen, was wir als Intelligenz zu bezeichnen pflegen. Wichtige Hilfstruppen bei der ver-
nunftgemäßen Überwindung von Schwierigkeiten sind
fernerhin Hartnäckigkeit und vielseitiges Bemühen. Dies
habe ich immer wieder bei Beobachtung junger Vögel

gesehen, besonders aber bei jungen Eichelhähern. Jedes vorspringende Stückchen Draht in ihrem Käfig erfaßten sie und zogen und zerrten daran in den verschiedensten Richtungen. Und jeden neuen Gegenstand, der in ihren Käfig eingeführt wurde, schleppten sie herum, drehten ihn von einer Seite auf die andere, hackten hier und dort in ihn hinein, stopften ihn in diese und in jene Ecke, kurz, sie experimentierten mit ihm in jeder Richtung. Solche Hartnäckigkeit, solch vielgestaltiges Vorgehen bietet aber schließlich der Intelligenz ein reichhaltiges Material, aus dem glückliche und nützliche Assoziationen erwachsen.

Mills beschreibt in seinem Tagebuch eines Kätzchens[1]), wie hartnäckig dieses „vom sechsundzwanzigsten bis zum achtundzwanzigsten Lebenstage sich bemühte, zwischen die Lücken eines ziemlich besetzten Bücherregales hineinzukriechen, selbst wenn der Zugang so gut wie versperrt war." Dieses ganze Benehmen des Kätzchens gegenüber meinen Bürgerregalen war", so schreibt er, „für mich äußerst instruktiv. Ich habe noch nie eine solche Hartnäckigkeit bei der Verfolgung eines Zieles bei irgend einem jungen Geschöpf (nicht einmal mit Ausnahme des Kindes) beobachtet. Je größer die Schwierigkeit, so schien es, desto mehr wuchs der Wille, sie zu überwinden, ein Zug, den wir sonst als einen charakteristisch-menschlichen und zwar als Anzeichen hervorragender Charakterstärke anzusehen pflegen."

Zweifellos gibt es eine Menge Abstufungen innerhalb dieser angeborenen Hartnäckigkeit und Experimentierfreudigkeit, wenn ich diese Bezeichnung gebrauchen darf. Vor einiger Zeit ging ich eines Sonntags mit einem Herrn in Begleitung seiner fünf jungen Hunde spazieren; wir kamen an eine Gittertür, deren untere Stäbe dicht, deren obere aber lockerer aneinander gereiht waren; wir beiden kletterten über die Tür hinüber und beobachteten so-

---

1) *Trans. Roy. Soc. Canada*, 2. Serie, Bd. I, T. IV, S. 197, 210.

dann die Hündchen. Alle versuchten zunächst, zwischen den unteren Stäben hindurch zu kriechen, fanden diese jedoch zu eng gestellt. Bald aber versuchte es einer, dann der zweite und dritte höher oben, und richtig, es gelang ihnen, sich durchzuzwängen. Der vierte mühte sich auch weiter vergeblich am unteren Rande ab, der fünfte aber machte nur hie und da einen täppischen Versuch und beschränkte sich im übrigen auf Winseln. Hier hatten wir also drei, vielleicht sogar vier Grade von Intelligenz vor uns. Das erste, klügste Hündchen, das bald eine bessere Stelle zum Durchklettern herausgefunden hatte, die zwei anderen, die seinem Beispiel folgten, dann das dumme aber standhafte Hündchen und schließlich das ganz hilflose Winselgeschöpf, das jede Bemühung aufgab (es sei denn, daß wir die Resignation dieses letzteren als ein Merkmal besonderer Weisheit auffassen). Nun ging mein Freund wieder auf die andere Seite und rief die drei erfolgreichen Hunde, die ihm ohne besondere Schwierigkeit folgten, dann kam er zu mir zurück, und wieder krabbelten die drei Geschickten zu der lockereren Lattenreihe hinauf; sie hatten ihre Lektion bereits wohl memoriert. Die zwei Dummköpfe aber blieben zurück und winselten, und obwohl wir zwanzig Minuten auf jenem Felde verblieben, begriff keins von ihnen den Trick dieses Tores. Ein Kaufbeflissener aber hätte wohl genug gesehen, um diese beiden kleinen Kumpane von seiner Wahl auszuschalten.

Der Punkt, den ich deswegen nochmals betonen möchte, ist, daß wenn wir von Intelligenz sprechen, eine Wahlhandlung vorliegen muß; daß bei dieser Wahl die günstigere Erfahrung zur Wiederholung gebracht wird und daß solche bewußte Wahlhandlung nur auf dem Wege der Assoziation zustande kommen kann. Vielleicht frägt man mich: „Warum immer wieder das Wort 'Assoziation', warum sagt er nicht einfach, daß das Gedächtnis das Ausnützen einer Erfahrung ermöglicht?" Selbstverständlich können

wir diese Tatsachen auch einfach dem Gedächtnis zuschreiben, doch wohlgemerkt einem Gedächtnis der Art,
daß dieser Punkt jenen zurückruft, und eben diese Verknüpfung zwischen diesem und jenem, und daß dieses
jenes in der Erinnerung wachruft, ist das, was man als
Assoziation bezeichnet.

Welches ist, so dürfen wir uns nunmehr fragen, die Beziehung zwischen Erfahrung und Impuls? In Beantwortung
dieser Frage können wir feststellen, daß angeborene Impulse durch die Erfahrung gesteigert, gemildert oder gehemmt werden können, und daß solche Steigerung, Milde-
rung oder Hemmung das Zustandekommen einer erworbenen Impulstätigkeit bewirken. Nun lassen Sie uns diese
erworbene Impulstätigkeit etwas näher betrachten. Wir
gehen nicht zu weit, wenn wir behaupten, daß jede einzelne praktische Erfahrung den Organismus anders zu-
rückläßt, als sie ihn angetroffen hat. Das Hühnchen, das
den widerlichen Geschmack der Eucheliaraupe an sich
erfuhr, ist weder physiologisch noch psychologisch dasselbe Geschöpf wie vordem. Es ist ein Organismus mit
neuen Reaktionstendenzen. Und der Unterschied wurde
bewirkt durch eine erworbene Erfahrung. Ich möchte hier
auf die Formulierung des Impulsbegriffs, wie wir ihn im
vorangegangenen Kapitel gaben, zurückkommen: der Impuls,
sagte ich dort, ist die Tendenz eines Organismus, seine
Bedürfnisse zu befriedigen und seine Daseinsbedingungen
zu erfüllen. Nun kommt also das Hühnchen zur Welt mit
bestimmten angeborenen Impulsen, bestimmten Trieben
seine angeborenen Bedürfnisse zu befriedigen und ererbte
Daseinsbedingungen zu erfüllen. Beim ersten Durchleben
einer Erfahrung aber werden seine Bedürfnisse modifiziert
oder differenziert, und auch seine Daseinsbedingungen
sind nicht mehr genau dieselben, auch sie haben Modi-
fizierung oder Differenzierung erfahren. Auf die ererbte
Grundlage ist eine erworbene Disposition aufgepfropft
worden. Wenn nun neue Reize eintreten, so erhebt sich

eine impulsive Tendenz, die nicht etwa dem originalen nur durch Erblichkeit bestimmten Wesen des Hühnchens, sondern einem gewissen zweiten, durch Erblichkeit und die Erwerbung seiner ersten individuellen Erfahrungen zusammengesetzten Wesen entspringt. Wir dürfen infolgedessen behaupten, daß nach ein wenig individueller Erfahrung die impulsiven Triebe als das Ergebnis zweier Faktoren, der Erblichkeit und der individuellen Erwerbung, zu betrachten sind.

Durch Wiederholung werden die Resultate der Erfahrung immer fester und tiefer in die physiologische und psychologische Konstitution eingegraben. Gewohnheit wird zur zweiten Natur. Der ererbte Automatismus, mit dem der Organismus die Lebensreise antritt, wird unter der Bearbeitung seitens des Lebens und seiner immer wiederkehrenden Erfahrungen zu einem erworbenen Automatismus. Zwischen dem Stereotyp, das die angeborenen Reaktionen der ersten Periode und jenem Stereotyp, das die erworbenen Reaktionen der späteren Perioden zeigt, liegt der Zustand jugendlicher Plastizität. Die Reize, welche die frühen, angeborenen Reaktionen wecken, sind wenig spezialisiert: das Hühnchen pickt nach jedem kleinen Gegenstand, der sich in passender Entfernung befindet. Die Reize hingegen, welche die späteren, erworbenen Reaktionen hervorrufen, sind spezialisierter, fester umschrieben. Das erfahrene Hühnchen pflegt in einer bestimmten Weise auf Spannerraupen, in einer ganz verschiedenen auf Eucheliaraupen zu reagieren. Die früheren, angeborenen Reaktionen zielen darauf hin, die allgemeineren Bedürfnisse der Rasse zu befriedigen, die späteren, erworbenen hingegen den Bedürfnissen des Individuums zu dienen. Ein angeborener Trieb veranlaßt das kleine Teichhuhn, beim Anblick eines großen sich nähernden Gegenstands eine Abwehrstellung anzunehmen oder davonzulaufen; erworben aber ist sein späteres Benehmen, die Annäherung eines bekannten Foxterriers oder Menschen zu dulden, ja freudig

zu begrüßen, auf die Annäherung eines unbekannten Tieres, etwa eines Schafes oder einer Gans aber noch weitaus heftiger und ängstlicher zu reagieren als früher. Es ist die Periode der jugendlichen Plastizität, in der die Intelligenz — soweit die Entstehung von Gewohnheiten in Frage kommt — ihre wichtigste Rolle zu spielen hat, wenigstens bei solchen Organismen wie jungen Hühnchen, deren Intelligenz und Bildsamkeit in so auffallendem Gegensatz zu der stereotypierten Dummheit (als solche erscheint sie uns wegen ihres Mangels an Plastizität) der ausgewachsenen Henne steht. Und selbst hinsichtlich des Genus Mensch ist jenem Seufzer eine gewisse Berechtigung nicht abzusprechen, mit dem einst ein Philosoph die Betrachtung begleitete, daß die frischen und tatkräftigen Bürschchen von Eton und Harrow, die er vor sich sah, noch vor Ablauf allzuvieler Jahre „nichts als Bischöfe und Parlamentsmitglieder" sein würden. Doch verdient bemerkt zu werden, daß auch über die Periode jugendlicher Plastizität hinaus ein größerer oder kleinerer Vorrat an Intelligenz zur Verfügung der Erwachsenen übrig zu bleiben pflegt! Je höher der geistige Rang eines Organismus, und je vielgestaltiger die Bedingungen seiner Umwelt, desto größer der Überschuß von Intelligenz, der ihm übrig bleibt und der erst dann zu schwinden beginnt, wenn die Lebenshöhe dem Greisenalter Platz macht.

Richten wir nunmehr unsere Aufmerksamkeit auf die Beziehungen zwischen Intelligenz und Wiederholung sowie auf jene erworbenen Gewohnheiten, die sozusagen zur zweiten Natur eines Individuums geworden sind. Denn die häufig wiederholten Tätigkeiten werden als mehr oder weniger fixierte Reaktionen in den Organismus eingeprägt[1]), und je fester diese Einprägung, je gebieterischer verlangt der Impuls die Ausübung der betreffenden Ge-

---

1) Siehe die erworbenen Instinkte bei Wundt, Vorlesungen über die Menschen- und Tierseele.

wohnheit. Je mehr aber ein individueller Organismus überhaupt an Energie und Lebenskraft gewinnt, desto lebhafter drängt er unter entsprechenden Reizbedingungen auf die gewohnten Reaktionen hin. Und das Verlangen, das die Vereitelung einer gewohnten Tätigkeit erzeugt, wächst an Kraft im gleichen Schritt mit dem Wachstum des erworbenen Automatismus. Derselbe Organismus, der zu Anbeginn als ein Geschöpf ererbter Impulse erschien, wird mehr und mehr zu einem Geschöpf erworbener Impulse. Er ist ein neues Wesen geworden, aber eines mit noch gebieterischeren Forderungen als jene, mit denen es ursprünglich ausgestattet war.

Im Einzelfall ist es nicht immer leicht, zu bestimmen, ob eine gut angepaßte Tätigkeit als Instinkt oder Gewohnheit anzusprechen ist; ob sie in all ihrer Bestimmtheit angeboren war oder dieselbe erst durch verstandesmäßige Wahlhandlungen und häufige Wiederholung erlangt hat. Die in früheren Kapiteln geschilderten Beobachtungen zielten zum Teil auf die Kenntlichmachung solcher Unterschiede hin und brachten Beispiele dafür aus verschiedenen Erscheinungen des Vogellebens herbei. Ich will einen weiteren Fall vortragen, — denn bestimmte Tatsachen sind stets interessanter und instruktiver als allgemeine Behauptungen — durch den diese Schwierigkeit noch heller beleuchtet wird.

Im Jahre 1874 lenkte Darwin in den Spalten der Zeitschrift „Nature"[1] die Aufmerksamkeit auf 'eine von ihm beobachtete Erscheinung, daß nämlich Primelblüten in Menge von den Stielen abgeschnitten, und eines 6—8 Millimeter großen Kelchstückchens beraubt gefunden wurden. Er schrieb diese Zerstörung Vögeln zu, die auf diese Weise 'den in der Blume enthaltenen Nektar geraubt hätten, bat jedoch um weitere Auskunft seitens der Leser der Zeitschrift.

---

[1] *Nature,* Bd. IX. S. 482.

Viele Briefe liefen auf seine Anfrage ein. Unter ihnen befand sich ein solcher eines Majors E. R. Festing, der folgendes berichtete[1]): „Vor einem Monat sah ich einen gefangenen weiblichen Dompfaffen, der eine Menge ihm gereichter Primeln in genau derselben Weise bearbeitete, wie es Mr. Darwin beschreibt. Er schnippte ein einziges Mal scharf in jede Blume hinein, ohne die Überreste, die unbeachtet auf den Boden des Käfigs fielen, noch einmal zu berühren." Auch das Zeugnis anderer wies auf den Dompfaffen als Träger dieser sonderbaren Gewohnheit hin.

In einer späteren Nummer der Zeitschrift kommt Darwin auf seine Beobachtung zurück.[2]) Er schreibt wie folgt: „Offenbar bildeten die Ovulae die Hauptanziehungskraft; aber indem die Vögel die Ovulae durch Druck entfernten, konnten sie nicht umhin, auch den Nektar beim offenen Ende herauszudrücken, so wie es mir selbst geschah, als ich probeweise die Blume zwischen meinen Fingern preßte. Auf diese Weise verschafften sich die Vögel einen köstlichen Bissen, nämlich junge Ovulae mit süßer Sauce." Und mit Beziehung auf den instinktiven Charakter dieser Handlung fährt er fort: „In meinem früheren Brief habe ich bereits erwähnt, daß, im Fall sich die Gewohnheit, Blumen auf diese Weise zu zerpflücken als eine weitverbreitete herausstellen sollte, wir sie entschieden als eine instinktive oder angeborene zu betrachten haben, denn es ist nicht sehr wahrscheinlich, daß jeder einzelne Vogel im Laufe seines individuellen Lebens den genauen Punkt entdecken sollte, wo der Nektar, und, wie meine Beobachtungen mir zeigen, zugleich die Ovulae versteckt liegen, oder daß jeder einzelne es so geschwind lernen würde, die Blume dermaßen geschickt an der richtigen Stelle abzubeißen. Auch hat mir Prof. Frankland einen interessanten Beweis für den instinktiven Charakter jener Gewohnheit geliefert. Als er meinen Brief las, hatte er gerade einen

---

1) Nature, Bd. X. S. 6.
2) a. a. O. S. 24.

gefangenen Dompfaffen sowie einen Strauß Himmelschlüssel
bei sich im Zimmer. Er reichte dem Dompfaffen sofort
einige Himmelschlüssel und später noch viele Primeln,
und diese wurden in genau derselben Weise und ebenso
akkurat abgebissen, wie von den wilden Vögeln meines
Gartens. Ich weiß dies um so genauer, als ich die abge-
bissenen Teile prüfte. Prof. Frankland teilte mir auch
mit, daß sein Vogel die abgeschnittenen Kelchstückchen
so lange zwischen seinem Schnabel preßte, bis er den Inhalt an einer Seite herausgedrückt hatte, und sie fallen
ließ, nachdem er auf diese Weise den Blüten Ovulae und
Nektar zugleich entzogen hatte. Nun war jener zahme
Dompfaff im Jahre 1872 in der Nachbarschaft der Insel
Wight, aber nicht direkt auf derselben gefangen worden,
als er eben flügge geworden war und die Primeln schon
abgeblüht haben mußten. Seitdem hatte er, wie mir
Frankland mitteilt, nie eine Primel oder ein Himmelschlüssel
gesehen. Sobald aber der nunmehr zwei Jahre alte Vogel
diese Blumen erblickte, war sein Hirnmechanismus in
Tätigkeit getreten und hatte ihn in deutlichster Weise
unterwiesen, wo und wie die Blumen abzubeißen seien, um
ihre verborgenen Schätze zu heben."

Obwohl die Lösung der Angelegenheit endgültig zu
sein schien, warfen die Beobachtungen einer Korrespondentin neue Zweifel auf den instinktiven Charakter von
Darwins Vögeln. „Ich besitze einen Dompfaffen," so
schrieb diese Dame[1]), „der vorigen Sommer, nachdem die
Himmelschlüssel abgeblüht hatten, ausgebrütet wurde.
Einige solche Blumen, die ich ihm dieses Frühjahr reichte,
stellten für ihn folglich etwas Neues vor. Er zerzauste nun
die Blüten ganz willkürlich, zerbiß Stengel, Blume und
Kelch, wie es gerade kam, und machte dasselbe mit allen
Blüten, die ich ihm hinreichte. Seitdem aber habe ich
ihm öfter nur einige auf einmal gegeben, zusammenge-

---

1) *Nature,* Bd. XIII. S. 427.

nommen etwa zwanzig bis dreißig, und jetzt beißt er regelmäßig den unteren Teil des Kelches genau so an, wie
Mr. Darwin es in 'Nature' beschreibt. Manchmal beißt
er zuerst etwas zu hoch, verbessert sich dann aber sofort
mit gutem Erfolg. Wenn er diesen Teil der Blume gefressen hat, macht er sich lieber an den Stengel als an
die Krone.

Letzten Frühling gab ich vier, im Besitz von Bekannten
befindlichen Dompfaffen Primelblüten. Keiner von ihnen
schien die Blüten nach irgendeiner bekannten Methode zu
behandeln. Zwei von diesen Vögeln sah ich dann nicht
wieder, ein dritter aber, ein älteres, etwas ängstliches Tier,
das man mehrere Tage hintereinander mit Blüten ver-
sorgt hatte, war hinterher ebenso ungeschickt im Heraus-
holen des Leckerbissens wie zuerst. Das vierte war ein junger
Vogel, dessen Herrin aus dem Zimmer gerufen wurde, bevor ich ihr mitteilen konnte, welche Eigenheiten des Vogels
mich interessierten. Einige Tage später erzählte sie mir,
sie hätte ihm inzwischen wiederholt Primeln zu fressen
gegeben, hätte aber bemerkt, wie er nur den grünen Teil
der Blüten fraß. (Bei den ersten Exemplaren, die ich
selbst ihm reichte, war dies nicht der Fall gewesen.) In
den wenigen Tagen hatte er also die Kunst des Primel-
fressens gelernt, nicht bis zur Vollkommenheit, aber doch
außerordentlich gut, wenn man bedenkt, wie wenig Übung
er gehabt hatte." C. A. M.

Aus dem Obenstehenden kann der Leser ersehen, daß
es durchaus nicht so leicht ist, wie man zunächst meinen
könnte, einer Gewohnheit anzusehen, ob sie instinktiv oder
das Produkt einer individuellen Wahlhandlung ist.

Richten wir unser Augenmerk auf einen ziemlich wichtigen Punkt der geschilderten Vorgänge. Zugegeben, daß
die Gewohnheit des Dompfaffen auf Intelligenz beruht,
welches ist die eigentliche Rolle, welche die Intelligenz
hierbei spielt? Es ist im wesentlichen eine auswählende.
Der Dompfaff zerpflückt zunächst die Blüten sagen wir in

überschäumender Vitalität. Aber inmitten dieser ausgelassenen Beschäftigung enthüllt ihm plötzlich ein bestimmter Biß in die Röhre der Blume die Ovulae und den süßen Saft. Von da ab wird der übrige Teil der Blume vernachlässigt und dieser spezielle Bissen für Wiederholungsfälle vorgemerkt.[1]) Wir sehen also, daß die Rolle der Intelligenz bei dem geschilderten Vorgang nicht die ist, eine neue Tätigkeit zu schaffen, die, wenn wir vom Standpunkt der Zuschauer sprechen, einem bestimmten Endziel entspricht, wohl aber aus einer Anzahl vorhandener, relativ unsicherer Tätigkeiten diejenige zu wählen, die durch die Erfahrung als die zweckmäßigste erwiesen wurde.

Immer und immer wieder ist darauf hingewiesen worden, daß die Entstehung von Variationen und ihre Auswahl in dem Kampf ums Dasein zwei verschiedene Probleme sind, so eng sie auch bei dem Entwicklungsvorgang verknüpft erscheinen. Die passenderen Variationen müssen vorhanden sein, bevor sie überleben können. In unserem Falle muß darauf hingewiesen werden, daß die Entstehung der Tätigkeiten, von denen einige anpassungsfähig sein können, etwas anderes ist als die intelligente Auswahl der als anpassungsfähig erwiesenen. Die anpassungsfähigeren müssen vorhanden sein, ehe sie vor den weniger anpassungsfähigen bevorzugt werden können.

Gerade hierin liegt die Nützlichkeit der Ruhelosigkeit, der überschäumenden Beweglichkeit, des bunten Spieltriebs, der naseweisen Neugier, der unbequemen Frageseligkeit, des wilden Mutwillens, des kräftigen und gesunden Experimentiertriebs junger Geschöpfe. Alles dieses dient als Rohmaterial, an welchem die Intelligenz ihre Wahltätigkeit üben kann. Häufig genug haben Beobachter des Menschenlebens dieses jugendliche Allesumfassen, Allesversuchen, Alleswagen, Allesbetreiben mit dem

---

1) Mark Baldwin hat diesen Punkt in seiner Auslegung der Kindespsychologie näher entwickelt. S. sein „Mental Development of the Child and the Race", Kap. V.; und *American Naturalist,* Juli 1896, S. 548.

engbegrenzten, wohlerwogenen, aber dafür auch konzentrierteren Vorgehen jener verglichen, bei denen die harte Schule der Erfahrung so manche schöne Unmöglichkeit beschnitten hat. Diese überschäumende Expansionsfreudigkeit der Jugend ist aber eine physiologische und psychologische Erscheinung von tiefster Bedeutung.

Ich möchte noch ein oder zwei Beispiele von Gewohnheiten nennen, die wir mit Sicherheit als erworben betrachten dürfen. J. Southwell[1]) beschreibt, wie Sperlinge gelbe Krokuse zunächst zerpflückten, um zu dem Nektar zu gelangen, wie sie aber später einfach die Röhre des Blumenkelches ritzten, um sich den süßen Saft zu verschaffen, und er betont, wie deutlich es sich zeigt, daß diese Methode, die ihre Entstehung offenbar vernünftiger Beschränkung verdankt, erworben ist und nicht angeboren.

In der Zeitschrift „Zoologist" (Januar 1896 Bd. XX. S. 1 bis 10) beschreibt Dr. Lowe eine sonderbare Gewohnheit der Mönchsgrasmücke (Sylvia atracapella), die er auf Teneriffa beobachtete. Diese Vögel besuchen die Blüten von Hibiscus rosasinensis und zupfen Stückchen aus den zwei oberen Segmenten des Kelches heraus, wobei ein Tropfen süßen Blumensafts hervorquillt. Dieser Tropfen bildet einen Köder für zahlreiche Insekten, von denen sich der Vogel nährt. Ein ähnlicher Brauch wurde bei einem Vögelchen auf Gran Canaria (Parus tenerifae) bemerkt, der den Kelch einer strauchartigen Spezies von Abutilon zu ritzen pflegt. „Der Zweck dieser Handlung scheint darin zu liegen, daß die Ameisen an den austretenden Nektartropfen gelangen. Nach Genuß des Nektars befinden sie sich aber in einem halbbetäubten Zustand und machen, wenn angegriffen, keinerlei Versuch zu entfliehen. Sie fallen also ohne weiteres den Vögeln zum Opfer, die im Laufe des Tags alle die verletzten Blumen aufsuchen und die Ameisen

---

1) *Nature,* Bd. X. S. 7.

ablesen. Noch ein anderer, an unseren Weidenzeisig er-
innernder Vogel besuchte die Abutilonblüten, gleichfalls
um die Ameisen zu verspeisen, „doch schien es, als be-
teiligte er sich nicht an dem Einritzen des Kelches". Inwieweit, wenn überhaupt, diese Gewohnheiten als instinktive betrachtet werden dürfen, wissen wir nicht. Die
Pflanzen, die von den Vögeln wie oben geschildert behandelt werden, sind, wie Dr. Lowe hervorhebt[1], durchweg
exotische, so daß die Gewohnheit höchst wahrscheinlich
erst nach Einführung der Vögel auf die Kanarischen Inseln acquiriert wurde. Wir haben sie demnach als ein
Resultat der Intelligenz zu betrachten, das durch Nachahmung überliefert wurde.

Eine weitere Gewohnheitswandlung, die jedenfalls auch
auf intellektueller Grundlage beruht, bietet uns der oft zitierte Fall des Kea (Nestor notabilis) von Middle Island
(Neu-Seeland). Dieser Vogel gehört zur Familie der
pinselzüngigen Papageien und lebt, nach Taylor White[2],
auf den Bergen oberhalb der Waldregion, wo er sich von
den Flechten der Steine nährt. Wenn dem so ist, so
haben wir eine starke Umwandlung der normalen Gewohnheiten jener Familie vor uns, die im allgemeinen von
Blumensaft, Insekten, Obst und Beeren lebt. Um 1868 beobachtete man, wie der Papagei lebende Schafe attackierte.
Tiere, die länger nicht geschoren worden waren und lange
Wolle trugen, gingen plötzlich ein, und als einzige Todes-
ursache fand sich eine Wunde am hinteren Teil des
Rückens. Diese Wunde aber war das Werk des Kea,
der nach Whites Vermutung durch die Ähnlichkeit der
Wolle mit den Flechten auf die Schafe aufmerksam geworden war, die besondere Stelle auf dem Rücken aber
gewählt hatte, um sich vor den Versuchen des Tieres,
den Vogel los zu werden, zu sichern. Die Absicht des

---

[1] *Zoologist*, Bd. XIX. 1895. Vgl. Wallaces „Darwinism", S. 75.

[2] *Proc. Acad. Nat. Sci.* Philadelphia 1877. Erwähnt in *Nature*,
Bd. XIII. S. 589.

Papageis war Blut zu gewinnen und späterhin mag er auch das weiter unten lagernde Nierenfett schmackhaft gefunden haben. Ob diese sonderbare Umwandlung von Gewohnheiten Aussicht auf Vererbung und auf Einreihung unter die erworbenen Instinkte hat, wissen wir nicht, denn Nachahmung allein würde genügen, eine Fortsetzung des Brauchs zu gewährleisten. Außerdem wird der Vogel von den Herdenbesitzern scharf verfolgt und wird über kurz oder lang ausgestorben sein.

Joseph Willcox berichtet von einer eigentümlichen Angewohnheit des Bootschwanzes von Florida (Quiscalus purpureus). Vom Ufer eines Flusses aus beobachtete er eine auffallende Aufregung bei einer Gesellschaft dieser Vögel, die sich dort niedergelassen hatten und voll Spannung ins Wasser schauten. Dort verfolgte ein großer Barsch seine Lieblingsbeute, die kleine Fischbrut, die bei ihren wilden Versuchen, dem Räuber zu entkommen, aus dem Wasser herausschnellten und zum Teil dabei aufs Trockene gerieten. Sofort bemächtigten sich ihrer die Vögel und verspeisten die Fischlein, ehe sie wieder ins Wasser zurückgelangen konnten.“

Der Verstand ist, wie Dickens’ Mr. Micawber, stets auf der Lauer, „dass etwas auftauchen wird“ und wenn dieses Etwas ihm über den Weg läuft, versucht er es sich nutzbar zu machen. Gesetzt ein Bootschwanz habe zunächst zufällig am Wasser gestanden, habe einen Tumult unter der Oberfläche und hierauf das Herausschnellen der kleinen Fischchen beobachtet, habe diese gekostet und gut befunden — so dürfen wir annehmen, daß er sich am nächsten Tag wieder ans Ufer begab, vielleicht in einiger Entfernung denselben Tumult beobachtete und nun schleunigst dorthin eilte, um sich sein gutes Gericht Weißlinge zu sichern. (Dieses alles wird aber nur ermöglicht durch jene Assoziation von Eindrücken und Vorstellungen, ohne die der Verstand nicht existieren könnte.) Bald genug aber würden die Nachbarn und Freunde, angelockt durch

das üppige Mahl, herbeifliegen und als selbstgeladene Gäste sich daran beteiligen.

Denn darüber, daß, wie oben geschildert, die Nachahmung ein äußerst wichtiger Faktor bei der Entwicklung der Gewohnheiten ist, dürfte wohl kein Zweifel herrschen. Und obwohl wir noch weit davon entfernt sind, die physiologischen Bedingungen der Nachahmung gründlich zu kennen, so erscheint es mir doch angebracht, das nächste Kapitel diesem Gegenstand zu widmen.

VIII. Kapitel.

Nachahmung.

Daß die Nachahmung, das Wort in seinem engeren
wie in seinem weiteren Sinne genommen, einen der
wichtigsten Faktoren im Tierleben, besonders bei herdenbildenden Tieren, darstellt, dürfte kaum bestritten werden.
Ihre physiologischen und psychologischen Bedingungen
sind jedoch nicht ohne weiteres zu verstehen. Einige
Formen der Nachahmung pflegt man als instinktiv zu
bezeichnen, andere hingegen sind ausgesprochene, unter
der Leitung des Verstandes ausgeführte Willensakte.
Und letztere sind es, auf die sich der Ausdruck
„Nachahmung“ im gebräuchlichen Sinne recht eigentlich
bezieht. Doch lohnt es sich, den Beziehungen zwischen
dieser bewußten und vorsätzlichen Form der Nachahmung
und jenem unwillkürlichen, instinktiven Vorgang, dem wir
denselben Namen beilegen, einmal genauer nachzugehen.
Zu diesem Zweck möchte ich zunächst einige Beispiele
des letzteren, scheinbar instinktiven Typs anführen.

Wenn aus einer Gruppe von mehreren ein einzelnes
Hühnchen durch Zufall darauf kommt, aus einer Zinnschüssel Wasser zu trinken, kommen sofort andere herbei-
gelaufen, picken gleichfalls nach dem Wasser und lernen
auf diese Weise trinken.[1] Eine Henne lehrt ihre Kleinen,
Körner und anderes Futter aufzunehmen, indem sie auf

---

[1] Mills berichtet eine ähnliche Beobachtung an kleinen Hunden (*Trans.
Roy. Soc. Canada,* Sect. IV [1894] S. 43).

die Erde pickt und entsprechende Gegenstände vor die
Hühnchen hinfallen läßt, worauf die Kücken diese Handlungen nachzuahmen suchen. Ebenso kann man Kücken
und junge Fasanen zum Picken bringen, wenn man die
Manipulationen der Mutterhenne mit einem Bleistift oder
einer Pinzette markiert. Nach Peals bereits zitierten Berichten behaupten die Assamesen, daß ihre jungen Fasanen
direkt eingehen, wenn sie nicht auf diese Manier zum Aufpicken der Nahrung angehalten werden; und Prof. Claypole sagte mir, dasselbe sei der Fall bei den Straußen,
die im Brutapparat aufgezogen werden. Ein kleiner Fasan
und ein Perlhuhn pflegten zwei Entchen nachzulaufen, einem
zahmen und einem wilden, und sich ganz nach deren Schnäbeln zu richten, zu picken wenn diese pickten und ihnen
alles nachzumachen. Es ist entschieden viel leichter, junge
Vögel aufzuziehen, wenn alte Vögel ihnen beim Essen und
Trinken mit gutem Beispiel vorangehen; und Instinkthandlungen wie das Scharren im Sande werden dort eher vollzogen, wo die Möglichkeit der Nachahmung gegeben ist.
Ja ich habe beobachtet, wie, nachdem eine Gruppe von
Hühnchen bereits gelernt hatte, Eucheliaraupen zu meiden,
diese selben Vögel, wenn sie die Raupen von noch unerfahrenen Hühnchen aufnehmen sahen, sich noch einmal
an die Raupen heranmachten, die sie ohne das sicherlich
nicht wieder berührt hätten. Eines der Hühnchen ließ bei
Anblick einer toten Biene das Alarmzeichen ertönen, sofort gab ein anderes, das sich in einiger Entfernung befand, den Laut wieder. Ich könnte eine Unmenge ähnlicher
Beispiele liefern; noch größer aber ist die Zahl unschein-
barster schwer wiederzugebender Handlungen, die sich inmitten einer jungen Vogelschaar abspielen und die ins-
gesamt dem Nachahmungstrieb entspringen.

Welches sind nun die allgemeinen Folgerungen, die wir
aus diesem nicht sehr differenzierten Tatsachenmaterial
ziehen dürfen? Was ist sein Verhältnis zu der Gesamtheit
instinktiven Geschehens? Instinktive Vorgänge sind, wie

wir wissen, ein angeborenes Benehmen von mehr oder weniger bestimmtem Charakter, das eine ererbte Koordination motorischer, durch zentrifugale Nervenerregungen hervorgerufener Tätigkeiten einschließt, und das unter bestimmten inneren physiologischen Bedingungen von einem äußeren Reiz ausgelöst wird. Nun scheint es, als ob in den Fällen, wo der äußere Reiz in der Handlung eines andern Organismus besteht, und die dadurch hervorgerufene Reaktion jener reizerzeugenden Handlung gleicht, derjenige Vorgang zustande kommt, den wir als Nachahmung bezeichnen. Ein Hühnchen stößt den Alarmruf aus; das ist der Reiz, der ein anderes Hühnchen veranlaßt, denselben Laut von sich zu geben, und diesen Vorgang bezeichnen wir als Nachahmung. Die Handlung selbst ist nun wohl in ihrem Effekt, nicht aber in der Absicht eine imitative. Und nur vom Standpunkt des Beschauers gesehen unterscheidet sich diese eine Instinkttätigkeit wesentlich von andern, nur für ihn fällt sie unter die Rubrik Nachahmung. Vom physiologischen Standpunkt aus sind wir berechtigt zu behaupten, daß ein jeder Reiz, eine jede Gruppe von Reizen geeignet erscheint, ererbte Reaktionen irgend einer Art auszulösen. Im Falle der Nachahmungstätigkeit besteht der Reiz in einer Handlung eines andern, die denselben Charakter trägt wie die ausgelöste Reaktion.[1] Dieses ist ebenso bemerkenswert für den Beobachter als wichtig vom Standpunkt der biologischen Auslegung. Vom

[1] Dieses scheint sich mit der gebräuchlichen Auslegung des Ausdrucks „Nachahmung" im wesentlichen zu decken. Mark Baldwin dagegen braucht das Wort in erweiterter Bedeutung, nämlich für eine Wiederholung derselben Handlung bei demselben Individuum. Vom Standpunkt des Beschauers kann man die Auffassung einer wiederholten Handlung als einer Nachahmung der vorangegangenen vielleicht gelten lassen; doch muß man, wenn man das tut, der allgemein verbreiteten Bedeutung des Wortes „Nachahmung" (für die Wiederholung der Handlung eines andern Individuums) Gewalt antun, und ich sehe keinen Grund für die gewaltsame Verdrehung eines so allgemein gebräuchlichen Begriffes.

Standpunkt des Ausübenden — wenn ich so sagen darf — unterscheidet sich diese jedoch nicht wesentlich von andern Formen instinktiver Tätigkeit. Ein Reiz — Gehör-, Gesichtsreiz oder was es auch sei — wird automatisch von einer koordinierten Reaktion begleitet, und es besteht keine Ähnlichkeit zwischen dem Reiz samt den ihn begleitenden Bewußtseinszuständen einerseits und der Reaktion samt den sie begleitenden Bewußtseinszuständen andrerseits.[1] Dieses ist, dünkt mich, das Wesen der instinktiven Nachahmung oder des ererbten automatischen Benehmens, das vom Standpunkt des Beschauers als imitativ erscheint.

Vorübergehend möchte ich hier jene instinktiven Handlungen berühren, die wir mit dem anerkannten biologischen Ausdruck „Mimicry" bezeichnen. Gewisse schlechtschmekkende Schmetterlinge werden z. B. von andern kopiert, und diese, so nimmt man an, entgehen der Vernichtung eben durch diese Kopierung. Hier ist von beabsichtigter Nachahmung keine Rede, die Mimicry ist eine rein objektive. Aber nicht nur in der äußeren Gestalt, auch in ihrem instinktiven Verhalten finden wir bei vielen Insekten und vielleicht auch bei einigen Vögeln die Mimicry vertreten. Da aber aller Grund zu der Annahme fehlt, daß „mimetisches" Verhalten durch den Reiz seitens des Vorbildes entsteht, so gehört die Angelegenheit überhaupt nicht in das Gebiet der instinktiven Nachahmung, auf dem wir uns jetzt bewegen. Wenn wir den Ausdruck „mimetisch" im streng biologischen Sinn gebrauchen[2]), so können wir da-

1) Mark Baldwin hat ferner vorgeschlagen, Nachahmung als eine Reaktion zu definieren, die danach strebt, ihren eignen Reiz zu wiederholen, eine „zirkuläre Tätigkeit", wie er es nennt. Doch tendieren die instinktiven Nachahmungen junger Tiere durchaus nicht immer dahin, ihren eignen Reiz zu wiederholen. Ein Hühnchen, das seine Gefährten weglaufen und sich niederducken sieht, tut dasselbe; wir nennen solches Benehmen imitativ, und doch besteht hier (außer für die Augen des Beobachters) keine Wiederholung des ursprünglichen Reizes.

2) C. A. Witchell z. B. braucht bei Besprechung des Vogelgesanges das Wort „Mimicry" in der Bedeutung von Nachahmung, und dies ist sehr

durch am besten die Fälle von aktiver Mimicry (oder Mimicry im Benehmen) von den Erscheinungen eigentlicher instinktiver Nachahmung abgrenzen — d. h. also von instinktivem Benehmen, das durch ähnliches Benehmen andrer hervorgerufen wurde.

Wie wir nun bereits sahen, bildet das instinktive Benehmen einen Teil — und nicht den unwichtigsten — des Rohmaterials, mit dem der Verstand arbeitet, das er formt und ummodelt und zu feinerer Einstellung, zu vollkommnerer Adaptation an die Bedürfnisse des Individuums ausfeilt. Die erste Ausführung einer instinktiven Tätigkeit — ob imitativen Charakters oder nicht — liefert dem Bewußtsein den Ausgangspunkt für die Steigerung oder die Modifikation der betreffenden Tätigkeit und für das Formen von instinktiven Gewohnheiten — d. h. erworbenen Abänderungen angeborener Reaktionen. Vorausgesetzt also das Vorhandensein eines angeborenen und instinktiven Nachahmungstriebs, so kann der Verstand denselben als Grundlage zu einer bewußten imitativen Tätigkeit benützen. Diese bewußte und beabsichtigte Nachahmung wollen wir nunmehr ins Auge fassen.

Wenn ein Kind bewußt und mit ausgesprochener Absicht ein anderes Kind oder einen erwachsenen Menschen nachzuahmen sucht, so fußt sein Benehmen ausnahmslos auf einer Basis vorhergehender Erfahrungen. Nehmen wir den Fall, daß es in Nachahmung anderer mit dem Bleistift eine einfache Bogenlinie zieht. Dies wäre unmöglich, hätte es nicht schon vorher Erfahrungen gesammelt, als deren Frucht wir seine Kontrolle über Finger- und Armbewegungen zu betrachten haben. Nun wendet das Kind die gewonnene Kontrolle in der Weise an, daß durch Nachahmung der Bewegungen anderer dieselben Resultate entstehen. Es kann ohne bestimmte Anhaltspunkte nicht

---

verwirrend für den Biologen, für den „Mimicry" als terminus technicus einen so scharf umgrenzten Begriff bedeutet.

vorgehen. Entweder wurden diese ihm von seinem instinktiven Nachahmungsvermögen geliefert, oder erworbene Erfahrung hat es bereits gelehrt, daß, um dasselbe zu erreichen wie andere, man seine Bewegungen in der oder jener ganz bestimmten Weise einrichten muß. Diese Prämissen vorausgesetzt, wird sich jeder weitere Fortschritt als ein Ergebnis von Versuch und Irrtum darstellen, als ein Steigern und Wiederholen von Bewegungen, die zum Erfolg, als ein Zurückdrängen und Hemmen von Bewegungen, die zum Mißerfolg führen. Der Erfolg aber wird von stärkeren oder schwächeren Lustgefühlen, der Mißerfolg von mehr oder minder heftigen Unlustgefühlen begleitet sein. So wächst die Beherrschung der eigenen Leistungen Schritt für Schritt, bis die nachahmende Handlung eine relative Vollendung erreicht hat.

Es bietet uns eine gewisse Vereinfachung, hier zwei verwandte und doch etwas verschiedenartige Vorgänge zu unterscheiden; und obwohl wir diese Unterscheidung vielleicht nicht absolut durchführen können, so möchte ich sie doch zunächst einmal festhalten und die Wiedergabe der Handlung eines andern als Nachahmung, die Wiedergabe der Ergebnisse seiner Handlung aber als Kopie bezeichnen. Um bei dem Beispiel der von dem Kinde gezogenen Bogenlinie zu bleiben: zunächst ahmt das Kind die Handlung nach, es hält den Bleistift so oder so, bewegt die Finger in dieser oder jener Weise. Sobald es aber ein leidliches Resultat erreicht hat, heftet es sein Augenmerk auf dieses und nicht mehr auf die Bewegungen, durch die es zustande kam. Sein Ziel ist von nun ab weniger die Handlung nachzuahmen als eine Kopie zu erzielen. Das Kopieren aber, obwohl meistens auf Nachahmung, wie wir den Begriff auffassen, gestützt, darf dennoch nicht mit letzterer verwechselt werden. Und ebenso wie die instinktive Nachahmung in einer Linie mit allen anderen instinktiven Tätigkeiten, deren Charakter sie auch trägt, genannt werden muß, so ist eine Kopie Sache des Verstandes und der Er-

werbung und gehört zu dieser Gruppe von Tätigkeiten. Gewisse Handlungen werden ausgeführt und, je nachdem ihre Resultate Lust oder Unlust erweckten, gesteigert oder unterdrückt. Wie sich aber die instinktive Nachahmung von andern instinktiven Tätigkeiten dadurch unterscheidet, daß sie in dem Beobachter denselben Gesichts- oder andern Sinneseindruck weckt, der die Reaktion hervorrief, so unterscheidet sich das Kopieren von andern Erscheinungen der Verstandestätigkeit dadurch, daß seine Resultate sowohl vom Standpunkte des Beobachters wie des Ausführenden, den Reiz reproduzieren[1]), der die in Frage kommende Tätigkeit weckte. Und eben das Resultat ist es, auf das bei der Kopiertätigkeit die Aufmerksamkeit sich konzentriert.

Ein weiteres Beispiel wird dies klarstellen. Wenn ein normales Kind die Laute reproduziert, die seine Gefährten erzeugen, so ist dieser Vorgang weit mehr als ein Kopieren denn als ein Nachahmen (so wie wir die Begriffe unterscheiden gelernt haben) aufzufassen. Wir dürfen als sicher annehmen, daß ein Kind die Fähigkeit zu artikulieren mit auf die Welt bringt, eine Fähigkeit instinktiver Natur, die im Gegensatz zu inartikulierten Tönen eine ziemlich ausgebildete Koordination voraussetzt. Die eigenen Artikulationen erwecken nun in dem Kinde Reize, die sich in seinem Bewußtsein durch Assoziation mit den motorischen Vorgängen verknüpfen, die die Töne erzeugten. Das Kind erzielt durch seine Tätigkeit bestimmte Resultate und hört die Resultate der Tätigkeit der andern. So werden ihm Anhaltspunkte zum Kopieren dieser Resultate geliefert, und nach und nach beginnt es artikulierte Laute wiederzugeben sowie nebenher und unbewußt gewisse motorische Tätigkeiten nachzuahmen. Ich sage mit Betonung „nebenher und unbewußt“, denn die Tätigkeit der Stimmbänder

---

1) Die Reproduktion des Reizes bildet einen Hauptpunkt in Mark Baldwins Bchandlung der Nachahmungsfrage in seinem mehrfach zitierten Werke „Mental Development of the Child and the Race“.

ist dem Kinde verborgen, und die Wiedergabe bestimmter Laute beruht beim normalen Kinde kaum je auf einem Nachahmen der Lippenbewegungen der andern. Sehr lehrreich ist es, mit diesem Vorgang das Sprechenlernen der Taubstummen zu vergleichen. Hier handelt es sich in der Tat um einen Nachahmungsprozeß und nicht um eine Kopie, denn hier entzieht sich der hervorgebrachte Laut der Kenntnis des Lernenden, gewährt ihm folglich keinen Anhaltspunkt für eine Kopie. Das normale Kind hingegen, das von seinen Gefährten sprechen lernt, kopiert bestimmte Laute unter unbewußter Nachahmung bestimmter Tätigkeiten — obwohl vom Standpunkt des Beobachters der Vorgang zweifellos imitativen Charakter trägt.

Wie ich schon erwähnte, läßt sich die kennzeichnende Anwendung der Ausdrücke „Nachahmung" und „Kopie" nicht absolut durchführen — werden die Worte doch zu oft rein wechselweise benützt. Ich habe sie zunächst nur aufrecht erhalten, um den Gegensatz zwischen der Reproduktion einer Tätigkeit oder Bewegung und der Reproduktion eines vorhandenen Resultats einer solchen Tätigkeit zu kennzeichnen. In manchen Fällen heftet sich die Aufmerksamkeit des Ausführenden mehr auf den einen, in manchen mehr auf den andern Punkt. Im gewöhnlichen Leben bezeichnet man beides als Nachahmung, sagt z. B. ein Kind ahmt die Stimme eines andern nach, oft auch beides als Kopie, z. B. ein Affe kopiert seinen Herrn. Und nur durch den Zusammenhang werden wir darüber aufgeklärt, welcher Prozeß der vorherrschende ist — ob die Aufmerksamkeit des Nachahmenden mehr der Bogenlinie selbst oder den zu ihrer Erzeugung führenden Bewegungen gilt; ob mehr dem hervorzubringenden Laut oder den Lippenbewegungen, die er bedingt.

Wir haben bereits erörtert, daß das, was wir als einen Verstandesvorgang bezeichnen, als das Resultat gewisser Prozesse in der Hirnrinde (welche wir vorläufig als den Sitz derselben annehmen) anzusehen ist, die von Lust-

oder Unlustgefühlen begleitet werden. Die Vorgänge, welche
im Bewußtsein Lustgefühle zur Folge haben, werden wiederholt und gesteigert, die von Unlustgefühlen begleiteten
gehemmt oder unterdrückt. Welches sind nun aber die
besonderen, die spezifischen Bedingungen verstandesmäßiger
Nachahmung? Worin haben wir das charakteristische Merkmal jenes Anreizes zu suchen, der die Nachahmung, sei es
gewisser Bewegungen oder ihres Resultates, hervorruft?
Ein Kind hört bestimmte artikulierte Laute, die seine Umgebung hervorbringt, und ebenso hört es bestimmte artikulierte Laute, die es selbst produziert. Was gibt ihm
den Anreiz zur Nachahmung? Die einzige mir stichhaltig
erscheinende Antwort auf diese Frage ist: daß die Ähnlichkeit der Töne, die es erzeugt, und der Töne, die es
hört, für das Kind eine Quelle der Befriedigung
bilden, und daß innerhalb gewisser Grenzen die Größe
der Befriedigung der Größe der Ähnlichkeit entspricht.
Der Nachahmungstrieb gründet sich folglich auf einen angebornen und eingefleichten Hang, aus diesen Ähnlich-
keiten Lustgefühle zu schöpfen, Befriedigung zu fühlen
durch die Reproduktion der Handlungen anderer. Ohne
diesen angeborenen Drang bleibt es rätselhaft, woraus der
Antrieb zur Nachahmung erwächst. Auf einer späteren
Stufe der Entwickelung ist Wetteifer zweifellos ein neuer
und wichtiger Faktor; dieser aber geht mit dem Wunsche
einher, das Vorbild nicht nur nachzuahmen, sondern zu
übertreffen.

An diesem Punkte möchte ich meine Leser nochmals
auf den bereits erwähnten Unterschied zwischen instinktiven oder angeborenen Handlungsweisen und angeborenen Fähigkeiten (s. S. 28) hinweisen. Beides hat seine
Wurzeln in der Vererbung. Doch haben wir den Ausdruck
„instinktiv" auf diejenigen Vorgänge beschränkt, wo infolge eines äußeren Reizes unter gegebenen physiologischen
Bedingungen eine ererbte Reaktionstätigkeit erfolgt. Wir
haben die instinktive Handlung vom objektiven physio-

logischen Standpunkt betrachtet und gefunden, daß die instinktive Reaktion, von der individuellen Erfahrung unabhängig, derselben voranzugehen vermag. Die angeborenen Fähigkeiten hingegen setzen einen Organismus in den Stand, sich gegenüber seinen Erlebnissen in bestimmter Weise zu benehmen. Erwerbung wäre unmöglich ohne das Vorhandensein einer angeborenen Fähigkeit der Assoziation, ohne angeborene Empfänglichkeit für Lust und Unlust. Die instinktive Reaktion dagegen ist ebenso unabhängig von Assoziation wie von dem freudigen oder schmerzlichen Affekt, den sie selbst im Gefolge hat. Die Instinkthandlung oder angeborene Handlungsweise ist die Grundlage der definierten physiologischen Reaktion; die angeborene Fähigkeit hingegen ist die Grundlage zu erworbenen Fähigkeiten, die, durch die Erfahrung weiter ausgebildet, im Laufe der Zeit zu Gewohnheiten führen. Instinktive Nachahmung ist folglich als eine von der Erfahrung unabhängige Reaktion anzusehen, während intelligente, unter der Leitung des Oberbewußtseins erfolgende Nachahmung das Ergebnis von Erfahrung ist und auf dem angeborenen Lustgefühl beruht, das den reproduktiven Akt der Nachahmung zu begleiten pflegt.

Welches ist nun die Stellung, die intelligente oder bewußte Nachahmung oder, wie wir auch sagen können, Nachahmung im eigentlichen Sinn im Tierreich einnimmt? Ihre Allgegenwart ist es, die jede nähere und überzeugende Umgrenzung ihres Waltens erschwert. Das Anormale zieht die Aufmerksamkeit mehr auf sich als das Normale, und daher rührt es, daß die meist genannten Beispiele von Nachahmung jener Klasse angehören. So z. B. beim Gesang der Vögel, bei dem die Nachahmung die größte Rolle spielt. Trotzdem werden meist nur solche Fälle zitiert, wo die Nachahmung einer andern Vogelart die Aufmerksamkeit des Beobachters erregte. Daher sind die Künste der Spottdrossel jedermann so geläufig wie ein altes Kindermärchen. L. M. Loomis erzählte Chapman von einem in

Süd-Karolina angetroffenen Exemplar dieser Gattung, das während zehn Minuten die Weisen von nicht weniger als zweiunddreißig verschiedenen Vögeln seines Reviers wiedergab. Chapmann setzte aber hinzu, daß dies eine phänomenale Leistung genannt werden muß, wie er eine ähnliche nie gehört habe, denn seiner Erfahrung nach beherrschen viele Spottdrosseln nur ihren eignen Gesang, und sind gute Spötter etwas überaus Seltenes.[1]) Sehr interessant müßte es sein, einen Einblick in die Bedingungen zu gewinnen, unter denen sich gute Spötter entwickeln. Ist die Reihenfolge der nachgeahmten Melodien bei demselben Individuum stets die gleiche? Oder stellt es sie in verschiedener Anordnung zusammen? Ich glaube, daß sich hier ein fruchtbares Feld für sorgfältige Versuche und eindringendes Studium eröffnen würde.

Unser gewöhnlicher englischer Eichelhäher genießt den Ruf eines ausgezeichneten Imitators auch der sonderbarsten Geräusche. Montagu berichtet, wie der leise Gesang eines solchen Vogels mit Nachahmungsgeräuschen der buntesten Art durchsetzt war: mit Lämmerblöken, Katzenmiauen, dem Schrei des Bussards, dem Ruf der Eule, dem Wiehern des Pferds! Bewich erzählt uns, wie ein Häher das Geräusch einer Säge so vorzüglich imitierte, daß — da es gerade ein Sonntag war — ein sehr lebhaftes Erstaunen darüber entstand. Und ein Korrespondent des „Magazine of Natural History" — ich gebe zu, es mag irisches Blut in seinen Adern geflossen sein! — behauptet gehört zu haben, wie ein andrer den Stieglitz „in unvergleichlicher Weise" und ebenso das Wiehern eines Pferdes wiedergab.[2])

Noch ein Beispiel unter wilden Vögeln möchte ich erwähnen. Warde Fowler gibt uns in seinen „Summer Studies of Birds and Books" (S. 80, 81) ein Zitat aus seinem Tagebuch, das einige Beobachtungen über die Leistungen eines Sumpf-

---

1) Chapman, Birds of Eastern North America S. 378.
2) Diese Beispiele sind aus Yarrell, British Birds, 2. Aufl., 2. Bd.

rohrsängers (Acrocephalus palustris) enthält, den er in der Schweiz beobachtete. „Ich schreibe dies," so erzählt er, „an einem kühlen Fleckchen zwischen der Aar und parzelliertem Gelände und horche auf die Stimme des Sumpfrohrsängers, dessen Gesang, wie immer, ganz wundervoll klingt. Hie und da ein schriller Ausbruch wie von einem Uferschilfsänger (Acrocephalus phragmitis), dann wieder eine süße langgezogene Note wie von einer Nachtigall. Auch hörte ich ihn bestimmt im Laufe der letzten Minuten den Buchfink, ja sogar den metallischen Ruf des Blauspechts wiedergeben. Dazwischen aber ertönte ein zartes liebliches Selbstgespräch. In diesem Augenblick produziert er sich als Meise — und jetzt als weiße Bachstelze; ich selbst aber fange an, verwirrt zu werden. Der Vogel pflegt ziemlich viel im Gebüsch herum zu kriechen, manchmal jedoch erscheint er auf einem der obersten Zweige, wo er dann sitzt und mit so weit aufgesperrtem Schnabel singt, daß man ihm bis in die gelb-rote Kehle hineinschauen kann. Hie und da schwingt er sich auf den Baum, unter dem ich sitze. Jetzt eben läßt er den Ruf des Gartenrotschwanzes ertönen und jetzt — wahrhaftig — das Trillern der Lerche, und jetzt einen Buchfinken, so wahr ich diesen selbst je gehört habe."[1])

Eine bloße Erwähnung der speziellen ausgesprochenen Nachahmungstalente von Papagei, Elster, Dohle, Rabe, Star und andern Vögeln muß an dieser Stelle genügen. Bei allen den genannten Vögeln bemerken wir einen angebornen Drang, die Töne zu kopieren, die sie häufig um sich hören, obwohl die Art und Weise, wie dies geschieht, bei den verschiedenen Individuen stark von einander abweicht. Eine kurze Beschreibung des Unterrichts der Dompfaffen soll die günstigsten Bedingungen, unter denen die Nachahmung stattfindet, illustrieren.

---

[1]) Witchell liefert noch viel ähnliches Material im IX. Kapitel seines Werks „Evolution of Bird Song" S. 159.

„In Deutschland," so erzählt uns Bechstein[1]), „werden die jungen Dompfaffen, die gelehrt werden sollen, bestimmte Melodien zu singen, aus dem Neste entfernt, sobald die Schwanzfedern zu wachsen beginnen, und dürfen nur mit aufgeweichtem, mit Weißbrot vermischtem Rapssamen gefüttert werden. Obwohl sie nicht singen können, ehe sie groß genug sind, sich selbst zu ernähren, so wartet man doch nicht bis dahin mit dem Unterricht, denn sie lernen am besten, wenn ich mich so ausdrücken darf, wenn ihnen der Lernstoff zugleich mit dem Futter eingetrichtert wird. Die Erfahrung hat gezeigt, daß sie diejenigen Weisen am schnellsten lernen und am besten behalten, die sie direkt nach der Nahrungsaufnahme gelernt haben. Neun Monate regelmäßigen und fortgesetzten Unterrichts sind aber nötig, ehe der Vogel auf die Stufe gelangt, die der Laie als Sicherheit bezeichnet; denn wenn der Unterricht aufhörte, ehe diese erreicht ist, würde der Vogel sein Lied dadurch zerstören, daß er einzelne Stellen unterdrückt oder verwechselt, oft aber vergißt er während seiner ersten Mauser das Gelernte vollständig. Im allgemeinen empfiehlt es sich, die Vögel, selbst nachdem sie ausgebildet sind, von einander getrennt zu halten, denn bei ihrer eminenten Schnelligkeit im Lernen würden sie ihren Gesang durch Einführung fremder Passagen völlig verderben; wenn sie steckenbleiben, muß man ihnen weiterhelfen, und während der Mauser bedarf es eines fortwährenden Repetierens, sonst bilden sie sich zu bloßen Schwätzern aus. Wie bei anderen Tieren, so zeigen sich auch bei diesen die verschiedensten Grade der Befähigung. Ein junger Dompfaff lernt leicht und schnell, ein anderer schwerfällig und langsam; der erstere repetiert ohne Stocken verschiedene Teile eines Liedes, dem letzteren gelingt es nach neunmonatlichem Unterricht kaum, eine einzige Tonfolge richtig wiederzugeben. Doch muß bemerkt werden, daß diejenigen Vögel, die mit der

---

1) Zitiert aus Yarrell, British Birds, 2. Aufl. Bd. I. S. 577, 578.

größten Schwierigkeit lernen, den einmal erlernten Gesang besser behalten, und ihn selten wieder vergessen, selbst nicht während der Mauser. . . . . . . Viele andere Vögel können im zarten Alter dazu gebracht werden, einige Takte einer Melodie, die man ihnen täglich und regelmäßig vorspielt oder vorpfeift, wiederzugeben, aber nur die wenigen, deren Gedächtnis es vermag, die neuen Melodien festzuhalten, werden ihren ursprünglichen Gesang dafür aufgeben und die ihnen gelernten Melodien fleißig und ohne Stockung beherrschen. So lernt z. B. ein junger Stieglitz wohl einmal ein Stück einer dem Dompfaffen beigebrachten Melodie, wird diese aber nie so vollkommen wiedergeben, wie der letztere Vogel."[1]

Wir haben nun genügende Beispiele für die Imitation von Gesang und andern Geräuschen bei Vögeln gegeben. Wie weit erstreckt sich aber diese Nachahmung? Witchell, der dem Gegenstand viel Aufmerksamkeit gewidmet hat, ist entschieden der Meinung, daß, obwohl Ruf-, Alarm- und andere ähnliche Töne instinktiver Natur sind, der Gesang selbst auf Tradition und Imitation beruht. Bezüglich des ersteren Punktes zweifele ich, gestützt auf meine eigenen Erfahrungen, keinen Augenblick, daß die Laute junger Hühnchen, Perlhühner, Fasanen, Rebhühner und Teichhühner instinktiv fixiert sind; wahrscheinlich auch die des jungen Fliegenschnäppers und Hähers, obwohl diese beiden Vögel mir erst einige Tage nach ihrer Geburt gebracht wurden. Ebensowenig darf bezweifelt werden, daß die Ruf- und Alarmnoten der Henne instinktiven — wenn auch verzögert instinktiven — Ursprungs sind. H. J. Charbonnier, ein vorsichtiger Beobachter, berichtet uns, daß eine junge Elster, die ihm als vierzehntägiges Nestvögelchen zugeführt wurde, nur in der ursprünglichen Elstersprache zu schwatzen und zu krächzen pflegte und nie eine Nachahmung anderer

---

1) Bezüglich der Nachahmungstätigkeit bei Vögeln und Säugetieren siehe Romanes, Die geistige Entwicklung im Tierreich. Leipzig 1885.

Vögel verlauten ließ. Eine andere Elster indessen hatte das Gezwitscher der Sperlinge aufgeschnappt und sprach vorwiegend Spatzensprache, obwohl sie hie und da einige tiefere Töne ihres eignen Idioms einflocht.

Übrigens besitzen wir zahlreiche Beispiele, die Witchells Annahme eines Wettstreits unterstützen. Eine der ältesten Beobachtungen ist die folgende: Daines Barrington[1]) teilte drei junge Hänflinge drei verschiedenen Pflegeeltern zu, einer Feldlerche, einer Waldlerche und einem Wiesenpieper, und ein jeder von den jungen Vögeln nahm, durch Nachahmung, den Gesang seiner Pflegeeltern an. Ja sie gaben denselben nicht einmal dann auf, als sie zwischen Sänger ihrer eignen Spezies getan wurden. Witchell[2]) zitiert einen Brief von W. A. P. Hughes, der ihm schrieb, daß ein junger Vogel (hier ein Fink), der künstlich aufgezogen wird, und keine Gelegenheit hat, andere Vögel zu hören, niemals eine vollkommene Melodie zu lernen pflegt, sondern nur eine Reihe unzusammenhängender Töne singt, die keine Ähnlichkeit mit dem elterlichen Gesange zeigen. Junge Dompfaffen und Grünfinken, die unter Kanarienvögeln ausgeschlüpft waren, lernten den Gesang ihrer Pflegeeltern und ließen die harten Töne ihrer eigenen Spezies völlig vermissen; junge Grünfinken hingegen, die, eben flügge, aus dem Nest genommen und dann künstlich aufgezogen wurden, besaßen stets einige Töne ihrer Eltern, obwohl sie von einem Lehrer fremden Gesang dazu lernten. Ein Mischling von einem Stieglitz und einem Kanarienvogel, der zunächst einen reinen Stieglitzgesang produzierte, lernte, als er zwei Jahre alt war, den Gesang des Hänflings und sang von da ab die beiden Weisen abwechselnd oder untermengt. Die eigentliche Zeit, zu der ein junger Vogel das Singen lernt, ist, ehe er flügge ist und sich selbst ernähren kann, also im Nest. Ich habe die nackten kleinen Vögel

---

1) Phil. Trans., 1773, S. 264.
2) „Evolution of Bird Song", S. 172, 173.

häufig singen sehen, d. h. die Bewegungen ihrer kleinen
Kehlen beobachtet, und ihre zwitzschernden Stimmchen
gehört, die gerade so klangen, als ob sie übten." Hudson
erzählt[1]), wie er langschweifige Meisen (Furnarius), die noch
nicht flügge waren, fortwährend Duette üben hörte, wozu
sie besonders die Abwesenheit ihrer Eltern benutzten. Gesetzt die Hypothese von der Tradition sei richtig, so wäre
es die vorherrschende Häufigkeit des Anhörens des elterlichen Gesanges, die den jungen Vogel veranlaßt, denselben
anzunehmen. Dr. A. G. Butler[2]) hingegen schließt, obwohl
auch er zahlreiche Beispiele von Nachahmung beobachtete,
aus vielen Tatsachen, daß der Trieb, den der Spezies
eigentümlichen Gesang wiederzugeben, stärker ist als die
Tendenz, fremden Gesang zu reproduzieren, und daß, wo
fremde Töne hörbar sind, sie von dem Vogel in seine
eignen Weisen verflochten und diesen hinzugefügt werden.
Vor vielen Jahren erzählte mir ein Londoner Vogelfreund,
daß er junge Nestvögel, z. B. Drosseln und Hänflinge, unter
dem Gesang einer Menge gefangener Vögel aufgezogen
habe, die mit aller möglichen Energie um sie herum sangen
und flöteten, und daß die Drosseln stets, die Hänflinge aber
großenteils sich treu blieben, und die Weise ihrer eignen
Spezies festhielten. Couch[3]) berichtet in seinen „Illustrations
of Instinct", daß er einen Stieglitz kannte, der noch nie
den Gesang seiner Artgenossen gehört, und ihn doch, obwohl zaghaft und unvollkommen, produziert hatte. Und
Oberst Montagu[4]) erzählt von einer Provence-Grasmücke
(Sylvia undata), daß junge Männchen dieser Spezies, die
unflügge aus dem Nest entfernt worden waren, mit dem
Sprossen ihrer ersten Federn zu singen begannen, und
ihren Gesang den ganzen Oktober hindurch, manchmal
stundenlang ohne Unterbrechung fortsetzten. Die Melodie

---

1) W. H. Hudson, Naturalist in La Plata, S. 257.
2) *Zoologist,* 1892, S. 30.
3) Zitiert nach Romanes, a. a. O. S. 241.
4) Zitiert in Yarrells „British Birds" Bd. I. S. 344.

war die diesem Vogel natürliche, und sehr abwechslungs-
reich, doch wurde sie in einem schnellen Tempo und viel
leiser, als ich sie je von alten Vögeln in ihrer natürlichen
Umgebung gehört hatte, wiedergegeben."

Aus dem Vorangegangenen geht klar hervor, daß in
dieser Angelegenheit weitere Zeugnisse von Nöten sind,
Zeugnisse, die auf einer unter den strengsten experimentellen
Maßregeln vorgenommenen Beobachtung basieren. Aber
selbst wenn wir nicht ohne Einschränkung der Ansicht
beistimmen, daß der Vogelgesang eine reine Sache der
Nachahmung ohne ererbte Bevorzugung des elterlichen
Gesangstyps sei, so läßt sich doch an der feststehenden
Tatsache, daß Nachahmung ein sehr wichtiger Faktor da-
bei ist, nicht rütteln.

Fragen wir nun: Welchen Nutzen hat das Individuum
oder die Rasse von der Tendenz, Gesang nachzuahmen
und — wie Witchell behauptet — sich fremde Melodien
einzuverleiben? Die Antwort hierauf kann nicht als endgültig oder bindend betrachtet werden. Nach Wallace
dient der Vogelgesang ursprünglich dem Zwecke des Er-
kennens. Nach Darwin ist es ein Mittel der geschlechtlichen Zuchtwahl. Und da die meisten Singvögel sich
paaren, so dürfen wir vielleicht annehmen, daß die leisen
Nuancen, die durch Einführung fremder Elemente in den
eignen Gesang erzielt werden, ein Mittel zur gegenseitigen
Erkennung, nicht nur der Art, sondern des Individuums
abgeben. Dies angenommen würde also eine Henne durch
ihr Gehör in dem Hahn nicht nur einen männlichen Vogel
ihrer Spezies, sondern ihren eignen, speziellen Hahn erkennen. Und wenn wir geschlechtliche Zuchtwahl annehmen
— eine Frage, die in einem späteren Kapitel ausführlicher
behandelt werden wird — so dürfen wir uns vielleicht vorstellen, daß gewisse Modifikationen des natürlichen Gesanges in mehr oder weniger starkem Grade die Stimmung
zu wecken vermögen, die den Paarungsakt begleitet. Mithin können diejenigen, die der Ansicht huldigen, daß Hühner-

vögel den Gatten wählen, der ihre geschlechtlichen Empfindungen am stärksten erregt, in den verschiedenen Modifikationen des Gesangs ein Mittel sehen, ausgeprägtere Eindrücke in dieser Richtung hervorzurufen. Nehmen wir also zunächst an, daß dieses die Vorteile der Nachahmung auf dem besonderen Gebiete des Vogelgesangs seien.

Sollten wir nicht auch diese Frage auf eine breitere und allgemeinere Basis stellen? Müssen wir uns [nicht fragen: was ist der physiologische Wert des imitatorischen Triebes, wie er sich in verschiedenster Form im Leben der Vögel und andrer Tiere bemerkbar macht? Ich kann nicht umhin zu glauben, daß in einer Anzahl von Fällen er das zwischen Fortdauer und Zerstörung ausschlaggebende Moment ist. Tegetmeier[1]) berichtet, daß, wenn man Tauben ausschließlich mit kleinen Körnern, wie Hafer und Weizen füttert, sie lieber hungern, ehe sie sich entschließen Bohnen zu fressen. Setzt man hingegen während dieses Hungerzustands eine bohnenfressende Taube zwischen sie, so folgen sie dem Beispiel und nehmen von da ab die Gewohnheit an. Auch verweigern Hühner manchmal den ihnen vorgesetzten Mais; sobald sie aber sehen, wie die andern ihn fressen, machen sie es ihnen nach und zeigen von da ab eine besondere Vorliebe für dieses Futter. Leuchtet es nicht ein, daß die Nachahmung, wie sie Tegetmeier hier beschreibt, ein Mittel sein könnte, diejenigen Tiere, die sie üben, vor dem Hungertod zu retten? Junge Teichhühnchen, die in Nachahmung ihrer Eltern tauchen, haben eine weit bessere Chance zu überleben, als diejenigen, die auf der Oberfläche verharren. Es scheint mir sehr einleuchtend, daß die natürliche Zuchtwahl den Nachahmungstrieb unterstützt und auf dem Wege der angeborenen Variationen schließlich aus dem imitatorischen Benehmen eine echte instinktive Tätigkeit entstehen läßt.

In vielen Fällen hat sie sicherlich eine Prädisposition

---

1) Zitiert in A. R. Wallace, Darwinism S. 75.

hervorgerufen, mehr die Handlungen der eignen als die der fremden Spezies zu imitieren. Wenn kleine Hühner und Enten zusammen aufgezogen werden, so halten sie sich einigermaßen getrennt von einander, und es scheint wenig Neigung zu bestehen, die Gewohnheiten der anderen Art nachzuahmen. Auch bemerkte Spalding, daß ein Hühnchen keinerlei Miene machte, die eigentümliche Manier junger Truthähne beim Fliegenfangen zu imitieren. Es scheint in der Tat, als ob die Nachahmung vornehmlich dazu dient, jene Tätigkeiten einzuleiten oder zu verstärken, für die das betreffende Tier bereits einen angebornen Hang besitzt. So begann eine Amsel, die zwei Jahre lang in einer großen Volière gefangen gewesen und nie gepaart worden und mit Familiensorgen in Berührung gekommen war, als sie einige junge Drosseln durch ihre Eltern füttern sah, gleichfalls diese in derselben Weise mitzufüttern.[1]) In diesem Fall wurde eine auf ererbten Anlagen beruhende Tätigkeit durch den suggestiven Einfluß der Nachahmung ins Leben gerufen.

Gesetzt also die Jungen besitzen den Trieb, die Handlungen ihrer Eltern nachzuahmen; gesetzt ferner, daß bei den Tieren der herdenbildenden Arten viel Nachahmung vorhanden ist — so ist es klar, daß wir hier einen konservativen Faktor von höchster Wichtigkeit für das Tierleben vor uns haben. Und genau wie die Nachahmung dem menschlichen Kinde dazu dient, es auf die Höhe der Erwachsenen zu heben, die seine Familie und gesellschaftliche Umwelt bilden, so haben auch die weniger bewußten Nachahmungshandlungen der Tiere den Wert, den jungen Vogel, oder welches Geschöpf wir sonst vor uns haben, auf die Stufe seiner ausgewachsenen Artgenossen emporzuheben.

Ich habe häufig beobachtet, daß innerhalb einer Schaar von Hühnchen, die unter experimentellen Bedingungen ab-

---

1) *Nature*, Bd. XLVIII, S. 369. Brief gez. E. Boscher.

geschlossen von anderen, und ohne die Möglichkeit, von
älteren Vögeln zu lernen, aufgezogen wurden, sich bald
ein oder zwei lebhaftere, kräftigere, klügere und auch mut-
willigere Vögel vor den andern auszeichnen. Sie werden
zu Leitern der Brut, die andern zu ihren Nachahmern. Ihre
Gegenwart hebt das allgemeine Niveau der Intelligenz.
Man entferne sie, und die andern werden in ein weniger
munteres, weniger wißbegieriges, weniger unternehmungs-
lustiges Dasein — wenn ich so sagen darf — zurücksinken.
Es scheint ihnen plötzlich die Initiative zu fehlen. Aus
dieser Beobachtung geht hervor, daß die Nachahmung bis
zu einem gewissen Grade als Mittel dient, die weniger
Intelligenten auf den Standpunkt der Intelligenteren hin-
aufzuheben, und daß sie einen Reiz für die Entwickelung
von Gewohnheiten liefert, die ohne diesen Reiz nicht zur
Ausbildung gelangen können.

Unter normalen Bedingungen aber ist die konservative
Tendenz der Nachahmung, daß sie nämlich die neugebornen
Glieder der tierischen Gesellschaft auf das Niveau des
Durchschnitts ihrer Spezies bringt, ihr wichtigstes Amt.
W. H. Hudson spricht in seinem Buch „Naturalist in La
Plata" S. 93 von der Ängstlichkeit bei Vögeln als von einem
„Resultat der Erfahrung und Tradition". Ich selbst
habe, in einem andern Werk[1] diese Auslegung adoptiert.
„Ich neige dazu," so schrieb ich dort, „Nachahmung und
Tradition, besonders bei denjenigen Tieren, die in Rudeln,
Herden oder Gruppen leben, als etwas äußerst Wichtiges
zu betrachten. Unter Tradition verstehe ich das Folgende:
das Tier wird in eine Gruppe von Tieren hineingeboren,
die eine Anzahl Handlungen in einer bestimmten Weise
auszuführen pflegt; durch seinen Nachahmungstrieb gewöhnt
es sich dieselbe Art und Weise an, die so vermittels der
Tradition von Geschlecht zu Geschlecht weitergegeben

---

[1] C. Ll. Morgan, Introduction to Comparative Psychology. London 1894.
S. 170, 210.

wird." Diesen Prozeß einer Weitergabe durch Tradition können wir nicht klar und scharf genug von einer Weitergabe durch Vererbung trennen. Daher kann ich nicht umhin, Baldwins Vorschlag[1]), diese Verhältnisse als „soziale Vererbung" zu bezeichnen, für einen unglücklichen zu halten. Es ist, wie Ritchie bei seiner Besprechung menschlicher Zivilisation besonders hervorhebt, gerade ihre Unabhängigkeit von der Vererbung, die unsere Aufmerksamkeit so stark auf die durch Tradition hervorgebrachten Resultate lenkt. Da also Baldwin bezüglich des Hinweises auf die unter Menschen und Tieren beobachteten Tatsachen keine Priorität beanspruchen kann, und da ferner seine Bezeichnung mir wenig zutreffend erscheint, so sehe ich keinen Grund, dieselbe zu der meinigen zu machen.

Hudsons Bezeichnung „Tradition" hingegen ist sowohl in bezug auf Etymologie wie auf die allgemeine Auffassung des Begriffs unanfechtbar, und betont vor allem die Tatsache, daß die unter diese Rubrik fallenden Phänomene kein Ergebnis der Vererbung sind. Durch Tradition in diesem Sinne ist es zu erklären, daß die Gewohnheiten einer bestimmten Spezies von Generation zu Generation weitergegeben werden; und obwohl vererbt in dem Sinne, wie wir von der Vererbung von Vermögen sprechen — und in diesem Sinne braucht Ritchie z. B. den Ausdruck soziale Vererbung — werden sie nicht notwendigerweise zu Erbgut im biologischen Sinne des Wortes. Als der kleine Hundemischling, dessen Entwicklung Wesley Mills beobachtete und beschrieb, in die Gesellschaft andrer Hunde eingeführt wurde, zeigte sich, so erzählt uns Mills, sofort ein rapider Fortschritt. Der Hund war eben dem Einfluß der Hundetradition ausgesetzt worden, auf den er unverzüglich reagierte. Der junge Vogel oder Sänger, besonders der einer geselligen Spezies angehörende, wird

---

[1]) Mark Baldwin, Mental development in the Child and the Race, Kap. XII.

in eine Gemeinschaft hineingeboren, die fortwährend vor seinen Augen ein bestimmtes Benehmen an den Tag legt. Durch Nachahmung gewöhnt er sich bald an dies traditionelle Benehmen und dient später selbst als Vorbild für die Nachgeborenen. Über die ungeheure Wichtigkeit dieser Tradition im Tierleben kann kein Zweifel walten, und da dem so ist, muß ein jeder, der sich mit Gewohnheit und Instinkt befaßt, wohl auf der Hut sein und scharf zwischen Vererbung und Tradition unterscheiden lernen. Denn zuweilen dürfte das, was wir im Begriff sind, für ererbten Instinkt zu erklären, sich als eine traditionelle Gewohnheit herausstellen. Oft aber werden wir auf dem jetzigen Stand unserer Erkenntnis gar nicht imstande sein, zu entscheiden, ob die Ausführung gewisser Tätigkeiten auf Vererbung oder Tradition beruht, ob sie instinktive oder ein Ergebnis der Nachahmung sind. Auch hier, wie auf anderen Teilen unseres Forschungsgebietes, bedarf es weiterer Beobachtung unter streng experimentellen Verhältnissen. Die Jungen müssen getrennt von ihren Eltern und andern Artgenossen aufgezogen werden. Wenn sie trotzdem gewisse Tätigkeiten ausführen, wie z. B. die Possen, die gewisse Vögel zur Paarungszeit treiben, so dürfen wir getrost annehmen, daß diese Sonderbarkeiten unsern Tieren fix und fertig durch erbliche Weitergabe zugefallen sind. Fällt hingegen bei Vögeln, die sonst unter möglichst normalen Bedingungen gehalten wurden, diese Art von Betätigung hinweg, so ist es mehr als wahrscheinlich, daß sie traditionellen Charakters ist und der Nachahmung ihre Existenz verdankt.

Aber obwohl wir sorgfältig unterscheiden müssen zwischen dem Angeborenen und Instinktiven einerseits und dem durch Nachahmung Erworbenen und durch Tradition Weitergegebenen andererseits, dürfen wir nicht übersehen, daß im Tierleben, wie es sich unserer Beobachtung und Deutung bietet, diese beiden Faktoren des öfteren verschmelzen und etwas erzeugen, was wir weiter oben als „Instinkt-

Gewohnheit bezeichnet haben, nämlich ein unter den Händen erworbener Erfahrungen modifiziertes und umgemodeltes instinktives Vorgehen. Und es gibt eine Menge Tätigkeiten, wie z. B. den Flug und wahrscheinlich auch den Gesang der Vögel, die, auf instinktiver Grundlage basierend, durch Nachahmung geweckt werden und durch Übung und fortwährende Wiederholung unter Nutzbarmachung individueller Erfahrungen sich zu einer festumrissenen Gewohnheit von ausgebildetem Charakter entwickeln.

IX. Kapitel.

Die Gefühle und Affekte in ihren Beziehungen zum Instinkt.

Wenn wir die Beziehung der Gefühle — die wir in ihrer ausgeprägteren Form auch als Affekte bezeichnen — zu den Gewohnheiten und Instinkten einer Prüfung unterwerfen, müssen wir unsere Aufmerksamkeit vor allen Dingen auf die objektive Seite des Gegenstandes richten, d. h. auf die äußeren Manifestationen und die physiologischen Bedingungen der Gefühlszustände. Die innere oder subjektive Seite dieses Themas müßte stark mit Vermutungen und mit einer kühnen und schwierigen Anwendung des populären Begriffs „sich an die Stelle eines andern zu setzen" operieren. Wir sehen, wie ein Tier unter gewissen gegebenen Verhältnissen in einer mehr oder weniger bestimmten Weise zu handeln pflegt, und wir legen sein Benehmen als einem Gefühle entsprungen oder von einem Affekt begleitet aus. So z. B. pflegt mein Foxterrier — sonst ein entschieden schweigsamer Hund — sobald wir einen gewissen schwarzen Pudel treffen, anzufangen, um ihn herum zu tanzen und zu bellen, während sich sein Fell am Rücken sträubt. Dieses legen wir selbstverständlich als die Äußerung eines Gefühlszustandes aus. Sobald wir aber versuchen, das Wesen dieses Zustandes genauer zu ergründen, sehen wir, daß es uns keineswegs leicht wird, uns an die Stelle des Foxterriers zu versetzen oder mit nur annähernder Sicherheit zu erraten, welcher Art seine Gefühle sind. Ich möchte noch hinzufügen, daß der Pudel sehr wenig Notiz von

Tonys aufgeregtem Gebahren nimmt, sowie daß dieser letztere es ebenfalls damit nicht gar zu ernst meint. Ganz verschieden dagegen ist sein Benehmen, wenn so etwas wie ein Kampf, ja nur die leiseste Möglichkeit eines solchen in Aussicht steht. Dann bewegt er sich bedächtig mit etwas tief gehaltenem Kopf; sein Fell ist noch stärker gesträubt und seine Aufmerksamkeit scharf auf sein Gegenüber konzentriert, dessen jede Bewegung er mit demselben Späherblick verfolgt, mit dem ein Fechter seinen Gegner beobachtet. Dabei spannen sich seine sämtlichen Muskeln, bereit zu sofortiger energischer Aktion. Ist nun in beiden Fällen das Gefühlsmoment Zorn, so ist es Zorn sehr verschiedener Art. Ich will nicht versuchen, den Unterschied genauer zu definieren, als daß mir in der einen Situation eine Art Ernstfall vorzuliegen scheint, in der anderen aber nicht, und diese Definition läßt die Frage doch noch ziemlich im Unklaren.

Gehen wir von unseren eigenen Erfahrungen aus, so finden wir, neben den entsprechenden Tätigkeiten und Stellungen, neben dem Anspannen der Muskulatur und der allgemeinen Kampfbereitschaft, kurz einer Gruppe motorischer Erregungen, eine andre und nicht unwichtige Gruppe von viszeralen Erregungen. Der kalte Schweiß, der trockene Gaumen, das Anhalten des Atems, das Zusammenziehen des Herzens, ein Sinken der Eingeweide, Blut-Andrang oder Stockung — alles dies und noch manches andere charakterisiert die Zustände der Furcht, des Grauens, des Zornes usw., sobald diese einmal einen bestimmten Stärkegrad erreichen, und trägt ungeheuer zu der Macht und Eindringlichkeit jener Zustände bei. So weit die Muskeln bei den Vorgängen dieses Typs beteiligt sind, sind es — größtenteils wenigstens — die nicht der Willkür unterworfenen. Es wird sich empfehlen, obwohl es nicht absolut stimmt, diese Gruppe von organischen Erscheinungen, die wir sozusagen als eine Privatsache des Körpers betrachten dürfen, von den mo-

torischen Erscheinungen zu trennen, die der Auseinandersetzung des Individuums mit jenen Objekten dienen, welche die in Frage stehenden Gefühle hervorriefen.

Wenn wir uns nun zunächst unter Umgehung der höheren Gefühle und Affekte, als da sind intellektuelle, moralische, ästhetische usw. an das halten, was W. James als die gröberen oder niederen Gefühle des Tierlebens bezeichnet, so wollen wir zunächst einmal untersuchen, wie die uns vorliegenden Tatsachen zu deuten sind.

Die Ansicht, der man bis vor kurzem fast allgemein gehuldigt hat, läßt sich wie folgt darstellen: Wenn Tony einen Fleischerhund erblickt, so regt sich in ihm sogleich ein Affekt, die Folge dieses Affekts besteht in einer Anzahl bestimmter Handlungen und in einer Erregung seines Herzens, seiner Atmung, seiner Speicheldrüsen usw. Von dieser Ansicht ausgehend, sehen wir im Affekt den Ausgangspunkt der genannten Wirkungen, sehen im Affekt die mittlere Phase einer Reihenfolge von Geschehnissen. Vom physiologischen Standpunkt gesehen besteht diese mittlere Phase in einem Prozeß irgend einer Art in den Rindenzentren des Großhirns; dieser Prozeß entsteht aus dem mit dem Anblick des Fleischerhundes verknüpften Reiz, er verursacht hinwiederum eine Anzahl von Nervenerregungen, die längs der entsprechenden Nervenbahnen nach außen strömen und einerseits gewisse motorische, andererseits gewisse viszerale Wirkungen erzeugen. Dieser Hirnprozeß ist es nun, den der Hund als einen Affekt empfindet, und der einer jeden in Körpertätigkeiten bestehenden Gefühlsäußerung vorangeht.

Andeutungen bestimmterer und unbestimmterer Art in der einschlägigen Literatur weisen schon vor 1884 auf die Möglichkeit einer neuen Deutung hin. In diesem Jahre aber veröffentlichte William James in der Zeitschrift „Mind"[1]) eine Arbeit, in der er kühnlich und unter An-

---

1) *Mind.* 1884, Bd. IX. S. 188. Lange (Kopenhagen) veröffentlichte in demselben Jahre unabhängig davon eine ähnliche Theorie der Gefühle.

führung zielbewußter Argumente behauptet, daß die motorischen und viszeralen Wirkungen nicht durch das Gefühl veranlaßt, sondern im Gegenteil die Veranlassung des Gefühles seien. Die Reihenfolge der Erscheinungen wäre somit, nach James' Ansicht, (unter Berücksichtigung gewisser Modifikationen, auf die ich demnächst zurückkommen werde) kurz gesagt die folgende: Der Anblick des Fleischerhundes veranlaßt einen Erregungsanstoß in den niederen Zentren von Tonys Gehirn, und die Wirkungen dieses Anstoßes verteilen sich auf dem Wege der zentrifugalen Nervenbahnen nach den Muskeln, Drüsen usw. und erzeugen dort motorische und viszerale Vorgänge. Von den Muskeln, Drüsen usw. werden sodann dem Gehirn Impulse übermittelt, die einen neuen Erregungsanstoß, diesmal in der Region der Rindenzentren veranlassen, und dieser zweite Anstoß erst erzeugt in Tonys Bewußtsein den Gefühlszustand. Dies ist freilich bloß die rohe Kontur von James' neuer Theorie. Wir können sie auch dahin zusammenfassen, daß das Gefühl (oder der Affekt) durch einen Rückstoß seitens der bei der sogenannten „Gefühlsäußerung" beteiligten motorischen und viszeralen Organe erzeugt wird. Am besten ist es aber, ich lasse James selbst reden.

„Die uns natürlichste Anschauung betreffs dieser gröberen Gefühle", so schreibt er, „ist die, daß die geistige Wahrnehmung irgend einer Tatsache den geistigen Vorgang hervorruft, den wir als Gefühl bezeichnen, und daß dieser letztere Geisteszustand einen körperlichen Ausdruck findet. Meine Theorie dagegen ist die, daß die körperlichen Veränderungen der Wahrnehmung der erregenden Tatsachen unmittelbar folgen, und daß unser Bewußtwerden dieser körperlichen Veränderungen das ist, was wir Affekt nennen. Natürlicher Menschenverstand drückt sich folgendermaßen aus: wir verlieren unser Vermögen, sind traurig und weinen; wir treffen einen Bären, fürchten uns und laufen davon; wir werden

von einem Rivalen beleidigt, erzürnen uns und schlagen zu. Die Hypothese, die ich hier verfechten will, bezeichnet diese Reihenfolge als irrtümlich; behauptet, daß der eine Geisteszustand nicht unmittelbar aus dem andern hervorgeht: daß die körperlichen Manifestationen sich dazwischen schieben; und daß die rationellere Anschauung die ist, daß wir traurig sind, weil wir weinen, ängstlich, weil wir zittern, zornig, weil wir schlagen und nicht, daß wir weinen, zittern und schlagen, weil wir, je nachdem, traurig, ängstlich oder zornig sind. Ohne die körperlichen Zustände, die der Wahrnehmung folgen, würde die letztere ein bloßer Erkenntnisvorgang sein, blaß, farblos, jeder wärmeren Gefühlsbetonung entbehrend. Wir würden dann den Bären erblicken und es für das ratsamste halten, davon zu laufen, die Beleidigung entgegennehmen und es für das richtigste halten, sie mit einem Schlag zu erwidern, aber wir würden nicht eigentlich Angst und Zorn empfinden."

Natürlich hat James hier seine Sache mit paradoxer Emphase vertreten, um den Gegensatz zwischen seiner Anschauung und der allgemein üblichen in das schärfste Licht zu setzen. Wie ein humoristisch angelegter Kritiker bei einer Sitzung sagte, wo James' Anschauungen Gegenstand der Diskussion waren, „Es ist beinahe so, als wollte man sagen, ein Mann wäre krank, weil er die Medizin einnimmt, statt zu sagen, er nimmt das Zeug, weil er krank ist." Und in der Tat besteht eine wichtige Einschränkung, die man betonen muß[1]), um die obige Anschauung ihres für den gesunden Menschenverstand beleidigenden Gewandes zu entkleiden. Tony besitzt einige Erfahrung bezüglich der Sitten jenes Fleischerhundes und anderer Kollegen seines Typs. Nehmen wir an, daß bei der allerersten Begegnung der Affekt meines Hundes auf dem Wege jenes Rückstoßes zustande kam, nehmen wir

---

1) In der *Psychological Review* vom September 1884 betont Prof. James selbst die Wirkungen der Assoziation (S. 518).

an, daß der Affekt eine Folge des sekundären Gehirn-
prozesses war, der durch die motorische und viszerale
Tätigkeit hervorgerufen wurde; nehmen wir, kurz gesagt,
an, daß James' Theorie für das erste Erleben des in
Frage kommenden Vorgangs stichhaltig sei. Wie aber
steht es um die folgende und alle späteren Gelegenheiten? Hier wird die Assoziation eingeschritten sein und
ihren vermittelnden Einfluß entfaltet haben. Wir sahen,
wie ein Hühnchen, das einen saftigen Wurm erwischte,
dadurch ein Stück Erfahrung gewann, bei deren Licht
Würmer ihm um so verlockender erschienen, denn von
nun an erzeugte schon der bloße Anblick dieses Gegenstandes durch Assoziation eine Vorstellung seiner Saftigkeit, einen Vorgenuß seines köstlichen Geschmacks, der
dann noch durch die wirkliche Verspeisung des Wurmes
verstärkt wurde. Bei den Affekten — vom Standpunkt
der Rückstoßhypothese betrachtet — sehen wir dasselbe
Eingreifen der Assoziation. Nach der ersten Erfahrung,
bei der der sekundäre Erregungsanstoß im Gehirn zum
ersten Male auftrat, wird der Anblick des Fleischerhundes
bei allen späteren Gelegenheiten ein Wiederaufleben des
Gefühlszustandes hervorrufen, eine Art Vorgeschmack
dessen, was bald durch eine Wiederholung der wirklichen
motorischen und viszeralen Erregung stattfinden dürfte.
Natürlich ist diese antizipierende Phase des Affekts schwach
und farblos verglichen mit der Wirkung des wirklichen
Rückstoßes, gerade wie das antizipierende Schmecken,
das dem ersten Biß in einen reifen Pfirsich vorangeht, matt
erscheint gegenüber dem Geschmack der Frucht in unserem
Munde. Trotzdem darf jenes Moment nicht vernachlässigt
werden; es unterscheidet die zweite und alle späteren Erfahrungen derselben Art von der ersten, die uns allein
die Tatsachen der Entstehung des Vorgangs rein und un-
entstellt darbietet. So führt uns auch diese Analyse
wiederum auf den Unterschied zwischen Angeborenem
und durch Erfahrung Erworbenem zurück, und wir sehen,

wie eine Betrachtung der Gefühlszustände in engsten Beziehungen zu unserm Gegenstand, Gewohnheit und Instinkt, steht.

„Was die Instinkte betrifft“, sagt James im Einleitungsteil seines Kapitels über die Gefühle[1]), „so war es unmöglich, sie von den Gefühlserregungen zu trennen, mit welchen sie verknüpft sind. Gegenstände des Zorns, der Liebe, der Furcht usw. treiben einen Menschen nicht nur zu äußeren Taten, sondern erzeugen auch charakteristische Veränderungen in seiner Haltung und seinem Gesicht, beeinflussen seine Atmung, Zirkulation und seine anderen physiologischen Funktionen auf ganz besondere Weise. Werden die äußeren Betätigungen verhindert, so bleiben diese Gefühlsäußerungen doch bestehen, und wir lesen den Zorn im Antlitz, auch wenn kein Schlag erfolgte, die Angst in Stimme und Gesichtsfarbe, obwohl jede andere Äußerung unterdrückt wurde. Instinktive Reaktionen und aktive Gefühlsäußerungen schattieren mithin unmerklich ineinander hinüber. Überhaupt erregt jeder Gegenstand, der einen Instinkt hervorruft, zu gleicher Zeit ein Gefühl. Die Gefühle aber stehen insofern hinter den Instinkten zurück, als die Gefühlsreaktion sich meistens in dem Körper des Subjektes erschöpft, während die instinktive Reaktion dazu tendiert, sich nach außen zu betätigen und in praktische Beziehungen zu dem Gegenstand, der sie auslöste, zu treten.“

Obwohl ich mir James' Behandlung der Angelegenheit nicht in ihrem ganzen Umfange zu eigen gemacht habe, habe ich diese Stelle wegen ihres Hinweises auf die enge Verknüpfung zwischen Gefühl und Instinkt zitiert. Auch werden in ihr die viszeralen Elemente gebührend betont. Rutgers Marshall dagegen legt, wie mir scheint, das Hauptgewicht auf die motorischen Erscheinungen, und nach seiner Auf-

---

1) W. James, The Principles of Psychology. London 1901. Bd. II, S. 442.

fassung erreicht die enge Verbindung zwischen Instinkt und Gefühl beinahe den Grad der Identifikation. „Instinkt"[1]), so sagt er, „ist streng genommen eine Bezeichnung für gewisse Triebe, die wir objektiv an uns selbst und anderen bemerken, und nicht für die Gemütszustände, die mit jenen Trieben verbunden sind. Ich werde aber die Zusammensetzung 'Instinktgefühle' für jene Gemütszustände anwenden, die mit instinktiven Handlungen einhergehen. Und die Affekte sind demnach höchst wahrscheinlich als kompliziert zusammengesetzte Instinktgefühle zu betrachten .... Es scheint mir angemessen, die Affekte als verhältnismäßig fixierte psychische Zustände zu betrachten, die einer dem Anblick bestimmter Objekte entspringenden fixierten Koordination instinktiver Tätigkeiten entsprechen." Ähnlich hat Marshall sich in neuerer Zeit geäußert[2]): „Ich habe vorgeschlagen, daß wir den Ausdruck 'Instinktgefühle' brauchen, um die mit den instinktiven tierischen Tätigkeiten einhergehenden Bewußtseinszustände zu charakterisieren, und ich habe mich bemüht, zu zeigen, daß, wenn diese instinktiven Tätigkeiten verhältnismäßig fixiert und prägnant sind, die mit ihnen einhergehenden 'Instinktgefühle' bestimmte Namen erhalten und sich zu jener Gruppe psychischer Zustände zusammenschließen, die wir als Affekte bezeichnen." Hier wird also der Affekt als die subjektive Seite desjenigen Vorgangs angesehen, der objektiv gesprochen eine Instinkttätigkeit vorstellt.

Ohne weitere Autoritäten anzuführen, möchte ich nunmehr feststellen, wie es sich mit der Gefühlstheorie, mit der wir uns in Obigem befaßt haben, verhält. Vor allen Dingen muß sie als eine Theorie der ersten Entstehungsursachen betrachtet werden; dies ist sehr wesentlich. Alle auf Assoziation und Erfahrung zurückzuführenden Ele-

---

1) Rutgers Marshall, Pain Pleasure and Aesthetics. S. 63—65.
2) *Nature.* Bd. LII, S. 130.

mente müssen von vornherein ausgeschaltet werden. Nicht daß im wirklichen Leben die von der Assoziation gespielte Rolle unwichtig wäre; sie ist sogar, was das Leben älterer Tiere betrifft, von der allergrößten Wichtigkeit. Doch für die Frage nach der Entstehung der Affekte ist sie unwesentlich, und mit dieser befassen wir uns vorläufig. So behauptet unsere Theorie, ein Gefühl, nehmen wir einmal das der Furcht, wenn z. B. ein neugeborenes, achtundvierzig Stunden sich selbst überlassenes Hühnchen vor deiner Hand zurückschrickt, entspringt nicht direkt, sondern indirekt dem Anblick deiner sich nähernden Finger. Das Hühnchen fürchtet sich nicht erst und schrickt dann zurück; es schrickt instinktiv zurück und empfindet dann erst das Gefühl der Furcht. Dieses Gefühl, wie es indirekt durch den Anblick der Hand erzeugt wird, erklärte sich James in seinen früheren Arbeiten als eine Folge der vereinigten Reaktionen der viszeralen und motorischen Organe, doch schreibt er in seinen späteren Publikationen[1]) den wesentlichen Anteil den viszeralen Tätigkeiten zu. „Die viszeralen Faktoren“, sagt er, „scheinen mir die wichtigsten von allen zu sein.“ Wir werden uns weiterhin über den Grad des Anteils der motorischen und viszeralen Faktoren klar zu werden suchen. Vorläufig aber möchte ich diese Frage offen lassen und zunächst einmal untersuchen, in wieweit sich die Theorie des indirekten Ursprungs der Affekte mit den Resultaten unserer bisherigen Betrachtungen deckt.

Ich habe gezeigt, daß bald nach der Geburt ein Hühnchen nach kleinen Gegenständen pickt, auf die sein Auge fällt; daß ein junges Entlein oder Teichhuhn zu schwimmen beginnt, sobald es das Wasser berührt, und daß ferner Tätigkeiten wie Kratzen, Gefiederglätten, Baden oder Scharren deutlich und unverkennbar angeboren sind. Diese Tätigkeiten und manche ähnliche erscheinen uns als phy-

---

1) *Psychological Review* September 1894, S. 512 u. 529.

siologische automatische Reaktionen auf entsprechende Reize, stets unter der Voraussetzung passender innerer und äußerer Bedingungen, und die allgemeine Schlußfolgerung, die wir zogen, war die zweifellose Ererbtheit der motorischen Koordination. Andererseits scheint die Kenntnis, was gut oder was schlecht zu essen sei, was gefährlich sei (wie eine Biene) oder harmlos (wie eine Motte), nicht angeboren zu sein; noch die Unterscheidung der natürlichen Feinde (z. B. einer Katze oder eines Habichts) von den gutmütigen Geschöpfen wie Schaf und Gans. All dies letztere ist eine Sache der individuell erworbenen Erfahrung. Vom physiologischen Gesichtspunkt betrachtet: Jede instinktive Tätigkeit bedingt eine bestimmte Ordnung oder Koordination zentrifugaler nervöser Impulse, die vom Zentralnervensystem, wahrscheinlich den niederen Gehirnzentren, ausgehen. Dieses ist angeboren. Das Anwachsen der Erfahrung bewirkt die, wahrscheinlich in den Rindenzentren vor sich gehende Verknüpfung der zentripetalen Impulsen entstammenden Eindrücke; so z. B. der Eindrücke seitens der Augen und der Geschmacksorgane. Diese Verknüpfung von Sinneseindrücken ist offenbar nicht angeboren, sondern jedes Individuum muß von neuem durch seine Erfahrungen die Verbindungsglieder schmieden. Abgesehen von allen spezielleren Argumenten zugunsten der Annahme, daß motorische Eindrücke aus zentripetalen Impulsen entstehen, gibt es eine fernere Erwägung, deren Wichtigkeit nicht übersehen werden darf. Die motorischen Eindrücke sind zweifellos mit den Eindrücken der Gesichts-, Geschmacks-, Gefühls- und Gehörsphäre usw. eng verknüpft und behaupten ihren Platz in dem Gebäude der Erfahrung dicht neben den Sinneseindrücken. Und gewiß wird es ein Gewinn für physiologische Deutungsarbeit sein, wenn die vereinigten Forschungen der Physiologen und Psychologen erst einmal bestätigt haben werden, daß die motorischen Eindrücke (d. h. die den Bewegungen unserer Glieder, unserer

Körper entspringenden Bewußtseinselemente) gleichen Wesens sind, wie die spezifischen Sinneseindrücke, mit denen sie so enge Beziehungen eingehen. Alle diese Eindrücke, motorische sowohl wie Sinneseindrücke, also alle Grundlagen dessen, was wir Erfahrung nennen, müssen demnach als koordiniert betrachtet werden und sind es auch, wenn wir an der Theorie, daß die motorischen Bewußtseinseindrücke eine Folge zentripetaler Erregungen sind, festhalten. Der Wert der Affekte nun ist, daß sie zum Ausbau eben dieser Erfahrung Beiträge liefern. Daher die starke Wahrscheinlichkeit, daß sie, ihrer ersten Entstehung nach betrachtet, aus den zentripetalen Erregungen seitens der viszeralen sowohl wie der motorischen Tätigkeiten hervorgehen.

Um mich kurz zu fassen, so scheint mir, als ob wir es bei den instinktiven Tätigkeiten mit einer automatischen Koordination zentrifugaler Impulse, bei den erworbenen Erfahrungen hingegen mit einer Zusammenfassung zentripetaler Prozesse zu tun haben. Erworbene Erfahrung ist demnach, soweit es sich um motorische Elemente handelt, ein Produkt jenes oben geschilderten, eigentümlichen „Rückstoßvorgangs". Nun haben auch die Affekte ihren Anteil bei der Entwicklung der erworbenen Erfahrung; demnach darf füglich geschlossen werden, daß auch die viszeralen Beiträge der Affektzustände auf jene Rückstoßwirkungen zurückzuführen sind. Ist dem aber so und nicht anders, so dürfen wir behaupten, daß alle Beiträge zur Sinneserfahrung peripheren Ursprungs sind, einige aus den zentripetalen Impulsen seitens der speziellen Sinnesorgane, einige aus den zentripetalen Impulsen seitens der motorischen Organe und wieder andere aus den zentripetalen Impulsen seitens der viszeralen und unwillkürlichen Muskeln hervorgehend. Mit dieser Schlußfolgerung aber stehen meine Beobachtungen und Studien über Gewohnheiten und Instinkte der Tiere in vollstem Einklang.

Ich möchte nun noch kurz auf die Gefühlsreaktionen meines Foxterriers zurückkommen. Nach der Ansicht von James, wie ich sie auffasse, ist der Affektzustand — was auch sein innerstes Wesen ausmachen mag — die subjektive Begleitung der ganzen, komplizierten Gruppe von Tätigkeiten, plus der komplizierten Gruppe viszeraler Vorgänge, plus der Erinnerungselemente gleichen Charakters; kurz des gesamten körperlichen Zustands des Hundes bei dieser bestimmten Gelegenheit mit Inbegriff dessen, was diesem körperlichen Zustand durch Assoziation noch hinzugefügt wird. In dem Brennpunkt von Tonys Bewußtsein steht in dem einen Fall der schwarze Pudel, im anderen der ordinäre Fleischerhund. Was wir nun als Affekt oder Gefühl bezeichnen, füllt, — so sehe ich es wenigstens — gewissermaßen den Hintergrund seines Bewußtseins aus, und entspringt aus einer Unmenge von Aktivitätsempfindungen. Diese setzen sich zusammen aus unzähligen physiologischen Impulsen, die auf sein Sensorium einstürmen, seitens wer weiß wie vieler Muskeln, Faszien, Sehnen und Gelenkoberflächen, zusammen mit Viszeralimpulsen, die ebenso von wer weiß wie vielen Drüsen, nicht der Willkür unterworfenen Muskeln und sonstigen Organen des Körpers einstürmen. Dazu kommen noch die Erinnerungselemente gleicher Art, die sich zu den oben dargestellten Elementen hinzugesellen. So gestaltet sich meine Auslegung der Jamesschen Theorie.

Welches ist nun die Beziehung all dieser Dinge zu Instinkt und Gewohnheit? Zweifellos ist Tonys Benehmen gegenüber den beiden betreffenden Hunden als ein gewohnheitsmäßiges zu betrachten. So oft er sie trifft, begeht er dieselben Handlungen, benimmt er sich in derselben Weise. Doch nehme ich an, daß sein Benehmen gegenüber den beiden das Resultat von Erfahrung ist, obwohl ich mir nicht einbilde, ergründet zu haben, welche spezielle Erfahrung meinen Hund bestimmt, gegenüber dem schwarzen Pudel diese, gegenüber dem Fleischerhund

jene Folge von Tätigkeiten auszuüben. Es dürfte kaum angenommen werden, daß Tony mit einer angeborenen Tendenz, auf Pudel und Fleischerhunde dieses bestimmten Typs auf diese bestimmte Art zu reagieren, auf die Welt gekommen sei. Doch kennen wir Fälle von sogenannter ererbter Antipathie, und das Beispiel von Huggins' Hund Kepler[1]) und seine Abneigung gegen Fleischer (wie man sie auch deuten mag) scheint darauf hinzuweisen, daß gewisse reaktionauslösende Reize schon durch erbliche Übertragung definiert sind. An anderen Fällen von Gewohnheiten ererbten Charakters haben wir bereits beobachtet, daß, wenn auch die Reaktion selbst angeboren ist, das, was die Reaktion hervorruft, stark vom individuellen Erlebnis bestimmt wird. Diese Beobachtung schmälert jedoch keineswegs den angeborenen Charakter der Reaktionstätigkeit selbst. Und gewiß haben wir alle zu Hunderten von Malen beobachtet, wie Hunde durchweg die Neigung zeigen, sich in dieser bestimmten Weise zu benehmen. Keiner, der auch nur die geringste Erfahrung mit Hunden hat, kann umhin, mir die beiden geschilderten Reaktionstypen zu bestätigen; sind sie doch äußerst cha-

----

1) Die Einzelheiten dieses Falls sind folgende: Huggins besaß einen englischen Kettenhund, Kepler, der ihm mit sechs Wochen aus dem Stall, wo er geboren war, überbracht wurde. Als Huggins das erste Mal mit ihm ausging, schrak der Hund auf das lebhafteste vor dem ersten Fleischerladen, den er je gesehen hatte, zurück. Und sein ganzes Leben hindurch zeigte er die stärkste und eigentümlichste Antipathie gegen Fleischer und alles, was mit diesen zusammenhing. Durch Fragen erfuhr Huggins, daß sowohl der Vater wie der Großvater und zwei Halbbrüder Keplers dieselbe angeborene Antipathie aufgewiesen hätten. Einer der Halbbrüder, Paris mit Namen, hatte einst in einem Gasthaus, in dem sein Herr logierte, plötzlich einen fremden, das Hotel betretenden Herrn angefallen. Der Besitzer riß den Hund zurück, entschuldigte sich bei dem Fremden und sagte ihm, sein Hund benehme sich sonst nie so, ausgenommen Fleischern gegenüber. Sofort sagte der Fremde, dies sei in der Tat sein Beruf. — Es muß hinzugesetzt werden, daß diese sog. hereditäre Antipathie höchstwahrscheinlich eine ererbte Reaktion auf bestimmte Geruchsreize sein dürfte.

rakteristisch für die Hundenatur. Es sind das eben angeborene Reaktionstendenzen, die nur der Berührung durch ein Erlebnis bedürfen, um weiter differenziert und auf entsprechende Gegenstände eingestellt zu werden.

Was aber ist nun in diesen Fällen das Ererbte? Sollte nicht die Antwort lauten: eine körperliche Organisation mit einer angeborenen Kraft, in gewisser Weise und unter gewissen Bedingungen zu reagieren? Und läßt sich diese Erklärung nicht ebenso auf die koordinierten zentrifugalen Impulse, welche die motorischen Tätigkeiten veranlassen, wie auf diejenigen zentrifugalen Impulse, welche die viszeralen Vorgänge verursachen, anwenden? Wir können mit Sicherheit auf Grund der ererbten Triebe seiner Natur behaupten, daß unser Hund sich in dieser oder jener Weise gegenüber anderen Hunden benehmen wird; doch können wir nicht voraussagen, welcher andere Hund dieses oder jenes Benehmen unseres Hundes hervorlocken wird; oder wenn wir uns dazu imstande fühlen, so kann dies verschiedene Gründe haben, entweder unsere Kenntnis seines individuellen Charakters oder bereits mit ihm gemachte Erfahrungen.

Diese kurze Diskussion über Tonys Affekte wird genügt haben, zu zeigen, daß durch die Verbindung von angeborenen und erworbenen Elementen gewisse Schwierigkeiten und Kompliziertheiten in dem Bilde des betreffenden Vorgangs entstehen. Noch mehr aber ist dies der Fall bei den Gefühlsreaktionen erwachsener Menschen, bei denen durch ihr ausgedehnteres Wissen und Nachdenken ein weit größerer Vorrat von Erfahrungen und alle möglichen intellektuellen und ästhetischen Faktoren mit hineingezogen werden. Daher ist es von größter Wichtigkeit, so weit wie möglich das Element der erworbenen Erfahrung auszuschalten, und jene Reaktionen, die von einer Gefühlsnote (Lust oder Unlust) begleitet auftreten, in ihrer instinktiven Unverfälschtheit zu studieren. Ich habe mich bei meinen Beobachtungen an jungen Vögeln, zu

denen wir jetzt zurückkehren wollen, in dieser Richtung bemüht. Ich möchte hier zunächst die angenehmen Begleitgefühle vornehmen.

Das junge Teichhühnchen, das ich in Yorkshire beobachtete, pflegte, sobald es morgens aus seinem Korb erlöst und nach dem benachbarten kleinen Wasserlauf gebracht wurde, einen niedlichen und charakteristischen Tanz aufzuführen. Es schlug mit seinen nackten Flügeln und hüpfte elastisch hin und her. Es kann keinem Zweifel unterliegen, daß dieser morgendliche Tanz, diese liebenswürdige Entladung aufgehäufter Energien von Lustgefühlen begleitet war, die nach James' Ansicht ihren ersten Ursprung in komplizierten physiologischen Impulsen hatten, die von sämtlichen direkt und indirekt bei der betreffenden Tätigkeit beteiligten Körperteilen in das Sensorium hineingeleitet wurden. Nach Ausübung dieses Freudentanzes pflegte mein Teichhühnchen, besonders wenn der Tag warm war und die Sonne freundlich schien, in das laufende Wasser zu waten und sein Bad zu nehmen. Es duckte seinen Kopf unter, spritzte das Wasser über seine Schultern, schüttelte seine Federn, schlug mit seinen armähnlichen Flügeln und wackelte lebhaft mit seinem schwarzen Schwänzchen. Es war unmöglich sich dem Eindruck zu entziehen, daß das Teichhuhn sein Morgenbad als Genuß empfand; die ganze Reihenfolge seiner Tätigkeiten, die nebenbei gesagt, instinktiv im engsten Sinne des Wortes sind, und am Morgen seines zweiundvierzigsten Lebenstages zum erstenmal in genau derselben Vollkommenheit wie später ausgeführt wurden, schien ein Glücksgefühl zu bekunden, das wir, da wir keine Teichhühner sind, nicht näher zu beschreiben vermöchten. Hinterher stand es dann in der Sonne und glättete unter zufriedenem Zirpen seine Federn, rang das Wasser heraus, schüttelte sich mit offenkundigem Behagen und rieb seinen Kopf an Brust und Seite, dann streckte es wieder seinen Hals und bog den Kopf so herum, daß es die Teile dicht unter dem Hals mit

dem Schnabel erreichen konnte. Und alle diese Handlungen waren offenbar von innerstem Behagen durchsetzt. Nachher pflegte es hin und her zu spazieren, wohl auch noch einmal ins Wasser hinein zu waten, Kleinigkeiten, die sich fanden, aufzupicken und mit dem Schnabel zu prüfen, und dabei immer wieder in einer Weise, die ein ausgesprochenes Frohgefühl bekundete mit dem Köpfchen zu rücken und mit dem Schwanz zu ticken. Bevor sein Kamerad an den Folgen einer längeren Reise einging, pflegten die beiden in meinem Garten spazieren zu gehen und sich zuweilen einander zu nähern und geduckt, mit eingebogenen Beinen und zurückgeworfenen Köpfen dastehend, ihre roten Schnäbel zu öffnen und in rauhen und zornigen Tönen aufeinander loszuschimpfen; dabei richteten sie ihre beinahe nackten Flügel in einer sonderbaren und höchst charakteristischen Art empor. Auch hier war in unverkennbarer Weise ein Affekt geäußert worden.

Wir wollen nun annehmen, daß alle diese Tätigkeiten zum mindesten im weiteren, wenn nicht im engeren Sinn instinktive sind; und zum großen Teil sind sie es sicher auch im engeren, d. h. sie sind angeborenen Charakters. Richten wir ferner unsere Aufmerksamkeit auf die allererste Ausübung einer dieser zusammengesetzten Tätigkeiten, so zum Beispiel die Instinkthandlungen bei einem Bad, die scheinbar von der Berührung mit dem laufenden Wasser hervorgerufen werden. Vorausgesetzt, es sei dies der erforderliche Reiz gewesen, so wollen wir versuchen, die von ihm verursachten Verrichtungen zu deuten, indem wir unserer Diskussion die Auffassung zugrunde legen, daß das dokumentierte Lustgefühl als die subjektive Seite der motorischen Tätigkeiten anzusehen ist (die viszeralen Wirkungen spielen bei der Hervorrufung von Lustgefühlen nur eine untergeordnete Rolle).

Zunächst wird es nötig sein, etwas — so wenig als für die Klarheit meiner Darstellung unerläßlich ist — bei dem Wesen der Lust und ihres Gegensatzes, der Unlust,

zu verweilen. Indessen möchte ich von der vorliegenden Betrachtung jene Form der Unlust ausgeschlossen sehen, die durch organische Verletzungen erzeugt wird. Ein Schnitt, ein Stich, eine Verstauchung, ein Zerreißen von Geweben, ein Entzündungsvorgang — alles dies und ähnliches verlangt eine andere Betrachtungsweise als diejenigen Lust- und Unlustgefühle, die mit den normalen Ausübungen gewisser Tätigkeiten einhergehen. Wenn ich also Unlustgefühle jener Art vor der Hand als andersartiger Erklärungen bedürfend ausschalte, so schließe ich mich der Auslegung an, die Lust und Unlust mehr als verschiedene Eigenschaften denn als getrennte Elemente des Bewußtseins ansieht. Um den Gegenstand in graphischer Form darzustellen: die Abwesenheit von Lust oder Unlust ergäbe in unserem Bewußtsein ein Bild in neutralen Tinten — ein Bild, das uns weder anziehen noch abstoßen würde. Lust und ihr Gegensatz aber geben dem Gemälde Farbe, gestalten es zu einem anziehenden oder abstoßenden Eindruck. So angesehen sind Lust und Unlust, um mit Marshall zu reden, Eigenschaften, von denen jede unter den entsprechenden Bedingungen irgendeinem Bewußtseinselement anhaften kann.

Wie bringen wir dies nun in Einklang mit der Ansicht, daß ein Affekt hauptsächlich oder ausschließlich ein Produkt einer instinktiven Tätigkeit, z. B. bei dem Morgentanz des Teichhuhns sei? Man könnte sagen, daß die motorischen Elemente das Bild in neutraler Grundierung liefern, während die ausgesprochene Gefühlsnote der Bewußtseinszustände ein Produkt der durch Lust und Unlust erzeugten Ausmalung des Bildes ist. So betrachtet, wird also die ursprüngliche Grundlage eines Affektzustandes durch die Lust- oder Unlustfärbung geliefert, die während der Ausübung gewisser instinktiver oder gewohnheitsmäßiger Tätigkeiten den ganzen Hintergrund des Bewußtseins überzieht, die vielfältigen motorischen Elemente begleitet und auf diesem Wege in unser Bewußtsein eindringt.

Vom Standpunkt der Introspektion besteht ein deutlicher Unterschied zwischen der Lust- oder Unlustfärbung von Tätigkeitsempfindungen und einem Affektzustand. Wenn ich das Zeugnis meines eigenen Innern recht verstehe, so verspüre ich häufig angenehme oder unangenehme Tätigkeitsempfindungen ohne eigentlichen Affekt, und andererseits manchen starken Affekt ohne erkennbare Mitwirkung der Tätigkeitsempfindungen, sei es der gegenwärtigen oder assoziativen.

Es scheint daher, falls die soeben mehr angedeuteten als entwickelten Schlußfolgerungen richtig sind, als ob das, was besonders charakteristisch für den eigentlichen Affekt ist, seinen Ursprung nicht aus den motorischen Elementen schöpft; es wird vielmehr immer wahrscheinlicher, daß es die viszeralen Elemente sind, die zur Differenzierung dessen, was wir als Affekt bezeichnen, dienen. Verhält es sich so, so ist es nicht die Instinktempfindung der motorischen Sphäre — die wir in Obigem als Tätigkeitsempfindung bezeichnet haben —, die bei dem ersten Entstehen eines Affekts beteiligt ist, sondern die gemeinschaftlich mitwirkende, assoziierte Gruppe viszeraler Vorgänge. Deshalb wollen wir untersuchen, wieweit eine Beobachtung des Lebens der jungen Vögel, ihrer Handlungen und Affekte ein Licht auf diese Frage zu werfen geeignet ist. Nehmen wir den Fall eines in Angst befindlichen kleinen Teichhuhns. Ist es auf festem Boden, so wird es weglaufen, vielleicht sich im Schilfe verstecken; ist es im Wasser, so taucht es, kommt dann ruhig ans Ufer und verharrt unter der Uferböschung. Die beim Laufen und Tauchen betätigten Handlungen sind äußerst verschieden; müssen daher nicht die Tätigkeitsempfindungen ebenfalls verschieden sein? Nein, denn wir dürfen mit Bestimmtheit annehmen, daß ihnen ein gemeinsamer Affekt zugrunde liegt. Oder aber, wenn ein Teichhuhn einen Wurm erblickt und tüchtig läuft, diesen zu erwischen, so müssen die Tätigkeitsempfindungen als solche, sollte man meinen, sehr ähnlich denen sein, die

das Teichhuhn hat, wenn es geschwind vor einer Gans davonläuft. In dem einen Fall aber empfindet es Angst, im anderen Begierde. Wir finden hier also ähnliche Tätigkeitsempfindungen mit gänzlich verschiedenen Affektzuständen verknüpft.

Geängstigte Hühnchen laufen weg und ducken sich nieder, aber es gibt Vögel, die in noch markierterer Weise eine Reaktion des Duckens und eine Reaktion des Fliehens aufweisen. Wie ich selbst auf Inch Michrie, im Forth bei Edinburg bemerkte, pflegen junge eben flügge gewordene Meerschwalben sich hinzuducken, wenn man herankommt, ja selbst zu dulden, daß man sich bückt und sie aufnimmt. Sind sie aber einmal aus ihrer geduckten Stellung aufgestöbert, so können sie nicht schnell genug durch das lange Gras davontrippeln. Ebenso ist es mit den jungen Kibitzen. A. S. Eve, von Marlborough College, erzählte mir, wie beim Überschreiten eines Dünenrückens eine braune Masse sein Auge auf sich gezogen habe. Erst hielt er es für ein Stück Dünger, und erkannte die Täuschung nicht einmal sofort, als er sich darüberbeugte. Eine schwache atmende Bewegung jedoch machte ihn stutzig, er dachte, es sei eine Kröte und hob es auf. Sofort regten sich zwei strampelnde Beine, und ein ausgestreckter Hals und weit geöffneter Schnabel ließen ein lautes Quieken ertönen! Das Verstecken von Kopf und Beinen sowie die Färbung des jungen Vogels hatten Eve vollständig getäuscht; und der urplötzliche Übergang zu Lärm und Bewegung hätte ihn beinahe veranlaßt, den Vogel aus der Hand fallen zu lassen. Sehr gut kann man in diesem Fall den schützenden Charakter der Instinkttätigkeit beobachten. Was uns aber an diesem Beispiel besonders interessiert, ist der rapide Wechsel im Bewußtsein des Vogels von den Tätigkeitsempfindungen des Duckens zu denen des Fliehens. Und ebenso interessant ist es, daß es eine Kontinuität des Affektzustands zu geben scheint, die gänzlich unab-

hängig von der Ähnlichkeit der Instinkttätigkeiten untereinander ist.

Eine ähnliche Verschiedenheit der Reaktion, und zwar
bei Rallen beschreibt Atkinson sehr anschaulich[1]) wie folgt:
„Der Hund eines Herrn fing einst eine Wiesenralle (Crex
pratensis) und brachte sie ihm, natürlich unverletzt, wie es
einem gut dressierten Hunde geziemt, aber doch allem
Anscheine nach völlig leblos. Der Hund legte den Vogel
zu Füßen seines Herrn nieder, und dieser dreht ihn mit
der Fußspitze von einer Seite zur andern. Er bewegt sich
nur so weit er eben bewegt wird, während alle seine
Glieder schlaff bleiben. Während aber der Mann den Vogel
weiter betrachtet, sieht er mit einem Male, wie sich das
eine Auge öffnet, und nimmt die Ralle daraufhin nochmals in die Hand. Der raffinierte Schwindler ist sofort
wieder gänzlich tot, der Kopf hängt, ebenso wie die
Glieder, schlaff herab und nirgends ist ein Lebenszeichen
zu bemerken. Nun steckt ihn sein Erbeuter in die Tasche,
und mit einem Male beginnt der Vogel, von seinem engen
Gefängnis belästigt, zu zappeln. Als man ihn heraus-
nimmt, stellt er sich genau so leblos wie zuvor, aber als
man ihn auf die Erde legt und in Ruhe läßt — der Herr
war inzwischen auf die Seite getreten, behielt aber den
Vogel im Auge — hebt er, nach Ablauf von einer Minute
etwa den Kopf, und nachdem er sich überzeugt hat, daß
alles sicher sei, schnellt er empor und sucht mit der
größtmöglichen Geschwindigkeit das Weite.

Ein anderer Fall, betreffend eine Wasserralle (Rallus
aquaticus) hat sich unter meinen eigenen Augen zugetragen.
Diese wurde eines Tages bei Schneefall von meinem Jugend-
freunde von der Erde aufgehoben. Er nahm an, daß sie
von der Kälte betäubt, vielleicht auch vom Hunger ermattet sei, nahm sie mit nach Hause und legte sie auf
eine Fußbank vor den geheizten Eßzimmerkamin. Es ver-

---

1) Atkinson, Forty Years in a Moorland Parish, S. 335.

gingen fünf Minuten — zehn — noch immer lag der Vogel scheinbar leblos, so wie er hingelegt worden war, nur nicht so steif wie ein Erfrierungstod es mit sich gebracht haben würde. Einige Minuten darauf jedoch sah mein Freund, der sehr still gesessen, aber kein Auge von dem Vogel verwandt hatte, wie derselbe nicht etwa wie die Wiesenralle zunächst den Kopf hob und Umschau hielt, wohl aber ganz plötzlich und ohne zuvorige Andeutung seiner Absicht in die Höhe fuhr und mit unglaublicher Geschwindigkeit im Zimmer herumzurennen begann. Zu fliegen versuchte er nicht ein einziges Mal. Jeder andere gefangene Vogel in seiner Lage wäre sofort auf das Fenster zugeeilt und hätte sich womöglich gegen die Fensterscheiben zu Schanden geschlagen. Nicht so unsere Wiesenralle. In dem irren Zickzack, den sie vollführte, waren Fenster und Kamin die Orte, die sie noch am wenigsten aufzusuchen schien. Um das Zimmer herum, quer durch das Zimmer, unter das Sofa, unter den Tisch, von Ecke zu Ecke, von Wand zu Wand raste das kleine Geschöpf, steuerte mit der größten Sicherheit um die Stuhl-, Tisch- und Sofabeine, Fußbänke und was nicht alles herum, bis es uns schließlich nach langem und geduldigem Bemühen gelang, es einzufangen.

Auch in diesem Falle müssen die Tätigkeitsempfindungen des „Sichtotstellens“ äußerst verschieden sein von den mit dem hastigen Herumrennen verknüpften. Und doch möchte man annehmen, daß der Affekt bei beiden Tätigkeiten nahezu derselbe war, ebenso wie bei dem Schuljungen, der sich beim Herannahen eines stärkeren und rohen Kameraden erst versteckt und dann davonrennt, so schnell ihn seine Füße tragen. Wenn ich meine persönlichen Erinnerungen an solche Lebenslagen zu Hilfe rufe, so möchte ich diesen, beiden Tätigkeiten gemeinsamen Affekt näher definieren als eine quälende Erregung von Herz und Atmung, ein Trockenwerden des Mundes, ein abscheuliches Senkungsgefühl im Magen und alle möglichen unangenehmen, gru-

seligen Gefühle an Haut und Geweben. Und ich möchte bestimmt glauben, daß auch die Wiesenralle ein unangenehmes Gefühl in der Magengrube hat, sowohl wenn sie sich tot stellt, als wenn sie Reißaus nimmt. Da ich selbt aber keine Wiesenralle bin, so traue ich mir immerhin kein abschließendes Urteil über die Gefühle einer solchen zu.

Noch einen hierher gehörigen Fall möchte ich anführen: Der Herzog von Argyll stöberte einst an einem schottischen Landsee ein Weibchen des großen rotbrüstigen Sägers (Mergus serratus) auf, das sich in Gesellschaft ihrer Entlein befand, und verfolgte die Vögel in seinem Kahn. Doch die kleinen, kaum zwei Wochen alten Tierchen, entflohen ihren Verfolgern durch Schwimmen und Tauchen. „Endlich"[1], so lesen wir weiter, „wandte sich ein Mitglied der jungen Brut nach dem Ufer; wir verfolgten es so schnell wir konnten, waren aber noch gegen 20 Meter vom Lande entfernt, als es das Ufer gewann. Lange Trockenheit hatte zwischen dem Wasser und dem eigentlichen Ufer einen breiten, mit kleinen weißen Steinen und Morast bedeckten Streifen eingeschoben. Ich sah nun das junge Entchen einige Meter weit vom Wasser hinauflaufen und plötzlich verschwinden. Da ich recht gut wußte, was geschehen war, hielt ich mein Auge auf den Punkt des Verschwindens geheftet, ließ das Boot das Ufer anlaufen und schritt auf die betreffende Stelle zu, um den jungen Säger aufzulesen; als ich sie jedoch erreicht hatte, war keine Spur von ihm zu sehen. Das genaueste Hinspähen, unterstützt von der absoluten Gewißheit, daß er dort sei, konnte mir nichts helfen. Ich drang nun vorsichtig weiter vor, vergewisserte mich aber bald, daß ich übers Ziel hinaus war, und indem ich mich umwandte, sah ich auch schon, wie der Vogel, einer Geistererscheinung gleich, sich von den Ufersteinen erhob, an meinem Boot vorbeischoß und das Wasser wieder gewann, wo er, so-

---

1) *Contemporary Review,* Juli 1874.

bald er Atem geschöpft hatte, sofort untertauchte und verschwand."

Hier haben wir nun vier grundverschiedene Tätigkeiten: Schwimmen, Tauchen, Niederducken, Laufen, und dabei zweifellos einen einzigen Affektzustand. (Bei einem älteren Vogel wäre sogar noch eine fünfte Tätigkeit, das Fliegen, hinzugekommen). Und wieder wage ich anzunehmen, daß unser Vogel die ganze Zeit hindurch ein unangenehmes Gefühl in seinem Inneren verspürte, und ferner, daß in solchen Fällen die Gleichheit der viszeralen Elemente die verschiedensten Tätigkeitsempfindungen dem gleichen Affekt unterzuordnen vermag. Die Tatsache, daß dieselben Tätigkeitsempfindungen sehr verschiedene Affektzustände begleiten können — so z. B. wenn ein Vogel läuft, fliegt oder schwimmt, um freudig ein Stück Nahrung oder einen Kameraden zu erreichen oder dieselben motorischen Energien anwendet, um einer Gefahr zu entrinnen; und die andere Tatsache, daß dieselben oder sehr ähnliche Affekte von ganz verschiedenen Tätigkeiten begleitet sein können, z. B. wenn ein geängstigter Vogel läuft, schwimmt, taucht, fliegt, Angstrufe ausstößt oder sich schweigend niederduckt; diese beiden Tatsachen führen mich, wenn ich sie aneinander halte, zu noch weitgehenderen Schlüssen als den James'schen, nämlich zu der Annahme, daß der viszerale Rückstoß nicht nur weitaus das wichtigste Element des Affektzustandes ist, sondern, daß e r es ist, der den eigentlichen Affektzustand von den Lust- und Unlustgefühlen unterscheidet, welche die Ausübung sonstiger körperlicher Tätigkeiten begleiten können.

Trotzdem kann man sich gut vorstellen, daß diese viszeralen Elemente sich im Laufe der Entwicklung eng mit der Ausübung bestimmter instinktiver Körpertätigkeiten verknüpft haben, so daß sie sich einstellen, sobald diese Tätigkeiten hervorgerufen werden. Noch mehr als das: die Verbindung ist eine so enge, daß derselbe Reiz nicht nur die instinktive, sondern auch die viszerale Reaktion

hervorruft, in der wir die ursprüngliche Grundlage der eigentlichen Affekte erblicken. Dieses befindet sich gänzlich in Übereinstimmung mit unserer Erklärung der betreffenden Phänomene. Unsere Erklärung des Instinkts war die, daß ein Reiz eine Anzahl koordinierter zentrifugaler Nervenerregungen nach den motorischen Organen hinströmen läßt, die bei der ererbten Reaktion beteiligt sind; daß dies ein rein physiologischer Vorgang ist; daß aber die automatische Ausübung dieser Handlung eine Anzahl zentripetaler Erregungen erzeugt, die Tätigkeitsempfindungen erwecken und dem Bewußtsein erste Anhaltspunkte liefern. Unsere Erklärung des Affekts und seiner ersten Entstehung war die, daß ein Reiz eine Anzahl koordinierter zentrifugaler Nervenerregungen nach dem Herzen, den Lungen, den Verdauungsorganen und Eingeweiden, der Haut usw. ausströmen läßt; daß auch dies ein rein physiologischer Vorgang ist; daß aber die automatische Reaktion dieser viszeralen Organe eine Anzahl zentripetaler Erregungen erzeugt, die Affektzustände erwecken, und ihrerseits dem Bewußtsein Anhaltspunkte liefern. Jetzt sind wir nun so weit, sagen zu können, daß ein und derselbe Reiz gleichzeitig die koordinierten motorischen und die koordinierten viszeralen Erregungen auslösen kann, daß er sowohl die instinktive als auch die viszerale, dem Affekt zugrunde liegende Reaktion zu erwecken vermag. Die beiden Reaktionen sind tatsächlich in solchen Fällen ihrem Ursprung nach verknüpft, obgleich sie sowohl physiologisch, wie bezüglich der hinterlassenen Bewußtseinseindrücke unterscheidbar sind. Das Resultat ihres gemeinsamen Ursprungs ist, daß Instinkt- und Gefühlseindrücke gleichzeitig dem Bewußtsein übermittelt werden, und daß ihre Assoziation dortselbst eine überaus innige ist. Mit dem Anwachsen der Erfahrung wird diese dauernde Verknüpfung eine immer engere, gleichzeitig werden auch die motorischen und viszeralen Eindrücke in immer bestimmtere Bahnen geleitet, so daß das eine das andere fortwährend

ergänzt und verstärkt. Der Wert der Affekte für den Entwicklungsprozeß ist nun offenbar ein großer. Der verlängerte viszerale Rückstoß bei Furcht oder Zorn veranlaßt z. B. Ausdauer und höchste Energieanwendung beim Fliehen und Kämpfen; und diese Ausdauer und Energie tritt um so kräftiger in Erscheinung, je fester die viszeralen und motorischen Elemente durch das Band der Assoziation verknüpft sind. Selbst der gänzliche Kollaps bei Angst und Schrecken hat Wert als Schutzmittel, z. B. bei Vögeln oder anderen Tieren, die, so wie die oben angeführten Ralliden sich tot stellen; bei ihnen ist offenbar der Kollaps durch die natürliche Zuchtwahl zu einer instinktiven Reaktion der Unbeweglichkeit und Schlaffheit ausgebildet worden.[1]

Die Schlüsse, die wir aus Obigem über die Beziehungen zwischen Instinkt und Affekt ziehen dürfen, sind demnach etwa folgende. Instinktive Tätigkeiten sind zunächst automatische, unter bestimmten inneren Bedingungen erfolgende Antworten des Organismus auf bestimmte äußere Reize; die Ausübung dieser Tätigkeiten liefert dem Bewußtsein durch Rückstoß gewisse motorische Eindrücke, die mit den speziellen Sinneseindrücken in engster Verbindung stehen. Doch existieren noch andere automatische Reaktionen des Organismus oder Wirkungen im Organismus, die mehr oder minder eng mit einigen der instinktiven Tätigkeiten verbunden sind. Dies sind die viszeralen Reaktionen. Auch sie sind, wie die koordinierten Instinkttätigkeiten, eine Folge zentrifugaler Impulse der niederen Gehirnzentren. Auch sie liefern dem Bewußtsein gewisse Eindrücke, die mit den anderen Erfahrungseindrücken verknüpft werden; und diese Eindrücke viszeralen Ursprungs sind, wenn nicht die einzigen, so doch die unterscheidendsten Merkmale dessen, was wir die gröberen Affekte

---

[1] Wesley Mills hat die näheren Umstände der sogenannten Scheintod-Reaktion in den *Trans. Roy. Soc. Canada*, Sekt. IV. 1867, S. 181 dargestellt.

nennen. Dieser Ausdruck umfaßt allerdings außerordentlich zusammengesetzte Bewußtseinszustände, in denen nicht nur viszerale, sondern auch motorische, sowie die Sinneseindrücke im engeren Sinn inbegriffen sind; sie sind es — soviel gebe ich zu —, die den Bewußtseinszuständen den ausgesprochenen Affektcharakter verleihen. Die angeborenen Elemente des Affekts sind aber gleichen Wesens mit den angeborenen Elementen der Instinkttätigkeit, nämlich geschlossene Gruppen zentripetaler Impulse. Was wir jedoch als Tätigkeitsempfindungen bezeichnet haben, sind die Bewußtseinseindrücke durch Rückstoß seitens der motorischen Tätigkeiten, die allerdings mehr oder weniger von Lust oder Unlust getönt sind. Ausschließlich Sache des Affekts aber sind die Bewußtseinseindrücke durch Rückstoß seitens der viszeralen Tätigkeiten, die meist in noch viel höherem Grade solche Tönung zeigen. Dieser Rückstoß, ob von der motorischen oder viszeralen Tätigkeit ausgehend, ist von Anfang an vorhanden. Bei späteren Erfahrungen trägt Erinnerung, durch Assoziation und echoartiges Wiederaufleben früherer Eindrücke das ihrige bei, und dies zugleich mit den erworbenen Veränderungen kompliziert die Affektzustände ausgewachsener Tiere außerordentlich, noch mehr freilich die Affektzustände erwachsener Menschen, bei denen sich eine abstrakte Denkfähigkeit samt allem, was eine solche bedingt, entwickelt hat.

Doch darf keineswegs angenommen werden, daß, indem ich die genetischen Beziehungen, die zwischen (im Motorischen wurzelnden) Instinktgefühlen und (im Viszeralen wurzelnden) Affekten aufdecke, ich damit sagen will, daß ein sogenannter Affektzustand eben dies und nichts weiteres sei. Das wäre im höchsten Grade töricht. Der ganze Bewußtseinszustand, auf den wir den Ausdruck Gefühl oder Affekt anzuwenden pflegen, ist keine so einfache Sache. Denn was wir so nennen, ist etwas ungeheuer Kompliziertes, das eine Unmenge der verschiedensten Elemente vereinigt; Elemente, die von den Sinneswerk-

zeugen, Gesicht, Gehör usw. ausgehen, und uns die Gegenwart des gefühlauslösenden Objekts verraten; Elemente, die von den motorischen Empfindungen und den bei der Reaktion beteiligten Ausdrucksmitteln ausgehen; Elemente, die von der viszeralen Aktion, von Drüsen, Herz, Lunge, Eingeweiden ausgehen; und schließlich eine Anzahl von Elementen der Erinnerungssphäre, die, früheren Erfahrungen angehörend, durch die Assoziation beigesteuert werden. Für einen sachlichen Beobachter und Erforscher des Menschen- und Tierlebens ist der Affekt das vereinigte Resultat einer Erfahrung, die alle diese verschiedenen Elemente in sich einschließt. Der Psycholog indessen hat sein besonderes Ziel im Auge. Er analysiert das komplizierte Stück Erfahrung, und strebt zu ergründen, wo inmitten dieses zusammengesetzten Triebwerkes sich das eigentliche Charakteristikum des Affekts befindet, und wie man sich die Uranfänge seiner Entstehung zu denken hat. Und, gesetzt die Richtigkeit unserer Schlußfolgerungen, findet er dieses Charakteristikum des Affekts in dem viszeralen Faktor.

Kapitel X.

Einige Gewohnheiten und Instinkte der Paarungszeit.

Wenn es richtig ist, daß, gemäß unsern in obigem Kapitel gezogenen Schlußfolgerungen, die charakteristischste Eigenschaft solcher Affekte, wie Furcht und Zorn, ein Resultat der viszeralen Veränderungen ist, die auf dem Weg zentripetaler Nervenerregungen das Gehirn beeinflussen, so muß auch die Äußerung der Affekte in charakteristischen Haltungen und Handlungen mit den Gefühlen, die durch sie ausgedrückt werden, aufs engste verknüpft sein. Ja, diese Verknüpfung kann so eng und innig sein, daß sie zu einer Verschmelzung der motorischen und viszeralen Elemente, zu einem scheinbar einheitlichen und homogenen Bewußtseinszustand führen. Eine Analogie auf optischem Gebiete wird dies näher erklären. Wenn wir über eine Ebene hinweg einen fernen Kirchturm erblicken, erscheint uns das Bild dieses Gegenstands, aus dieser Entfernung gesehen, als etwas Einfaches, Homogenes. Aber auch wenn wir alle Urteilsakte ausschalten, durch die der Vorgang sich noch mehr komplizieren würde, zeigt uns eine Analyse, daß außer den durch den Reiz auf die Netzhaut geweckten Gesichtsempfindungen hier gewisse motorische Empfindungen mitsprechen, die von den Bewegungen und der gegenseitigen Stellung der beiden Augen sowie der Einstellung innerhalb des Augapfels herrühren. Diese motorischen Empfindungen tragen dazu bei, dem Gesehenen seine Fernwirkung zu verleihen. Nun verschmelzen aber die retinalen und motorischen Empfindungselemente der Ge-

sichtseindrücke dank ihrer fortwährenden und gleichmäßigen Verknüpfung so vollkommen, daß die Verschiedenheit ihrer Herkunft ohne sorgfältige und geduldige Analyse nicht ersichtlich ist. Ebenso verschmelzen bei denjenigen Affektzuständen, die sich bezüglich Haltung und Handlung in gleicher Weise auszudrücken pflegen, die viszeralen und motórischen Empfindungselemente so stark, daß ein scheinbar homogener Bewußtseinszustand erreicht wird. Und die Beiträge, die dem Bewußtsein durch den Gefühlsausdruck geliefert werden, können von dem Gefühl selbst nur durch Anwendung genauer psychologischer Analyse getrennt werden.

Vom Standpunkt der Vererbung aus dürfen wir annehmen, daß hier eine ererbte Organisation innerhalb des Zentralnervensystems vorliegt, von der aus koordinierte zentrifugale (oder nach außen gehende) Impulse gleichzeitig nach den viszeralen Teilen und den bei der Gefühlsäußerung beteiligten Organen ausgesandt werden. Diese Aussendung nervöser Impulse ist ein Teil des ererbten Automatismus. Ferner aber wird im Augenblick, wo solche Erfahrung zum erstenmal auftritt, Gelegenheit zu einer Wechselwirkung zwischen den zentripetalen (oder nach innen strömenden) Impulsen der Viszera und den bei der Gefühlsäußerung beteiligten Organen geschaffen. Diese Wechselwirkung aber ist eine Sache individueller Erwerbung.

Nun drängt sich uns die Wahrnehmung auf, daß, obwohl der Affekt an sich sozusagen eine individuelle Privatsache von rein subjektivem Werte ist, sein Ausdruck sich nicht auf solch enge Wirkungssphäre beschränkt. Dient er doch den andern als Hinweis auf den Gefühlszustand des betreffenden Organismus. Wenn die Kobra ihr Haupt erhebt und ihr Schild entfaltet, so bedeutet dies eine Ankündigung ihrer tödlichen Kraft und eines Affektzustandes, der nahe daran ist, diese Kraft in Taten umzusetzen. Daß diese Tätigkeit selbst eine ererbte und instinktive ist, sieht man aus der Tatsache, daß junge Schlangen (Vivora de

la Cruz), die dicht vor der Geburt aus der eben getöteten Mutter entfernt wurden, Miene machten loszustoßen und mit ihrem Schwanz das schwirrende Geräusch hervorbrachten, das so bezeichnend für die Spezies ist.[1])

Über den Vorteil, der dem Organismus aus einer engen Beziehung zwischen einem solchen Affektzustand und einer Haltung und Geberde, die diesen dem eventuellen Gegner ankündigt, erwächst, kann kein Zweifel walten. Ein Hund, der eine fliehende Katze verfolgt, ändert sein Benehmen, sobald sie sich umkehrt, faucht und Miene macht, ihm die Augen auszukratzen, ja meistens pflegt er seine Verfolgung daraufhin aufzugeben. Es steht aber durchaus nicht fest, daß eine gegebene Ausdrucksform stets genau denselben Affekthintergrund zu haben braucht. Eine Schlange z. B. stößt sowohl aus Zorn wie aus Angst los. Der Hirsch, der sein Geweih senkt, um mit einem Rivalen zu kämpfen, brennt vielleicht vor sexueller Erregung, während ein andrer, der zu Tode gehetzt sein Geweih gegen die verfolgende Meute senkt, durch einen an Verzweiflung grenzenden Gefühlszustand zu dieser Bewegung getrieben wird. Vom biologischen Gesichtspunkt genügt es festzustellen, daß der betreffende „Ausdruck“ einen Affektzustand ankündigt, mit dem es dem Tier sozusagen Ernst ist, und der ihn befeuert, seine Kräfte aufs äußerste anzustrengen. Und es kommt dagegen wenig in Betracht, ob der Affektzustand mehr eine allgemeine Aufregung und Irritabilität oder direkt Furcht oder Zorn bedeutet, oder ob er ein Gemisch aus beidem ist. Wir dürfen also schließen, daß derselbe „Ausdruck“ mit einigermaßen verschiedenen Gefühlszuständen verbunden sein kann und gleichförmiger, stereotyper ist als der Bewußtseinszustand, den er vertritt.

Der Hauptwert jener Gebärden und Handlungen, die wir als „Gefühlsausdruck“ bezeichnen, ist, biologisch gesprochen, ein suggestiver. Als Suggestion oder An-

---

1) W. Larden in *Nature.* Bd. XLII, S. 115.

kündigung für andere sind sie hauptsächlich entwickelt und ausgebildet worden. Wie die Schreckfarben mancher Insekten und andrer Tiere kündigen sie bestimmte Eigenschaften an, sowie eine Bereitschaft, diese in Taten umzusetzen. Ihr suggestiver Wert aber ist äußerst abhängig von der Assoziation auf seiten derjenigen Geschöpfe, gegen die sie gerichtet sind. Bei Tieren derselben Art und bei Tieren von ungefähr derselben Kraft rufen sie häufig Äußerungen gleicher Natur hervor. So z. B. regt ein junger Hahn oder ein junges Teichhuhn, sobald es sich kampflustig hinstellt, seinen Gefährten sofort zur Annahme der entsprechenden Stellung an. Und wo Tiere in Herden oder Rudeln leben, bestimmt das plötzliche Fliehen eines einzigen Individuums sofort die andern, ebenfalls schleunigst die Flucht zu ergreifen. Ich habe mich schon andern Orts dazu bekannt[1]), daß ich als kleiner Junge einen benachbarten Gutshof mit der lasterhaften Absicht zu besuchen pflegte, kleine Ferkel mit der Armbrust zu schießen. Jeder Schuß, der eines der unglückseligen Ferkel traf, erregte nicht nur bei dem getroffenen, sondern bei der ganzen Schaar ein großes Gequiek und eine allgemeine Flucht. Jedes der kleinen Schweine erfuhr dabei gewisse suggerierte Gefühle der Angst und des Schreckens und wußte, als es seine Geschwister laufen sah, sich nichts Besseres als ihrem Beispiel zu folgen. Und auf diese Weise schloß sich denn der Anblick eines davonrennenden Mitferkels und das Gefühl der Furcht zu einer Assoziation zusammen; die Beteiligung an ein und derselben Handlung erzeugte ein gemeinsames Erlebnis in der Affektsphäre, das geeignet war, die Grundlage zu weiteren suggestiven Einflüssen zu bilden.

Die Töne und Schreie der [Tiere sind Ausdrücke von Affektszuständen und haben stets eine ausgesprochene, oft ganz genau umschriebene suggestive Bedeutung. Die Töne

---

1) Lloyd Morgan, Introduction to Comparative Psychology. S. 321.

junger Vögel sind bereits von mir erwähnt worden, auch die sie begleitenden Gefühle, so weit wir sie zu deuten vermochten, ebenso ihre Ererbtheit und ihr, in vielen Fällen zutage tretender suggestiver Wert. Kein Mensch, der mit Aufmerksamkeit — und zwar nicht nur einem aufmerksamen Auge, sondern auch einem aufmerksamen Ohr — eine Henne und ihre junge Schaar von Kücken beobachtet, kann umhin, sich von den verschiedenen Wirkungen des Lock- und Alarmrufs zu überzeugen.

Wir wollen als Ausgangspunkt für eine etwas mehr ins einzelne gehende Betrachtung dieser Dinge den Gesang der Vögel ins Auge fassen. Die Tatsache, daß dieser hauptsächlich während der Paarungszeit erklingt, weist auf seinen Zusammenhang mit dem Paarungsinstinkt und dem mit der Werbung verbundenen Gefühlszustand hin. Dieser Zeitpunkt ist die Hochflut des Lebens, hier herrscht die höchste Energieentfaltung, und ein Teil dieser Energie ergießt sich in den jubelnden Strom der Melodien. Wenn wir diesen nicht als Ausdruck der Gefühle auffassen, so können wir getrost auf alle subjektive — oder, um mit Clifford zu reden, ejektive — Auslegung beobachteter Tatsachen verzichten. Wenn aber, wie wir soeben darzulegen versuchten, der Gefühlsausdruck der Ankündigung nach außen dient und suggestiven Wert besitzt, so drängt sich uns unwiderruflich die Schlußfolgerung auf, daß der männliche Vogel für sein Liebchen singt, und daß der biologische Wert seines Liedes in dem Hervorrufen einer entsprechenden Erregung auf dessen Seite zu suchen ist.

Hier wären wir nun bei der Frage der geschlechtlichen Zuchtwahl angelangt, die so eng mit dem hochzuverehrenden Namen Charles Darwins verknüpft ist, und ich ziehe vor, seine Ansichten über diesen Gegenstand mit seinen eignen Worten wiedergeben[1]): „Die meisten männlichen

---

1) Ch. Darwin, Abstammung des Menschen (1875) II. Bd. II. Teil. Kap. XVI. S. 216.

Vögel sind während der Paarungszeit in hohem Grade kampfsüchtig, und einige besitzen speziell zum Kampfe mit ihren Nebenbuhlern angepaßte Waffen. Also die kampfsüchtigsten und bestbewaffneten Männchen sind in bezug auf den Erfolg selten oder niemals allein auf ihre Kraft, ihre Nebenbuhler zu vertreiben oder zu töten, angewiesen, sondern haben außerdem noch spezielle Mittel zur Bezauberung des Weibchens. Bei einigen ist es die Fähigkeit, zu singen oder fremdartige Rufe auszustoßen, oder Instrumentalmusik hervorzubringen; und infolge dessen weichen die Männchen von den Weibchen in ihren Stimmorganen, aber auch häufig in der Bildung gewisser Federn ab. Aus den merkwürdig verschiedenartigen Mitteln zur Hervorbringung verschiedenartiger Laute gewinnen wir eine hohe Meinung von der Bedeutung dieses Mittels der Brautwerbung. Viele Vögel versuchen die Weibchen durch Liebestänze oder Gebärden, die auf dem Boden oder in der Luft, ja zuweilen auf eigens dazu hergerichteten Plätzen ausgeführt werden, zu bezaubern. Aber Ornamente von buntestem Charakter, glänzende Farbentöne, Kämme und Fleischlappen, wunderschöne Schmuckfedern, verlängerte Federn, Federstutze usw. sind bei weitem die häufigsten Mittel. In einigen Fällen scheint bloße Neuartigkeit als Zauber gewirkt zu haben. Die Zierraten der Männchen müssen für sie von höchster Bedeutung gewesen sein, denn sie sind in nicht wenigen Fällen auf Kosten einer vergrößerten Gefahr vor Feinden und selbst mit etwas Verlust an Kraft in den Kämpfen mit ihren Nebenbuhlern erlangt worden. Die Männchen sehr vieler Spezies erhalten ihr normales Kleid nicht eher als bis sie zur Reife gelangen, oder sie nehmen es nur während der Paarungszeit an, oder es werden die Farbentöne zu dieser Zeit lebhafter. Gewisse ornamentale Anhänge werden während des Aktes der Brautwerbung vergrößert, sie schwellen an und zeigen heftigere Farbentöne. Die Männchen entfalten ihre Reize mit ausgesuchter Sorgfalt und suchen sie zu bester Wirkung

zu bringen; alles dies geschieht in der Gegenwart der Weibchen. Die Brautwerbung ist zuweilen eine sich in die Länge ziehende Angelegenheit, und viele Männchen und Weibchen versammeln sich an einem bestimmten Platze. Anzunehmen, daß die Weibchen die Schönheit der Männchen nicht würdigen, hieße der Meinung sein, daß ihre glänzenden Toilettenkünste, all ihre Schönheit und Prachtentfaltung zwecklos seien; und dies ist nicht glaublich ......

Wird zugegeben, daß die Weibchen die schöneren Männchen vorziehen oder unbewußt durch sie in eine wärmere Begeisterung geraten, so werden sich die Männchen langsam aber sicher durch geschlechtliche Zuchtwahl zu immer anziehenderen Geschöpfen entwickeln".

Hier haben wir die wesentlichsten Züge der Theorie der geschlechtlichen Zuchtwahl. Ebenso wie die Theorie der natürlichen Zuchtwahl, mit der sie viele Ähnlichkeit hat, von der sie sich aber, wie wir sehen werden, zugleich in wichtigen Punkten unterscheidet, sucht sie über die Wahl unter gegebenen Variationen der Farbe, des Gefieders, stimmlicher und anderer Fertigkeiten Auskunft zu geben, ohne sich deshalb über die Art des Entstehens jener Variationen Rechenschaft abzulegen. Sie stellt fest, daß, das Vorhandensein der Variationen vorausgesetzt, die geschlechtliche Zuchtwahl diese einer spezielleren Entwickelung entgegenführt.

· Jene Gelehrten, an deren Haupt sich Alfred Russell Wallace gestellt hat, welche die geschlechtliche Zuchtwahl und die individuelle Bevorzugung beim Paaren als Faktor der Entwickelung der Arten leugnen, behaupten, daß keine genügenden Beweise für den Wahlakt auf Seiten des weiblichen Vogels vorhanden sind. Wallace schreibt die Entstehung von Federschmuck, Pracht und Glanz, sowie die spezifischen Betätigungen der überschäumenden Vitalität der Tiere zu; er betrachtet ihr Fehlen bei der Henne[1]) als

---

1) Meist bei der Henne; in Fällen, wo das Weibchen lebhaft gefärbt,

eine Folge der natürlichen Zuchtwahl, durch welche auffallend gefärbte Hennen während der wichtigen Periode des Brutgeschäfts ausgeschaltet würden; und er verfolgt eine von Alfred Tylor aufgebrachte Theorie, daß die wechselnde Färbung sich nach den Hauptlinien des anatomischen Baues richtet und an bestimmten Stellen, wo die Funktion sich ändert, z. B. an den Gelenken, wechselt.[1] „Warum bei verwandten Arten die Entwickelung der Schmuckfedern verschiedene Formen angenommen hat, vermögen wir nicht zu sagen“, gesteht er[2], „es sei denn, wir müßten dies der individuellen Variabilität zuschreiben, die für so vieles, was uns in Tier- und Pflanzenwelt als sonderbar in der Form, fantastisch in der Farbe erscheint, den Ausgangspunkt bildet.“

Was die Färbung und den speziellen äußeren Schmuck betrifft, so sind diese nach der Ansicht von Wallace Nutzzwecken unterworfen, insofern als sie als Unterscheidungsmerkmale dienen. „Jeder Schmuck“, sagt er, „ist ein Erkennungszeichen und als solches sowohl für die Hervorbringung wie das spätere Wohlbefinden der Art von Wichtigkeit“. Gerade wenn wir aber ihren Nützlichkeitswert betonen, so werden wir ihre besondere Bedeutung beim Paarungsgeschäft nicht übersehen dürfen. Der Anblick dieses Schmuckes würde sich dann mit dem Paarungstrieb und den mit der sexuellen Vereinigung verbundenen Affekten assoziieren. Dürfen wir deshalb nicht recht wohl annehmen, daß jene Zierden eine suggestive Bedeutung haben und an sich vermögen, Liebesbegeisterung zu erwecken? Und dies vorausgesetzt, müssen wir nicht einsehen, daß der Mangel solcher Zierde den sexuellen Trieb weniger anregen und daher das Männchen,

---

das Männchen unscheinbar ist, wird behauptet, daß das letztere die Pflichten des Brutgeschäfts übernimmt.

[1] A. Tylor, Coloration in Animals and Plants.
[2] A. R. Wallace, Darwinism, S. 293.

das seiner entbehrt, einer ungünstigeren Lage bei der Brautwahl aussetzen würde?

Zugegeben, daß der Gesang der Vögel in erster Linie der Ausfluß ihres überschäumenden Lebensgefühls und daneben auch höchstwahrscheinlich ein Erkennungsmittel ist, so bezieht sich das Erkennen sicherlich nicht nur auf die Art, sondern auf das Individuum, und der Vogel erkennt gewiß den Gesang nicht nur als den eines Artgenossen, sondern als die individuelle Melodie seines eignen Männchens. Wenn folglich der Gesang der Ausdruck eines Gefühlszustands ist, wenn er ferner ein entsprechendes Gefühl bei dem Weibchen hervorruft, so ist es, um sich sehr vorsichtig auszudrücken, nicht unwahrscheinlich, daß derjenige Vogel, der den stärksten Affekt dieser Art zu erwecken vermag, mehr Chancen auf dem Heiratsmarkt hat als andere, die weniger starke Gefühle zu erwecken und den sexuellen Instinkt weniger anzuregen vermögen.

Diese Frage ist durch das Hineinbringen der müßigen Hypothese, daß nämlich der weibliche Vogel einen Maßstab idealen oder ästhetischen Charakters in sich trägt, nach dem er denjenigen Sänger wählt, der diesem Ideal am nächsten kommt, ganz überflüssigerweise kompliziert und in eine falsche Beleuchtung gerückt worden. Ebensogut könnte man behaupten, daß ein Hühnchen diejenigen Würmer wählt, die dem Ideal von Saftigkeit, das es sich gebildet hat, am meisten entsprechen. Das Hühnchen wählt aber ganz einfach den Wurm, der in ihm den stärksten Trieb zu picken und zu fressen anregt. Und ebenso wählt der weibliche Vogel dasjenige Männchen das durch seinen Gesang oder sonstwie seinen Paarungstrieb am stärksten entflammt. Und die Voraussetzung eines ästhetischen Ideals für diesen Fall ist ebenso überflüssig, wie die Hypothese eines Feinschmecker-Ideals im Falle des Kückens mit dem Wurm. Von all diesen überflüssigen ästhetischen Anhängseln befreit steht die Frage der geschlechtlichen Zuchtwahl so, daß der bevorzugte

Gatte derjenige ist, der den Paarungsinstinkt am stärksten anregt.

Daß der sexuelle Trieb und gewisse mit ihm verknüpfte spezialisierte Tätigkeiten instinktiv ist und zu den ererbten, wenn auch verzögerten Anlagen zählt, braucht nicht erst bewiesen zu werden. Er liefert indes eine gute Illustration für jenes Zusammenwirken von inneren physiologischen Faktoren und äußeren anregenden Reizen, das wahrscheinlich für alle, sicher aber für die meisten hochentwickelten Instinkte charakteristisch ist. Wir haben gesehen, wie auf andern Gebieten der angeborene instinktive Trieb eine allgemeine Grundlage für den Aufbau von Gewohnheiten liefert, bei deren Zustandekommen die individuelle Wahlhandlung gleichfalls ihre Rolle gespielt hat. Und es wäre schwierig zu begreifen, daß individuelle Wahl dort ausgeschaltet sein sollte, wo es sich um sexuelle Instinkte handelt. Hat sie aber ihres Amts gewaltet — und dies ist ein wichtiger Punkt in dem Argument der Anhänger der sexuellen Zuchtwahl —, so werden die Wirkungen ihres Waltens in das Vererbungsgewebe der Rasse nur dann mit hineingewoben, wenn gewisse Individuen aus Unfähigkeit, Erwiderung ihrer Gefühle zu wecken, ungepaart untergehen. Wird die Auswahl bei der Paarung, vorausgesetzt sie bestehe überhaupt, so weit getrieben, daß einzelne Individuen leer ausgehen? Das ist die Frage. Ist dem so, dann haben wir die geschlechtliche Zuchtwahl als einen Faktor im Fortschritt der Rassen zu betrachten; wo nicht, so ist sie, obwohl tatsächlich vorhanden, ohnmächtig als Mittel zur Entwickelung der Arten. Die ganze an sich schon schwierige Frage wird weiter kompliziert durch die Tatsache, daß diejenigen Männchen, die am meisten von Lebenskraft strotzen und daher die größte Anwartschaft darauf haben, auf dem Wege suggerierter Gefühle akzeptiert zu werden, gleichzeitig dazu neigen, andere Männchen von weniger ausgesprochener Vitalität zu bekämpfen. Ein solcher Wettkampf aber, durch den die schwächeren ohne

Mitwirkung der Weibchen vom Paaren ausgeschlossen werden, gehört unter die Rubrik der natürlichen und nicht der geschlechtlichen Zuchtwahl, sofern wir unter der letzteren eine unter Bevorzugung seitens des Weibchens vollzogene Paarung verstehen.

Hiermit haben wir den schon vorher angedeuteten Unterschied zwischen natürlicher Zuchtwahl durch Ausschaltung und geschlechtlicher Zuchtwahl durch Bevorzugung ins schärfste Licht gerückt. Die beiden Vorgänge gehen von den entgegengesetzten Enden der Stufenleiter aus: Natürliche Zuchtwahl beginnt damit, die Schwächsten auszuschalten und arbeitet sich so allmählich die Leiter hinauf, bis nur die Passendsten übrig bleiben; hierbei spielt die Wahl keine Rolle. Geschlechtliche, durch Bevorzugung wirkende Zuchtwahl hingegen beginnt damit, die erfolgreichsten Anreger des Paarungsinstinkts auszusondern und steigt langsam die Leiter hinab, bis zuletzt nur die hoffnungslos Reizlosen übrig bleiben. Hier wird der Vorgang durch eine bewußte Wahlhandlung bestimmt. Und sowohl bei als vermittels dieser Wahl erhebt das Bewußtsein seine Stimme zu dem Entwickelungsprozeß. Die Beziehungen der beiden Vorgänge zu einander werden in einem späteren Kapitel noch näher beleuchtet werden.

Es gehört nicht in den Rahmen dieses Buches, die Theorie der geschlechtlichen Zuchtwahl im einzelnen zu besprechen. Nur so weit die Auffassungen, die sie bedingt, sich mit den Problemen von Instinkt und Gewohnheit berühren, kann sie uns hier beschäftigen. Nun ist der Gesang der Vögel eine instinktive oder eine gewohnheitsmäßige Tätigkeit, die uns als der Ausdruck von Affekten entgegentritt, die bei der Mehrzahl der Vögel mit der Zeit der Werbung und Paarung zusammenfallen. Andererseits beobachteten wir, wie der Gefühlsausdruck eine suggestive Bedeutung besitzt. Was liegt näher als die Annahme, daß der Gesang beim weiblichen Vogel einen entsprechenden Gefühlszustand weckt? Auch wird behauptet, daß z. B.

Kanarienhennen sich mit dem besten Sänger paaren. Wenn nun die Zahl der männlichen Vögel das zur Befriedigung der Weibchen notwendige Quantum überschreitet (und dies ist sowohl bei polygamen, wie bei monogamen Arten der Fall), so müssen einige notwendigerweise leer ausgehen. Ob aber die überzähligen Männchen durch natürliche Zuchtwahl ausgejätet werden (indem sie, wenn wir Stolzmanns etwas weitgehende Hypothese akzeptieren, eigens zu diesem Zweck mit schmückenden Attributen beschwert, behindert und dadurch auffällig gemacht werden)[1] oder ob sie wegen ihrer Unfähigkeit entsprechende Gegenliebe zu erwecken, zurückgewiesen werden, das können wir nicht immer mit Sicherheit feststellen.

Der schlagendste direkte Beweis für eine Wahlhandlung auf Seiten des Weibchens wird von Darwin in einem Zitat aus Audubon geliefert.[2] Dieser Beobachter, der sich ein langes Leben hindurch unter den Vögeln der Vereinigten Staaten aufgehalten hat, zweifelt nicht daran, daß das Weibchen sich mit Überlegung seinen Gatten wählt. So spricht er von dem Specht und erzählt, daß das Weibchen von einem halben Dutzend munterer Liebhaber verfolgt werde, welche beständig fremdartige Gebärden ausführen,

---

1) *Proc. Zool. Soc.* 1885, S. 421. Ich sage „etwas weitgehende Hypothese" denn vorausgesetzt die natürliche Zuchtwahl jätete die geschmückteren Exemplare aus und ließe nur die ungeschmückteren für die Fortpflanzung übrig, so würden beim Wegfallen individueller Bevorzugung nur sehr wenige oder keine geschmückten Exemplare für unsere Diskussion übrig bleiben. Und ferner müssen wir Stolzmann fragen: Welcher Art waren die Ausschaltungsprozesse, durch welche jene schmückenden Attribute überhaupt hervorgebracht wurden? Die Anhänger der geschlechtlichen Zuchtwahltheorie haben nicht ermangelt, auf das hindernde Moment gewisser sekundärer sexueller Merkmale hinzuweisen, sie sind jedoch der Meinung, daß das Hinderliche durch die vermehrte Anziehungskraft der Besitzer mehr als aufgewogen wird.

2) Ch. Darwin, Abstammung des Menschen, Bd. II, Kap. XIV., S. 107. Dritte Aufl., 1875. — Die Zitate von Audubon befinden sich in der *Ornithological Biography*, Bd. I., S. 191, 349; Bd. II, S. 42, 275.

bis dem einen in einer ausgesprochenen Weise der Vorzug gegeben wird. Das Weibchen des rotgeflügelten Staars (Agelaius phoeniceus) wird gleichfalls von mehreren Männchen verfolgt, bis dasselbe sich ermüdet niederläßt, die Werbungen der Männchen entgegennimmt und bald darauf eine Wahl trifft. Er beschreibt auch, wie mehrere männliche Ziegenmelker wiederholt mit erstaunlicher Schnelligkeit durch die Luft streifen, sich plötzlich herumdrehen und dabei ein eigentümliches Geräusch hervorbringen. Aber sobald das Weibchen seine Wahl getroffen hat, werden die übrigen Männchen fortgetrieben. Bei einer der Geierarten der Vereinigten Staaten (Cathartes aura) versammeln sich Gesellschaften von acht oder zehn oder mehr Männchen und Weibchen auf umgestürzten Stämmen und „zeigen das stärkste Verlangen, sich gegenseitig zu gefallen; und nach vielen Liebkosungen führt jedes Männchen seine Gattin im Fluge hinweg." Alle diese Fälle scheinen sehr sorgfältig beobachtet worden zu sein. Und doch brauchen wir zweifellos noch weitere Bestätigungen.

So teilte mir W. Brewster aus Cambridge (Massachusetts) folgende Beobachtungen mit, deren Zitierung er mir gestattete, und bei denen es sich um die vorliegenden Dinge handelt.

„Der Fall von offenbarer geschlechtlicher Zuchtwahl, den ich neulich Ihnen gegenüber erwähnte, trug sich im Jahre 1877 zu, als ich in St. Mary's (Georgia) Vögel sammelte. Ich entdeckte in einem einsamen Kiefernhain ein Paar Tangaren (Piranga rubra) und erlegte das Männchen. Als ich einige Tage später wieder zu demselben Platz kam, hatte das Weibchen einen neuen Gatten genommen, den ich gleichfalls tötete. Dies wiederholte sich, bis ich nach Ablauf einer Woche vier oder fünf — genau kann ich es nicht mehr sagen — Männchen erlegt hatte. Diese Männchen bildeten, als ich sie nach der Reihenfolge ihrer Tötung vor mich hinlegte, eine abgestufte Skala, deren erstes Glied durch einen ungewöhnlich reich gefärbten Vogel, das letzte

aber durch einen ungewöhnlich unscheinbaren gebildet wurde. Die Zwischenglieder stellten in ihrer Färbung eine Art Übergang zwischen dem ersten und letzten dar. Ich war sofort der Ansicht — und hege sie bis zum heutigen Tage —, daß alle diese Männchen nach einander mit ein- und demselben Weibchen vermählt waren; aber mein einziges Zeugnis hierfür war, daß ich nie mehr als ein Weibchen an diesem bestimmten Platze antraf, und daß dieses sich bei all den verschiedenen Gelegenheiten wie ein- und derselbe Vogel verhielt."

„Ich habe nun," so fügt Brewster hinzu, „an Maynard geschrieben, um ihn wegen einer ähnlichen Erfahrung zu befragen, die er, soviel ich weiß, mit einigen rotgeflügelten Amseln hatte."

Maynards Antwort lautete wie folgt: „Um das von Ihnen genannte Datum herum (also im Jahre 1868 oder 1869) schoß ich drei männliche rotgeflügelte Amseln auf einer Wiese bei Newtonville (Massachusetts), alle oberhalb desselben Nestes. Die erste war voll befiedert, die zweite etwas weniger, die dritte ganz jugendlich, während bei dem Weibchen ein junger, wie ich nach dem Fehlen des Rots auf den Flügeln vermutete, vorjähriger Vogel zurückblieb."

Wir haben den Gesang der Vögel als Beispiel einer Aktivität aufgefaßt, die mit einem Zustand der Gefühlsexaltation verknüpft ist. Es gibt indessen, wie man beobachtet hat, noch andere Formen solcher Tätigkeiten, wie z. B. die sogenannten Liebestänze, Evolutionen in der Luft, Possen verschiedenster Art, kurz alle möglichen lebhaften Betätigungen, die häufig mit dem Besitz besonderer äußerer Zierraten einhergehen, und von denen ich einige typische Beispiele anführen möchte, da sie das Wesen und den Ursprung von Instinkten und Gewohnheiten noch weiter beleuchten.

„An wie vielen Abenden," schreibt Chapman in seinem Buch „Birds of Eastern North America" (S. 153), „habe ich

den Malariakeimen der Niederungen von Jersey getrotzt, um unserer amerikanischen Waldschnepfe (Philohela minor) bei ihren sonderbaren Lufttänzen zuzuschauen! Sie beginnt auf der Erde mit einem gehaltenen, rhythmischen „Pient, Pient“, einer zu dem wilden Rasen, das dann folgt, wenig passenden Einleitung. Dies wird mehrmals wiederholt, ehe sie vom Boden emporschnellt und mit pfeifendem Flügelschlag die erste Drehung einer Spirale beschreibt, die sie oft dreihundert Fuß über die Erde hinaufführt. Rascher und rascher wird ihr Flug, pfeifender und schriller ihr Flügelschwirren, und zuletzt nach einem sekundenlangen Innehalten stürzt sie sich Hals über Kopf im Zickzackfluge zur Erde nieder, indem sie im Fallen einen klaren, trillernden Pfiff ertönen läßt. Gewöhnlich läßt sie sich ganz nahe ihrem Ausgangspunkt wieder fallen und nimmt sofort ihr „Pient, Pient“ als Einleitung eines neuen Aufflugs wieder auf.“

Auch E. E. Thomson beschreibt[1], wie der amerikanische Rohrweih (Circus hudsonius) sich bemüht, durch eine Menge ganz außergewöhnlicher luftiger Evolutionen die Bewunderung des Weibchens auf sich zu ziehen. Manchmal schwingt er sich zu den höchsten Höhen, dann läßt er sich jählings in gerader Linie bis fast zur Erde fallen, wobei er unterwegs mehrere Purzelbäume schlägt und schrille Schreie ausstößt.“

Wenden wir uns nun zu den Tänzern. In einem Artikel, „Lives and Loves of North American Birds“, in welchem sein Verfasser, John Worth, auch Major Charles Bendire's „Life-histories of North American Birds“ erwähnt und berücksichtigt, findet sich eine anschauliche Schilderung eines Tanzes, der von den spitzschwänzigen Prairiehühnern aufgeführt zu werden pflegt. Die Vögel versammeln sich in Gruppen von sechs bis zu zwanzig Individuen auf einem Hügel oder einer Bodenerhebung mit einem Gipfelplateau von zwanzig bis dreißig Metern, dessen Boden durch jahre-

---

1) Zitiert von Chapman, „Birds of Eastern North America“, S. 198.

langes Trampeln ganz abrasiert und festgestampft erscheint.
Nachdem sie eine Weile ruhig verharrten, senkt plötzlich
einer der Hähne den Kopf, bringt seine Flügel in eine fast
wagerechte, seinen Schwanz in eine senkrechte Stellung,
bläst seine Luftsäcke auf, sträubt die Federn und rennt
sodann über den Boden dahin, mit ganz kurzen Schritten,
aber so energischem Stampfen, daß es klingt wie Pauken-
schläge; zugleich stößt er eine Art von gurgelndem Krähen
aus, das seinen Luftsäcken zu entstammen scheint, und
schüttelt seinen Schwanz mit einem lauten, schnarrenden
Geräusch, kurz er bereitet uns ein wirklich absonderliches
Schauspiel. Kaum hat er begonnen, so fallen alle die andern
Hähne mit ein, stampfen, trommeln, schnarren, krähen und
tanzen mit voller Wut; lauter und lauter wird der Spektakel,
toller und toller der Tanz, bis sie schließlich alle wie verrückt
durcheinander schwirren und in größter Aufregung über-
einander hinweghüpfen."

Unter zweites Beispiel will ich W. H. Hudsons anziehen-
dem Kapitel über „Musik und Tanz in der Natur" ent-
nehmen.[1]) Die schönste der Rallen am La Plata ist der
Ypecaha, ein wundervoller, lebhafter Vogel, von etwa
Hühnergröße. Eine Anzahl dieser Vögel hatte ihren Ver-
sammlungsplatz auf einem Stück flachen glatten Landes,
eben oberhalb des Wassers, das von einem dichten Rohr-
dickicht umhegt war. Zuerst stieß ein einzelner Vogel aus
dem Röhricht einen lauten Ruf aus, den er dreimal wiederholte; dies war der Einladungsruf, der von andern Vögeln
ringsumher beantwortet wurde, indem sie zugleich rasch
der gewohnten Stätte zustrebten. In wenigen Augenblicken
waren zwölf bis zwanzig Stück von ihnen versammelt, die
alle aus dem Röhricht heraus auf den offenen Platz gelaufen
kamen und nur sofort ihre Vorstellung begannen. Diese
selbst besteht in einem ganz erschrecklichen Lärmkonzert.
Die Schreie, die sie ausstoßen, haben eine gewisse Ähn-

---

1) H. W. Hudson, Naturalist in La Plata, S. 266.

lichkeit mit der menschlichen Stimme, wenn man sich diese
zum höchsten Ausdruck des Schreckens, der Wut, der Verzweiflung gesteigert denkt. Einem langen durchdringenden
Schrei von erstaunlicher Kraft und Heftigkeit folgt ein
viel leiserer Ton, was so klingt, als habe der Vogel in dem
ersten Ton seine Kraft sozusagen erschöpft. Dieser Doppel-
ruf wird mehrmals wiederholt, ihm folgen andre Töne, die
in ihrem An- und Abschwellen an halberstickte Schmerzens-
laute, an ein Klagen aus tiefster Not erinnern. Plötzlich
werden die überirdischen Schreie in all ihrer Heftigkeit
wieder aufgenommen. Während des Schreiens schießen die
Vögel auf dem Boden hin und her, als wären sie wahnsinnig geworden, mit ausgebreiteten, zitternden Flügeln,
den langen Schnabel weit geöffnet und senkrecht gen
Himmel gerichtet. Dieses Schauspiel dauert drei bis vier Minuten, worauf die Versammlung sich friedlich wieder auflöst."

Hudson schildert eine ähnliche Aufführung der sporen-
flügeligen, langzehigen „Jassana" (Parra jacana), eine Aufführung, die eigens darauf angelegt scheint, die verborgene
Schönheit der seidigen, goldiggrünen Federkiele ans Licht
zu ziehen; auch verdanken wir Hudson eine unvergleichliche
Schilderung der sonderbaren Besuche und Tänze der sporen-
flügeligen Kibitze. Hier pflegt das Männchen, sein Weibchen
daheimlassend, einem benachbarten Paare einen Besuch ab-
zustatten. Dies empfängt ihn huldvoll, tanzt mit ihm einen
maßvollen, von tönenden und trommelnden Geräuschen begleiteten Reigen, und entläßt ihn dann, die Schnäbel bis
zur Erde senkend, unter tiefen Verbeugungen. Er aber kehrt
zu seinem Weibchen zurück, an dessen Seite er hierauf
selbst ähnliche Besuche entgegennimmt.

Dieser scharfe und liebevolle Beobachter des Tierlebens
neigt nicht zu der Ansicht — die er sogar mit einer gewissen Verachtung zurückweist —, daß die von ihm so anschaulich geschilderten Vorgänge mit einer Paarung durch
Bevorzugung das geringste zu tun haben. „Welche Beziehung," so frägt er, „können wir in neun aus zehn Fällen

zwischen Hofmacherei resp. Liebesleidenschaft und diesen Tanz- und Musikaufführungen ausfindig machen?" Ich halte es indessen nicht für unvernünftig anzunehmen, daß diese überschäumende Lebenskraft in irgend einer Verbindung mit dem Paarungstriebe steht, der in den meisten Fällen seinen höchsten Stand zu derselben Jahreszeit erreicht. Ob aber diese Verbindung, falls tatsächlich vorhanden, uns auf die Wahlpaarung hinweist, ist zweifellos eine noch offene Frage, die sehr der Bestätigung durch einwandfreie Beobachtungen — eine Sache, die nicht gar zu leicht zu beschaffen ist — bedarf. Wir wollen zum Zwecke dieser Diskussion zunächst einmal die Wahlpaarung als nicht vorhanden streichen, und untersuchen, wie das Wesen und der Ursprung der betreffenden Tätigkeiten sich auf anderem Wege erklären lassen. „Die Erklärung, die ich zu geben habe," sagt Hudson, „liegt nahe auf der Hand, und deckt sich, so einfach sie ist, ebenso wie Wallace's Erklärung bezüglich der Farben und Zieraten, mit all den uns vorliegenden Tatsachen. Wir bemerken, daß niedere Tiere, sofern ihre Lebensbedingungen günstig sind, periodischen Anfällen von Fröhlichkeit unterworfen sind, die sie mächtig anregen und in lebhaftem Kontrast zu ihrem sonstigen Wesen stehen. . . . . . Vögel sind diesem allgemeinen freudigen Instinkt stärker unterworfen als Säugetiere, ja es gibt Zeiten, wo einige Spezies dauernd davon überschäumen. . . . . Wenn alle Menschen, in einer sehr frühen Epoche ihrer Vergangenheit, übereingekommen wären, das gemeinsame Freudegefühl, dem sie jetzt in so unendlich verschiedenartiger Form oder auch garnicht Ausdruck geben, durch das Tanzen eines Menuetts auszudrücken und das Menuettanzen schließlich instinktiv geworden, und von den Kindern in frühem Lebensalter spontan aufgenommen worden wäre, so würde sich der Mensch in dieser Sache ebenso wie die niederen Tiere verhalten."[1]

---

[1] W. H. Hudson, Naturalist in La Plata, S. 279—282.

In dieser Erklärung finde ich nun drei unterschiedliche Behauptungen: 1. Der Ursprung jener Tätigkeiten besteht in periodischer Lebensfreude und in Gefühlsüberschwang. 2. Die besondere Form des Ausdrucks wird durch gegenseitiges Übereinkommen bestimmt. 3. Das instinktive Element der Veranstaltung ist das Resultat der Vererbung und direkter Übertragung ohne Ausschaltung oder Auslese.

Die erste der drei Behauptungen mag unwidersprochen bleiben. Selbst diejenigen, die der Ansicht von Wallace und Geddes nicht beipflichten — daß nämlich Schmuckfedern und Körperzier aus einem Überschuß von Wachstumskraft hervorgehen, sowie aus jener Verausgabung protoplasmischer Energie und Entwickelung von überflüssigen Produkten, die das Männchen im Gegensatz zu dem konservativen, gewebesparenden Weibchen auszeichnet —, selbst sie, die eine Körperzier nicht auf diesen Ursprung zurückführen möchten, dürften sich bereitfinden lassen, Fülle und Reichtum an Lebenskraft als ausreichenden Grund für Fülle und Reichtum der Bewegungstätigkeit anzusehen, die sich in Gestalt von Luftkunststücken, Tänzen und Gesängen kundgibt. Gesetzt also, daß wir der ersten der drei Behauptungen, die uns als Erklärung für die Entstehung jener verschiedenartigen Tätigkeiten dienen mag (wenigstens bis auf weiteres), beipflichten, so erwächst sofort die weitere Frage: was hat jene Tätigkeiten in das ganz bestimmte Geleise des Tanzes, der Kunststücke oder des Lärmkonzertes hineingelenkt? Man weiß wirklich nicht, ob man Hudsons Vorschlag — den von uns als Behauptung Nr. 2 abgegrenzten — ernsthaft nehmen soll, daß die bestimmte Form jener Manifestationen auf einem Übereinkommen beruht, das überschäumende, von der höchsten Vitalität erzeugte Frohgefühl so und nicht anders zum Ausdruck zu bringen. Wenn wir aber seinen Vorschlag nicht ernsthaft nehmen, was dann? Und wie wollen wir uns dann jene festen Formeln erklären? In bezug auf Federschmuck und symmetrische Abzeichen — so prächtig oder so zierlich

sie auch sein mögen — können wir vielleicht in unserer Unwissenheit bei „Wachstumsgesetzen" und einer Tendenz zu „symmetrischer Synthese" unsere Zuflucht nehmen. Der Tanz des Jassana oder die Evolutionen der Prairiehühner können aber nicht wohl auf solche „Gesetze" oder Tendenzen zurückgeführt werden. Welchem Umstand verdanken wir diese Erscheinungen?

Die wahrste und ehrlichste, wenn auch nicht die behaglichste und befriedigendste Antwort auf diese Frage ist: Wir wissen es nicht. Ein bißchen Rätselraten ist indessen ganz harmlos, so lange wir nämlich die Resultate dieses Ratens als nichts Besseres als Vermutungen oder Anregungen gelten lassen. Es ist möglich, daß Nachahmung resp. Überlieferung, wie Hudson selbst treffend erwähnt, als Mittel dient, die Formel jener Betätigungen wo nicht zu entwickeln so doch festzuhalten. Die jungen Vögel werden in eine Gesellschaft hineingeboren, in der gewisse Sitten des Tanzes, des Gesanges oder andere Tätigkeitsformen bereits ausgebildet sind. Vermittels jener unterbewußten und unwillkürlichen Nachahmung, die ein allen Tieren gemeinsamer Zug zu sein scheint, nehmen sie die Gewohnheiten ihrer Eltern an, ebenso wie diese, als sie noch jung und bildsam waren, es taten. Das Benehmen der Jungen wird demjenigen der Gemeinschaft, in die sie hineingeboren werden, angepaßt. Sie selbst haben weder den Witz noch den Willen, die Familientradition durch neumodische Erfindungen zu durchbrechen. Und täten sie es, folgten sie einem Originalitätsdrang, so würden sie sich allein dadurch dem sozialen Gemeinwesen entfremden und wahrscheinlich unvermählt zugrunde gehen. Mehr als das, es ist nicht unmöglich, daß natürliche Zuchtwahl durch Ausschaltung den Überlieferungsprozeß unterstützen würde. Ein Individuum, das durch Mangel an Kraft oder andere handgreiflichere Defekte von den Tänzen oder den anderen Manifestationen ausgeschlossen wäre, würde dadurch aus dem geselligen Leben ausscheiden und speziell auf dem Gebiet der Paarung wenig Anwartschaft

auf Erfolg haben. Nicht etwa nur vom Standpunkte der Wahlpaarung, sondern weil diese Schwächlinge, während die andern durch die gemeinsamen Tänze etc. zu geschlechtlicher Betätigung angeregt werden, ermattet und von dem vollen lebendigen Treiben der Genossen ausgeschlossen sein würden. Man hat beobachtet, wie Singvögel, die man miteinander wetteifern ließ, solange sangen, bis sie, völlig erschöpft, tot hinsanken. Die außerordentlichen und lang ausgedehnten Spiele und Tänze können daher gut als Mittel dienen, die Schwächlichen auszuschalten und die stärksten und zähesten, mit voller geschlechtlicher Kraft ausgerüsteten Tänzer zur Fortpflanzung gelangen zu lassen, und zwar zur Fortpflanzung nicht nur ihrer eignen Stärke und Zähigkeit, sondern auch ihres angebornen Triebes zur Ausführung jener speziellen Tätigkeiten. Die Periode des Tanzens und der Kunststücke ist aber auch eine Periode der Kampflust, und diejenigen Tiere, deren Kraft bei den erstgenannten Tätigkeiten versagte, werden zugleich auch bei den Kämpfen, die aus dem letzteren Triebe hervorgehen, den Kürzeren ziehen. So daß schließlich aus den überlieferten Tänzen usw. ein Prozeß natürlicher Zuchtwahl erwächst, durch den die stärksten, mit dem größten Schatz von Reservekraft für die Entwickelung von Federschmuck und Zeugung tüchtiger Nachkommen sowie mit der ausgesprochensten angebornen Tendenz zu den traditionellen Gebräuchen versehenen Männchen überleben und dazu gelangen, ihre sich in bestimmten Bahnen bewegende Lebensfülle weiterzugeben, mit einem Wort: sich fortzupflanzen.

Wenn wir nun bei den Weibchen, ob sie sich an den Tänzen beteiligen oder nicht, eine Steigerung des Gattungstriebs in dieser Zeit lebhaften Lebensdrangs annehmen, so müssen wir dem Prinzip der Wahlpaarung wenigstens soviel einräumen, daß die weiblichen Vögel den Aufmerksamkeiten derjenigen Männchen, deren Possen jene Steigerung sexuellen Empfindens bewirkt haben, am ehesten Gehör schenken dürften.

Einzig und allein die Beobachtung und zwar eine Beobachtung schwierigster und intimster Art vermag die wirkliche Existenz einer Ausschaltung und Auswahl, wie sie hier angedeutet wurde, endgültig festzustellen.

Ich bin nicht sicher, ob ich Hudsons Ansicht, wie ich sie in dem dritten Punkt zusammenfaßte, ganz richtig wiedergegeben habe, indem ich dort sagte, das instinktive Element der betreffenden Manifestationen sei ein von Ausschaltung oder Auslese unabhängiges Produkt der Vererbung. Die wesentliche Frage aber ist die: sind wir sicher, daß jene Manifestationen ererbt sind? Könnten nicht solche ausgesprochen gesellige Veranstaltungen rein durch Überlieferung, ohne Verschmelzung mit den erblichen Eigenschaften des Organismus weitergegeben werden? Wir werden in dem letzten Kapitel dieses Buches sehen, daß beim Fortschritt des Menschengeschlechtes eine hochentwickelte Form der Überlieferung an die Stelle der Erblichkeit tritt, und daß die Entwicklung dort in hohem Grade statt von dem Organismus selbst von seiner Umgebung übernommen wird. Könnte nicht auch im Vogel-, im Tierleben überhaupt, die Tradition genügen, um gewisse gewohnheitsmäßige Tätigkeiten weiterzugeben? Auch dies ist eine Frage, deren endgültige Beantwortung vorläufig an unserer Unwissenheit scheitert. Freilich waren wir bisher der Meinung, daß diese gewohnheitsmäßigen Handlungen instinktiv und fertig angeboren seien. Entschiedene und unumstößliche Beweise fehlen uns aber auf diesem Gebiete fast völlig.

Bezüglich des Vogelgesanges liegen uns allerdings einige Zeugnisse vor, wenn auch noch lange nicht genug. Wir haben sie schon in dem Kapitel „Nachahmung", durchgenommen und sahen damals an der Hand einiger Beobachtungen, daß, im Gegensatz zu den Ruf- und Alarmtönen, das Singen der Vögel in erster Linie auf Tradition und Nachahmung beruht. Doch darf diese Ansicht ohne weitere vollgültige Beweise nicht als unumstößlich fest-

stehend gelten. Könnten doch angeborene Momente vorhanden sein, die eine instinktive Unterlage abgeben, zu deren Weiterentwicklung es vielleicht unter normalen Verhältnissen des von dem Gesang derselben Spezies ausgehenden Gehörreizes bedarf, in dessen Ermanglung entweder überhaupt kein, oder ein von der Nachahmung fremder Melodien beeinflußter Gesang produziert wird. Kurz, wir bedürfen dringend weiterer Beobachtungen unter verschiedenen experimentellen Bedingungen, um diese Fragen in diesem oder jenem Sinne zu entscheiden.

Über den instinktiven Charakter der Vogeltänze, Spiele, Kunststücke und anderer sonderbarer Gepflogenheiten dieser Tiere besitzen wir noch nicht viele Zeugnisse. Wir können nicht mit annähernder Bestimmtheit entscheiden, ob die Dinge in das ererbte Gewebe des Vogellebens fest hineingewebt wurden, oder ob es erworbene, auf dem Wege der Überlieferung weitergegebene Gewohnheiten sind, wie so viele soziale Sitten der Menschen. Könnte man nicht Bruten von Präriehühnern unter Bedingungen aufziehen, die den konservativen Einfluß der Überlieferung ausschlössen? Wenn sie auch dann noch all ihre Possen und Tänze aufführten, so würde dies allerdings einen abschließenden Beweis für den wahren instinktiven Charakter ihres Benehmens liefern.

Wir kommen nun zu den Schlußfolgerungen. Wir beobachteten gewisse Handlungen der Vögel während der Paarungszeit. Diese Handlungen sind bestimmt gewohnheitsmäßige, in manchen Fällen instinktive. Ob in allen Fällen instinktive, wissen wir noch nicht. Ihre bestimmte Form erhält sich durch den Einfluß der Überlieferung. Gleichzeitig mit der Überlieferung kann, vorausgesetzt, daß die betreffenden Handlungen mit einer ungewöhnlichen Kraftentfaltung verknüpft sind, die natürliche Zuchtwahl durch Ausschaltung der Kraftloseren ein Instinktivwerden der Handlungen herbeiführen. Sie können aber auch auf dem Wege der geschlechtlichen Zuchtwahl zu

instinktiven umgewandelt werden, sofern bewiesen wird, daß eine Wahlpaarung stattfindet und dadurch gewisse Vögel von der Paarung ausgeschlossen bleiben. Ferner können sie durch die erbliche Übertragung erworbener Tätigkeiten instinktiv werden, in letzterem Falle würden wir die genau definierte Form der Tätigkeiten irgendeiner Art von intelligenter Wahlhandlung zuzuschreiben haben. Als Äußerungen geschlechtlicher Erregung betrachtet, dürften diese Tätigkeiten höchstwahrscheinlich suggestiven Wert besitzen und dazu dienen, einen ähnlichen Affekt hervorzurufen. In diesem Falle wäre der Paarungsakt aufs engste mit der Äußerung sexueller Erregung durch bestimmte spezialisierte Handlungen verknüpft; und diejenigen Individuen, die bei diesen Handlungen zurückstehen, sowie die, welche für die Suggestion durch die Handlungen unempfindlicher sind, würden weniger leicht zur Paarung und zur Fortpflanzung jener spezialisierten Ausdrucksformen gelangen. Alle diese Fragen aber bedürfen genaueren Erforschens auf dem Wege der direkten Beobachtung.

XI. Kapitel.

Nestbau, Brutpflege und Wandertrieb.

Die in dem vorigen Kapitel besprochenen Tätigkeiten
sind charakteristisch für eine Periode höchster Lebenskraft, gesteigerten Gefühlsausdrucks und gesteigerter Ge-
fühlsempfänglichkeit. Ob wir nun die geschlechtliche
Zuchtwahl durch Wahlpaarung als eine der Ursachen
dieser spezialisierten Handlungen betrachten oder nicht,
soviel steht auf Grund beobachteter Tatsachen fest, daß
die betreffenden Handlungen zeitlich mit dem höchsten
Stande des Paarungstriebs zusammenfallen. Und es ist
mehr als wahrscheinlich, daß die Auslese, die bei ihrer
Entwicklung mit beteiligt war, in irgendeiner Weise mit
dem Paarungsinstinkt zusammenhängt. Hat Kampf oder
Wettstreit stattgefunden, so handelt es sich dabei um die
für die Fortpflanzung der Rasse wesentlichen Vorgänge;
und die differenzierten Handlungen des Gesangs, Tanzes
und der Luftevolutionen können mit Sicherheit als Ausdrucksformen für den Gefühlszustand aufgefaßt werden,
der die Paarungszeit begleitet und charakterisiert; auch
dürfen wir ihnen, in manchen Fällen mit höchster Bestimmtheit, suggestive Bedeutung zusprechen.

Immerhin gibt es andere Tätigkeiten derselben Lebensperiode, bei denen das Element der Suggestion keine
große Bedeutung besitzen dürfte. Nestbau, Brutinstinkt,
mütterliche Brutpflege, alle diese Dinge beruhen nicht in
merklichem Grade auf suggestiver Grundlage. Ihr biologischer Wert ist andererseits handgreiflicher, als der von

Gesang, Tanz oder sonderbaren Kunststücken, da sie von offenbarstem Nutzen sind. Wenden wir uns also der Betrachtung einiger Tätigkeiten dieses Charakters zu.

Ist der Nestbau eine instinktive Tätigkeit oder eine durch verständige Nachahmung fixierte Gewohnheit? Wird diese durch körperliche Vererbung oder auf dem Wege der Überlieferung weitergegeben? Wallace hat sich — wenigstens bezüglich der speziell fixierten Form — zu der letzteren Anschauung bekannt. Seiner Ansicht nach, sofern ich diese richtig verstanden habe, kann ein Vogel wohl einen allgemeinen Trieb, seine Energien im Nestbau zu betätigen mit auf die Welt bringen; wie er aber baut, richtet sich nach der Tradition seiner Art. Man schließe Nachahmung aus, und kein typisches Nest wird entstehen. So bauten Buchfinken, die nach Neu-Seeland gebracht und dort losgelassen wurden, Nester, die einige Verwandtschaft mit denen der Baltimorevögel (Icteridae) zeigten, nur daß die Öffnung oben war. „Offenbar waren diese neuseeländer Buchfinken," schreibt Diston[1]), dem wir diese Beobachtung verdanken, „in Verlegenheit wegen eines Musters, nach dem sie ihr Nest erbauen könnten. Sie hatten keinen Maßstab, um sich danach zu richten, keine Nester ihrer eigenen Spezies zum Kopieren, keine älteren Vögel, ihnen Unterricht zu geben und das Resultat war dann diese abnorme Struktur."

Wallace zitiert das Obige unter dem Abschnitt „Variationen und die Gewohnheiten der Tiere". Es wäre aber geraten, den Ausdruck „Variationen" auf Abweichungen angeborenen Charakters und „Modifikationen"[2]) auf diejenigen Abweichungen anzuwenden, die individuell erworben wurden. In der Anschauung derjenigen Naturforscher, die, wie Wallace, die Vererbung erworbener

---

1) *Nature*, Bd. XXXI. S. 553. Zitiert in „Darwinism" S. 76.

2) Mark Baldwin befolgt diese Regel in seiner Arbeit „A New Faktor in Evolution" (*American Naturalist*, Juli 1896).

Eigenschaften nicht anzuerkennen vermögen, besitzen diese beiden Arten der Abweichung von der normalen Handlungsweise der Spezies sehr verschiedenen Wert. Modifikationen können, weil erworben und seiner Anschauung nach deswegen unvererbbar, keine Rolle in der Entwicklung der Instinkte spielen; während wir in den Variationen Abweichungen erblicken, die durch natürliche Zuchtwahl fixiert und als Instinkte stereotypiert werden können. Hiermit möchte ich keine Kritik von Wallace's Ansichten bezüglich des Nestbaus abgegeben haben, da er diese Tätigkeit überhaupt nicht als eine auf einer bestimmten instinktiven Grundlage beruhende betrachtet. Ich wollte nur eine Anregung zu größerer Exaktheit in unserer technischen Nomenklatur geben, die vielleicht von allgemeinem Nutzen sein könnte.

Zweifellos ist der Nestbau ebensogut der ererbten Variation wie der Modifikation durch Erfahrung unterworfen. So sagt Blackwall in dem ersten Band des „Zoological Journal": „Offenbar ist das Talent zum Nestbau bei Vögeln derselben Art sehr verschieden ausgebildet, denn obwohl der Baustil gewöhnlich von allen beibehalten wird, finden wir die Nester einzelner Individuen in einer viel künstlicheren Art ausgearbeitet, als die ihrer Artgenossen". Er zitiert sogar einen Fall, wo eine gelbe Ammer überhaupt kein Nest baute, sondern ihre Eier auf den kahlen Erdboden legte und sich dann darauf setzte, bis sie ausgebrütet waren.[1] Solche Unterschiede sind wahrscheinlich dem Einfluß der Variation zuzuschreiben. Aber auch Modifikationen mögen oft genug vorkommen. Hierzu erzählt uns Bolton im Vorwort zu seiner „Harmonia Ruralis": „Ich beobachtete ein Paar Stieglitze, die am 10. Mai 1792 begannen, ihr Nest in meinem Garten zu bauen; wie gewöhnlich hatten sie den Unterbau aus Moos, Gras usw. zusammengesetzt, als ich aber kleine Flöckchen Wolle in

---

[1] S. Yarrell, British Birds. Bd. I. S. 491.

verschiedenen Teilen des Gartens verteilte, vernachlässigten sie ihr eigenes Material fast ganz und verwendeten statt dessen die Wolle. Hiernach versorgte ich sie mit Watte, worauf sie die Wolle verließen und mit der Watte weiterbauten, und am dritten Tage stellte ich ihnen feine Daunen zur Verfügung, und nun vernachlässigten sie die beiden anderen Stoffe und vollendeten ihr Nest mit Hilfe des letzteren. Als es fertig war, erschien das Nest wohl etwas umfangreicher als sie meist von diesen Vögeln gebaut werden, zeigte aber dieselbe hübsche Rundung und Akkuratesse, die so bezeichnend für den Stieglitz ist".[1]) „Sehr häufig," erzählt uns Headley in seinem interessanten Werk 'The Structure and Life of Birds'[1]), „passen sich die Vögel neuen Situationen an. Haus- und Mauerschwalben haben sich Scheunen und Häuser zunutze gemacht. Die Palmenschwalbe von Jamaica baute bis zum Jahre 1854 nur auf Palmen. Als aber in Spanish Town zwei Kokospalmen umgeweht wurden, bauten die dadurch vertriebenen Vögel ihre Nester nunmehr in den Ecken, die durch vorspringende Balken und Träger gebildet wurden. In Amerika benutzt der Webervogel jetzt Zwirn und Kammgarn statt Wolle und Pferdehaar für sein Nest, letzteres aber mag ursprünglich der Ersatz für Pflanzenfasern und Gräser gewesen sein. In Kalkutta verfertigte eine Krähe von origineller Geistesrichtung einst ihr Nest aus den Drähten von Sodawasserflaschen, die sie von einem Hinterhofe aufgelesen hatte. In überschwemmungsreichen Gegenden bauen die Teichhühner häufig ihr Nest auf Bäumen. Auf Neuseeland hat man beobachtet, wie die Brandgänse (Tadorna Cornula), die meist auf dem Boden nahe den Flüssen zu nisten pflegen, ihre Nester, wenn sie gestört werden, auf die Wipfel hoher Bäume verlegen, von wo sie dann ihre Jungen auf dem Rücken zum Wasser hinabtragen." Alle diese Dinge, so belehrt uns Headley, wollen indessen

---

1) S. 334, 335.

nicht besagen, daß den Vögeln nicht Nestbauinstinkte sehr bestimmter Art angeboren seien. Sie zeigen uns nur, daß, wie wir auch an vielen anderen Beispielen sahen, der Instinkt durch Intelligenz und Erfahrung modifiziert werden kann. Diese Gewohnheiten ruhen gewissermaßen auf instinktiver Grundlage, und erhalten ihre Ausfeilung durch individuelle Erfahrungen.

Jenner Weir[1]) schrieb im Jahre 1868 an Darwin folgendermaßen: „Je mehr ich über Wallace's Theorie nachdenke, daß Vögel deshalb Nester bauen, weil sie selbst in solchen aufgezogen wurden[2]), um so weniger möchte ich ihm zustimmen .... Es ist eine Gepflogenheit der Kanarienzüchter, das von den Vogeleltern erbaute Nest wegzunehmen und ein Filznest an seine Stelle zu setzen, und sobald die Jungen ausgebrütet und so groß sind, daß man mit ihnen manipulieren kann, auch dieses Nest durch ein neues sauberes Filznest, das man in dem Kasten anbringt, zu ersetzen. Man tut dies, um Acari zu vermeiden. Aber ich habe nie erlebt, daß es aufgezogene Kanarienvögel versäumt hätten, sobald ihre Brutzeit nahte, ein Nest zu bauen. Im Gegenteil, ich habe mich gewundert, wie ähnlich dem Neste eines wilden Vogels dieses war. Gewöhnlich versieht man die Vögel mit einem kleinen Vorrat von Baumaterialien, z. B. Moos und Haaren. Sie brauchen das Moos als Unterlage und füttern ihr Werk mit den zarteren Materialien, gerade wie die wilden Stieglitze es zu tun pflegen, obwohl die im Brutkasten bauenden Kanarien nur das Haar nötig haben würden. Ich bin daher der festen Überzeugung, daß der Nestbau ein echter Instinkt ist."

Wie wir sehen, trifft Jenner Weir's auf persönlicher Beobachtung gegründete Ansicht mitten ins Schwarze. Ich

---

1) Zitiert in Romanes, Geistige Entwickelung im Tierreich, S. 246.
2) Dies Wallace's frühere Anschauung; später ließ er Tradition in einem umfassenderen Sinne gelten.

füge ihr eine weitere Probe direkter Beobachtung bei. John S. Budgett, ein sehr sorgfältiger Forscher, legte im Jahre 1890 ein Grünfinkenei unter einen Kanarienvogel, dieses wurde in der gegebenen Zeit ausgebrütet und das junge Vögelchen erwies sich als Henne. Im folgenden Herbst kaufte er ein gefangenes Grünfinkenmännchen, wahrscheinlich von demselben Jahrgang, und setzte im darauffolgenden Frühjahr die beiden in ein mit Buchs- und Ginstersträuchern bepflanztes Vogelhaus. Passendes Material wurde auch geliefert, — Zweige, Wurzeln, trockenes Gras, Moos, Federn, Schafwolle und Roßhaar. Bald begann die Henne ihr Nest zu bauen, während der Hahn diesen Vorgängen nicht das geringste Interesse entgegenbrachte. Budgett sah kein einziges Mal, daß er auch nur den kleinsten Zweig in den Schnabel genommen hätte. In wenigen Tagen hatte das Weibchen sein Nest fertiggestellt, und nachdem Budgett verschiedene Nester wilder Grünfinken aufgesucht und gefunden hatte, machte er sich an ein sorgfältiges Vergleichen. Im ganzen genommen glich das Vogelhausnest dem wilden Nest, das ebenfalls aus Wolle, Wurzeln und Moos gebaut und mit Pferdehaaren gefüttert war, vollkommen. Auch ein zweites, von dem gefangenen Grünfinkweibchen gebautes Nest war absolut typisch.

In demselben Jahr zog Budgett einen jungen weiblichen Dompfaffen auf, den er im Alter von wenigen Wochen übernommen hatte, und den er bis zum nächsten Frühjahr im Käfig hielt. Dann kaufte er ein Männchen, wahrscheinlich von einem älteren Jahrgang und setzte die beiden zusammen in das Vogelhaus. Bald begann das Weibchen zu bauen, und vollendete ihr Nest in ungefähr vier Tagen. Doch benutzte sie dazu weder Wurzeln noch Zweige, von denen eine Menge vorhanden waren, sondern nichts als trockenes Gras, ein bischen Wolle und Haar. Dort hinein legte sie nun fünf Eier, von denen zwei ausgebrütet wurden, doch starben die kleinen Vögel sehr

bald. Dann begann das Weibchen ein neues Nest, diesmal aber ein typisches Dompfaffennest aus dünnen Zweigen
und Wurzeln und mit Pferdehaaren gefüttert. Wieder
legte es fünf Eier, die alle ausgebrütet wurden, drei der
jungen Vögel blieben am Leben. Später baute sie ein
drittes Nest, das ebenfalls typisch für die Spezies war.

Es wäre sehr zu wünschen, daß wir noch mehr derartige
Beobachtungen besäßen. Doch die hier vorliegenden,
meine ich, sagen uns schon viel. Wir sehen, wie manche
Vögel, denen keine oder nur die allerschwächste Gelegenheit zur Nachahmung oder zum Erlernen geboten wird,
ihre Nester in typischer Weise bauen. Mir scheint, daß
das vorliegende Beispiel den Schluß rechtfertigt, daß der
Nestbau nach einer bestimmten Art und Weise eine instinktive Tätigkeit ist[1]), daß er aber der Modifikation
durch individuelle Erfahrung unterliegt. Ob die Modi-
fationen ererbt sind, wissen wir nicht. Bemerkenswert ist,
wie stark die Ausübung dieser Tätigkeit auf einen inneren
Impuls hinweist, der von einem äußeren Reiz, vielleicht
dem Anblick des erforderlichen Materials, ausgelöst wird.

Auch möchte ich auf die Feinheit und Kompliziertheit
der keim Nestbau entwickelten Tätigkeiten aufmerksam
machen. Zunächst ist eine sorgfältige Auswahl des
passenden Materials erforderlich; dieses Material aber
wird auf ganz besondere und häufig sehr künstliche Art
verarbeitet. Man braucht sich nur ein so gewöhnliches
Nest wie z. B. das des Buchfinken zu betrachten, um eine
tiefe Bewunderung vor der Geschicklichkeit, ja wenn ich
so sagen darf, vor der künstlerischen Delikatesse dieser
Arbeit zu empfinden. Die Nester des Goldhähnchens, der
Blaumeise, der Uferschwalbe, des Rohrsängers, welch letzteres eine solche Tiefe aufweist, daß die Eier nicht heraus-
fallen können, wenn auch das stützende Schilf vom Winde

---

1) Der Nestbau der Stichlinge, sowohl der drei- wie der zehn-
stacheligen, ist zweifellos als echt instinktiv zu betrachten.

bis auf die Oberfläche des Wassers gebeugt wird — alle
diese, so verschieden sie sind, und dabei so wunderbar
jedes in seiner Art — erzählen uns dieselbe Mär, ebenso
die exotischen Nester, wie z. B. das des Baltimorevogels
(Icterus galbula), ein schwebendes Gehäuse aus Gräsern,
Rinde und verschiedenen, fest und schön dazwischen ge-
flochtenen Pflanzenfasern; oder das des Schneidervogels,
das so zierlich mit Fasern oder. Haaren oder Stückchen
Faden ausgestickt erscheint. Wenn es gelingt, durch umfassendere und gründlichere Beobachtung den wahren instinktiven Charakter des Nestbaues festzustellen, so wird
man sich die ungemeine Feinheit und Kompliziertheit der
dabei beteiligten angeborenen Einzeltätigkeiten nicht
genug vor Augen halten können. Und dann stehen wir
vor der Frage: Dürfen wir alle die Feinheiten dieser
angeborenen Kunstfertigkeit der natürlichen Zuchtwahl
zuschreiben? Und wenn nicht, dürfen sie als Beweise
für die Vererbung erworbener Gewohnheiten betrachtet
werden? Natürliche Zuchtwahl vorausgesetzt, so finde ich
es einigermaßen schwierig, mir die ausmerzenden Faktoren vorzustellen, durch welche eine bestimmte Art des
Nestbaues bei einer gegebenen Spezies erblich wird.
Fast ebenso schwierig finde ich es aber, mir zu erklären,
wie die Gleichförmigkeit eines Typs aus der Vererbung
einer mittels Verstand erworbenen Gewohnheit resultieren
kann. Der Verstand ist eine durchaus individuelle Gabe,
die den Organismus in den Stand setzt, sein Leben seinen
ganz besonderen Umgebungen anzupassen, und es ist
schwer zu begreifen, wie der durch die Verstandestätigkeit bedingte, einigermaßen divergierende Individualismus
gerade eine so stereotype Gleichförmigkeit, wie sie die
Nester einer gegebenen Spezies zeigen, hervorbringen
sollte. Nachahmung würde zweifellos Gleichförmigkeit
hervorrufen, aber hier fragen wir uns wieder, warum soll
ein Vogel gerade die Nester seiner eigenen Spezies, und
nicht die ebenso guten, vielleicht besseren Nester einer

verwandten Spezies imitieren? Kurz diese Angelegenheit, von welcher Seite wir sie auch betrachten, wimmelt von Schwierigkeiten. Und wenn wir gefragt werden, auf welche Weise Icterus galbula dazu gekommen ist, sein hängendes Nest auf gerade diese und keine andere Weise zu bauen, so können wir, soweit wir es auch an biologischer Weisheit gebracht zu haben glauben, nicht anders als ausweichend mit dem alten Spruche antworten, daß ein Narr mehr fragt, als zehn Weise beantworten können.

Das Legen der Eier in das eben erbaute Nest ist zweifellos eine Gewohnheit erblichen Ursprungs; interessante und einigermaßen schwierige Probleme erwachsen aber aus einem Studium der Farbe und Zeichnung dieser Eier. Da diese Probleme indessen nicht unmittelbar mit Gewohnheit und Instinkt zu schaffen haben, wollen wir sie hier nicht weiter berücksichtigen. Die sonderbaren und abnormen Gepflogenheiten des Kukuks fordern hingegen zu näherem Eingehen auf.

Der Kukuk (Cuculus canorus) ist in verschiedener Beziehung ein abnormer Vogel. „Er ist ein Vagabund, ein ordinärer, unrühmlicher Parasit. Und doch ist er in manchen Beziehungen ein interessanter Bursche, und“, wie Cornish weiter[1]) plaudert, „die Welt hat nun einmal eine Liebhaberei für interessante Taugenichtse.“ Was seine Nahrung betrifft, so liebt er haarige Raupen, die von den meisten Vögeln zurückgewiesen werden. Es scheint ein großes Übergewicht an Männchen zu herrschen; man schätzt es verschieden, von zwanzig zu eins bis fünf zu eins. Die Paarung ist eine ziemlich regellose, meist herrscht Polyandrie. Das Weibchen legt eine ziemliche Anzahl Eier, wie manche behaupten in längeren Intervallen von mehreren Tagen. Nach den sorgfältigen Beobachtungen Rey's indessen legt das Kukukweibchen jeden zweiten Tag ein Ei, und das von Mitte Mai bis

---

1) Cornish, Wild England of Today, S. 108.

Mitte Juli, während einer kurzen Periode sogar täglich eines. Im Verhältnis zur Größe des Vogels sind die Eier klein, aber sowohl in Beziehung auf Größe wie auf Färbung ziemlich veränderlich. Sie werden nicht in ein vom Kukuksweibchen selbst gebautes Nest, sondern in fremde Nester gelegt, wohin sie im Schnabel transportiert werden. Zuweilen wird dabei ein anderes Ei aus dem Nest geworfen, doch ist es schwer zu sagen, ob dies absichtlich oder aus Zufall geschieht. Obwohl man sich einige Beispiele von Kukuken erzählt, die ihre Jungen — oder wenigstens junge Vögel ihrer eigenen Spezies — gefüttert, ja selbst daß sie in fremden Nestern Junge ausgebrütet hätten[1]), so ist es doch bei weitem häufiger, daß die Pflegeeltern, denen das Ei untergeschoben wird, dasselbe ausbrüten, und den nackten, blinden, breitschulterigen, hohlrückigen Wechselbalg, der, wohl mehr aus Plumpheit und tölpischem Ungeschick als aus boshafter Absicht den rechtmäßigen Nestling herausdrängelt, aufziehen. Henry Jenner beschreibt in den „Transactions of the Royal Society for 1788“, wie zwei Kukuke zusammen mit einer Grasmücke in einem Grasmückennest ausgebrütet wurden, während ein Ei unausgebrütet blieb. Nach wenigen Stunden begann ein Kampf zwischen den beiden Kukuken, von denen es der eine schließlich erreichte, den anderen zugleich mit der jungen Grasmücke und dem unausgebrüteten Ei zum Nest hinaus zu befördern. Lange angezweifelt, aber schließlich durch Beobachtung erwiesen, ist dieses summarische Verfahren erst kürzlich durch Frau H. Blackburn nicht nur von neuem bestätigt, sondern sogar nach der Natur abgezeichnet worden.[2]) Der junge Bandit, der sich auf diese Weise von seinen Konkurrenten befreit hat, wächst nun mit Macht und wird, dank einer eigentümlichen Modifikation des mütterlichen Instinkts,

---

1) Morris, British Birds. Bd. II, (1852) S. 56, 59.
2) Mrs. Hugh Blackburn, Birds from Moidart and Elsewhere.

von seinen Pflegeeltern mit unermüdlichem Eifer gepflegt. Miß Hayward schildert und zeichnet eine kleine Dorngrasmücke, die einen Kukuk, vier- oder fünfmal so groß wie sie selbst, füttert.[1]) Später verlassen dann die alten Vögel zuerst das Nest (und nicht zuletzt, wie manche Ornithologen meinen), es den Jungen überlassend, ihnen zu folgen, so gut sie können.

Die von dem Kukuk gewählten Wirte — soweit das Wort „wählen" hier angewendet werden darf — sind zahlreicher Art und sehr verschieden in Größe, von dem kleinen Blaumeischen einerseits bis zur Elster, dem Häher und dem Zwergtaucher andererseits. Nicht weniger als dreiundvierzig verschiedene Wirte werden allein für England genannt, und wenn wir die kontinentalen Berichte mit hinzunehmen, so haben wir ein Verzeichnis von siebenundachtzig, elf Familien zugehörigen Arten; am zahlreichsten sind darunter die Finken und Sänger vertreten[2]), und die braungefleckte Grasmücke, einer der Vögel, die am frühesten ihr, von Buben wie von Kukuken leicht zu entdeckendes Nest bauen, ist vielleicht der häufigste von allen. Einige Ornithologen haben behauptet, daß das Kukuksei von den Eltern in Nester gelegt würde, deren angestammte Eier eine ähnliche Farbe zeigen, wie jenes; manche haben daraufhin geäußert, daß dieses Vorgehen eine intelligente Wahlhandlung, andre, daß es eine instinktive Handlung auf Seiten des Kukuks bedeute, letzteres in dem Sinne, daß ein instinktiver Trieb den eierlegenden Kukuk veranlaßt, Eier eines bestimmten Typs in die entsprechenden Nester zu legen. Dieser Ansicht huldigt Dr. Rey (Leipzig), welcher behauptet, daß die Kukuke instinktiv ihre Eier, deren Farbe, wie er glaubt, bei jedem einzelnen Vogel konstant ist, in die

---

1) Miß J. M. Hayward, Bird Notes. (Vgl. die Abbildung des langschwänzigen Kukuks von Neu-Seeland und seines Wirts in Buller, Manual of the Birds of New Zealand, S. 39.)

2) Edw. Bidwell, *Norf. and Nor. Nat. Hist. Soc.*, Bd. III, S. 536.

Nester derjenigen Vögel ablegen, von denen sie selbst aufgezogen wurden. Auf diese Weise würde jede Wirtspezies eine besondere Art von Kukuken groß ziehen. Er sagt, daß die, unter die verschiedenartigen Eier des rotrückigen Neuntöters abgelegten Kukukseier gleichfalls variabel seien, während jene, die ins Nest des Zaunkönigs zwischen dessen gleichförmige Eier gelegt wurden, eine entsprechend große Gleichförmigkeit aufwiesen. Andrerseits berichtete mir J. A. Norton (Bristol), der dieser, einer direkten Beobachtung zugänglichen Angelegenheit viel Aufmerksamkeit schenkte und mich durch einige sehr interessante Notizen über das Leben des Kukuks erfreute, daß, obwohl er einige hübsche Fälle passender Eifarben beobachtete — so z. B. ein bläuliches Kukuksei in einem Grasmücken-, ein rötliches in einem Fliegenschnäppernest — solche Fälle doch, seiner Erfahrung nach, entschiedene Ausnahmen seien. Auf meine Frage „ist Farbenanpassung die Regel?" antwortete er mir: „Ganz entschieden nicht".

Es geht daraus hervor, daß die verschiedenen Beobachter bezüglich der Tatsachen stark voneinander abweichen. Möglich, daß der englische Kukuk sich anders verhält als sein kontinentaler Kollege, aber auch zur Bestätigung dieses Unterschieds bedürfte es weiterer Beobachtung. Norton hält es jedenfalls für das wahrscheinlichste, daß das Kukuksweibchen, nachdem es sein Ei auf die Erde gelegt hat, dieses im Schnabel davonträgt und es in das erste beste Nest, das ihr begegnet, niederlegt. Bei der ganzen Angelegenheit wird wenig oder keine Verstandestätigkeit entwickelt. Norton unterrichtete mich auch von einem Fall, in dem der Kukuk sein Ei in ein altes, verlassenes Nest, und von andern, in dem er es in Nester abgelegt hatte, die sich in so engen Löchern befanden, daß ein Herausschlüpfen für den großen jungen Kukuk ein Ding der Unmöglichkeit war. Es erscheint sonach sehr zweifelhaft, ob die Intelligenz eine irgendwie entscheidende Rolle bei dem Zustandekommen des Kukukinstinkts ge-

spielt hat. Wir müssen bedenken, daß wir es hier mit
drei assoziierten Tatsachen oder Tatsachengruppen zu tun
haben. Erstens die relativ geringe Größe der Eier, die
nur ungefähr ein Drittel der Eigröße des amerikanischen
Kukuks besitzen; zweitens, das Ablegen dieser Eier in
fremde Nester; und drittens, das Hinauswerfen der andren
Nestlinge durch den jungen Eindringling, dessen breite
Schultern und hohler Rücken zu diesem Zwecke besonders angepaßt erscheinen. Die erste und dritte dieser
Tatsachen — die Kleinheit der Eier und das Hinauswerfen der andern Nestlinge — können nicht als ein
Resultat der Intelligenz, wohl aber recht gut als Folge
natürlicher Zuchtwahl angesehen werden. Der mütterliche
Vogel könnte größere Eier nicht im Schnabel befördern,
würde diese deswegen auf der Erde liegen lassen, wo sie
unausgebrütet blieben, und so einen fortgesetzten Prozeß
der Ausschaltung großer Eier herbeiführen. Und der
kleine Kukuk, der seine Halbgeschwister nicht hinaus-
würfe, würde starke Gefahr laufen, an Verhungern zugrunde zu gehen, besonders dort, wo die Pflegeeltern
klein und unfähig sind, die Menge von Nahrung herbei-
zuschleppen, die sowohl seinem mächtigen Appetit als
auch den Bedürfnissen ihrer eigenen Sprößlinge genügen
würde. Die ausschaltenden Faktoren, denen wir das
hauptsächliche Moment, nämlich die Ablegung der Eier
in die fremden Nester zu verdanken haben, sind aber
nicht so leicht zu bestimmen, ja kaum hypothetisch anzudeuten. Darwins Auslegung dieses Vorgangs bedarf
jedenfalls einer gewissen Einschränkung. Er meint, daß
die Gewohnheit zunächst mit einem gelegentlichen Ablegen der Eier in fremde Nester ihren Anfang nahm.
Nun sieht es aber so aus, als ob der Kukuk sein Ei auf
die Erde legt und dann erst im Schnabel zu einem Nest
trägt. Für eine derartige Gewohnheit wäre aber ein gelegentliches Legen eines Eies in ein fremdes Nest nicht
die richtige Vorbereitung. Wahrscheinlicher dünkt es

mich, daß die Sache damit anfing, daß das Kukukweibchen, wenn es unvorbereitet zum Legen kam, seine
Eier auf den Boden deponierte. Und die mit der Über-
zahl der Männchen zusammenhängende Gepflogenheit
polyandrischen Verkehrs mag in gewisser Weise an
einem allmählichen Verlust des Nestbauinstinkts Schuld
sein. Wie weit wir uns aber auch in Mutmaßungen ergehen mögen, so müssen wir gestehen, daß wenn auch
dieser Vorgang ein Resultat natürlicher Zuchtwahl ist,
wir uns die einzelnen Stadien seines Zustandekommens
schwer vergegenwärtigen können. Andrerseits ist es
ebenso schwer, das Entstehen jenes sonderbaren Kukuk-
instinkts als Resultat einer mit Hilfe des Verstandes erworbenen Gewohnheit zu betrachten, zumal sich unser
Vogel keiner besonderen Intelligenz erfreut. Die Theorie
von der Übertragung solcher individuell erworbenen
Handlungsweisen von Eltern auf Nachkommen setzt, selbst
abgesehen von den physiologischen Schwierigkeiten, die
sie unserem Verständnis bietet, nicht nur eine vernünftige
Verwertung von Erfahrungsresultaten, sondern auch die
Ausübung von Verstandeskräften voraus, die sich im vorliegenden Falle in ziemlich verwerflicher Richtung bewegen.

Der amerikanische Kukuk, ein unseren europäischen
Arten nahe verwandter Vogel, scheint keine dieser para-
sitischen Gewohnheiten zu besitzen; doch sehen wir in
den Icteridae, einer ganz anderen Familien angehörigen
Vogelgruppe, Tiere von ähnlichen Lebensgewohnheiten.
Es sind dies die Kuhvögel, über die Major Charles Bendire
alle erhältliche Kunde in den „Reports of the United
States National Museum for 1893"[1]) gesammelt hat. Seinen
Bericht fasse ich zu dem folgenden Resumé zusammen.

Ebenso wie unser Kukuk sind auch die Kuhvögel poly-
andrisch; die Männchen übertreffen die Weibchen weitaus

---

[1]) S. 587—624.

an Zahl, sie stehen zu diesen etwa im Verhältnis von drei zu eins. Der gewöhnliche nordamerikanische Kuhvogel (Moluthrus ater) legt acht bis zwölf Eier in einer Saison, wahrscheinlich in Zwischenräumen mehrerer Tage. In Größe und Zeichnung der Eier finden sich viele Varianten, doch wird uns nicht berichtet, wie weit die Eier zu denen stimmen, zwischen denen sie abgelegt wurden. Bendire gibt uns eine Liste von nicht weniger als neunundachtzig Arten, in deren Nestern die Eier dieses Kuhvogels gefunden wurden, manchmal bis zu vier oder fünf Stück auf ein einziges Nest. Es kommt nicht selten vor, daß man einige Eier der überrumpelten Spezies aus dem Nest geworfen findet oder daß sich an den zurückgebliebenen Eiern der Wirtfamilie winzige Öffnungen entdecken lassen. Möglicherweise rühren sie von dem Schnabel des Kuhvogels her, der auf diese Weise verhindern wollte, daß diese Eier ausgebrütet würden, doch glaubt Bendire diese Löcher eher den scharfen Klauen des mütterlichen Kuhvogels zuschreiben zu sollen, der damit die schon vorhandenen Eier verletzt, während er sitzt und sein eignes Ei ablegt; denn dieser Parasit scheint seine Eier direkt in das fremde Nest zu legen und nicht erst im Schnabel dorthin zu befördern. Meistens werden diese Eier im Laufe von zehn bis elf Tagen, und nicht selten vor den eignen Eiern der Pflegeeltern ausgebrütet. Das Wachstum des kleinen Eindringlings ist dann ein überaus rapides. Nach ein paar Tagen ist die rechtmäßige Brut entweder erdrückt oder von ihrem stärkeren Pflegebruder aus dem Nest gedrängt worden oder, wenn sie diesen Gefahren entkam, verhungert, so gänzlich absorbiert der junge Kuhvogel die Fürsorge der Alten. Es ist ein lächerlicher Anblick, sagt Bendire, einen fetten, gänzlich flüggen Kuhvogel hinter ein paar zwitschernden Sperlingen oder irgend welchen kleinen Sängern hereilen zu sehen und zu hören, wie er hartnäckig und höchst energisch seinen Bettelruf „sirr, sirr" ertönen läßt und nur

verstummt, wenn ihm der gierige Schnabel mit einem passenden Bissen gestopft wird. Noch merkwürdiger ist es aber, die Hingebung der winzigen Pflegeeltern an ihr stattliches Pflegekind zu beobachten.

Eine kleinere Spezies oder Varietät (Moluthrus ater, var. obscurus) hat ähnliche Gewohnheiten, ebenso der rotäugige Kuhvogel von Mexiko und Zentralamerika. (Callothrus robustus).

Die Beobachtungen W. H. Hudsons an argentinischen Kuhvögeln (Moluthrus bonariensis) haben gezeigt, daß diese ihre Eier häufig dadurch umkommen lassen, daß sie sie auf die Erde und gelegentlich in alte verlassene Nester legen. Auch zerstören sie viele parasitische und rechtmäßige Eier in den von ihnen besuchten Nestern dadurch, daß sie Löcher in die Schalen derselben picken. Die härtere Schale ihrer eigenen Eier verleiht denselben jedoch eine größere Möglichkeit, erhalten zu bleiben. Denn obwohl dieser Kuhvogel seine eigenen Eier nicht von denen unterscheidet, zwischen die er sie legt, und von beiden Sorten eine Menge zerstört, entkommt doch eine beträchtlichere Anzahl der ersteren. Wir dürfen deshalb die harte Schale des Kuhvogeleies ganz ausgesprochen als das Resultat natürlicher Zuchtwahl betrachten. Ferner bedeutet die kurze Ausbrütungsperiode — ungefähr elf Tage gegen die vierzehn bis sechzehn Tage der kleinen Vögel, zwischen denen sie schmarotzen — einen Vorteil, der ebenfalls der natürlichen Zuchtwahl zugeschrieben werden muß. Nach nur wenigen Tagen (dies ist der Fall mit den nordamerikanischen Spezies) ist das Pflegekind der einzig überlebende von all den Nestlingen. Und, wie man dies überhaupt häufig bei parasitischen Arten beobachtet, findet sich in Farbe, Form und Zeichnung eine außerordentliche Verschiedenheit. Die Embryonen und jungen Vögel legen eine bemerkenswerte Vitalität an den Tag. Hudson fand drei Eier, die ganz verbarrikadiert waren durch das Aufsetzen eines neuen

Nestes auf das ältere, in das sie gelegt wurden. Ihre
Schalen waren mit Schmutz überzogen und durch ein
Gemengsel von Eierinhalt, das sich über sie ergossen
hatte, verklebt. Und trotzdem befand sich in dem einen
ein lebender, zum Ausschlüpfen bereiter Embryo, der sich
äußerst munter benahm und großen Hunger betätigte, sobald er das Tageslicht erblickte. Der junge Vogel verläßt das Nest, sobald er nur kann, versucht dem alten
nachzufliegen und setzt sich dann an einen recht auffallenden Platz — etwa die Spitze eines Stengels oder
Gestrüpps — von wo aus er unter häufigem, ungestümem
Schreien Nahrung fordert. Eine der kleinen Pflegeeltern
eines solchen Unverschämten, ein Fliegenschnäpper, hatte
als einzigen Weg, die Fütterung vorzunehmen, die Gewohnheit angenommen, sich auf den Rücken seines Kost-
gängers niederzulassen und diesen von dort aus zu füttern.

Von den andern argentinischen Kuhvögeln baut einer,
Molothrus badius, sich entweder selbst sein Nest, einen
sauber und gut ausgeführten Bau, in die Gabelung irgend
eines Zweiges, oder aber er ergreift Besitz von dem Neste
eines Leñatero (Anumbius acuticaudatus) und richtet in oder
auf demselben sein eignes auf. Öfters legen mehrere Weibchen in ein und dasselbe Nest; aber ob die Vögel paar-
weise leben oder den willkürlichen Verkehr pflegen, der
bei dieser Gattung sonst üblich ist, vermochte Hudson
nicht festzustellen.

Sehr eigentümlich sind die Gewohnheiten der andern
argentinischen Spezies, des schreienden Kuhvogels (Molothrus rufoaxillaris). Lange Zeit entzogen sie sich selbst
Hudsons scharfer Beobachtungsgabe. Endlich aber gelang
es ihm festzustellen, daß dieser bei seinem Vetter, Molothrus badius, den Parasiten spielt. Sowohl Eier wie Junge
der beiden Arten sind sich so ähnlich, daß es unmöglich
ist, sie zu unterscheiden. Molothrus badius zieht nun seine
und seines Vetters Sprößlinge zusammen auf, und erst nach
Ablauf mehrerer Wochen tritt ein Unterschied zwischen

den beiden Arten zutage. Es ist sonderbar, meint Hudson, daß der schreiende Kuhvogel nur in die Nester von Molothrus badius zu legen scheint; ganz rätselhaft aber ist es ihm, daß die gewöhnliche argentinische Spezies, die sonst unterschiedslos bei einer Unmenge von Arten schmarotzt, nie, soviel er bemerken konnte, in ein Nest von Molothrus badius Eier legt, es sei denn ein verlassenes Nest gewesen.

Wir sehen aus diesen Berichten, daß, obwohl die interessanten parasitischen Gewohnheiten der Kuhvögel ein Seitenlicht auf den Parasitismus des europäischen Kukuks werfen, und obwohl einige Züge wohl sicher der natürlichen Zuchtwahl zugeschrieben werden dürfen, das Problem der Entstehung parasitischer Gewohnheiten noch ungelöst bleibt. Wir müssen uns auf Vermutungen beschränken. Hudson neigt zu der Annahme, daß der argentinische Kuhvogel seine nestbauenden Gewohnheiten durch die Annahme einer vielen amerikanischen Vögeln gemeinsamen halbparasitischen Sitte einbüßte, in den großen, gedeckten Nestern der Töpfer- oder Ofenvögel (Dendrocolaptidae) zu nisten, und er bringt Zeugnisse dafür bei, daß diese räuberischen Sitten eine Zerstörung der natürlichen Nestbauinstinkte im Gefolge haben. Er vermutet ferner, daß eine Abnahme derjenigen Vögel, die gedeckte Nester bauen, den Kuhvogel in einen Kampf um Nester verwickeln würde, in dem er wahrscheinlich den Kürzeren zöge; und er glaubt, daß der Ursprung des parasitischen Instinkts in der bei vielen Arten (z. B. Molothrus badius) auftretenden Erscheinung zu suchen sein dürfte, daß zwei oder mehr Weibchen in dasselbe Nest legen. Den Jungen derjenigen Vögel, die gewohnheitsmäßig ihre Sprößlinge fremder Pflege überließen, würde ein geschwächter Nestbauinstinkt angeboren sein; der Einfluß solcher Elemente als Zuchtfaktoren müßte notgedrungen allmählich die Nestbauinstinkte der ganzen Zuchtgemeinschaft verschlechtern, und diese könnte dann vor völligem Aussterben nur dadurch gerettet werden, daß

einige Individuen gelegentlich ihre Eier in die Nester fremder Arten legten.

Bei dem Brutinstinkt und seiner normalen Entwickelung brauchen wir uns weniger aufzuhalten. Er beruht zum Teil auf physiologischer Grundlage und darf von Anhängern der natürlichen Zuchtwahl als durch ihre Theorien erklärbar betrachtet werden.

Wenden wir uns deshalb gleich zu den mit dem Akt des Ausbrütens und seinen natürlichen Folgezuständen verknüpften Instinkten. Was uns dabei zunächst in die Augen springt, ist, daß die Vogelmutter unter diesen neuen Verhältnissen förmlich wie ein neues Wesen erscheint. Man vergleiche z. B. eine Henne mit ihrer soeben ausgekrochenen Kückenschaar mit dem, was sie noch drei Wochen zuvor war. Ihre Mutterschaft gibt ihrem ganzen Benehmen einen neuen Anstrich; sie ist eine andere geworden, oder vielmehr sie ist was sie war, aber noch unendlich viel darüber hinaus. Ohne es gelernt zu haben, ist sie Mutter bis in den innersten Kern ihres Wesens; auch hat sie eine neue Sprache angenommen, in der sie sich mit ihren Hühnchen unterhält — d. h. wenn wir den Ausdruck Sprache auf eine Anzahl bestimmter, der Mitteilung dienender Laute anwenden wollen. Diese Tatsachen sind so allgemein bekannt, ihre Erklärung auf Grund der natürlichen Zuchtwahl so einleuchtend, daß ein Verweilen bei ihnen gleichfalls überflüssig wäre. Ich ziehe es daher vor, einen bestimmten spezifischen Instinkt dieser Lebensperiode einer näheren Betrachtung zu unterziehen.

Es ist bekannt, daß der weibliche Kibitz gelegentlich das Benehmen eines verwundeten Vogels nachahmt, offenbar in der Absicht, dadurch Verfolger von Nest, Eiern oder Jungen fernzuhalten. Auch das kanadische Haselhuhn und das Weidenschneehuhn taumeln zuweilen scheinbar hilflos dahin und lenken dadurch Menschen oder Hunde ab. W. L. Ralph[1] erzählt folgendes von der amerikanischen

1) *Nineteenth Century*, April 1893, S. 598.

Erdtaube, einem hübschen Täubchen der Südstaaten: „Wenn eine solche aus ihrem Eier enthaltenden Nest aufgescheucht wird, läßt sie sich jäh zur Erde fallen, als wäre sie angeschossen, und flattert dann, wie infolge einer Verwundung, ängstlich umher, um die Menschen, die sie aufstöberten, dadurch von ihrem Nest fernzuhalten; ob dies ihr nun gelingt oder nicht, nach einiger Zeit fliegt sie davon. Anders wenn Junge in dem Neste sind; dann wird der Vogel wie wahnsinnig und flattert herum bis zur gänzlichen Erschöpfung." In diesem Falle ist es das Weibchen, das so kluge Taktik an den Tag legt, manchmal zeigt aber das Männchen eine ähnliche Fürsorge. So erzählt uns C. A. Allen: „Im Jahre 1883 traf ich in Oregon eine Brut junger Rebhühner. Das Männchen, in dessen Obhut sie sich befanden, ergriff sofort die gewöhnliche Taktik, sich lahm zu stellen und meine Aufmerksamkeit von den Jungen abzulenken. Als es sah, daß ich mich nicht um es kümmerte, zeigte es große Unruhe. Die Kleinen zerstreuten sich wie der Wind nach allen Richtungen und waren in wenigen Augenblicken in sicheren Verstecken verschwunden."[1])

Noch ein weiteres Beispiel möchte ich anführen. Es stammt aus C. J. Cornishs hübschem Buch „Wild England of To-day".[2])

„Als wir uns in die Nähe des Sees (im Park von Richmond) begaben, schreckten wir unversehens ein paar wilde Enteriche aus einem seichten Graben auf, gleichzeitig aber sahen wir eine lahme Ente sehr kläglich von derselben Stelle davonhumpeln; sie entfernte sich langsam und scheinbar mit großer Schwierigkeit in der Richtung parallel dem Seeufer. Die Komödie wurde so vollkommen gespielt, daß, hätten wir nicht ein kleines schwarzes Etwas in entgegengesetzter Richtung in den Sumpf jenseits des Ent-

---

1) *Nineteenth Century,* April 1893, S. 596
2) C. J. Cornish, Wild England of To-day. S. 116, 117.

wässerungsgrabens hineinschießen sehen, kein Zweifel an
dem wirklichen Vorhandensein jener Lahmheit in uns auf-
gestiegen wäre. Unterdessen forderte die alte Ente förmlich die Verfolgung heraus; sie legte sich, scheinbar zu
erschöpft um weiter zu laufen, auf den Boden; wir aber,
entschlossen die weitere Entwicklung einer so mutigen
und raffinierten Komödie zu erleben, folgten dieser Auf-
forderung und jagten hinter dem „lahmen" Tiere her. Noch
etwa zwanzig Meter weit hinkte und stolperte es durch
die Rhododendronbüsche, endlich aber wandte es sich
nach dem Seeufer, wo das Terrain offener war. Hier begann es mit aufgerichtetem Kopf und ohne die fingierte
Lahmheit weiter durchzuführen, zu laufen, und nach abermals zwanzig Metern erhob es sich und flog, ungefähr
drei Fuß über dem Erdboden, langsam vor uns her. Als
es schließlich an die Einzäunung jenes Parkteiles gelangte,
stieß es ein spöttisches „Quak" aus, schwang sich über
die Wipfel empor und flog über den See hinüber. Wir
aber, gespannt, den Schluß dieses wundervollen Beispiels
mütterlicher Aufopferung zu erleben, eilten zurück zu der
kleinen Sumpfwiese, wo wir die Entlein vermuteten, und
warteten, unter einem Rhododendronbusch versteckt, auf
die Rückkehr der wilden Ente zu ihrer Brut. In wenigen
Minuten erschien sie wieder, kreiste in raschem Tempo
mehrere Male zwischen den Bäumen umher, bis sie sich
überzeugt hatte, daß alle Gefahr vorüber sei, und ließ sich
dann unter wilden Johannisbeerbüschen, etwa dreißig Meter
von dem Sumpfe nieder. Hier stand sie einige Augenblicke still, mit erhobenem Kopfe lauschend, als sie aber
nichts Besorgniserregendes bemerkte, lief sie nach dem
Graben hinunter, wo wir sie und ihre Brut überrascht
hatten. Auch hier fand sich nichts Alarmierendes, und so
trippelte sie leichtfüßig nach dem benachbarten Sumpf,
wo ihr leises „Quak Quak" bald die piepende Antwort
ihrer Entlein hervorrief, die sich bis dahin bewegungslos
und unsichtbar in Gras und Schilf verborgen gehalten

hatten. In wenigen Augenblicken war die ganze Familie wieder vereinigt, und wir hatten noch das Vergnügen, die alte Ente an der Spitze ihrer Flotille schwarzer und gelber Entlein mitten im Sumpfgewässer herumsegeln zu sehen."

Wohlgemerkt ist diese Art von Taktik nicht auf ein oder zwei Spezies beschränkt. Sie ist, gewisse Unterschiede in Einzelheiten vorausgesetzt, verschiedenen Vogelarten, so z. B. Schneehühnern, Tauben, Kibitzen, Rallen, Säbelschnäblern, Piep- und Kalanderlerchen und Sängern gemeinsam. Wie aber sollen wir sie uns erklären?

Die erste Frage, die wir uns zu stellen haben, lautet: Ist dieses Benehmen ein rein ererbtes und instinktives? Daß die Wahrscheinlichkeit auf seiten seines instinktiven Charakters ist, können wir ohne weiteres behaupten, sichere und endgültige Beweise hierfür fehlen uns jedoch vorläufig noch. Und gerade hierbei muß besonders bedauert werden, daß wir über Wahrscheinlichkeiten noch nicht hinausgedrungen sind. Denn wäre das Benehmen in der Tat angeboren und instinktiv, so würde es ein prächtiges Streitobjekt für die Anhänger der Vererbung erworbener Eigenschaften einerseits und die Verfechter der Allmacht natürlicher Zuchtwahl andrerseits abgeben. Wenn es je ein Benehmen gab, das das Kennzeichen seines verstandesmäßigen (und somit erworbenen) Ursprungs deutlich an der Stirne trug, so ist es dies Sichverwundetstellen! (So sagen die Einen). Welches Benehmen, so fragen ihre Gegner, kann nutzbringender für die Spezies sein? Haben wir nicht hier eine Handlung, deren sich die natürliche Zuchtwahl, vorausgesetzt daß sie überhaupt eine Rolle spielt, bemächtigen, und die sie durch die Ausschaltung der darin Unzulänglichen fixieren wird? Diejenigen Tiere, die diese Handlungsweise betätigen, schützen dadurch ihre Jungen vor der Vernichtung durch Feinde, und die Jungen ihrerseits überleben und vererben dadurch die Handlungsweise an weitere Generationen.

Wir wollen uns nun zunächst auf die Seite der natür-

lichen Zuchtwahl stellen und untersuchen, in welcher Beziehung zum Verstande die vorliegende Handlungsweise — unter diesem Gesichtspunkt betrachtet — steht. Für den Zuchtwahlverfechter bedeutet nämlich der Verstand in seiner praktischen Betätigung einen ausgesprochen individuellen Faktor. Dies hat Weismann in seiner Arbeit über die musikalischen Fähigkeiten sehr deutlich ausgesprochen. Kurz gesagt liegt der Fall so: Natürliche Zuchtwahl vermag in einer Reihe von Generationen den erblichen Vorrat von Verstandeskräften zu vermehren; die Anwendung dieser Verstandeskräfte bleibt indessen eine Angelegenheit der individuellen Erfahrung. Es bleibt sich gleich, ob als Resultat solcher individuellen Erfahrung die Verstandeskräfte hundert Generationen nach einander in genau derselben Weise angewendet werden; es bleibt sich gleich, daß die ihre Fähigkeiten auf diese Weise gebrauchenden Individuen als die einzig überlebenden unter einem Heer von verunglückten Existenzen übrig bleiben; es bleibt sich gleich, wie viele von denjenigen, die über weniger Verstandeskräfte verfügen oder sie verschieden anwenden, ausgemerzt werden — die Ausübung einer Fähigkeit in einer bestimmten Art und Weise kann, so behaupten die extremen Zuchtwahlanhänger, eben nie eine erbliche und instinktive werden. Bezüglich menschlicher Fähigkeiten haben Weismann und seine Anhänger nicht verfehlt, diese Tatsachen — insofern es Tatsachen sind — auf das energischste zu betonen. Sie behaupten, daß, so ausschließlich auch ein Mann von früher Kindheit angefangen seine Verstandeskräfte dem Studium der Mathematik gewidmet haben mag, dieser Mann seinem Sohne keinen Zuwachs an mathematischer Begabung vererben kann. Sollte indessen der Sohn trotzdem eine ungewöhnliche Begabung für dieses Gebiet zeigen, so sei dieselbe, behaupten sie, das Produkt einer von individuellen Erwerbungen gänzlich unabhängigen erblichen Anlage. Was ist er auch anders als ein Span von demselben alten mathematischen Stamm?

Versuchen wir nicht, die Schlußfolgerung, die das unvermeidliche Resultat dieser Anschauungen (deren Richtigkeit wir einmal annehmen wollen) sein müßte, zu vertuschen oder zu verwischen. Steht man auf dem Weismannschen Standpunkt und hält in seinem Sinne Zuchtwahl für „allmächtig", so kann unter keinen Umständen eine Verstandestätigkeit erblich und instinktiv werden. Verstand und Instinkt sind antithetische Begriffe; der erstere kann nie in den letzteren übergehen oder irgend einen direkten Anteil an seiner Entwickelung nehmen. Wenn demnach die natürliche Zuchtwahl an dem Instinktivwerden einer solchen Gewohnheit, wie wir sie in Obigem beschrieben haben, beteiligt ist, so arbeitet sie ausschließlich mit erblichen Anlagen, und wenn auch dasselbe Ziel verfolgend, doch völlig unabhängig vom Verstande. Die Vortäuschung einer Verwundung kann, falls dem Wirken des Verstandes entstammend, nach der Meinung der Weismannschen Schule nicht zu einer Instinkthandlung werden. Wenn nun diese Simulierung in der Tat eine instinktive, aus der natürlichen Zuchtwahl hervorgegangene Tätigkeit ist, so waren es angeborene Veränderungen, nicht aber vernünftig erzeugte Modifikationen, mit denen die natürliche Zuchtwahl operierte, während die Tatsache, daß angeborene Veränderungen einerseits und intelligente Wahlhandlungen andrerseits ein und dieselbe Richtung, ein und dasselbe Ziel verfolgen, offenbar Zufallssache ist — ein Zusammentreffen, nichts weiter. Räumen wir dieser Anschauung ihre Berechtigung ein, so dürfen wir uns trotzdem nicht wundern, daß der Anhänger der Übertragung erworbener Eigenschaften sie etwas schwierig zu verdauen findet, verglichen mit der von ihm selbst verfochtenen Hypothese eines Zusammenhangs zwischen den beiden, und zwar eines Zusammenhangs dem Ursprung wie der Wirksamkeit nach. Seine Auffassung ist die, daß die erworbene Erfahrung der einen Generation sich zum ererbten Instinkt der nächsten entwickelt oder doch strebt sich dazu zu entwickeln.

Das zufällige Zusammentreffen, wenn wir es so bezeichnen dürfen, verliert viel von seinem Gewicht, wenn wir uns klar machen, daß der verstandesmäßige Erwerb des Individuums einerseits und die mit angeborenen Variationen arbeitende natürliche Zuchtwahl andrerseits beide in ihren verschiedenen Gebieten auf ein und dasselbe Ende hinwirken, das der Anpassung. Dies ist ihr gemeinsames Ziel, es zu erreichen schlagen sie aber verschiedene Wege ein. Vorausgesetzt nun, daß sie zum Ziele gelangen, der eine durch verstandesmäßige, der andere durch physiologische Anpassung, muß uns das in Erstaunen setzen? Ist es wirklich nur ein „Zusammentreffen" im gewöhnlichen Sinne des Worts? Ganz gewiß nicht. Wenn zwei Menschen nach demselben Orte abreisen, der eine zu Land, der andere zu Wasser, so pflegen wir es nicht gerade als ein zufälliges Zusammentreffen zu betrachten, wenn sie beide dort ankommen. Wenn erworbene Anpassung und angeborene Anpassung dasselbe Ziel auf verschiedene Methoden erreichen, so rührt dies eben daher, daß das Resultat ihres Wirkens in Anpassung und nichts anderem besteht und daß die Natur auf beiden Wegen nach diesem Einen hinstrebt. Und die natürliche Zuchtwahl gestattet in allen Fällen das Überleben derjenigen, die, ob nun durch Anwendung rein individuellen Verstandes oder durch angeborene Variationen anpassungsfähigen Charakters, oder durch beides vereint, sich ihrer Umgebung anzupassen wissen. Wir brauchen uns aber nicht zu wundern, wenn das Entwirren der einzelnen bei diesen Vorgängen betätigten Faktoren recht erhebliche Schwierigkeiten bietet.

Es gibt indessen noch einen weiteren Gesichtspunkt. Ist die Hypothese, daß jene Tätigkeiten auf Intelligenz beruhen, ganz so begründet, wie man auf den ersten Blick denken könnte? Man muß sich vergegenwärtigen, daß gerade das Zweckentsprechende so vieler instinktiver Tätigkeiten, ihr den Bedürfnissen der Art angemessener Charakter uns leicht verleiten, von vornherein anzunehmen,

daß sie auf verständiger, ja selbst rationéller Überlegung beruhen. Und doch überzeugt uns ein näheres und tieferes Eindringen, daß diese Ansicht nicht haltbar ist. So z. B. könnte man vielleicht annehmen, daß die Henne sich der Mühe des Brütens unterzöge, weil sie weiß, daß das Ergebnis in einer Schaar von Kücken bestehen wird. Fragen wir uns aber weiter, auf welchem Wege sie zu dieser Annahme gekommen sein könnte, so sehen wir, wie schwer es ist, darauf eine nur einigermaßen plausible Antwort zu geben. Zu behaupten, daß Hennen brüten, weil ein eingehendes Studium der Gepflogenheiten ihrer Nachbarinnen sie zu der Erkenntnis gebracht hat, daß das Ergebnis dieser Beschäftigung in einer Schaar von Hühnchen besteht, wäre nicht nur an sich absurd, sondern ließe auch die Frage des eigentlichen Ursprungs jener Tätigkeit unbeantwortet. Wir sehen uns von einer Tür zur anderen gewiesen und finden uns am Ende genau dort, wo wir hergekommen sind. Nun tritt die natürliche Zuchtwahl auf den Plan und sagt uns: Ihr seid auf der falschen Spur. Der Verstand hat bei der Entwickelung der Bruttätigkeit keine größere Rolle gespielt als bei der Entstehung der Gewohnheit des Eierlegens.

Bei dem Instinkt — falls es ein solcher ist — Eindringlinge von dem Neste wegzulocken, liegt der Fall offenbar ein wenig anders. Diejenigen, die kühn genug sind, einem Vögelchen die voll entwickelte Bewußtseinstätigkeit eines gebildeten Menschen zuzuschreiben, werden vielleicht dem Kibitz folgende Gedankengänge imputieren: „Wenn ich tue, als ob ich verwundet wäre, und unbehilflich herumflattere, ziehe ich die Aufmerksamkeit des Eindringlings auf mich und erwecke in ihm den Gedanken, daß ich leicht zu fangen sei; locke ich ihn auf diese Weise von dem Neste hinweg, so sind meine Jungen gerettet, so ist mein Ziel erreicht.“ Vielleicht gibt es Leute, die annehmen, daß ein Vogel solche Erwägungen anstellen kann. Ich aber zögere nicht, die Möglichkeit einer derartigen Gedankenkette bei

Kibitz oder Ente glatt in Abrede zu stellen. Abgesehen davon, daß der betreffende Vogel wahrscheinlich nie selbst verwundet gewesen ist oder die Wirkung des Verwundetseins bei andern gesehen hat, wäre das Ganze ein ausgesprochenermaßen menschlicher Vernunftschluß und gänzlich jenseits der Fassungskraft des allergescheitesten Vogels; ferner aber würde solches Vorgehen ein schauspielerisches Vermögen, eine Vergegenwärtigung des Effekts der Handlung auf das Publikum voraussetzen, um das mancher menschliche Schauspieler das Tier beneiden könnte.

Aber, so fragt man mich vielleicht, haben wir hier nicht eine einfachere und plausiblere Form der Verstandestätigkeit? Kann nicht der Vogel, ohne jene abstrakte Gedankenfolgen anzustellen, durch Erfahrung die Wirksamkeit dieses Tricks festgestellt haben? Darauf möchte ich antworten, daß die Erlangung solcher Erfahrungen wohl einigermaßen gefährlich sein dürfte. Angenommen — was mir ziemlich schwer wird anzunehmen — daß der Vogel den Witz besäße, solch einen Trick zu versuchen. Übertreibt er die Lahmheit der Flügel, „chargiert" er die Rolle nur um ein weniges zu stark, so wird er selbst erwischt und getötet; ist er hingegen der Rolle nicht gewachsen, mißlingt sein Trick, so müssen die Kleinen dran glauben. Erscheint es nicht wahrscheinlich, daß solche Erfahrung teuer erkauft wäre? Daß ein Mißlingen das Leben der Mutter oder des Kindes gefährden würde? Ist es nicht klar, daß die natürliche Zuchtwahl auch in diesem Falle beteiligt sein würde? Und hören wir nicht die hartnäckige Frage des „Monopolisten" der natürlichen Zuchtwahl: wenn ihr die Selektion bis hierher als Faktor gelten lasset, warum nicht weiter, warum in der Mitte zwischen zwei Hypothesen Halt machen? Warum nicht den letzten Schritt tun — durch den alle die mit dem Wesen der verstandesmäßigen Entstehung verknüpften Schwierigkeiten beseitigt werden — und zugeben, daß die natürliche Zuchtwahl ihren Einfluß durchweg und ausschließlich auf dem Gebiete der angebornen Variationen

nicht aber der erworbenen Modifikationen von Fähigkeiten ausübt?

Während ich die zwingende Kraft dieser Argumente zugebe, muß ich mich zu der Ansicht bekennen, daß, wären nicht die physiologischen Schwierigkeiten, die die Vorstellung einer Vererbung erworbener Eigenschaften begleiten, ein Instinkt wie der des Kiebitzes und der Wildente sich am ehesten aus einem Zusammenwirken von Verstand und natürlicher Zuchtwahl erklären ließe. Ich werde an einer späteren Stelle unserer Untersuchungen eine Idee bezüglich dieses Punktes aussprechen, bei der es sich um die Beteiligung der Modifikationen als Faktor im Fortschritt der Rasse, (jedoch ohne direkte Übertragung) handelt. Als das Resultat der obigen Diskussion betrachte ich es, daß, obwohl die geschilderte Instinkthandlung kein so starkes Argument zugunsten der Vererbung erworbener Eigenschaften liefert, wie es im ersten Augenblick den Anschein hatte, die Annahme ihrer Entstehung ausschließlich durch die mit Variationen arbeitende, von Verstandeselementen gänzlich absehende Zuchtwahl die Theorie von der Allmacht der Selektion doch auf eine sehr harte Probe stellen würde. So weit wir vorläufig in der Lage sind zu urteilen, müssen wir die Frage offen lassen. Wie viele andere Beispiele von Instinkten liefert uns auch dieses keine abschließenden Beweise und muß vorläufig als eine schwebende Angelegenheit beiseite gestellt werden.

Wir wollen nun zu einer Betrachtung, richtiger gesagt Berührung eines Problems übergehen, das eines der schwierigsten und verwirrendsten des Vogellebens ist, zur Wandergewohnheit, von der Professor Newton sagt, daß sie „wohl das größte Mysterium sei“, das uns das Tierleben bietet[1].

Lassen sich bezüglich dieser Sache frische, neue, aufhellende Gesichtspunkte geben? Wenig genug. Ich werde deshalb nur in Kürze einige Tatsachen aufzählen, einen

---

[1] Newton, Dictionary of Birds, S. 549.

Hinweis auf die wesentlichsten, unser gegenwärtiges Thema berührenden Probleme geben, auf einige der bisher aufgestellten Theorien aufmerksam machen und zum Schluß — unsere Unwissenheit eingestehen.

Die wesentlichen Tatsachen sind genügend bekannt. Eine Anzahl unserer englischen Vögel, wie z. B. die Schwalbe, der Kukuk und die Nachtigall, verlassen, nachdem sie im Sommer bei uns genistet haben, im Herbst diese Gegenden, begeben sich südwärts und kehren im nächsten Frühjahr zurück. Andere, z. B. Krammetsvögel und Buntdrosseln, kommen im Herbst zu uns und fliegen im Frühjahr nordwärts, um in andern Ländern zu nisten und ihre Jungen aufzuziehen. Und wieder andere Zugvögel, wie Strandläufer und Sturmsegler, benutzen England nur als Ruhepunkt auf ihrem südlichen oder nördlichen Fluge. Selbst diejenigen Vögel, die wie das Rotkehlchen und die Singdrossel das ganze Jahr bei uns verharren, erfahren Ab- und Zunahme ihres Bestandes durch Wanderschaft. Auf der nördlichen Halbkugel, wo die Wanderungen der Vögel in nordsüdlicher Richtung und umgekehrt zu verlaufen pflegen, befindet sich der Nistort in dem nördlichen Teile des Gebietes, das der Vogel zu durchwandern pflegt. Die zurückgelegten Entfernungen sind sehr groß. „Der Strandläufer nistet auf Island oder am Strand des nördlichen Eismeers, im Winter aber hat man ihn in der Kapkolonie, also im fernsten Süden, entdeckt. Nestlinge des Kanutsvogels (Tringa canuta L.) sind auf Grinnel-Land unter 82^0 $33'$ n. Br. gefunden worden, dabei überwintert dieser Vogel gleichfalls tief im Süden, nämlich in Australien und Neuseeland. Auch der Steindreher (Tringa morinella L.) ist ein großer Reisender; er nistet auf Grönland oder an den Küsten von Skandinavien und überwintert in Australien, Neuseeland, Südamerika oder Afrika. Die zurückgelegten Entfernungen betragen zuweilen an 10 000 Kilometer und mehr. . . . . . Die Goldregenpfeifer Amerikas (Charadrius pluvialis) brüten in arktischen Gebieten, von Alaska bis

Grönland jenseits der Waldgrenze, kommt der Herbst, so ziehen sie über Nova Scotia nach dem Meere und überqueren es in kühnem Fluge, wobei sie die Bermudas westlich liegen lassen, bis sie ihr Ziel, die westindischen Inseln, erreicht haben. Selbst dann noch, so erzählt man sich, verschmähen sie die ersten dieser Inseln und wenden sich den entfernteren zu. Von Neu-Schottland aber bis Haïti, der ersten für sie in Betracht kommenden westindischen Insel, kann man ungefähr 2500 Kilometer rechnen."[1] So allgemein verbreitet ist der Wandertrieb, daß Newton zu der Ansicht kommt, daß „jeder Vogel der nördlichen Hemisphere innerhalb der Grenzen eines gewissen Gebietes in geringerem oder stärkerem Grade demselben huldigt."[2] Der Weg der Hin- und Rückreise ist nicht immer, ja vielleicht kann man sagen meistens nicht derselbe; und doch unterliegt es keinem Zweifel, daß die Vögel zu genau demselben Ort zurückzukommen pflegen, von dem sie ungefähr sechs Monate vorher ausgeflogen sind. Bei einigen Arten fliegen die Vögel in riesigen Schwärmen, bei andern weniger schwarmförmig, sondern mehr verteilt. Über die Frage der „Wanderrouten" ist schon viel geschrieben worden, und man darf als fesstehend annehmen, daß diese bei vielen Spezies durch die Richtung der Täler, die Linie der Küstenstriche usw. bestimmt werden. Eine ausführliche Betrachtung dieser Routen liegt indessen ganz außerhalb des vorliegenden Stoffgebiets. Oft fliegen die Vögel in sehr beträchtlicher Höhe. Man hat mittels astronomischer Fernrohre und durch Feststellung gewisser Kreuzungslinien zwischen dem Vogelflug und dem Stande des Mondes herausgefunden, daß die Vögel in einer Höhe zwischen ein und eineinhalb bis vier und viereinhalb Kilometern fliegen. In dunkeln und wolkenschweren Nächten kann jeder, der Ohren hat zu hören, ihren Schrei vernehmen; ja man sagt, daß bei manchen

---

1) F. W. Headley, The Structure and Life of Birds, S. 352, 357 und 358.

2) Newton, Dictionary of Birds, S. 552.

Arten gewisse Töne nur während des Wanderfluges zur Äußerung kommen.

Dieses wären die elementarsten und bekanntesten Tatsachen der Vogelwanderung. Die wesentlichsten Probleme aber sind diese: „ist die Gewohnheit, auch in ihren Einzelheiten, eine echt instinktive? Wie entstand sie? Was ist das eigentliche Wesen des Wandertriebs? Welches die Bedingungen, unter denen er ausgeübt wird? Und schließlich: auf welche Weise finden die Vögel ihren Weg?

Falls nicht instinktiv, müssen wir die Gewohnheit als überliefert in dem früher definierten Sinne betrachten. Es wird dann der neue Wandergast von älteren Vögeln, die ihrerseits einstmals von älteren geleitet wurden, angeführt und so fort, bis zu der Zeit zurück, wo die Gewohnheit ihren Anfang nahm. Dies ist die von Palmén, der die korrekte Ausübung des Wanderfluges der Erfahrung zuschreibt, vertretene Hypothese. Von dieser Ansicht ausgehend wäre der Erblichkeitsfaktor hierbei nichts als ein unbestimmter angeborner Impuls, der zu gewissen Jahreszeiten aufzutreten pflegt. Die eingeschlagene Richtung aber wäre einfach Sache der Nachahmung, der Disziplin. Wenn aber, wie Temminck feststellt und wie Gätke aus der ungeheuren Masse einer während eines fünfzigjährigen Aufenthalts auf Helgoland angehäuften Beobachtung gleichfalls ermittelt, die jungen Vögel einer großen Anzahl von Arten den alten um einige Wochen vorauszufliegen pflegen (bei Kukuken findet das Gegenteil statt), so fällt damit die Hypothese der Übermittelung offenbar zusammen und das Geheimnis des Vogelflugs vertieft sich noch weiter. „Daß,“ so sagt Headley[1], „ein Weidenlaubsänger (Phylloscopus rufus), der Monate lang nichts anderes getan hat, als Käferlarven von den Bäumen zu picken und der noch nie seinen heimischen Wald verließ, ganz plötzlich eines schönen Abends von einem unwiderstehlichen Drang ergriffen wird, nach

---

[1] a. a. O. S. 351.

Nordafrika zu ziehen, ist gewiß einigermaßen erstaunlich. Noch erstaunlicher aber ist es, daß junge Vögel von geringer Kraft und bar jeder Erfahrung, sich allein auf die große Pilgerfahrt begeben, ohne die alten Vögel, die sie führen könnten, abzuwarten. Und im Frühling, wenn wir sehen, wie solch ein erstes Schwälbchen in kurzen hastigen Flatterflügen hin und her schießt, wird es uns schwer, uns zu vergegenwärtigen, daß dieser selbige kleine Vogel vielleicht erst vor 10 Tagen in Natal auf seine Reise gen Norden ausgerückt ist."

Was nun den Ursprung des Instinkts — also des bestimmten, fix und fertig angebornen Triebes — betrifft, so ist die von Newton[1]) zitierte Ansicht von A. R. Wallace die folgende: „Es scheint mir wahrscheinlich, daß hier wie in so vielen andern Fällen „das Überleben des Passenden" eine eingreifende Rolle gespielt hat. Nehmen wir einmal an, daß bei irgend einer Spezies von Wandervögeln das Brutgeschäft in der Regel nur in einer bestimmten Gegend vollzogen werden kann; nehmen wir weiter an, daß während eines beträchtlichen Teils des Jahres in dieser Gegend genügendes Futter nicht erhältlich ist — so geht daraus hervor, daß diejenigen Vögel, welche die B r u t g e g e n d nicht zur richtigen Zeit verlassen, leiden und schließlich aussterben werden, sowie daß dies auch das Schicksal derjenigen Vögel sein wird, welche die E r n ä h r u n g s g e g e n d nicht zur richtigen Zeit verlassen. Nehmen wir nun ferner an, daß, für irgend einen entlegenen Vorfahren der heutigen Spezies diese beiden Gegenden identisch gewesen, später aber durch geologische und klimatische Veränderungen nach und nach von einander getrennt worden seien, so wird es uns leicht, zu verstehen, wie die Gewohnheit der beginnenden und partiellen Wanderung zu bestimmten Jahreszeiten allmählich vererbt und so fest fixiert wurde, daß sie den Charakter eines Instinkts annahm. Man würde

---

1) Newton, Dictionary of Birds. S. 556, zitiert aus *Nature,* Bd. X. S. 459.

wahrscheinlich finden, daß in manchen Teilen dieser Erde noch alle Abstufungen existieren, vom gänzlichen Zusammenfallen bis zur gänzlichen Trennung der Brut- und Ernährungsgegend. Und wenn man die Lebensgeschichten einer genügenden Anzahl von Spezies sammeln und ausarbeiten wollte, so würde man alle möglichen Verbindungsglieder zwischen solchen Arten, die eine bestimmte Gegend, in der sie brüten und ihre Jungen aufziehen, nie verlassen, und solchen, bei denen Brutgeschäft und Aufziehung an weitgetrennten Orten stattfindet, entdecken."

Hier hat die Trennung der Brut- und der Ernährungsgegend als ein Ausdruck von Tatsachen zu gelten, die in irgend einer Weise erklärt werden müssen, während die Hypothese von der natürlichen Zuchtwahl in diesem speziellen Fall die Gestalt eines bloßen Korrollars zu der allgemeinen Theorie annimmt. Diejenigen, die wanderten, überlebten, diejenigen, die es unterließen, wurden ausgetilgt. Voilà tout! Unglücklicherweise bleibt es ein unbewiesenes und unbeweisbares Korrollar.

Headley[1]) zitiert die von H. Seebohm beschriebenen Fälle der podolischen Lerche und der arktischen Weidenlerche, die „beide im malayischen Archipel überwintern. Ihre Brutstätten haben sie von Sibirien über Osteuropa ausgedehnt. Aber obwohl sie ihre Sommerresidenz so weit nach Westen hinausgeschoben haben, kehren sie im Winter doch zu ihren alten Quartieren im malayischen Archipel zurück, wenn auch Afrika so viel leichter erreichbar und wie man denken sollte, ebenso passend wäre." In diesem Falle hat sich eine Ausdehnung des Gebietes direkt unter unsern Augen vollzogen, und zwar betraf sie die Brutgegend, die allgemein als der ständigere und fixiertere der beiden Schauplätze angesehen wird. Ich weiß nicht, ob auch in diesen Fällen die jüngeren vor den älteren Vögeln herziehen. Jedenfalls ist es schwierig, festzustellen, ob diese Gebiets-

---

1) Headley a. a. O. S. 371, 372.

ausdehnung jetzt instinktiv geworden ist, und wenn dies
der Fall, ob der bewegende Faktor in einer Vererbung
der Resultate erworbener Erfahrung oder in der natürlichen
Zuchtwahl zu suchen ist. Mit einem Wort: der Instinkt
des Wandertriebs trägt nicht im mindesten zu einer Lösung
der Frage nach dem Ursprung des Instinkts bei.

Die den Impuls zur Wanderung auslösenden Bedingungen
sind mutmaßlich teils innere teils äußere. Wenn wir behaupten, daß der äußere Faktor in Änderungen der Temperatur und der Nahrungsverhältnisse, der innere aber höchst
wahrscheinlich in Änderungen im Stoffwechselsystem besteht, so haben wir den Vorrat unseres Wissens so ziemlich erschöpft — er ist klein genug! Jedenfalls sind
die Vögel von einer hervorragenden Pünktlichkeit, besonders Seevögel, wie z. B. der Papageitaucher; daraus
könnte man vielleicht schließen, daß der innere Faktor
den wesentlichsten Anstoß gäbe, da hier klimatische und
Nahrungsverhältnisse von Jahr zu Jahr verschieden sind.

Was nun die Flugrichtung betrifft, so hat man den in
den halbzirkelförmigen Kanälen, die bei den Vögeln stark
entwickelt sind, lokalisierten Sinn bisher als die Quelle
der Orientierung betrachtet. Man muß indessen bedenken,
daß dieses Organ, ebenso wie andere spezifische Sinnesorgane, während es scheinbar die Erfahrung unterstützt,
in der Erfahrung selbst seine „raison d'être" besitzt. So
weit wir bisher die betreffenden Prozesse zu ergründen
vermochten, geben sie uns keine Erklärung für den wunderbaren Flug der Schwalbe von England nach Natal, vorausgesetzt, daß dieser Flug rein instinktiven Charakters ist.
Die halbzirkelförmigen Kanäle mögen vielleicht den Vogel
in den Stand setzen, über dem offenen Meer eine einmal
eingeschlagene Richtung beizubehalten; aber wenn sie nicht
durch irgend einen Orientierungssinn unterstützt werden
(einer dem Kompaß vergleichbaren Vorrichtung in der
Organisation des Vogels), so ist es schwer zu verstehen,
wie sie dem Vogel zur instinktiven Führung dienen sollen.

Das Ergebnis unserer Betrachtung dieser ganzen Frage ist ein tiefes Gefühl unserer Unwissenheit. Ja, so groß ist diese Unwissenheit, daß uns selbst für Vermutungen der Boden fehlt. Würde ich gezwungen, eine Lösung dieses Rätsels zu riskieren, so würde sich diese in der Richtung der Vermutung bewegen, daß, trotz der Gätkeschen Beobachtungen gleichzeitig mit einem angebornen Wandertrieb, vielleicht sogar einer angebornen Tendenz nach einer bestimmten Richtung zu wandern, das Element der Überlieferung bei den Wanderzügen stark beteiligt ist, wenn auch in einer Art und Weise, die wir bisher noch nicht näher zu ergründen vermochten.

XII. Kapitel.

Die Beziehungen zwischen physischer und psychischer Entwicklung.

Im Laufe unserer Betrachtungen über die Phänomene des Instinkts und der Gewohnheit, sowie über Ererbtes und Erworbenes, haben wir es mit physiologischen Tätigkeiten zu tun gehabt, die mit Bewußtseinszuständen verknüpft sind. Auch haben wir angenommen, daß physiologische Entwicklung geistige Entwicklung mit sich bringe. Wenden wir uns jetzt der Aufgabe zu, die Beziehungen der einen zur anderen festzustellen. Dieses Thema ist von äußerst schwierigen Problemen umgeben, von denen wir einige resolut ignorieren wollen. Zum Beispiel werden wir uns um den näheren Charakter der Verknüpfung zwischen den physiologischen Prozessen in Hirn und Ganglien und den Bewußtseinsprozessen, von denen sie begleitet sind, nicht bekümmern, noch werden wir uns bei der leidigen Alternative: Dualismus oder Monismus aufhalten. Daß Gehirntätigkeit von Bewußtsein begleitet auftritt und daß auf irgendeiner Stufe der physischen Entwicklung dieses Bewußtsein sich als eingreifender Faktor beim Entwicklungsprozeß zu beteiligen beginnt, wollen wir als gegeben voraussetzen.

Wir müssen demnach zwei Phasen der physischen Entwicklung unterscheiden: erstens die Phase, bei der das Bewußtsein nicht vorhanden oder unwirksam ist und zweitens die Phase, bei der es als wirksamer Faktor mitbeteiligt ist. Die erste dürfen wir als rein-physische, die

zweite als psychophysische bezeichnen. Die zweite können
wir wiederum in zwei Phasen teilen: eine, in der die psychische Entwicklung der physischen untergeordnet ist,
und eine, in der die psychische Entwicklung die Oberherr-
schaft hat.

Es ist wahrscheinlich, daß durch das ganze Pflanzen-
reich hindurch die Entwicklung auf der nur-physischen
Phase verharrt. Gesetzt, das Leben der Pflanzen wäre
mit Bewußtsein verknüpft, so haben wir doch kein Zeugnis dafür, daß solches Bewußtsein in den Entwicklungsprozeß eingreift. Es ist also nicht das, was wir oben als
wirksames Bewußtsein bezeichnet haben. Die niedersten
Tiere fallen unter dieselbe Kategorie; an welcher Stelle
innerhalb des Tierreichs wir aber die Grenze ziehen sollen
zwischen der Gruppe, wo das Bewußtsein, falls vorhanden,
unwirksam und der Gruppe, wo es wirksam ist — wer
vermöchte das zu bestimmen? Das erste Erfordernis ist,
ein Unterscheidungsmerkmal zu finden, das uns in den
Stand setzt zu erkennen, in welchen Fällen das Bewußtsein wirksam, in welchen es unwirksam ist. Ein solches
Merkmal ist die Ausübung einer Wahlhandlung. Nun
müssen wir aber bei der Anwendung eines Kriteriums
darauf bedacht sein, auch dasjenige zu erfassen, was für
eine Wahlhandlung wesentlich ist. Eine unwandelbar bestimmte Reaktion auf diese Art von Reiz, und eine andere
unwandelbar bestimmte Reaktion auf jene Art von Reiz
wird von Binet in seinem „Seelenleben der Mikroorganismen“ als Beweis einer Wahlhandlung angesehen. „Wenn
wir uns an das halten, was uns die Beobachtung lehrt,“
sagt er, „so können wir eine Wahlhandlung in folgendem
Vorgang erblicken: wenn ein Lebewesen eine bestimmte
Art von Substanzen, besonders aber solche Substanzen,
die ihm zur gewöhnlichen Nahrung dienen, erblickt, so
pflegt es unweigerlich dieselbe Bewegung zu machen,
nämlich einen Aneignungsakt zu vollführen; wenn aber
die Substanzen, die es berührt, wahrnimmt oder mit denen

es kollidiert, anderer Art sind, so unterläßt der Mikroorganismus diesen Aneignungsversuch." Ich kann nicht finden, daß diese Erklärung auch nur einigermaßen befriedigend oder genügend ist. Wie viele unorganische Substanzen, z. B. der empfindliche Film einer photographischen Platte, benehmen sich in gleicher Weise! Wenn, nach Pfeffers interessanten Beobachtungen, die Spermatozoiden eines Farrenkrauts durch Apfelsäure und apfelsaure Salze angezogen werden, und sich in eine diese Stoffe enthaltende Röhre hineindrängen, so haben wir hier doch ganz gewiß keinen vollgültigen Beweis einer Wahlhandlung. Sie sind eben so geartet, daß sie in Gegenwart jenes Materials so und nicht anders reagieren. Hier haben wir mutmaßlich. nichts anderes als eine rein physiologische Reaktion vor uns. Oder wenn, nach einer wohlbekannten Beobachtung von Romanes, eine Seeanemone inmitten eines Strudels von Wasser und Luftblasen auf den leisesten mechanischen Reiz seitens eines harten Gegenstands reagiert, so haben wir auch hier keinen vollgültigen Beweis einer Wahlhandlung vor uns. Wieder muß ich betonen, daß eine empfindliche Platte dasselbe leistet. Inmitten der Schwingungen der längeren Ätherwellen, die als rotes Licht bezeichnet werden und der noch längeren Wärmewellen, die an ihre Oberfläche dringen, bleibt sie unverändert, doch reagiert sie auf den relativ schwachen Reiz, den der winzigste Strahl der kürzeren Atherwellen, die wir als violettes Licht bezeichnen, hervorruft. Auch stimmt seine Auslegung dieser Beobachtung wenig zu Romanes' eigenem Kriterium.[1] „Das Kriterium der Vernunft, das ich vorschlage," so schreibt er, „ist das folgende: Lernt der Organismus neue Einrichtungen treffen oder die alten in Übereinstimmung mit den Resultaten seiner individuellen Erfahrung modifizieren? Wenn er dies aber tut, so kann diese Tatsache nicht einfach eine Folge von Reflex-

---

1) G. J. Romanes, Die geistige Entwicklung im Tierreich, Leipzig 1885.

tätigkeit sein, denn es ist ein Ding der Unmöglichkeit, daß die Vererbung für Neuerungen oder Veränderungen an der Maschinerie des Körpers während des Lebens eines bestimmten Individuums Vorsorge getroffen haben sollte." Dem letzten Teil dieses Ausspruches vermag ich indessen nicht ganz zu folgen. Das Vermögen, eine Wahl und eine derartige Kontrolle auszuüben, daß die Wahl wirksam wird, ist ganz bestimmt bei den höheren Tieren erblich, und da dies der Fall ist, so dürfen wir sehr wohl von einer Vorsorge durch Vererbung auch für Fälle von „Neuerungen und Veränderungen in der Körpermaschinerie" sprechen.[1]) Wie könnte ein Tier auch sonst die Fähigkeit der individuellen Erwerbung besitzen? Während indes die Vererbung die Fähigkeit der individuellen Erwerbung mit auf den Weg gibt, trifft sie für spezialisierte Neuerungen und Modifikationen keine Vorkehrungen. Ein Vorrat von angeborenen Fähigkeiten und eine bestimmte Empfänglichkeit für Lust und Unlust werden sicher vererbt; die individuelle Erfahrung bedient sich sodann dieses angeborenen Vermögens, um die instinktiven und andere Tätigkeiten unter dem Einfluß von Lust und Unlust in neue Gewohnheiten umzumodeln. Und dieses Nichtvorhandensein von Vorsorge für spezialisierte Modifikationen ist wahrscheinlich das, was Romanes meint. Abgesehen hiervon, scheint er mir ganz klar auf das echte Kriterium für das Vorhandensein von wirksamem Bewußtsein hingewiesen zu haben — nämlich auf das leicht zu beobachtende Ausnützen von Erfahrungen. Daß ein Hühnchen, nachdem es eine übelschmeckende Raupe gefressen, diese und ihresgleichen in aller Zukunft vermeidet, ist ein überzeugender Beweis dafür, daß hier eine echte Wahlhandlung ausgeübt wird. Unweigerlich gleiches Benehmen unter gleichen Bedingungen, wie in dem Falle der Sperma-

---

1) Mark Baldwin hat die Romanes'sche Ansicht in sehr ähnlicher Weise in seinem „Mental Developement of the Child and the Race" kritisiert.

tozoiden und der Apfelsäure, ist kein Beweis einer Wahlhandlung, hingegen würde eine Abänderung dieser Reaktion auf Grund individueller Erfahrung uns das gesuchte
Kriterium liefern. Dies Kriterium bedingt ferner die Ausübung einer Kontrolle. Automatismus, und wenn er uns
noch so kompliziert, noch so fein angepaßt entgegentritt,
kann unbewußt sein, während die Kontrolle einer Handlung stets den Begriff der bewußten Wahl in sich
schließt.

Welches nun auch die physiologischen Bedingungen
des Vorgangs sein mögen, eines ist klar, daß nämlich das
Wahl und Kontrolle ausübende Bewußtsein in gewissem
Sinne außerhalb dessen steht, über was es seine Kontrolle
ausübt. Wenn wir deshalb den Übergang von der rein-
physischen zu der psychophysischen Entwicklungsphase betrachten, so müssen wir unser Augenmerk gleichzeitig auf
die Entwicklung eines „imperium in imperio" richten. In
nächster Beziehung und innigster Wechselwirkung mit dem
rein physischen und automatischen Getriebe des Organismus sehen wir ein Kontrollsystem, dessen Funktionen von
Bewußtsein begleitet werden. Auf welche Weise die physischen Prozesse und die Bewußtseinszustände verknüpft
sind, braucht uns hier nicht weiter zu beschäftigen; dies
ist ein philosophisches Problem, das außerhalb unseres
gegenwärtigen Stoffgebiets liegt. Der Punkt, auf den wir
hier unsere Aufmerksamkeit fixieren wollen ist, daß der
irgendwie mit Wahl und Kontrolle einhergehende organische Mechanismus abhängig — und auch wieder unabhängig — von dem bei den automatischen Reaktionen
beteiligten rein-physischen System ist. Gerade so, wie
die Rindenteile der Großhirnhemispheren von dem Nervensystem als Ganzes genommen zwar abhängig sind, aber
doch, wie Michael Forster sagt, gewissermaßen abseits
von dem übrigen Gehirn stehen, indem sie vermittels der
Pyramidenbahnen und ihrer Äquivalente sozusagen auf
den subkortikalen Gehirnzentren und dem Rückenmark

spielen; ebenso stehen bewußte Wahlhandlung und Kontrolle abseits von den unwillkürlichen und automatischen Tätigkeiten, und ebenso unabhängig sind sie von letzteren in dem Sinne, daß ihre Sphäre nicht durch rein physische Ziele begrenzt ist. Diese Unabhängigkeit ist indessen natürlich nur eine relative. Das kontrollierende System erhält seine Unterstützung durch den Organismus; dem Organismus leiht es dagegen zum Dank seine nützliche Führung für die Geschäfte des physischen Lebens; nach Erfüllung dieser Obliegenheit ist es im übrigen frei sich auf eigene Faust zu entwickeln. Der Körper stellt sich unter die Leitung der Gehirnhemispheren; nachdem diese ihrem leitenden Amte in befriedigender Weise vorgestanden haben, können sie ihre überschüssige Energie auf jede Weise verwenden, die sich mit den Gesetzen ihrer eigenen Entwicklung vereinigen läßt.

Es hat indessen, wenn wir die Geschichte des Lebens auf unserer Erde betrachten, lange gewährt, ehe das Bewußtsein sich eine Umgebung schuf, in der seine überschüssigen Energien sich eine Bahn für kräftige Weiterentwicklung schaffen konnten — wahrscheinlich trat dies nicht eher ein, als bis die menschliche Phase der Entwicklung erreicht war. Zwischen dem allerersten Auftreten von Wahl und Kontrolle und dieser späten Phase, wo die psychische über die physische Entwicklung zu herrschen beginnt, liegen die verschiedenen Stufen der geistigen Entwicklung bei Tieren. Welches die Grenzen und Bedingungen dieses Abschnittes der aufsteigenden Entwicklungskurve sind; wie der Ursprung der Kontrolle zu denken ist und in welcher Weise die psychische Entwicklung der Tiere in die dem Menschen eigentümliche psychische Entwicklung überzugehen begann, kann hier nicht des näheren erörtert werden.[1] Wir müssen unsere Aufmerksamkeit

---

[1] Ich habe versucht, die letzte Frage in meinem Werk „Introduction to Comparative Psychology" näher zu beleuchten.

den Beziehungen zwischen der physischen und der psychischen Entwicklung zuwenden, die während der obengenannten tierischen Entwicklungsstufen ihre Begleiterin ist.

Niemand wird die Wichtigkeit einer bewußten Anpassung an die Umgebung innerhalb der höheren Stufen des Tierlebens leugnen. Es kommt hierbei wenig in Betracht, ob die Anhänger der Allmacht natürlicher Zuchtwahl recht haben, wenn sie behaupten, daß diejenigen Individuen, die in der Richtung einer besser angepaßten bewußten Entwicklung variieren, ausgelesen werden und so ihre angeborenen Fähigkeiten vererben; oder ob die Anhänger der Vererbung erworbener Eigenschaften recht haben, wenn sie behaupten, daß erworbene Fähigkeit zu bewußter Anpassung von den Eltern an die Kinder übermittelt wird; in beiden Fällen ist die bewußte Anpassung als ein Faktor der organischen Entwicklung von allerhöchster Wichtigkeit. Das intelligente Tier, das Tier, das Gefahr vermeiden, der Beute nachspüren, das sich einen Gatten gewinnen oder sich ihm aufnötigen kann; das gewandt ist im Sehen und Hören, gewandt im Wählen, gewandt im Handeln, das nicht zögert, nicht irrt, nicht zurückweicht — dies ist das Tier, das zum Überleben und zur Gründung eines tüchtigen Stammes geschaffen erscheint. Bei dem Tiere nun dient diese bewußte Anpassung ganz und ausschließlich den Erfordernissen des materiellen Lebens. Auf dieser Entwicklungsstufe sind Vernunft und Bewußtsein nur Hilfstruppen der physischen Entwicklung. Und nur soweit sie den Fortschritt der materiellen Entwicklung fördern, werden sie von der natürlichen Zuchtwahl unterstützt oder werden sie als wirksame Faktoren in die organische Entwicklung eingreifen. In dem Getümmel des Daseinskampfes unter den Tieren hat das Bewußtsein genug damit zu tun, diese seine ursprünglichste Funktion zu erfüllen; über dies hinaus reichen weder seine Energien noch die ihm gewährten Gelegenheiten; und ein Organismus, bei dem das Bewußtsein diese Pflicht ver-

säumte, muß unweigerlich unterliegen und das harte Schicksal der Ausrottung über sich ergehen lassen.

Und so muß, bei den vielen und verschiedenartigen Abhängigkeiten und Verbindungen der Tiere untereinander, und zwischen sich und ihrer anorganischen Umgebung, das psychische System eines jeden Individuums so geartet sein, daß es Gelegenheiten für Wahl und Kontrolle begegnen und den Bedürfnissen des physischen Lebens, sowie den für die Befriedigung dieser Bedürfnisse nötigen Anpassungen Rechnung tragen kann. Hierfür liefert die Erfahrung dem Tiere die Anhaltspunkte. Die Erfahrung bringt es in ausgedehntere Beziehungen zu seiner Umgebung als es bei einem rein physisch verlaufenden Lebensprozeß möglich wäre. Und vorausgesetzt, daß der Ausdruck der Affekte suggestiven Wert besitzt, so bringt die Erfahrung das Tier auch in nähere, resp. weiter ausgedehnte Fühlung mit anderen Tieren. Das Pferd reagiert auf die veränderten Stimmungen seiner Gefährten, und das nach vorangegangener Einsamkeit mit seinen Geschwistern wiedervereinigte Kücken hört auf, seine klagenden Sehnsuchtsnoten auszustoßen. Alles dieses steht in Beziehung zu der Entwicklung des mehr oder weniger komplizierten psychischen Apparates eines Tieres, diesen aber haben wir vorläufig ebenso wie den Tierkörper als Ganzes betrachtet.

Es gibt indessen noch einen anderen Gesichtspunkt der physiologischen Entwicklung, den wir scharf erfassen und uns stetig vor Augen halten müssen. Ebenso wie eine feine und äußerst künstliche gegenseitige Abhängigkeit zwischen den organischen Wesen besteht, so daß kein Individuum ganz isoliert ist, sondern sich einer reichhaltigen Schar von anderen Individuen seiner Spezies, ja selbst (in verschiedener Abstufung) anderer Spezies anzubequemen hat — ebenso steht innerhalb des Organismus jeder zu seinem Aufbau gehörige Partikel, jede Zelle in engerer oder weiterer Verwandtschaft mit allen den anderen, die in dem-

selben Körpersystem vereinigt sind. Betrachten wir z. B. eine der Sekretion dienende Zelle einer Drüse, deren Produkte beim Verdauungsprozeß eine Rolle spielen. Diese Zelle dient auf ihre Art der Ernährung des ganzen Körpers. Nun sehen wir Nervenfasern, die ihr diejenigen Erregungen zutragen, welche sie zu ihrer funktionellen Tätigkeiten anspornen; die Ernährungsvorgänge, die unsere Zelle befördert, sind gleichzeitig die Bedingungen ihrer eigenen Existenz; Atmungsprozesse dienen der Aufrechterhaltung ihrer Lebensfähigkeit, der Bereitung der ihr eigentümlichen Sekretion, das Herz klopft und das Blut zirkuliert auch für sie. Alles dies ist uns so geläufig und so allgemein anerkannt, daß es ein wenig nach biologischem Gemeinplatz schmeckt. Uns allen ist die Tatsache, daß das Zellindividuum dem Organismus, von dem es einen integrierenden Teil bildet, angepaßt, und daß seine dauernde Existenz nur auf Grund dieser Anpassung möglich ist, in Fleisch und Blut übergegangen.

Wenden wir uns dagegen zu der psychischen Entwicklung, die in einer bewußten Anpassung eingeschlossen ist und aus ihr herauswächst, so finden wir, daß die analogen Tatsachen, obwohl ebenso wichtig, doch weit weniger bekannt sind. Ebenso wie wir in dem physischen Organismus eine Einheit von untereinander abhängigen Teilen erblicken, ebenso gibt es einen aus Bewußtseinszuständen zusammengesetzten psychischen Organismus, sozusagen einen Körper von Erfahrungen. Und genau wie beim physischen Organismus die Anpassung der einzelnen Teile an das Ganze für das Bestehen beider notwendig ist, ebenso ist beim Körper der Erfahrungen die Anpassung der Teile an das Ganze notwendig für die fortschreitende Einswerdung, ohne die eine psychische Entwicklung nicht möglich wäre. Bewußte Anpassung setzt eine Wahlhandlung voraus; und diese wiederum setzt ein Herauslesen dessen, was nützlich erscheint oder gefällt, oder — mit anderen Worten und allgemein ausgedrückt — sich in

Harmonie mit den bestehenden Bewußtseinszuständen befindet, voraus, andererseits aber auch eine möglichste Zurückweisung dessen, was als abstoßend, unangemessen, unharmonisch empfunden wird. Geradeso wie jedes Organ, jedes Gewebe, jede Zelle im Tierkörper ihr Anrecht auf Existenz vor dem Richtertisch des Kollegiums seiner biologischen Oberen geltend zu machen hat; geradeso hat jedes Stückchen Erfahrung vor dem Richtertisch des Bewußtseins seine Probe zu bestehen, es hat sein Anrecht auf Wiederholung zu erwerben auf Grund seiner harmonischen Einfügung in das psychische System des betreffenden, mit der Fähigkeit der Wahl ausgestatteten Tieres.

Wieder müssen wir hierbei unsere Aufmerksamkeit auf den prinzipiellen Gegensatz zwischen dem durch Ausschaltung wirkenden Prozeß der natürlichen Zuchtwahl und dem Prozeß der bewußten Wahl richten. Der erste ist charakteristisch für die tierische Entwicklung im allgemeinen, der letztere ist ein unterscheidendes Merkmal der psychischen Entwicklung. Betrachten wir uns zunächst den ersten Prozeß, die natürliche Zuchtwahl oder Selektion. Wir sehen vor uns eine Anzahl gegenüber den Bedingungen des Lebens verschieden ausgerüsteter Individuen dem unvermeidlichen Daseinskampf ausgesetzt. Nun erfolgt ein Prozeß der Ausschaltung. Zunächst werden die am schlechtesten ausgerüsteten ausgeschaltet; dann andere je nach der Stufenfolge ihrer Untauglichkeit; schließlich ergibt sich ein Überleben der Passendsten, und nur diese tragen durch Fortpflanzung zu dem Fortbestehen der Rasse bei. Der Ausschaltungsprozeß beginnt an dem untauglichen Ende der Stufenleiter und arbeitet sich fortschreitend nach oben, bis ein tauglicher Rest übrig bleibt. Dieses ist Darwins Anschauung von der natürlichen Zuchtwahl. Bei dieser Methode wird unter Einwirkung des Daseinskampfes das Untaugliche ausgerottet, während das Taugliche überlebt. Im Gegensatz

hierzu geht die bewußte Wahl, oder die Methode der rein psychischen Entwicklung andere Wege, ihre Behandlung des vorliegenden Materials ist eine grundverschiedene. Sie begeht die Stufenleiter in entgegengesetzter Richtung. Das erste, was gewählt wird, ist das, was am stärksten und am harmonischsten die wählende Bewußtseinstätigkeit in der Psyche des Wählenden anregt. Das Tauglichste in diesem Sinne ist das erste, was gewählt wird und nicht das letzte, was übrig bleibt. Sodann wird das nächste im Range der Tauglichkeit gewählt, und so immer weiter vom tauglichsten Ende der Stufenleiter beginnend bis zum untauglichsten hinab.

Vorausgesetzt nun, daß uns in jedem Falle hundert Variationen vorliegen; vorausgesetzt, daß die natürliche Zuchtwahl, indem sie sich die Stufenleiter hinaufarbeitet, fünfundneunzig ausrottet und einen Rest von fünf überleben läßt. Vorausgesetzt, daß die bewußte Wahl, indem sie sich die Stufenleiter hinabarbeitet, zunächst die fünf Tauglichsten auswählt und den Rest von fünfundneunzig verfallen läßt. Und ferner vorausgesetzt, daß die überlebenden Fünf des einen Prozesses den überlebenden Fünf des andern Prozesses im Wesen ähneln, so wird es uns klar, daß die schließlichen Produkte beider Prozesse in Wirklichkeit miteinander übereinstimmen. Diese Ähnlichkeit der Resultate ändert jedoch keinen Deut an der Verschiedenheit der Prozesse, durch den sie erreicht wurden. Und wenn in gewissen Fällen die Produkte einer menschlichen Wahl denen zu gleichen scheinen, die, wie wir glauben, ebenso von einer progressiven Ausschaltung durch natürliche Zuchtwahl getroffen worden wären, so rechtfertigt dieses Zusammentreffen durchaus nicht die Behauptung, daß jene Produkte, im logischen Sinn, der natürlichen Zuchtwahl zu verdanken sind. Die Ermangelung einer genauen Unterscheidung zwischen den Methoden der natürlichen Zuchtwahl und der bewußten Wahl trägt die Schuld an manchem Fehlerhaften, das über die soziale

Entwicklung des Menschen geschrieben worden ist[1]); aber bei dieser Seite des Gegenstandes will ich mich hier nicht aufhalten. Was ich meinen Lesern vor Augen führen möchte, ist dies, daß mit dem Auftreten wirksamer Bewußtseinstätigkeit nicht nur ein neuer Faktor, sondern gleichzeitig eine neue Methode des Entwicklungsprozesses eingeleitet wird. Wenn z. B. geschlechtliche Zuchtwahl durch Wahlpaarung als Faktor in der Entwicklung zu gelten hat, so haben wir hier eine Methode bewußter Wahl und nicht eine progressive Ausschaltung des Untauglichen vor uns, selbst wenn die Produkte dem ähneln, was ein Prozeß der Ausschaltung ebenfalls erreichen würde. Und so wird jede bewußte Erwerbung, begründet auf intelligenter Wahl wie sie ist, durch eine von der natürlichen Zuchtwahl abweichende Methode erreicht. Und deshalb muß man den Anhängern der Vererbung erworbener Eigenschaften Recht geben, wenn sie behaupten, daß ihre Theorie auf völlig andrer Grundlage beruht als die der natürlichen Zuchtwahl.

Zugegeben, daß die bewußte Wahl ihre Rolle bei der Entwicklung des Individuums spielt; zugegeben ferner, daß diese Wahl aus einer empfundenen Übereinstimmung zwischen dem Wahlgegenstand und der Psyche des sein Wahlvermögen ausübenden Individuums hervorgeht, so haben wir nunmehr festzustellen, daß die Wahl zunächst und in erster Linie auf den angeborenen Neigungen des Individuums beruht. Unter dem Anwachsen der Erfahrung spielt dann die Assoziation ihre wichtige Rolle. Sie ist es, welche die von der Erfahrung gelieferten Tatsachen zu einer Kette zusammenfügt. Der Wert dieser einzelnen Tatsachen ist jedoch unabhängig von der Assoziation. Bei der Nutzbarmachung der Erfahrung treten nun Wahl und Kontrolle in Aktion. Der Wert der einzelnen Erfahrungstatsachen ist dabei mehr die Bedingung als das

---

1) Es beeinträchtigt z. B. S. Alexander's sonst außerordentlich wertvolle Beiträge zu dem Problem der ethischen Entwicklung.

Produkt der Wahlhandlung. Was gewählt und was zurückgewiesen wird, ist von dem Wesen des individuellen Bewußtseinsganzen abhängig. Oder — einfacher ausgedrückt — wo es sich um ein Individuum handelt, stehen wir immer vor der Erscheinung, daß es gewisse Dinge liebt und gewisse Dinge nicht liebt. Ferner machen wir die Beobachtung, daß es im allgemeinen diejenigen Dinge liebt, die ihm nützen und diejenigen verabscheut, die ihm schaden. Die Einverleibung dieser Neigungen und Abneigungen in die Natur des Individuums und ihre Weiterentwicklung zu angeborenen Tendenzen, können wir uns zum Teil durch die augenfällige Tatsache erklären, daß jene Tiere die durch ihre ausgesprochenen Ab- und Zuneigungen in ein günstigeres und angemesseneres Verhältnis zu ihrer normalen Umgebung gelangen, leichter überleben und sich fortpflanzen, während dasjenige Tier, das sich nicht so gut einzuordnen versteht, schneller seinem Verderben anheimfällt.[1] Das letztere wird also untergehen und mit ihm seine mangelhaften Anlagen; während das Überleben seines glücklicher veranlagten Kameraden gleichzeitig zu dem Überleben von dessen günstigeren Ab- und Zuneigungen führt, welche durch dauernde Wiederholung dieses Vorgangs sich schließlich zu erblichen und angeborenen Charakteren gestalten.

Die Richtung, nach welcher hin die Ab- und Zuneigungen in dem Verlauf der psychischen Entwicklung tendieren, wird, wie wir aus Obigem ersehen, durch die Bedürfnisse der materiellen Existenz vorgeschrieben. Ein scharfer Austilgungsprozeß seitens der natürlichen Zuchtwahl bestimmt über die Fortdauer einzelner Typen. Und gerade weil die Erfahrung im praktischen Leben eine so wichtige Führerrolle spielt, ist dies Vermögen auf dem angedeuteten Wege entwickelt und großgezogen worden. Die

---

1) Man darf annehmen, daß der geringe Einfluß der natürlichen Zuchtwahl bei zivilisierten Völkern die Erhaltung solcher Typen wie des Trunkenbolds ermöglicht.

Erfahrung selbst ist eben ein psychisches Produkt, und nur insoweit, als die Ereignisse des wirklichen Lebens ihren Niederschlag im Bewußtsein finden, können sie für Direktive und Kontrolle verwertet werden. Und hier ist es durchaus wesentlich, sich folgende Wahrheit einzuprägen: auf dem ganzen psychischen Gebiet, vom ersten Schimmer bewußten Empfindens bis zu den höchsten Produkten des menschlichen Idealismus, wirkt die Umwelt ihrerseits nur insofern bei der psychischen Entwicklung mit, als sie selbst zu einem Objekt der Psyche wird. Wenn diese Wahrheit nicht erfaßt wird, so sind damit alle Versuche, die Probleme der psychischen Entwicklung zu lösen, von vornherein verfehlt.

Es ist nicht wahrscheinlich, daß die obige Behauptung von irgend jemandem, der mit den Lehren der Psychologie einigermaßen vertraut ist, zurückgewiesen oder mißverstanden werden sollte. Die andern aber mögen mir glauben, daß jener Satz nichts enthält, das einem vollen und ganzen Glauben an die objektive Wirklichkeit der Welt, in dem das Tier sich entwickelt, Eintrag tut. Freilich wurde dabei auf die Tatsache, daß die Welt im Sinne der bewußten Erfahrung objektiv ist, Wert gelegt. Aber dies sagt uns auch der gesunde Menschenverstand, vorausgesetzt daß er nicht durch ein Pröbchen unverdauter Philosophie getrübt wurde. Wenn die Erfahrung selbst ein psychisches Produkt ist, so kann sie auch nur auf psychischem Wege und nicht anders erklärt werden. Gesetzt, um unsrer Frage durch ein konkretes Beispiel näher zu kommen, ein junger Vogel ergreift eine Biene, versucht sie zu verschlucken und wird während dieses Vorgangs gestochen, so lernt er auf diesem Wege ein Stück der objektiven Welt, in der er lebt, praktisch kennen. Jeder einzelne Schritt dieses Vorgangs bewegt sich aber auf dem Gebiet der bewußten Erfahrung, sowie das ganze Drama seiner Lebenserfahrung ein sich in und für das Bewußtsein abspielendes Schauspiel ist.

Denn immer wieder muß betont werden, daß die Erfahrung ein Bewußtseinsvorgang ist. Und jedes Stückchen Erfahrung, wenn auch noch so trivial, wenn auch noch so hoch und weitgreifend, existiert als solches nur im, nur für das Bewußtsein. Entweder es trägt Bewußtseinscharakter, oder wir dürfen es überhaupt nicht ais Erfahrung rechnen. Und es ist die bewußte Erfahrung und nichts anderes, aus der sich das individuelle Bewußtsein als ein aus verwandten Elementen zusammengesetztes Ganzes herausbildet. Daher müssen diese verwandten Elemente unbedingt bewußter Natur sein. Und nochmals betone ich, daß, wenn diese Wahrheit nicht erfaßt und festgehalten wird, alle Versuche, die Probleme der psychischen Entwicklung zu fassen, vergebens sind.

Innerhalb des individuellen Organismus wird also während der embryonalen Entwicklung ein bestimmtes Organ, die Hirnrinde, ausgebildet, deren Funktion es ist, den Zwecken der bewußten Anpassung und Ausgleichung zu dienen; ihre Funktion erscheint uns psychischer Natur zu sein, und ihre Entwicklung ist auf irgend eine Weise mit der Entwicklung des Verstandes verknüpft. So haben wir in dem von Bewußtsein beseelten Tier einen psychischen Apparat in Verbindung mit einem physischen Apparat vor uns, ein imperium mentale in imperio corporali. Nun sind hier zwei Punkte zu beachten: erstens daß, so weit die Rasse inbetracht kommt, die Kontinuität der psychischen Entwicklung durch die physiologische Vererbung bedingt ist; und zweitens, daß in ihren Anfangsstadien und noch ein Stück darüber hinaus die psychische Entwicklung von der physischen Entwicklung, als deren untergeordneter Begleiter sie auftritt, abhängt. Bezüglich des ersten Punktes braucht hier nichts weiter bemerkt zu werden, auf den zweiten indessen müssen wir besondere Aufmerksamkeit verwenden.

Die raison d'être des Bewußtseins in seinen allerersten Anfängen ist, den bisher unbewußten Organismus

in den Stand zu setzen, eine Anpassung an die Umwelt in ausgiebigerem Maße zu bewerkstelligen, als ihm das unter rein physischen Bedingungen möglich war. Jeder Schritt des Bewußtseins in seinen Anfangsstadien ist einzig und allein diesem Zwecke gewidmet. Die Psyche entfaltete sich in engster Berührung und intimster Verknüpfung mit der physischen Entwicklung, und nur soweit sie diese physische Entwicklung unterstützte, wurde ihr selbst eine weitere Entfaltung zugestanden. Welches auch die bei der physischen Entwicklung am meisten betätigten Ursachen sein mögen, eines ist sicher, daß dem Spielraum der psychischen Entwicklung im Tierleben (sowohl im Sinne der Rasse wie des Individuums gesprochen) durch sie unerbittliche Grenzen gezogen wurden. Je mehr die bewußte Anpassung im Kampf ums Dasein mithilft, je leichter es durch sie dem Tiere wird, Gefahren zu vermeiden, einen tauglichen Wohnort, einen passenden Gatten zu finden und Nachwuchs zu erzeugen, desto eher wird das mit ihr ausgerüstete Tier der Austilgung entgehen, seine Fähigkeit der bewußten Anpassung auf seine Nachkommen übertragen und die Ausbreitung seiner Rasse befördern. Ohne die Theorie von der Allmacht der natürlichen Zuchtwahl uneingeschränkt zu unterschreiben, müssen wir doch zugeben, daß diese einen ausschlaggebenden Einfluß auf die Richtung ausübt, welche die bewußte Anpassung einzuschlagen hat.

Wir können daher das Schauspiel der mit Bewußtsein verknüpften physiologischen Entwicklung von zwei Seiten betrachten: von der Seite des physischen und von der Seite des psychischen Fortschritts. Nehmen wir zuerst den physischen Standpunkt ein. Vor dem Eintritt des Bewußtseins als Entwicklungsfaktor hängt die physiologische Entwicklung gänzlich von einer auf einfachen Reaktionen beruhenden Anpassung des plastischen Organismus an die ihn umgebenden Einflüsse ab. Soweit diese Anpassung überhaupt mit Bewußtsein verbunden ist,

spielt dieses eine rein begleitende Rolle, ohne eine
Führerschaft zu betätigen. Es ist wie ein Passagier auf
einem Schiff, wohl imstande, dessen Bewegungen zu spüren,
nicht jedoch, dieselben zu beeinflussen oder zu leiten.
Bis hierher also haben wir eine Anpassung, die entweder
überhaupt unbewußter Natur ist, oder bei der das Bewußtsein nur eine begleitende Rolle spielt — welches
von beiden läßt sich schwer feststellen. Mit dem Ein-
setzen des wirklichen (oder wirksamen) Bewußtseins aber
tritt als integrierender Teil des Organismus ein spezielles
Organ in Tätigkeit, das von dem Übrigen abhängig, gleichzeitig die Leitung desselben übernimmt, und das den Organismus in den Stand setzt, seine Erfahrungen zu verwerten.
Hier werden die Geschehnisse der Umwelt symbolisiert, die
Symbole werden durch Assoziation verknüpft, und bald
übt dieses Organ einen führenden Einfluß auf die Handlungen und Tätigkeiten der Tiere aus, es spornt an, es
hält zurück, dabei immer in Fühlung bleibend mit dem,
was wir unter dem Symbol Erfahrung zusammenfassen.
Je reicher der Erfahrungsschatz, desto vollkommener die
Anpassung an die Bedingungen des Lebens. Und je
inniger das mit der Erfahrung operierende Organ mit
dem vollziehenden (physischen) Triebwerk des Körpers
in Fühlung steht, desto mehr Nutzen wird das Tier von
seiner Oberleitung haben. Praktischen Zwecken zuliebe
geschaffen, hängt es auch von seinen praktischen Erfolgen im Lebenskampf ab, ob es steht oder fällt. Jetzt
ist das Bewußtsein nicht mehr ein bloßer Passagier auf
dem Schiffe des Lebens. Jetzt können wir es eher dem
Kapitän eines modernen Panzerschiffes vergleichen, der
von seiner Kommandobrücke aus alle die Bewegungen
und die ganze Aktion des von ihm befehligten Schiffes
leitet. Er allein ist im Besitz der für den Betrieb des
Panzers nötigen Erfahrungen, er allein kann jede seiner
Bewegungen kontrollieren, seine Geschütze zum Reden,
seine Torpedos zum Losgehen bringen; er allein hat ihn in

die Aktion zu führen, er allein ihn daraus zurückzuziehen.
Er, der Kapitän, lebt nur für sein Kommando; seine
ganze Erfahrung hat sich auf dieses Amt zugespitzt; er
steht und fällt mit seinem Beruf, und so eng ist er
mit der Existenz seines Schiffes verbunden, daß er sich
— sei es siegend oder unterliegend — damit identisch
fühlt. Auf diese Weise können wir uns ein annäherndes
Bild von der Stellung des Bewußtseins, vom Standpunkte
der physischen Entwicklung machen.

Wenn wir uns nunmehr dem Standpunkt zuwenden, in
dessen Vordergrund die psychische Entwicklung steht,
so können wir den Vergleich mit dem Kapitän noch
etwas weiter ausführen. Die Entwicklung derjenigen Erfahrung, auf der eine energische Leitung des von ihm befehligten Schiffes beruht, liegt gänzlich innerhalb der
Sphäre seines Bewußtseins. Es besteht natürlich durchweg aus Symbolen der Ereignisse der Außenwelt — oder
um mich genau auszudrücken, es besteht aus Symbolen
derjenigen Ereignisse, die sich auch in unserm Bewußtsein als äußere Ereignisse darstellen. Der springende
Punkt ist jedoch der, daß, so eng auch die Beziehungen
zwischen dem Symbol und dem, was es symbolisiert, sein
mögen, das Symbol selbst es ist, womit sich die Entwicklung befaßt. Symbol wird mit Symbol assoziiert und
verknüpft und so entwickelt sich mit der Zeit ein System
von Symbolen. Und die Gesetze dieser Symbolik sind
zugleich die Gesetze · der psychischen Entwicklung. Im
Tierreich sind es eben diese Gesetze, unter welchen das
die Handlungen leitende wirksame Bewußtsein seine syste-
matische Entwicklung erlangt; außerdem hat es aber vor
dem Richterstuhle des praktischen Erfolges seine Probe
zu bestehen. In dem Verstande des Kapitäns kann sich
ein taktisches System von wunderbarster Folgerichtigkeit,
ohne das leiseste fehlerhafte Element befinden. Trotzdem
müssen wir uns fragen: wird es funktionieren? Wird es
die Probe eines Kampfes bestehen? Ist dies der Fall, so

steht es groß da und Schiff und Kapitän kehren als Sieger und als Gewinner im Kriegsspiel aus dem Kampfgetümmel zurück. Bewährt es sich nicht, so fällt es in sich zusammen und Schiff wie Kapitän gehen gemeinsam zugrunde. Ebenso kann sich auch beim Tier ein symbolisches System von größter Folgerichtigkeit entwickelt haben. Wird es sich aber im Daseinskampfe bewähren? Wenn ja, dann wird das System und sein Besitzer fortleben und den guten Samen weitergeben, wenn nicht, werden beide dem harten Geschick der Austilgung unterliegen.

Wir müssen uns bemühen, das Wesen der Beziehungen zwischen physischer und psychischer Entwicklung mit äußerster Schärfe zu erfassen. Im Tierleben sind die beiden so eng verbunden, die psychische Entwicklung steht so ganz im Dienste der materiellen Bedürfnisse, daß es für den Biologen nicht leicht ist, sich immer vor Augen zu halten, daß trotz dieses engen Zusammenhanges die psychische Entwicklung ihre eigenen Gesetze hat und eine besondere wenn nicht unabhängige Behandlung beansprucht. Diesen Punkt noch weiter zu betonen, erscheint überflüssig. Ich will lieber dieses Kapitel mit einer nochmaligen genauen Feststellung der Rolle schließen, welche das Bewußtsein in der physischen Entwicklung spielt.

Bei der von uns als „rein-physische" bezeichneten Entwicklungsphase können wir als Folgen der Vererbung zwei Eigenschaften feststellen: erstens eine angeborene Bestimmtheit der anatomischen Struktur und der instinktiven Reaktionen, die wohl der Abänderung zugänglich, aber im wesentlichen doch stereotyp und fixiert ist; und zweitens eine angeborene Plastizität, die Abänderungen der Struktur oder des Wachstums ermöglicht, so daß kraft dieser zweiten Eigenschaft das Individuum die Fähigkeit besitzt, sich den besonderen Bedingungen seiner eigenen Umgebung anzupassen. Die Abänderungen sind

auf dieser Phase der Entwicklung rein physischer Art und völlig unabhängig vom Bewußtsein, das, falls überhaupt vorhanden, keinerlei leitende Rolle bei dem Vorgang spielt; man denke z. B. an die der Anpassung dienenden Modifikationen der Pflanzen.

Die ursprüngliche Rolle, die das Bewußtsein im Fortschritt der Rasse spielt, ist nun die, diese individuelle Anpassungsfähigkeit weiter auszudehnen, so daß durch bewußt gewählte Abänderungen die angeborenen Reaktionen des Organismus sich den speziellen Verhältnissen, in die ihn das Leben gestellt hat, in noch höherem Grade anzubequemen vermögen. Dies vollzieht sich durch die Vermittlung eines besonderen Oberleitungsorgans, das mit dem symbolischen Erfahrungsschatz in Verbindung steht. Die von der Vernunft ausgehende Leitung ist, ebenso wie die Erfahrung, auf die sie sich stützt und die Assoziation, welche diese Erfahrung ermöglicht, eine individuelle Angelegenheit, und die intellektuelle Fähigkeit, die es ermöglicht, das Benehmen den besonderen in dem Symbol der Erfahrung zusammengefaßten Verhältnissen anzupassen, bezeichnen wir als angeboren. Die besonderen Formen der Reaktion, die aus der Erfahrung resultieren, sind dagegen erworben, und ihre Erwerbung ist eine rein individuelle Angelegenheit.

Während der rein-physischen Phase der Entwicklung haben wir den Fortschritt der Rasse folgenden Ursachen zuzuschreiben: 1. der mit der Austilgung ungünstiger Variationen arbeitenden natürlichen Zuchtwahl; 2. der direkten Vererbung oder Überlieferung von zur Anpassung dienenden Modifikationen; 3. einer innewohnenden Tendenz der Variabilität nach der Richtung der Anpassung hin; 4. einer Kombination zwischen diesen verschiedenen Faktoren.

Während der psycho-physischen Phase der Entwicklung kann einer oder auch mehrere dieser Faktoren am Werke sein, um entweder 1. den angebornen Vorrat intellektueller Fähigkeit zu vermehren und dadurch die Möglichkeiten

individueller Anpassung an verschiedenartige Lebensbedingungen zu vergrößern; oder 2. bestimmte Anpassungen zu stereotypieren; oder 3. nach diesen beiden Richtungen hin zu arbeiten.

Auf die hypothetische Theorie von einer innewohnenden Tendenz der Variationen, sich, unabhängig von natürlicher Zuchtwahl oder individuellen Bedürfnissen, in der Richtung der Anpassung zu bewegen, möchte ich hier nicht weiter eingehen. Wohl aber möchte ich auf die Wichtigkeit hinweisen, welche die leidige Frage der Vererbung erworbener Eigenschaften für unsere Auffassung vom Bewußtsein und seiner Rolle in der Entwicklung besitzt. Wenden wir uns also nunmehr der Betrachtung dieser Frage zu.

XIII. Kapitel.

Werden erworbene Eigenschaften vererbt?

Verschiedentlich ist schon auf den Unterschied zwischen Variationen einerseits und Modifikationen andrerseits hingewiesen worden. Variationen haben ihren Ursprung in der Keimsubstanz, aus der sich der Organismus entwickelt, und sind zweifellos erblich; Modifikationen werden dagegen im Laufe des individuellen Lebens erworben, indem sie nicht primär (wenn überhaupt) der Keimsubstanz eingeprägt werden, sondern den Geweben des Körpers, die aus der Keimsubstanz entstehen. Und ob sie vererbbar sind oder nicht, ist die Frage, die wir jetzt in ihrer Beziehung zu Instinkt und Gewohnheit zu erörtern haben. Wenn sie vererbbar sind, so muß ihr Effekt auf irgend einem Wege von den Körpergeweben der Keimsubstanz übermittelt werden, so daß daraus eine Quelle der Variation entsteht, dergestalt, daß eine Modifikation gewisser Art in dieser Generation zu einer Variation entsprechender Art in der nächsten Generation Veranlassung gibt.

Wenden wir uns einem konkreten Falle zu. Niemand wird die Tatsache in Zweifel ziehen, daß der mütterliche Instinkt der Henne Variationen unterworfen ist. Einige sind gute Mütter, andere schlechte; und man pflegt die guten Mütter zur Nachzucht auszuwählen, weil man durch praktische Erfahrung zu der Überzeugung gekommen ist, daß diese ausgezeichnete Eigenschaft vererbbar ist. Es würde interessant, wenn auch vielleicht nicht gerade rentabel sein, in der entgegengesetzten Richtung zu experimentieren, nämlich die Eier schlechter Mütter unter gute

Bruthennen zu legen und so zu unterscheiden, wie weit erbliche Einflüsse den Einfluß individueller Erfahrung, nämlich das Beispiel der Pflegemutter aufzuwiegen imstande sind. Wir brauchen noch viele experimentelle Zeugnisse dieser Art. Mittlerweile kann das Vorkommen von Variationen des mütterlichen Instinkts und ihr erblicher Charakter als allgemein bekannte Tatsache gelten.

Wenn aber Hennen Bruten einer fremden Spezies aufziehen, so bemerken wir zwar nicht Variationen, aber Modifikationen dieses mütterlichen Instinkts. Romanes zitiert hiervon zwei Beispiele. Das erste[1]) ist Jesses „Gleanings" entnommen. „Eine Henne, die in drei aufeinanderfolgenden Jahren drei Entenbruten aufgezogen hatte, gewöhnte sich an deren Aufenthalt im Wasser. Sie pflegte nach einem großen in der Mitte des Tümpels befindlichen Stein hinüberzufliegen und ruhig und zufrieden die um sie herum schwimmende Schaar zu bewachen. Im vierten Jahre ließ man ihr ihre eigenen Eier zum Ausbrüten, und als sie dann fand, daß die Hühnchen nicht wie die Entlein dem Wasser zustrebten, flog sie selbst auf den im Tümpel befindlichen Stein und rief sie mit der größten Dringlichkeit zu sich heran. Diese Erinnerung an die Gewohnheiten ihrer früheren Pflegebefohlenen ist nicht wenig erstaunlich." Das zweite Beispiel wurde Romanes von einer Korrespondentin, Mrs. L. Macfarlane aus Glasgow, geliefert. „In diesem Falle", so sagte er, „hatte ebenfalls eine Henne in drei aufeinanderfolgenden Jahren drei Entenbruten aufgezogen und später eine Brut von neun Kücken ausgebrütet. Da es spät im Jahr war, wurde sie mit ihren Hühnchen einige Wochen lang unter Dach gehalten, bis diese sich genügend gekräftigt hatten, um der kalten Witterung zu trotzen. Den ersten Tag aber, so schrieb meine Korrespondentin, an dem sie herausgelassen wurden, verschwand die Henne mitsamt ihrer Brut und wurde nach langem Suchen von meiner Schwester am Rande eines kleinen Flüßchens ge-

---

1) Romanes, a. a. O. S. 233.

funden, den ihre verschiedenen Entenpfleglinge zu frequentieren gepflegt hatten. Vier ihrer Hühnchen hatte sie bereits veranlaßt, sich in das Flüßchen hineinzubegeben, das zu dieser Zeit glücklicherweise sehr seicht war. Die übrigen fünf standen noch am Rande des Wassers, wurden aber von ihr durch alle möglichen Lock- und Schmeicheltöne der Hühnersprache und durch kleine Püffe mit dem Schnabel angetrieben, sich auch ihrerseits ins Wasser hineinzuwagen." Dem abnormen Benehmen dieser Henne möchte ich entgegenstellen, wie eine solche nach mehrmaliger Aufzucht ihrer natürlichen Nachkommenschaft sich benimmt, wenn sie eine Schaar Entchen ausbrütet. Wenn diese, ihrem instinktiven Triebe folgend, zum Wasser laufen, kennt ihre Aufregung, ihr ängstliches Getue keine Grenzen. Hier begibt sich etwas, das all ihren bisherigen Erfahrungen zuwiderläuft. Was ihren Sinn bewegt, ist äußerst schwer zu definieren. Die Pächtersfrau sagt ganz naiv: die Henne fürchtet, sie werden ertrinken. Welche Erfahrung hat die Henne aber vom Ertrinken? Wenn wir uns diese Auslegung zu eigen machten, so hieße das der Henne die Fähigkeit zuschreiben, die Resultate einer Erfahrung, die sie unmöglich besitzen kann, vorwegzunehmen. Es ist wahrscheinlich, daß ihr ängstliches Benehmen teils das Resultat davon ist, daß ihre Kleinen an einen Ort gehen, gegen den sie eine instinktive Abneigung hat, teils aber das Resultat eines Bruchs mit den normalen, durch ihre früheren Erfahrungen mit ihren Kücken geschaffenen Assoziationen. Es ist mir erzählt worden, daß eine Henne, die schon mehrere Bruten Kücken aufgezogen hat, sich bei solch einer Gelegenheit weit ängstlicher benimmt als eine Henne, der solches mit ihrer ersten Brut begegnet und die demnach noch keine individuellen Erfahrungen besitzt. Wenn dies der Fall ist, so scheint es zu beweisen, daß die erworbene Assoziation ebenso wichtig ist wie das instinktive Element.

Bei derjenigen Henne, die mehrere Bruten von Entchen

aufzog, hätten wir es nach unsrer Terminologie mit einer Modifikation des instinktiven Benehmens zu tun. Besitzt nun eine solche Modifikation die Tendenz, erblich zu werden? Würden die aus ihren Eiern gezüchteten, durch Pflegeeltern ausgebrüteten und aufgezogenen Hühner eine Instinktvariation in der Richtung der von ihr erworbenen Modifikation aufweisen? Wir wissen es nicht. Die Anhänger der Vererbung erworbener Eigenschaften würden uns wahrscheinlich antworten, daß die während eines einzigen Lebenslaufs erworbene Modifikation nicht genügend ist, eine bemerkbare Variation zu erzeugen; daß aber dort, wo in einer Reihe vieler aufeinander folgenden Generationen eine jede derselben Modifikationen der gleichen Art erfahren hat, die angehäufte Wirkung sich schließlich in einer Variationsbildung bemerkbar macht. Diese angehäufte Wirkung ist im Falle der Henne und ihrer Entlein natürlich undenkbar. Und das Beispiel wurde von mir, wohlbemerkt, nur zu dem Zwecke herangezogen, um den Unterschied zwischen Modifikation und Variation zu erläutern und durch einen konkreten Fall das eigentliche Wesen der Frage nach der Vererbbarkeit erworbener Modifikationen näher zu beleuchten. Die Anhänger dieser Theorie behaupten, sie seien vererbbar, wenn auch in zu schwachem Maße, um schon im Laufe einer Generation bemerkbar zu werden. Andere weisen auf die Unzulänglichkeit der Zeugnisse für solche Übertragung hin und wieder andere leugnen ihr Vorhandensein schlechthin.

Betrachten wir uns vorübergehend die Rolle, die, in jedem Falle und ganz abgesehen von der Frage der Vererbbarkeit, die individuelle Gewohnheit bei diesen Dingen spielt. Als Ausgangspunkt haben wir eine instinktive Tätigkeit vor uns. Diese instinktive Tätigkeit ist jedoch die angeborene Mitgift eines Organismus, der nebenbei über eine gewisse Portion von Intelligenz verfügt, der die Möglichkeit besitzt, Erfahrungen auszunützen, der die Fähigkeit der bewußten Anpassung an seine Umgebung

und der Erwerbung neuer Tätigkeitsmoden durch Abänderung des alten angebornen Typs besitzt. Die instinktive Tätigkeit kommt den normalen Bedingungen der besonderen Spezies entgegen und, solche normalen Bedingungen vorausgesetzt, bestätigt und kräftigt die individuelle Gewohnheit noch weiter durch fortwährende Wiederholung jene instinktiven Tätigkeiten, stärkt und fixiert das angeboren Vorhandene und stempelt es zu einem individuellen Besitz. Unter abnormen Bedingungen aber bestrebt sich die Intelligenz, die angeborene Tätigkeit so zu modifizieren, daß sie den neuen Erfordernissen entgegenkommt, die Gewohnheit aber arbeitet durch fortwährende Wiederholung darauf hin, diesen modifizierten Tätigkeitstyp zu einem individuellen Besitztum zu gestalten. In jedem Falle aber, ob ihre Tendenz sich nun in konservativer oder adaptiver Richtung bewegt, ob sie alte Instinkte oder neue Modifikationen befestigt, ob sie der Gleichförmigkeit der Spezies ihren Stempel aufdrückt oder zu einem einigermaßen abweichenden Individualismus hinleitet — in jedem Falle ist die Rolle, die die Intelligenz bei der Entstehung der Gewohnheit spielt, eine äußerst wichtige.

Bei dieser Gelegenheit möchte ich nochmals auf den Wert von Untersuchungen auf dem Gebiet der instinktiven Grundlage der Gewohnheiten zurückkommen. Diese Untersuchungen ließen sich am besten so bewerkstelligen, daß man die Jungen unter Bedingungen aufzieht, die jede Nachahmung ihrer Eltern ausschließen. Es gibt eine eigentümliche Gewohnheit des Motmot, eines brasilianischen Vogels, deren Sinn gänzlich unbekannt ist. Dieser Vogel zupft mit seinem leicht gezahnten Schnabel die Fasern des mittleren Paars seiner Schwanzfedern in der Weise ab, daß der Federschaft zwei bis drei Zentimeter weit frei liegt und daß die Federn etwa die Form von Tennisschlägern zeigen. G. U. Cherrie[1] beweist, daß dieser Vor-

---

1) *The Auk* 9, S. 323.

gang höchstwahrscheinlich ein instinktiver ist, denn er wurde auch von jungen Exemplaren von Momotus lessoni ausgeübt, die noch vor Erscheinen ihrer Schwanzfedern aus dem Nest genommen worden waren. Chapman zeigte mir einige junge Vögel, bei denen die unausgebildeten Schwanzfedern noch nicht so zurechtgestutzt waren. An der Basis der Federfasern schien mir eine etwas schwächere Stelle den Ort anzudeuten, wo seiner Zeit die Fasern abgebissen werden würden. Chapman wies auf die Möglichkeit hin, daß der Vogel, wenn er die Federn durch den Schnabel zieht, an dieser Stelle ein leichtes Hindernis empfinden könnte. Vielleicht bleiben die Fasern auch auf Grund dieser Ungleichheit in dem gezähnten Schnabel hängen. Ein solches Hängenbleiben würde die Aufmerksamkeit des Vogels auf diese Stelle lenken und ihn zu einer häufigeren Wiederholung jener Prozedur veranlassen. Bei dem erwachsenen Momotus wird nun der Schwanz in fortwährender wippender Bewegung gehalten, wobei der Vogel gurrende Töne ausstößt, und so ist es nicht ausgeschlossen, daß das eigentümliche Zustutzen der mittleren Schwanzfedern seinen Grund auf sexuellem Gebiete hat. Wie dem auch sei, Cherrie's Beobachtungen über die Behandlung der Federn unter Ausschluß der Nachahmung sind jedenfalls von Interesse, obwohl, falls das Zustutzen von einem Defekt der Federn ausgehen sollte, wir nur diesen und nichts anderes als Vererbungsprodukt anzusprechen hätten.

Es scheint demnach, um auf unser Hauptthema zurückzukommen, als ob, in Hinblick auf Benehmen und Tätigkeiten der Tiere, die Entwicklung auf zwei Dinge hinzielt: auf eine angeborene Gleichförmigkeit und eine angeborene Plastizität — worunter wir die Empfänglichkeit für die aus intelligenter Ausnützung von Erfahrungen erwachsenden Modifikationen verstehen. Beide Eigenschaften erwachsen aus Vererbung; während jedoch die erstere, die angeborene Gleichförmigkeit, schon mit einem gewissen

Grad von Abgeschlossenheit auf den Plan tritt, ist die andere, die angeborene Plastizität, ihrem innersten Wesen nach unabgeschlossen; während die Quelle der ersteren (der angebornen Gleichförmigkeit) in früherer Gleichförmigkeit der Reaktionen zu suchen ist, gestattet die letztere (die angeborene Plastizität) künftige Verschiedenheiten der Reaktion; und während die erstere mehr als eine Angelegenheit der Spezies und der Rasse erscheint, redet die Plastizität der Individualisierung das Wort. Die beiden Eigenschaften sind in gewissem Sinne Gegensätze, in gewissen Sinne Ergänzungen von einander. Der Entwicklung fällt es zu, einen Ausgleich zwischen ihnen zu bewerkstelligen, die goldene Mitte zu treffen zwischen einer angebornen, der individuellen Anpassung keinen Platz einräumenden Gleichförmigkeit und einer der nötigen Stabilität ermangelnden Plastizität.

Wenn wir indessen das gesamte Leben eines Organismus betrachten, so müssen wir diesen beiden Eigenschaften ein dritte hinzufügen. Ähnlich wie die erbliche Stabilität, die sich in der gleichförmigen Ausübung instinktiv definierter Fähigkeiten kundgibt, zu der individuellen Plastizität, die sich in der Anpassung an neue Verhältnisse betätigt, im Gegensatz steht, ebenso steht die relative Plastizität der Jugend im Gegensatz zu der relativen Stabilität des Alters. Wir werden demnach ebenso wie mit einer aus Vererbung entspringenden Stabilität mit einer aus Gewohnheit entspringenden Stabilität zu rechnen und es folglich mit drei Faktoren zu tun haben: 1. mit angeborner Stabilität, 2. mit jugendlicher Plastizität und 3. mit erworbener Stabilität. Wenn wir nun — was mir nicht unlogisch zu sein scheint — die jugendliche Plastizität als ein Verbindungselement zwischen den zwei entgegengesetzten Stabilitäten, der angeborenen und der erworbenen, betrachten, so können wir nicht umhin, die zwei in der biologischen Literatur vertretenen entgegengesetzten Ansichten über das Verhältnis der beiden Stabilitätsarten zu einander

zu berücksichtigen. Nach der Ansicht der Einen sind die beiden direkt durch Vererbung miteinander verknüpft. Die erworbene Stabilität der einen Generation wird durch Vererbung zur Basis der angeborenen Stabilität der nächsten Generation. Die durch die jugendliche Plastizität ermöglichte Anpassung bildet die Grundlage des Entwicklungsprozesses, während die Vererbung der erworbenen Stabilität in die Entwicklung das Element der Kontinuität hineinbringt. Nach der Ansicht der Andern aber sind die beiden Typen der Stabilität, die angeborene und die erworbene, völlig unabhängig von einander. Nach ihnen spielt die durch jugendliche Plastizität bedingte individuelle Anpassung keinerlei Rolle im Fortschritt der Rasse, liefert daher auch keinerlei Beitrag zur angebornen Stabilität.

Beide Theorien dürfen sich, jedoch in sehr verschiedenem Grade, auf die natürliche Zuchtwahl berufen. Dem Anhänger der Übertragung erworbener Eigenschaften erscheint sie nur als eine Art Unterstützung, um ein gewisses Niveau körperlicher Tüchtigkeit aufrecht zu erhalten; dem Monopolisten der natürlichen Zuchtwahl aber ist diese die vitale Existenzbedingung aller durch eine gewisse Beständigkeit ausgezeichneten Typen der organischen Welt.

Wir wollen nun diese Ansichten aus der Abstraktion in das konkrete Leben übersetzen. Es ist die Gewohnheit der Hausschwalbe, unter dem First der Dächer zu nisten. Indem sie die Felsennester ihrer Voreltern aufgab, hat sie es nach und nach gelernt, sich den von Menschen erbauten Häusern anzubequemen und deren Vorteile auszunützen. Nun dürfen wir dreist behaupten, daß dieser Vorgang zunächst aus der individuellen Plastizität des Vogels entsprang, dessen Intelligenz ihn in den Stand setzte, sich neuen Verhältnissen anzupassen. Seit geraumer Zeit indessen hat der Vorgang seinen individuellen Charakter verloren. Er ist eine gemeinsame Eigenschaft aller Hausschwalben (daher der Name) geworden. Dasselbe, was bei gewissen Schwalben der fernen Vergangenheit eine er-

worbene Gewohnheit war, hat sich, wie wir annehmen dürfen, durch Vererbung in einen angeborenen Instinkt der Hausschwalben von heute verwandelt. Zweifellos hat die natürliche Zuchtwahl mit dazu beigetragen, das Niveau der körperlichen Tüchtigkeit und eines gewissen intellektuellen Durchschnitts aufrecht zu erhalten, indem sie die schwächlichen und unintelligenten Exemplare ausjätete, doch darf man sie nicht als die Hervorbringerin des speziellen Instinkts, unter den Dachfirsten zu bauen, betrachten. Dies die Ansicht derjenigen, welche an die erbliche Übertragung erworbener Eigenschaften glauben.

Diejenigen hingegen, welche der andern Theorie huldigen, fangen, so fasse ich es auf, damit an, die Tatsache, daß das Nisten in dieser bestimmten Form eine instinktive Tätigkeit sei, in Zweifel zu ziehen oder verlangen wenigstens vollgültigere Beweise hierfür. Sie machen uns darauf aufmerksam, daß die Anpassungsfähigkeit und Intelligenz, welche die Schwalben von ehedem dazu trieb, diese Nistmethode zu wählen, heute ebenso am Werke ist. Sie betonen ferner, daß die Nestlinge unter dem Dachfirst aufgezogen wurden und es daher für die jungen Vögel sehr nahe liegt, sich eine Assoziation zwischen Nest und Dachfirst zu bilden. Sie behaupten, daß an dem Neste selbst keine Eigenschaften bemerkbar seien, die als etwas anderes als die Folge der natürlichen Bedingungen, unter denen jedes Nest gebaut wird, gedacht werden können, das heißt nichts, wofür wir angeborene Variationen instinktiver Tätigkeiten in Anspruch zu nehmen hätten. Eine etwaige (vorläufig aber noch unbewiesene) angeborene Tendenz zu dieser Nistweise schreiben sie gänzlich der natürlichen Zuchtwahl zu. Sie sagen, daß diejenigen Schwalben, in denen sich wirklich eine angeborene Tendenz, unter dem Dachfirst zu bauen, finde, in offnen Gegenden, fern von schützenden Felsen gelebt, dort ihre Jungen aufgezogen und ihnen diese Tendenz vererbt haben müßten; Nachkommen, denen diese Tendenz fehlte, würden dann ent-

weder in andere Gegenden gezogen oder unfähig gewesen sein, ihre Nachzucht aufzuziehen. Dies wäre die zweite Verteidigungslinie jener für den Fall, daß die instinktive Grundlage dieser Nistform erwiesen würde.

Bis hieher habe ich mich nur bestrebt, die Unterschiede zwischen den beiden rivalisierenden Theorien über die Art und Weise der Entwicklung der angebornen instinktiven Tätigkeiten klarzustellen, ohne mich indessen für eine der beiden zu entscheiden. Die erste gründet sich auf eine erbliche Übertragung erworbener Modifikationen von Fähigkeiten; die zweite auf fix und fertig angeborene Variationen. Beiden Faktoren gebührt Berücksichtigung, die ihnen in der Tat sowohl durch Darwin als auch durch Romanes zuteil wird; manche Instinkte dürften dem ersteren, andere dem letzteren, wieder andere einer Verbindung beider Faktoren zuzuschreiben sein, sich auf einen, wie es auch Romanes ausdrückt, gemischten Ursprung zurückführen lassen. Die moderne biologische Gedankenrichtung in Deutschland und England hat sich unter Einfluß der Weismannschen Werke mehr der letzteren Ansicht zugeneigt — derjenigen, welche die erbliche Übertragung einer erworbenen Form oder Eigenschaft leugnet. Und wie auch das Resultat unserer eignen Betrachtung dieser Dinge lauten möge, eins kann nicht geleugnet werden, daß Weismanns Auftreten außerordentlich verdienstvoll darin gewesen ist, daß es uns zwang, die vorliegenden Tatsachen mit erneuter und vermehrter Sorgfalt zu prüfen.

Es ist fraglich, ob wir viel dabei profitieren, wenn wir mit noch größerer Ausführlichkeit die allgemeinen biologischen Vorteile, welche uns die eine oder die andere Ansicht zu bieten scheint, untersuchen. Der Anhänger der Übertragung erworbener Eigenschaften rühmt, daß seine Auffassung der organischen Vorgänge den Vorzug größerer Einfachheit besäße; er behauptet, daß, solange die Lebensbedingungen gleichförmige bleiben, die daraus hervorgehende Gleichförmigkeit der Gewohnheiten so viel erb-

liche Stabilität garantieren würde, als sie dem Vorteil der Rasse dienlich sei; während unter wechselnden Lebensbedingungen die Unterbrechung dieser Stabilität durch die ererbten Resultate der neuen Gewohnheiten der Spezies offenbar nur dienlich sein könne, und nicht unwesentlich zum Fortschritt der Rasse beitragen müsse. Der Gegner dieser Anschauung macht dagegen geltend (nachdem er zuvor betont hat, daß jene Übertragung nicht nur unbewiesen, sondern, falls wirklich bestehend, auf Grundlage unserer gegenwärtigen Kenntnisse von den Verhältnissen zwischen Keimzellen und Körpergeweben schwer zu erklären ist), daß, wenn auch der Fortschritt der Rasse auf Grund natürlicher Zuchtwahl ein langsamer, er doch ein äußerst sicherer sei. Er behauptet, daß die organische Stabilität, die durch natürliche Zuchtwahl in eine Rasse hineingewirkt wird, von dauerndem Werte und nicht so stark der Spielball zeitweilig wechselnder Verhältnisse sei, als ein Prinzip, das eine Übertragung häufiger neuer Modifikationen voraussetzt. Und er behauptet ferner, daß der Organismus in seiner individuellen Plastizität das besitzt, was ihn in den Stand setzt, eventuellen Veränderungen seiner Umgebung zu begegnen. So sehen wir, wie beide Anschauungen gewisse allgemeine Vorteile für sich in Anspruch nehmen; und beide Teile sind absolut überzeugt davon, daß, wäre ihnen die Organisation der lebenden Materie übertragen worden, sie ohne zu zögern ihre Prinzipien zum Besten der ihnen anvertrauten Organismen verwirklicht haben würden.

Alle diese Dinge sind ja nun sehr interessant und eröffnen unserm Vorstellungsvermögen einen weiten Spielraum. Trotzdem berühren sie nicht den innersten Kern der Frage; und dieser ist — nicht welche Methode scheinbar die vorteilhafteste ist, auch nicht welche Methode wir selbst, hätte man uns das Schöpfungswerk übertragen, gewählt haben würden, sondern: welchen Weg hat die Natur nun wirklich eingeschlagen? Gesetzt, dem Anhänger der Ver-

erbung erworbener Eigenschaften gelänge es, uns zu überzeugen, daß seine Methode von größerem Vorteil für die
Rasse ist, und daß sie es ist, die den Fortschritt am meisten
befördert; gesetzt, er machte uns klar, daß (analog den
Prinzipien der natürlichen Zuchtwahl!) seine überlegene
Methode nach Ausschaltung der minder guten seines Geg-
ners den größten Anspruch auf Bestand haben würde —
hierauf würde dieser Gegner antworten, daß erstens die natürliche Zuchtwahl nur solche Variationen zum Überleben
zu bringen vermag, die innerhalb der Grenzen physiologischer Möglichkeit liegen und daß die Übertragung von im
Laufe des individuellen Lebens erworbenen Eigenschaften
durch — nehmen wir einmal an — Hirnsubstanz auf die
Keimzellen, ihm als außerhalb der physiologischen Möglichkeit liegend erscheine; sowie zweitens, daß es sich hier nicht
um Theorie, sondern um Tatsachen handle. Hat die natürliche Zuchtwahl, so weit wir bisher beobachten konnten,
zu einer Übertragung erworbener Charaktere geführt?
Wenn ja, so bitten wir um unzweideutige und unangreif-
bare Beurkundung dieser Tatsache.

Diese zu liefern ist aber eine ungemein schwierige Sache.
So z. B. scheint es auf den ersten Blick, als ob die Nist-
gewohnheiten der Hausschwalbe eine höchst befriedigende
Illustration für die Umwandlung einer erworbenen Gewohnheit in einen angebornen Instinkt abgeben würden. Doch
ist es durchaus denkbar, daß wir in ihnen das Resultat
einer intelligenten Anpassung auf Grund von Überlieferung
zu erblicken haben. Unsere erste Schwierigkeit ist also,
daß wir zu beweisen haben, daß eine gewisse Art von
Benehmen rein angeboren und instinktiv, und nicht etwa
eine Folge von Tradition sei. Ich möchte noch ein oder
zwei Fälle anführen, die diese Schwierigkeiten illustrieren.
Als einst die schottischen Hochmoore mit Telegraphen-
drähten überzogen wurden, sind Schneehühner in Massen
dem Fliegen gegen diese Drähte zum Opfer gefallen. Nach
ein oder zwei Jahren aber hörte diese Zerstörung auf.

Haben nun die jungen Vögel die Gewohnheit, bei ihrem Fluge die Drähte zu vermeiden, ererbt, oder wurde ihnen dieselbe durch Überlieferung zuteil? Wie man sagt, werden die Völker von den alten Vögeln angeführt; wenn nun diese, als sie jung waren, von den Drähten verletzt oder doch in ihrer Jugend von Vögeln angeführt wurden, die durch Schaden an ihrem Leibe gelernt hatten, die Drähte zu vermeiden, so ist es nur natürlich, daß sie selbst Vorsicht übten und so ihre jungen Genossen zur gleichen Vorsicht erzogen. So sehen wir hier, wie eine Vorsichtsmaßregel durch Überlieferung weitergegeben wird.

Eine andere Form der Schwierigkeit wird durch die Lebensweise einer in den waldreichen Regionen des Rio Grande in der Nähe von Lomita in Texas vorkommenden Ente (Dendrocygna autumnalis) illustriert. Da dort der Strom selbst, der durch die Schneeschmelze auf den Bergen, aus denen er kommt, kalt und schlammig ist, dem Vogel keinerlei Nahrung liefert, so paßt sich die Ente den Verhältnissen an und lebt von Samen und Körnern. Mit der Geschicklichkeit einer Amsel läßt sie sich auf einem Kornhalm nieder und fühlt sich auch in den Gipfeln der hohen Bäume, wo sie ihr Nest baut, ganz zu Hause[1]. Es wäre nun ungemein interessant, festzustellen, inwieweit diese vollkommene Änderung der Entensitten jetzt angeboren, oder wie weit sie der individuellen Plastizität zuzuschreiben ist, die einen Organismus in den Stand setzt, sich seiner speziellen Umgebung anzupassen.

Auch die Gewohnheiten der englischen Elster haben sich sehr verändert. „Sie ist nicht mehr der lustige, die Heimstätten der Menschen belebende Schelm, als den ältere Schriftsteller, die fortwährend auf sie und ihre Launen Bezug nehmen, sie beschreiben, sondern sie hat sich in einen hinterlistigen Dieb verwandelt, der den Blick der Menschen zu vermeiden sucht und hinter jedem Busch Gefahr wittert.“[2]

---

1) *Nature,* Bd. XLIV, S. 529.   2) Dictionary of Birds, S. 721.

Unsere zweite Schwierigkeit ist, Fälle zu finden, bei denen alle Wirkungen der natürlichen Zuchtwahl ausscheiden. Die Gewohnheit, nach der eine ganze Hundegattung als Vorstehhunde bezeichnet wird, scheint auf den ersten Blick rein angeboren zu sein. Darwin berichtet[1]: „Ich selbst bin mit einem solchen Hunde zum ersten Male ausgegangen, wobei seine angeborene Neigung in einer höchst komischen Weise zum Ausdruck kam, denn er „stand" nicht nur bei jeder Wildspur, sondern auch bei Schafen und großen, weißen Steinen; und wenn er ein Lerchennest fand, waren wir geradezu gezwungen, ihn weiterzuschleppen." Doch hat auch längs der ganzen Ahnenreihe der Vorstehhunde die Zuchtwahl ihre Hand im Spiele gehabt. Wie Darwin an einer weiteren Stelle sagt: „Der junge Vorstehhund stellt häufig ohne Unterricht, Nachahmung oder Erfahrung, obwohl er ohne Zweifel, wie wir dies auch zuweilen bei den ursprünglichen Instinkten sehen, durch diese Hilfsmittel profitiert. . . . . . Der wesentlichste Unterschied zwischen dem Stellen und dergl. und einem wahren Instinkte liegt darin, daß die ersteren Fähigkeiten weniger streng ererbt werden, und dem Grade ihrer angebornen Vollkommenheit nach sehr variieren." Mit andern Worten ausgedrückt, es finden sich hier viel angeborene Variationen und die Zuchtwahl ist noch fleißig am Werke. Die angebornen Variationen aber werden von dem Gegner der Theorie von der Vererbung erworbener Eigenschaften als Beweise für seine Anschauungen in Anspruch genommen werden; denn würde die erworbene Gewohnheit in dem Grade, wie ihn jene andern annehmen, vererbt, dann würde keine so starke Variabilität zu bemerken sein. Jedenfalls liegt es auf der Hand, daß Gewohnheiten wie die der Vorstehhunde, nicht als Beweise für die Vererbung erworbener Eigenschaften und g e g e n die Hypothese der Zuchtwahl angeführt werden dürfen, da die Mitwirkung der Zuchtwahl gerade in dieser Sache keineswegs ausgeschlossen ist.

---

[1] Romanes. Geistige Entwickelung im Tierreich, Leipzig 1885, S. 258, 259.

Angesichts dieser doppelseitigen Schwierigkeiten, der Schwierigkeit, das echt ererbte Wesen einer als Resultat der Übertragung hingestellten Gewohnheit zu behaupten, oder andrerseits den Einfluß jeder Art von Zuchtwahl auszuschließen, ist es vor der Hand durchaus nicht leicht, selbst gut beobachteten Tatsachen gegenüber zwischen den beiden rivalisierenden Hypothesen zu entscheiden. Eines der stärksten Beispiele (die völlige Zuverlässigkeit der Beobachtung vorausgesetzt) für die gelegentliche Übertragung einer erworbenen Eigenschaft scheint mir das folgende Vorkommnis, das sich auf das „Bitten" der Hunde bezieht, zu liefern. Hurt schildert in „Nature"[1]), wie es nur unter Schwierigkeiten gelang, einem Pinscher das „Bitten" beizubringen, und fügt hinzu, „eins seiner Jungen, das niemals seinen Vater gesehen, hat die beständige Gewohnheit angenommen, aufzuwarten oder in der Stellung des „Bittens" aufrecht zu sitzen, obwohl ihm dies niemals gelehrt wurde und er es auch nie von andern sah." Und Lawson Tait berichtete Romanes, daß er eine Katze besitze, welche angelernt wurde, gleich einem Hündchen zu bitten, so daß sich die Gewohnheit bei ihr ausbildete, diese für eine Katze so ungewöhnliche Haltung anzunehmen, so oft sie Futter verlangte. Aber auch ihre sämtlichen Jungen nahmen dieselbe Gewohnheit an und zwar unter Umständen, die jede Möglichkeit einer Nachahmung ausschlossen, da sie schon sehr jung an Fremde verschenkt wurden. Ihre neuen Eigentümer waren denn auch nicht wenig überrascht, als ihre Kätzchen einige Wochen später aus freien Stücken zu „bitten" begannen. „Schon sehr jung" ist nun freilich ein etwas unbestimmter Begriff, und man darf sich wohl fragen, ob hier wirklich jede Möglichkeit der Nachahmung ausgeschlossen war. Eine Eigentümlichkeit dieser Fälle ist ihr sporadisches und nur ganz gelegentliches Auftreten. Wie wenige von den tausenden von Hunde-Individuen,

---

1) Romanes, a. a. O. S. 211.

welche lernen zu „bitten" scheinen ihren Nachkommen diese erworbene Gewohnheit zu übertragen! Oder wenigstens, wie wenige Beispiele einer solchen Übertragung werden uns berichtet! Wenn der Gegner der Theorie von der Übertragung erworbener Eigenschaft Schwierigkeiten hat, diese Fälle zu erklären (wobei er wahrscheinlich auf die Vermutung zurückgreifen wird, daß, falls wirklich gewissenhaft beobachtet und wiedergegeben, wir es hier mit ganz seltenen angebornen Variationen zu tun haben), so steht der Anhänger jener Theorie angesichts der weitaus größeren Anzahl der Fälle von Nicht-Übertragung vor der gleichen Schwierigkeit. Jedenfalls ist das vorliegende Material zu spärlich, um eine feste Grundlage für eine weitumfassende Entwicklungstheorie abzugeben.

Romanes führt zur Stütze der Behauptung von der Übertragung erworbener Eigenschaften die Tatsache an, daß in Norwegen die Ponies ohne Zügel geritten und angelernt werden, der menschlichen Stimme zu gehorchen. „Infolgedessen hat sich bereits eine Rasseneigentümlichkeit herausgebildet; denn Andrew Knight berichtet, daß die Bereiter, und gewiß mit gutem Grund, darüber klagen, daß es unmöglich sei, diese Pferde durch das Maul zu regieren. Nichtsdestoweniger sind sie sehr gelehrig und sogar ungemein folgsam, sobald sie die Befehle ihres Herrn verstehen." In diesem Falle aber darf der Zuchtwahl-Faktor nicht übersehen werden, obwohl der Anhänger der Übertragungslehre jedenfalls behaupten wird, daß die Zuchtwahl hier nur eine ganz untergeordnete Rolle spiele. Abgesehen von diesem Beispiel und dem Beispiel des „Bittens" weiß Romanes nur die erbliche Wildheit oder Zahmheit der Tiere anzuführen. Ich selbst aber lege dieser Art von Beispielen kein großes Gewicht bei; denn erstens spielt die Zuchtwahl zweifellos dabei eine bedeutende Rolle; und zweitens haben, wie ich bereits erwähnte, meine eigenen Beobachtungen an Teichhühnern, Wildenten, Kiebitzen und Rebhühnern gezeigt, daß dieses Wildgeflügel, wenn durch

Menschenhand aufgezogen, sich fast lächerlich zahm erweist. Ich habe schon früher erwähnt, daß eines Tages, während das junge Teichhühnchen trank, mein Foxterrier herankam und auch von dem Wasser zu saufen begann; daß er aber sofort von dem jungen Vögelchen einen so kräftigen Schnabelhieb und gleich darauf noch einen zweiten, der ihn beinahe ins Auge traf, erhielt, daß er einen schimpflichen Rückzug antrat. Seit den von Romanes angeführten Fällen sind mir keine gutbeglaubigten Zeugnisse mehr zu Ohren gekommen[1]), und so kann ich nicht umhin, zu wiederholen, daß die uns vorliegenden Beispiele, vorausgesetzt, daß die Übertragung erworbener Eigenschaften wirklich ein wesentlicher Faktor der organischen Entwicklung sei, überraschend gering an Zahl sind und durch ihre sporadische Verteilung befremden müssen. Doch beginnt die Überzeugung sich Bahn zu brechen, daß die Biologen zur Lösung einiger der wichtigsten Fragen ihrer Gebiete von der rein beobachtenden zur experimentellen Methode überzugehen haben werden. Möglich, daß das Experiment bündiger, als es bis jetzt geschah, beweisen wird, daß die Übertragung erworbener Eigenschaften eine Tatsache ist, daß das Experiment uns in den Stand setzen wird, ihre Macht und ihren Einfluß auf die Entwicklung der lebenden Wesen richtig abzuschätzen.

Es gibt indessen noch einen andern, wenn auch weniger direkten Weg, dem Problem beizukommen. Heften wir einmal unsern Blick auf zwei Individuen derselben Spezies: das eine überlebt und paart sich, das andere stirbt oder versäumt die Paarung. Nun dürfen wir annehmen, daß das erstere auf Grund einer Art von Tüchtigkeit überlebt, die das zweite nicht besitzt. Es ist nun gerade diese Tüchtigkeit, welcher Art sie nun auch sein mag, welche für das Leben einerseits, die Austilgung andrerseits den Ausschlag gibt; diese aber muß einen gewissen, von Ro-

---

1) Die von Eimer angeführten Beispiele scheinen mir nicht überzeugend.

manes als „Selektionswert" bezeichneten Grad erreichen,
damit die Entscheidung zwischen Überleben und Unterliegen zum Ausdruck komme. Welches der „Selektionswert" in einzelnen Fällen ist, läßt sich natürlich nicht bestimmen — er schwankt zweifellos je nach der Härte des
Daseinskampfes; aber zu behaupten, wie einige es tun, daß
schon ein winziger Vorteil genüge, um die eine Gruppe
von der anderen zu scheiden, erscheint mir als eine mehr
auf logischen als auf biologischen Grundlagen ruhende Behauptung.

Nun teilen sich die Anhänger der natürlichen Zuchtwahl
in zwei Flügel. Die ganz extremen Parteigänger behaupten,
daß jede Eigenschaft eines jeden Organismus ihr Vorhandensein direkt der natürlichen Zuchtwahl verdanke, und
daß bei keinem Organismus Eigenschaften vorkommen, die
nicht auf Nützlichkeit begründet wären. Der Einfluß der
natürlichen Zuchtwahl sei, so sagen sie, so alles durch-
dringend, so alles umfassend, daß nichts Unnützes, nichts
des „Selektionswertes" Ermangelndes der Austilgung entgehen könne. Die einzige Modifikation dieser Ansicht,
die sie gelten lassen, ist die in dem Begriff der Wechselwirkung oder Korrelation enthaltene. Sie sagen, entweder
ist jede Eigenschaft an sich nützlich, oder sie steht in
engster Wechselwirkung mit einer nützlichen. Korrelation
wird zu ihrer dreimal gepriesenen Losung, ist ihr Trost
und ihre Labung in der Bedrängnis der Schwierigkeiten.
Durch die Modifikationen nähern sich die Anschauungen
dieses extremen Flügels denen des gemäßigten Flügels der
„natürlichen Zuchtwahl-Partei". Dieser behauptet nämlich,
daß, während stetige und fortdauernde Austilgung der
andern das Überleben derjenigen Individuen, die sich den
Verhältnissen ihrer Umgebung am besten anzupassen wußten, herbeiführte, es deshalb nicht unbedingt nötig sei, daß
sämtliche Eigenschaften dieser Individuen nützlich seien
oder in enger Korrelation mit nützlichen Eigenschaften
stünden. Es könnten daher angeborne Eigenschaften vor-

kommen, die nicht unbedingt nützlicher, sondern mehr zufälliger Natur seien, die eine Gruppe von Organismen in gewisser Weise charakterisieren, ohne in direkter Beziehung zum Daseinskampf zu stehen oder mit anderen Worten ohne „Selektionswert" zu besitzen. Es liegt auf der Hand, daß, wenn wir die Bedeutung des Ausdrucks „Korrelation" auf das ganze Konglomerat angeborner Anlagen, die sich in einem Organismus vereinigt finden, ausdehnen, schließlich eine jede Anlage, eine jede Eigenschaft als mit nützlichen Charakteren in Wechselwirkung stehend erklärt werden kann. Dies scheint mir aber stark nach einem Zirkelschluß zu schmecken. Wir sehen in jedem Organismus eine Anzahl angeborner Anlagen neben einander bestehen; wenn aber, wie wir bei sorgfältiger Beobachtung einer Reihe von Generationen finden werden, diese Anlagen unabhängig von einander varriieren, so dürfen wir sie doch kaum mehr als in Wechselwirkung stehend bezeichnen, außer wenn wir diesen Begriff in so vagem Sinne gebrauchen, daß er aller wertvollen, biologischen Bedeutung entkleidet wird. Unter den in Wechselwirkung stehenden oder korrelativen Variationen dürfen wir aber unbedingt nichts anderes verstehen, als solche, die erwiesenermaßen aufs engste mit einander verknüpft sind. Wenn die Wechselwirkung zwischen zwei Variationen erst einmal bestimmt erwiesen wurde, so wird uns die Untersuchung der einen stets in den Stand setzen, über die Bedingungen der andern unsere Schlüsse zu ziehen. In diesem Sinne braucht Darwin[1]) den Begriff, und wir sollten uns bemühen, statt eine Verwischung der Begriffe um sich greifen zu lassen, eine immer größere Genauigkeit anzustreben.

Nach Berücksichtigung aller dieser Punkte ist es nicht unwichtig, sich klar zu machen, inwieweit instinktive Tätigkeiten a) von direktem Nützlichkeitswerte sind; b) wie weit

---

1) Ch. Darwin. Das Variieren der Tiere und Pflanzen im Zustande der Domestikation. Deutsche Übersetzung, Stuttgart 1873, 2. Bd. 25. Kapitel.

sie in Korrelation (im engeren Sinne des Wortes) mit nützlichen Eigenschaften stehen; oder c) rein zufälliger Art und wiewohl eingegliedert in den erblichen Komplex, doch ohne ersichtliche Beziehung zu andern nützlichen Eigenschaften sind.

Es kann kein Zweifel darüber bestehen, daß eine große Anzahl instinktiver Tätigkeiten bei Vögeln unter die erste Rubrik fallen und einen direkten und unbestreitbaren Nützlichkeitswert besitzen. Die mit dem Picken und Fressen verbundenen instinktiven Tätigkeiten; die der Fortbewegung (ob diese nun im Laufen, Schwimmen oder Fliegen besteht); die Fortpflanzungs- und Nestbau-Instinkte, die mit der Brutpflege und Aufzucht der Jungen verknüpften: alle diese — und vielleicht bilden sie unter allen Instinkttätigkeiten die bemerkenswerteste und dauerhafteste Gruppe — sind von entschiedenem Nutzen und ohne weiteres als Ausfluß der natürlichen Zuchtwahl zu erklären. Zu derselben Klasse gehören meiner Ansicht nach die Schutzinstinkte des Versteckens, Niederduckens oder Sich-Totstellens; die aggressiven Tätigkeiten, wie das Zischen der Gänse und Strauße und das „Schimpfen" der Teichhühner und anderer Vögel; vielleicht auch das Kratzen der Erde bei den Hühnern und nahe verwandten Vögeln; die sekundären sexuellen Tätigkeiten wie das Tanzen, Herumstolzieren und Singen, sowie die mit Erkennungsmerkmalen verknüpften, wie das Wippen des Schwanzes bei den Teichhühnern, und, wie Warde und Fowler meint, auch bei den Bachstelzen; und schließlich eine große Anzahl weiterer Eigentümlichkeiten des Benehmens, wie z. B. gewisse Unterschiede in der Flugart bei gesellig lebenden Vögeln. Ich werde noch zeigen, wie viele instinktive Tätigkeiten die der Vererbung erworbener Eigenschaften skeptisch gegenüberstehenden Forscher als Ausfluß der natürlichen Zuchtwahl zu reklamieren vermögen.

Unter den Instinkten finden wir wenige Beispiele der zweiten Gruppe, welche die einer bestimmten Korrelation

zuzuschreibenden Tätigkeiten umfaßt. Doch könnten wir vielleicht die Entwicklung des Kukuk-Instinkts hierher rechnen, der mit gewissen, vielleicht dem Einfluß der Polyandrie entstammenden Variationen des Legevorgangs in Korrelation steht.

Es bleibt indessen ein kleiner Prozentsatz von Tätigkeiten übrig — oder vielleicht sollte man sie lieber als instinktive Züge bezeichnen —, die zwar in „fix-und-fertig" angeborener Form auftreten, aber doch nicht direkt in eine der genannten Rubriken einzureihen sind. Sie müssen deshalb entweder durch die Übertragung einer erworbenen Gewohnheit erklärt oder als mehr zufällige Eigenschaften betrachtet werden, die mit den wesentlicheren Tätigkeiten des Organismus in dem von uns als „erblicher Konnex" bezeichneten Zusammenhang stehen.

Es darf einerseits wohl behauptet werden, daß das Bad des Teichhuhns, das Sandbad des Kückens, das Putzen und Glätten des Gefieders und der Daunen bei jungen Vögeln einen Nützlichkeitswert besitzen, insofern als sie den Körper gesund erhalten, und Parasiten von ihm entfernen; ob sie aber einen „Selektionswert" repräsentieren, ob ihr Vorhandensein zwischen Überleben und Austilgung entscheidet, möchte ich dahingestellt sein lassen. Räumen wir indessen dem Zuchtwahlanhänger soviel ein. Es bleibt die Tatsache bestehen, daß diese Manipulationen seitens der jungen Vögel leisen, aber unterscheidbaren und wohl abschattierten Unterschieden unterliegen, und daß jeder Vogel dabei diejenige Manier betätigt, die für seine Spezies charakteristisch ist. Kücken, Entchen, Teichhühner — alle erledigen das Toilettengeschäft auf ihre eigene Weise. Einem, der sorgfältig und Tag für Tag die Gewohnheiten junger Vögel beobachtet, werden viele ganz feine Eigentümlichkeiten auffallen, die sich einzeln genommen der Beschreibung entziehen, zusammengenommen aber deshalb doch charakteristisch genug sind, um bei der Unterscheidung zwischen den verschiedenen Spezies eine Rolle zu spielen.

Es läßt sich kaum annehmen, daß das eigentümliche Benehmen des Fasanen, die charakteristischen Bewegungen der jungen Ente, der stelzenartige Gang des flaumigen Kibitzjungen, die drolligen kleinen Manieren der Teichhühnchen oder das allbekannte Gebahren einer Kückenschar, so gewiß dies alles in der speziellen Form, in der wir es kennen, ererbt ist, Selektionswert besitze, oder daß diese Züge die Vorfahren der verschiedenen Gruppen vor Austilgung gerettet hätten! Ebensowenig läßt sich behaupten, daß diese Dinge in ersichtlicher Beziehung zu anderen wesentlicheren und wirklich nutzbringenden Eigenschaften stünden. Woher also ihre bestimmte Form? Wie sind sie entstanden? Sehen wir in ihnen die Zeugnisse für die Übertragung erworbener Eigenschaften, die von einer ganzen Biologenschule gesucht werden? Von diesem Gesichtspunkt aus müßte es Wunder nehmen, daß sie so genau definiert sind!

Man kann wohl verstehen, wie aus intelligenter Anpassung entsprungene Gewohnheiten durch Übertragung zu festen Instinkten werden, selbst wenn man eine solche Umwandlung nicht ohne ausreichende Beweise als Tatsache anerkennen wird. Die geschilderten Eigenheiten jedoch tragen den Stempel intelligenter Anpassung. In demselben Maße, wie jene zarten Schattierungen des Benehmens und Auftretens des Selektionswerts entbehren (indem wir kaum annehmen dürfen, daß sie ihre bestimmte Form dem Umstand verdanken, daß alle Tiere, die sich anders benahmen, ausgetilgt wurden), erscheinen sie auch zu gewöhnlich und unbedeutend, um als Ergebnis einer intelligenten Wahl gelten zu dürfen, die aus der Fülle der zahllosen Möglichkeiten individuellen Benehmens und Auftretens heraus gerade sie bevorzugt haben sollte. Es scheint vernünftiger, sie als zufällige Eigenschaften zu betrachten, die, in den erblichen Konnex hineinverwoben, dadurch wenn auch nicht direkt so doch indirekt der natürlichen Zuchtwahl unterliegen.

Selbst unter diesem Gesichtspunkt betrachtet, bleibt ihre bestimmte Form noch schwer erklärbar. Wenn man sagt, daß ein Entchen sich in dieser oder jener bestimmten Weise benimmt, weil es eben ein Entchen ist, und daß ein Teichhuhn gewisse Eigentümlichkeiten zeigt, weil es eben ein Teichhuhn ist, so setzt man sich, vom Standpunkt der natürlichen Zuchtwahl der Frage aus: Wie nun? Wo bleibt da die konstante und inhärente Tendenz zur Variation, auf die Darwin solches Gewicht legt? Der Verkünder der Vererbung erworbener Eigenschaften sieht die Quelle adaptiver Variationen in den erworbenen und übertragenen Modifikationen des individuellen Lebens. Sein Gegner aber muß sich mit angeborenen Keimzellvariationen begnügen, ohne die von seinem Standpunkt aus jeder Fortschritt allerdings undenkbar wäre. Durch die natürliche Zuchtwahl werden diese Keimvariationen in bestimmte Bahnen gelenkt. Woher kommt nun aber die Beständigkeit, die Fixiertheit dieser „zufälligen" Charaktere, wenn die Variationen unbestimmter Natur sind und das dirigierende Element der Austilgung — höchst wahrscheinlich wenigstens — wegfällt?

Vielleicht legen wir uns zunächst eine Frage in entgegengesetzter Richtung vor: Woher stammt die Tendenz zu einer bestimmten Entwicklung nach einer bestimmten Richtung hin? Da die Variationen, wie wir annehmen dürfen, von geringer Zahl und unbestimmter Tendenz sind, so dürften sie sich durch gegenseitige Paarung neutralisieren, so daß die Stabilität sozusagen als das Resultat einer Tendenz erscheint, nach allen möglichen Richtungen hin zu variieren. Keine dieser Richtungen aber hat Selektionswert, keine wird deshalb ausgezeichnet und zum Ausgangspunkt einer bestimmten Entwicklungsreihe erhoben. Mit einem Wort: die Panmixie oder unterschiedslose, zuchtwahlfreie Paarung erzeugt ein mittleres Niveau von verhältnismäßiger Stabilität. So einleuchtend dies alles übrigens klingen mag, bin ich für mein Teil der Ansicht,

daß das letzte Wort in diesen Fragen noch nicht gesprochen ist.

Fernerhin — um unsere Angelegenheit von einem etwas veränderten Standpunkt zu beleuchten — haben wir gesehen, daß die Erfahrung, oder doch gewisse Seiten derselben, nicht vererbt werden können. Die Kettenglieder der Assoziation müssen von jedem Individuum auf eigene Hand geschmiedet werden. Der Anblick der auffallend gefärbten Eucheliaraupe erweckt keine ererbte Kenntnis ihres schlechten Geschmacks. Diese Kenntnis entsteht erst als Folge individueller Erfahrung. Gegenstände aller möglichen Art, sofern sie nur von passender Größe sind und sich in passender Entfernung befinden, werden unterschiedslos aufgepickt; ihre Werte als Nahrungsmittel müssen erst individuell erlernt werden. Es scheint beinahe, daß die Vererbung von assoziativen Verbindungsgliedern eine physiologische Unmöglichkeit darstellt und auf Grund keiner der bestehenden Theorien erwartet werden kann.

Andererseits vermögen Reize besonderer Art zweifellos besondere und vererbbare Reaktionen zu erzeugen. Der Anhänger der Vererbung erworbener Eigenschaften behauptet, daß dieses der Wiederholung einer als Reaktion eines bestimmten Reizes auftretenden Tätigkeit, und der Übertragung der so entstandenen erworbenen Gewohnheit zuzuschreiben sei. Der Anhänger der natürlichen Zuchtwahl indessen betrachtet die angeborene Verknüpfung zwischen Reiz und Reaktion als Resultat der allmählichen Ausschaltung derer, bei denen diese Verknüpfung nicht so tadellos funktionierte. Was wir brauchen, um zwischen den beiden rivalisierenden Hypothesen zu entscheiden, ist ein schlagendes Beispiel, ein ganz genau zu bestimmender Fall. Wenn wir in gewissen Fällen die natürliche Zuchtwahl ausschalten, in anderen Fällen die von ihr gespielte Rolle klar erblicken könnten, so würden wir in solch einem Beispiel und Gegenbeispiel ein experimentum crucis besitzen. Wenn aber eine Gewohnheit, ob nun mit

oder ohne Beteiligung der Zuchtwahl, vererbt würde, so würde solch ein Fall schwer in die Wagschale der Vererbung erworbener Eigenschaften fallen.

Die nächste Annäherung an solch ein schlagendes Beispiel, die meine eigenen Beobachtungen mir geliefert haben, ist die Reaktion junger Vögel auf das Wasser. Wie ich schon konstatierte, scheint der Anblick unbewegten Wassers keine instinktive Reaktion hervorzurufen, nicht einmal bei den jungen Entchen. Sobald aber der Schnabel zufällig das Wasser berührt, wird sofort die Reaktion des Trinkens ausgelöst. Man darf wohl behaupten, daß die meisten jungen Vögel ihre ersten Trinkerfahrungen machen, indem sie Tau- oder Regentröpfchen aufpicken, die sich auf den Pflanzen ihrer Umgebung befinden. Und doch haben Hühner, Enten und andere Vögel zweifellos durch viele Generationen hindurch ihre Erfahrungen im Trinken aus Teichen und Tümpeln gemacht. Warum reagiert ein Kücken oder Entlein nicht instinktiv auf den Anblick eines für seine Existenz so wesentlichen Dinges wie das Wasser? Ich zweifle nun durchaus nicht, daß unter natürlichen Verhältnissen die Vogelmutter die Kleinen trinken lehrt, d. h. durch ihr eigenes Vorbild die Nachahmung ihrer Sprößlinge anregt. Was beweist dieser Vorgang? Er beweist uns, daß die Anwesenheit der Mutter, dieser Quelle der Belehrung, dieses Vorbilds der Nachahmung, ihre Kleinen vor dem Eingriff der natürlichen Zuchtwahl schützt. Um mich bildlich auszudrücken: die natürliche Zuchtwahl bemüht sich, an die Jungen heranzukommen, um ihr Austilgungsgeschäft zu üben, diejenigen zu beseitigen, die es unterlassen, instinktiv zu reagieren, diejenigen zu erhalten, denen eine instinktive Reaktion angeboren ist. Nun ist aber die Mutter da, die ihre Lehren allen ohne Unterschied mitteilt, und durch sie wird die natürliche Zuchtwahl entwaffnet. Jedenfalls sehen wir, daß die Gewohnheit beim Anblick von Wasser zu trinken, wenn auch unzählige

Generationen von Vögeln ihr schon gehuldigt haben, trotzdem nicht zu einer instinktiven und ererbten geworden ist.

Es gibt ein altes Sprichwort, daß ein Mann ein Pferd zur Tränke führen, aber ein Dutzend Männer es nicht zum Trinken bringen können. Ebenso geht es mit der Henne und ihren Kücken. Obwohl sie die kleine Gesellschaft veranlassen kann, das Wasser anzupicken, kann sie ihr die eigentliche Kunst des Trinkens nicht übermitteln. Sie kann ihnen die speziellen Schnabel-, Gaumen- und Schlundbewegungen, die dabei nötig sind, nicht lehren. In dieser Beziehung also kann sie ihre Kleinen vor dem Eingreifen der natürlichen Zuchtwahl nicht schützen. Die jungen Hühnchen, die beim Anpicken des Wassers versäumten, diesem Reiz den als Trinken bezeichneten komplizierten Vorgang folgen zu lassen, würden an Durst zugrunde gehen und so ausgetilgt werden. Die hingegen, bei denen eine angeborene Variation in der Richtung dieser Reaktion vorhanden ist, würden erhalten, und die ihnen angeborene Reaktion würde in der Folge der Generationen immer besser ausgebildet und zu einer instinktiven fixiert werden — oder, falls dieser Ausdruck plausibler erscheint, zu einem angeborenen Reflex.

Demnach müssen wir annehmen, daß da, wo die Zuchtwahl ausgeschlossen blieb, die betreffende Gewohnheit sich nicht erblich mit dem entsprechenden Gesichtsreiz verbunden hat; daß hingegen da, wo die natürliche Zuchtwahl tätig war, die Gewohnheit erblich mit einem Tast- oder Geschmacksreiz assoziiert worden ist.

Ich habe schon früher erwähnt, daß die jungen Dschungelfasanen von Assam, falls ihrer Mutter beraubt, Hungers sterben, wenn man ihre Aufmerksamkeit nicht auf Körnchen und dergleichen Nahrungsmittel lenkt; dasselbe wird auch von künstlich ausgebrüteten Straußen behauptet. Auch hier sehen wir also, wie die normale mütterliche Tätigkeit die Jungen vor dem Eingreifen der natürlichen

Zuchtwahl rettet. Junge Megapodiden dagegen werden nicht von den Eltern aufgezogen, nicht vor dem Eingriff der natürlichen Zuchtwahl behütet. Bei diesen Vögeln dürften wir also, nach den Prinzipien der Selektion eine ausgesprochene angeborene Reaktion auf den Anblick passender Nahrungsgegenstände finden. „Ich habe," so schreibt mir D. C. Worcester, „öfters gesehen, wie junge Großfußhühner (Megapodiden) ganz allein in den Wäldern ihr Futter suchten, und habe, wenn ich solche erlegte, gefunden, daß sie nach Größe und Gefieder genau mit den Exemplaren übereinstimmten, die ich in den Bruthügeln, wo sie auskriechen, gefangen hatte. Meine Ansicht ist, daß diese Vögel vom Tage ihrer Geburt an für sich selbst zu sorgen haben, denn nie sah ich alte Vögel in der Nähe der jungen, denen ich begegnet bin." Es wäre äußerst interessant, zu konstatieren, ob diese jungen Megapodiden eine, bei anderen Vögeln fehlende oder weniger bemerkbare instinktive Kenntnis der für sie geeigneten Nahrung an den Tag legen. Aber obwohl man dies, auf Grund der Tatsache, daß sie ohne Hilfe des Muttervogels ihr richtiges Futter finden müssen, fast annehmen möchte, so muß man doch auch mit der Möglichkeit rechnen, daß sie, ebenso wie künstlich aufgezogene Hühnchen, erst auf Grund von Erfahrung, und indem sie sich durch verschiedene Gegenstände, die sich ihnen boten, durchprobierten, zu ihren Nahrungskenntnissen gelangten.

Es scheint also, den vorhandenen Zeugnissen nach zu urteilen (obwohl diese nicht ganz so drastisch oder so zahlreich sind, wie wir wünschen könnten), daß da, wo die natürliche Zuchtwahl ausgeschlossen ist, sich auch keine instinktiven und genau definierten Reaktionen entwickelt hätten. Gibt es nun Fälle der umgekehrten Art, wo jene Sorte Einfluß, auf die sich die Anhänger der Vererbung erworbener Eigenschaften stützen, absolut ausgeschlossen ist? Unter Vögeln, auf deren Lebensgewohnheiten wir unsere Aufmerksamkeit zunächst gerichtet haben, wüßte

ich von keinen derartigen Fällen. Doch gehören die oft zitierten Instinkte der sogenannten „Neutra", d. h. der unfruchtbaren Weibchen, die wir bei Bienen und Ameisen als „Arbeiter" bezeichnen, hierher. Diese Dinge sind schon so häufig besprochen worden, daß sie hier nur eines kurzen Hinweises bedürfen.

Bei den Honigbienen entwickeln sich diejenigen Eier der Königin, die sie nicht aus ihrem während des Brautfluges empfangenen Vorrat an Spermatozoen befruchtet hat, zu Drohnen, die anderen aber, die sie befruchtet, werden entweder zu fruchtbaren Königinnen oder zu sexuell unvollkommenen Weibchen, die man als „Neutra" bezeichnet. Zu welcher dieser beiden Alternativen sie sich entwickeln, hängt vollständig von der Nahrung ab, die ihnen während ihres Larvenzustands gereicht wird. Mit einer besonders reichen, nahrhaften Kost gefüttert entwickeln sie sich zu fruchtbaren Königinnen, unter gewöhnlichen Beköstigungsverhältnissen aber zu unfruchtbaren „Neutra". Dieses ist einer von den vielen Fällen, wo die auf den jugendlichen Organismus einwirkenden Verhältnisse darüber entscheiden, welche von zwei oder noch mehr definitiven Formen dieser annimmt. Bei der Biene sind ferner die verschiedensten Instinkte und ererbten Anlagen mit dem Königinnen- resp. dem Arbeiterinnentypus verknüpft.

Trotz der zahlreichen und bewundernswerten Werke gewissenhafter Bienenkenner, sind wir doch noch nicht imstande, mit Sicherheit zu sagen, wie weit das Benehmen der Arbeiterbienen oder Pflegerinnen aus einer angeborenen instinktiven Tendenz, wie weit es aus dem Einfluß der Überlieferung durch Imitation hervorgeht. Doch wollen wir, bis auf weiteres, die allgemein verbreitete Anschauung, daß diese unfruchtbaren Arbeitsbienen mit bestimmten instinktiven Gaben ausgerüstet sind, gelten lassen. Diese Gaben wurden ihnen jedoch von Eltern übermittelt, bei denen keiner dieser Pflegeinstinkte ausgebildet war. Wenn nun die Anhänger der Vererbung erworbener Eigen-

schaften behaupten, daß diese Instinkte als feste Gewohnheiten bei den Bienenvorfahren bestanden, ehe noch die
gegenwärtige Trennung zwischen Königinnen und Arbei-
terinnen Platz griff, so müssen sie gleichzeitig zugeben,
daß ihre Theorie, daß Nichtübung den Keim beeinflußt,
auf diesen Fall nicht anwendbar ist. Denn die Nichtaus-
übung dieser speziellen Instinkte hat sich in den keimbe-
sitzenden Individuen ungezählte Generationen hindurch
fortgesetzt. Geben jene Gelehrten aber erst einmal zu,
daß ihre Theorie von den Folgen der Nichtübung hier
unanwendbar sei, so schwächen sie ihren Anspruch auf
Gültigkeit auch bei anderen Gelegenheiten.

Lassen wir nun diesen speziellen Fall der Hymenopteren
auf sich beruhen und wenden wir uns einem häufig gegen
die natürliche Zuchtwahltheorie angeführten Argumente
zu, das ich jedoch keineswegs als so gefährlich für dieselbe betrachten kann. Es wird zuweilen von den Anhängern der Vererbung erworbener Eigenschaften behauptet, daß das Ineinandergreifen, die feine Einstellung
der Tätigkeiten, die bei einem so komplizierten Vorgang
wie z. B. dem Tauchen des von einem Hündchen er-
schreckten Teichhuhns in Aktion treten, so groß ist, daß
es undenkbar sei, daß diese Vollkommenheit bloß das Ergebnis der natürlichen Zuchtwahl sei. Sie finden es im
höchsten Grade unwahrscheinlich, daß diese einen so komplizierten Apparat von Tätigkeiten erzeugen könne. Ich
möchte diesem Argument dadurch begegnen, daß ich
meinen Leser an die Fälle von der Yucca-Motte und dem
Käfer Sitaris im ersten Kapitel erinnere. Hier sehen wir
außerordentlich komplizierte Serien von Tätigkeiten, die
aber nur ein einziges Mal im Leben des Individuums ausgeführt werden und ausgeführt werden können. Und dar-
um ist es mir ganz unmöglich, diese Instinkte als das Resultat einer individuell erworbenen, erblich weitergegebenen
Gewohnheit anzusprechen. Hier ist keinerlei Gelegenheit
zu derjenigen Wiederholung gegeben, die für die Ent-

stehung einer erworbenen Fertigkeit so wesentlich ist. Wir müssen deswegen wohl jeden einzelnen Schritt dieses langen und komplizierten Prozesses als den Erzeuger desjenigen Reizes betrachten, der die Ausführung des nächstfolgenden Schrittes einleitet. Jedenfalls müssen wir zugeben, daß, wenn die natürliche Zuchtwahl imstande war, instinktive Tätigkeiten wie die der Yucca-Motte und des Sitaris zu erzeugen, die Unwahrscheinlichkeit der Tauchinstinkte des Teichhühnchens in ein Nichts zusammenschrumpft!

Wenn ich nun schließlich wohl oder übel meine eigene Ansicht über diese leidige Frage zum besten geben muß, so möchte ich zunächst sagen, daß wir bisher nur wenig zahlreiche und überzeugende Beweise für die Übertragung erworbener Eigenschaften besitzen, daß indessen die Variation in der Tat in mehreren Fällen der Linie der angepaßten Modifikation gefolgt ist, so daß wirklich eine Beziehung zwischen beiden vorzuliegen scheint; zweitens, daß es viele verhältnismäßig definierte und fixierte Instinkte gibt, die wir zwar als das direkte Resultat der natürlichen Zuchtwahl anzusehen haben, deren Entwicklung sich aber noch wesentlich einfacher erklären ließe, wenn wir annehmen dürften, daß die angepaßten Modifikationen das Geleise vorgemerkt haben, in dem die erbliche Variation zu laufen hat; drittens, daß es einige, ebenfalls scheinbar definierte und fixierte Züge gibt, die nur einem indirekten Einfluß der natürlichen Zuchtwahl, und diesem nur unter der Voraussetzung zugeschrieben werden dürfen, daß sie einen Teil des erblichen Konnexes ausmachen, und keine eigene Tendenz zur Variation nach einer bestimmten Richtung hin besitzen; und viertens, daß beim heutigen Stand unserer Kenntnisse es am ratsamsten erscheint, diese Züge bis auf weiteres als indirekte Folgen der natürlichen Zuchtwahl anzusehen.

Wenn wir aber diejenigen Instinkte betrachten, die mit dem Nestbau, dem Brutgeschäft, der Brutpflege und die-

jenigen, die mit der Werbung verknüpft sind (vorausgesetzt, daß wir es hier überhaupt mit echten Instinkten zu tun haben); wenn wir sehen, wie der individuelle Wille sich in derselben Richtung wie die ererbte Koordination bewegt wie bei dem zu hoher Ausbildung gebrachten Vogelflug oder beim Tauchen der Wasservögel; wenn wir vollkommen objektiv eine Aufführung wie die des Kiebitzes oder der Ente, welche die Störenfriede von ihrem Nest und ihren Jungen hinweglocken, betrachten —, so fühlen wir mit größter Deutlichkeit, daß, so ungenügend auch die vorliegenden Beweise für eine Übertragung erworbener Eigenschaften sein mögen, die Tatsachen doch unverkennbar auf einen gewissen Zusammenhang zwischen Variationen und Modifikationen hinweisen. Ich beabsichtige, diesen Gegenstand im nächsten Kapitel von einem neuen Gesichtspunkt aus zu beleuchten, und eine Hypothese zu skizzieren, nach welcher die erworbene Modifikation der erblichen Variation den Weg bereitet, ohne daß man deshalb eine direkte Übertragung der erworbenen Eigenschaften annehmen müßte.

XIV. Kapitel.

Modifikation und Variation.

Bis zu einer verhältnismäßig kurz zurückliegenden Zeit galt die Übertragung der seitens der Eltern im Laufe ihres Lebens erworbenen Modifikationen der Gewohnheiten und des Körperbaues auf die Nachkommen allgemein als Tatsache. Lamarck wird als der intellektuelle Vater dieser Anschauung angesehen. In seiner „Histoire Naturelle“ sagt er: „Die Entwicklung der Organe und ihr Aktionsvermögen werden dauernd durch den Gebrauch dieser Organe bestimmt“. Dieser Satz ist als das dritte Gesetz Lamarcks bekannt. In dem vierten betont er besonders den erblichen Charakter der Wirkungen des Gebrauchs. Er sagt: „Alles, was im Bau der Individuen im Laufe ihres Lebens erworben, begonnen oder verändert worden ist, wird durch Reproduktion erhalten und an die neuen Individuen übertragen, die von den alten, welche die Änderungen erfuhren, erzeugt werden.“ Darwin nahm diese Übertragung gleichfalls an, indem er sie als eine der natürlichen Zuchtwahl untergeordnete Erscheinung betrachtete und mit seiner Theorie von der Pangenesis zu erklären suchte. Nach dieser Hypothese sondern sämtliche Zellen eines Organismus minutiöse „Gemmulae“ ab, und diese, die sich mit ihresgleichen in den Fortpflanzungszellen vereinigen, bilden die elterlichen Keime, aus denen sich sämtliche Zellen der Nachkommen dieses Organismus entwickeln. Diese, hier in den knappsten Zügen wiedergegebene Theorie hat eine Fülle von Kritik über sich ergehen lassen müssen.

Als die Vererbungsprobleme in ihrer ganzen Bedeutung
erkannt und in den Mittelpunkt der Diskussion getreten
waren, trat allmählich eine abweichende Ansicht über die
Beziehungen zwischen dem Organismus und seinen reproduktiven Zellen in den Vordergrund. Mit ihr sind die
Namen des Engländers Francis Galton und des Deutschen
August Weismann aufs untrennbarste verknüpft. Während
der letzten Jahre hat sie den Beifall vieler unsrer ersten
Biologen — wenn auch keineswegs aller — gefunden.
Diese Anschauung nun ist kurz angedeutet die folgende:
das befruchtete Ei eines vielzelligen Organismus erzeugt
alle die Zellen, die zum Bau desselben Organismus ge-
hören. In einigen dieser Zellen, den Fortpflanzungszellen,
wird Keimsubstanz für die künftige Fortpflanzung der
Rasse aufgespeichert; die andern erzeugen die übrigen
Körperzellen, diejenigen also, welche zum Aufbau der
Muskeln, Knochen, Nerven, Drüsen usw. dienen. So
haben wir eine Teilung in Keimsubstanz und Körpersubstanz vor uns. Der Keim erzeugt den Keim plus dem
Körper; der übrige Körper aber beteiligt sich, nach Weismann, nicht bei der Erzeugung der Keimsubstanz der
Fortpflanzungszellen, obwohl er diese ernährt, beschützt
und sie auch vielleicht sonst zu beeinflussen vermag.

Die logische Entwicklung dieser Theorie zwang Weismann, die Vererbung von Eigenschaften, die im Laufe
des individuellen Lebens von der Körpersubstanz erworben wurden, anzuzweifeln und die vermeintlichen Beweise für diesen Vorgang einer neuen Prüfung zu unterziehen. Wenn z. B. die Gehirnsubstanz keinen Beitrag
zu den Fortpflanzungszellen liefert, so könnte eine Modifikation, die sie im Laufe des individuellen Lebens erfährt, nur durch eine indirekte Art von Einfluß zum Keime
hingelangen. Tut sie das aber? Beeinflußt irgend eine
Modifikation der Körpersubstanz die Keimsubstanz so
stark, daß sie zur Vererbung gelangt? Weismann beantwortet diese Frage durch die Feststellung, daß die bis-

herigen Beweise für die direkte Übertragung erworbener
Eigenschaften gänzlich ungenügend seien, und daß, ehe
viel befriedigendere Zeugnisse nachgewiesen würden, jene
Übertragung als ein Faktor der Entwicklung nicht angesehen werden dürfte.

Wie ist nun aber ein Fortschritt denkbar, wenn keine
der Modifikationen, die der Körper erfährt, von den Eltern
an das Kind vererbt werden? Diese Frage muß dahin
beantwortet werden, daß, wenn auch die Modifikation
nach dieser Theorie von einem direkten Anteil am Rassenfortschritt ausgeschlossen ist, doch noch die Variation
übrig bleibt. Modifikationen nennen wir jene Veränderungen, die auf irgend eine Weise im Körperbau bewirkt
werden, Variationen diejenigen Veränderungen, die aus
dem Keime selbst entspringen. Daß Variationen germinalen Ursprungs eine Tatsache in der organischen Natur
bilden, wird allseitig anerkannt, ebenso daß es Variationen
adaptiven Charakters gibt. Die Anhänger der Vererbung
erworbener Eigenschaften behaupten nun, daß eine in
einer beliebigen Generation auftretende Modifikation
bestimmter Art zur Quelle einer entsprechenden Variation
in der nächsten Generation würde, und zwar durch den
bisher unerklärten Vorgang einer Übertragung von den
Körpergeweben nach den Keimzellen. Die Anhänger der
natürlichen Zuchtwahl halten dagegen diese Quelle der
Variation für völlig ausgeschlossen, indem sie behaupten,
daß die zu ihren Gunsten beigebrachten Zeugnisse ungenügend und unüberzeugend seien. Ihre eigne Theorie
stützt sich ausschließlich auf das Vorkommen von Variationen und auf die Annahme, daß die ungünstigen ausgetilgt werden, die nützlichen und anpassungsfähigeren
dagegen überleben. Auf welche Weise diese Variationen
im Keime entstehen, braucht hier nicht erörtert zu werden.
Genug, daß Variationen germinalen Ursprungs und verschiedenster Richtung tatsächlich in großer Anzahl vorkommen.

Dies wäre also der vorliegende Tatbestand. Alle bestätigen das Vorhandensein von Variationen, alle geben zu, daß ihr nächster Ausgangspunkt in dem befruchteten Ei zu suchen ist. Alle geben zu, daß das Individuum dank seiner innewohnenden Plastizität mehr oder minder befähigt ist, adaptive Modifikationen anzunehmen. Die Anhänger der Vererbung erworbener Eigenschaften behaupten, daß die Wirkungen der Modifikation irgendwie auf die Keimsubstanz übertragen werden, um dort die Entstehung von Variationen zu bewirken. Die Anhänger der natürlichen Zuchtwahl leugnen diese Übertragung und bestehen darauf, daß adaptive Variationen von adaptiven Modifikationen unabhängig sind.

Was aber ist die natürliche Zuchtwahl, wenigstens so wie Darwin sie auffaßte? Sie ist ein Vorgang, durch welchen im Kampfe ums Dasein die im Besitz von günstigen und anpassungsfähigen Variationen befindlichen Individuen überleben und ihre entsprechend lebenstüchtigen Keime weiter fortpflanzen, während die im Besitz von ungünstigen Variationen befindlichen unterliegen und früher oder später ausgetilgt werden, somit auch weniger Gelegenheit haben, Nachkommen zu erzeugen. Es liegt indes auf der Hand, daß, um zwischen Überleben und Vertilgung den Ausschlag zu geben, die Nützlichkeit der Variation einen gewissen Grad erreichen muß, der je nach der Schärfe des Daseinskampfes verschieden ist. Und eine von den Schwierigkeiten, die von Kritikern der natürlichen Zuchtwahltheorie am meisten empfunden worden ist, besteht darin, daß das bischen mehr oder weniger an Variation zu geringfügig erschien, um Selektionswert zu haben und so das Überleben zu garantieren. Diese Schwierigkeit wird auch von Weismann als eine wesentliche betrachtet.[1] „Die Lamarckianer waren im Recht", so sagt er, „wenn sie behaupteten, das was man bisher als Naturzüchtung allein

---

[1] August Weismann, Über Germinal-Selektion. Compte-Rendu du 3. Congrès internat. de Zool. Leiden, 1896 S. 67.

bezeichnete, die Selektion der Personen reiche nicht aus zur Erklärung der Erscheinungen." Und an andrer Stelle sagt er, es „fehle der Selektionstheorie von Darwin und Wallace noch etwas, was wir zu ergründen suchen müssen, wenn uns das irgend möglich ist".

Der neue Faktor, den Weismann einführt, ist das, was er als „Germinal-Selektion" bezeichnet. Kurz gefaßt, verhält es sich damit wie folgt: Unter den, als Determinanten bezeichneten Teilen eines Keimes, aus denen sich die verschiedenen Organe oder Organgruppen ableiten, besteht ein Wettstreit bezüglich der Nahrungszufuhr. Bei diesem Wettstreit gewinnen die stärkeren Determinanten und werden nun auf Kosten der schwächeren ernährt, die neben ihnen hungern, schwinden und schließlich absterben. Diese Hypothese ist ebenso interessant als der Beobachtung unzugänglich. Dürften wir sie als wirklichen Faktor akzeptieren, so würde sie uns helfen, uns das außerordentliche Wachstum gewisser Bildungen, wie z. B. die Üppigkeit gewisser sekundärer Sexualcharaktere zu erklären, ebenso auch die Existenz determinierter Variationen, d. h. solcher Variationen, die längs einer bestimmten Anpassungslinie laufen.

Diese determinierten Variationen sind allerdings auch auf Grund der Selektionstheorie erklärbar. Im Jahre 1892 habe ich über diese Frage Folgendes geschrieben.[1] „Betrachten wir uns z. B. einen Organismus, der auf irgend eine Weise die völlige Harmonie mit seiner Umgebung erreicht hat. Es kommen wohl Variationen nach allen möglichen Richtungen vor, diese werden indessen durch Kreuzung wieder ausgeglichen. Es ist als ob hundert Pendel, die in etwas abweichender Richtung schwingen, auf einmal gehemmt würden. Setzen wir nun diesen Organismus in veränderte Verhältnisse. Die Richtung von einem oder zwei der Pendel wird als günstig befunden,

---

[1] *Natural Science,* Bd. I. April 1882, S. 100, 101.

die Individuen, in denen diese beiden Pendel schwingen, werden ausgelesen, sie paaren sich und bei ihren Nachkommen werden, während die ererbten Pendel in Tätigkeit verbleiben, die übrigen achtundneunzig Pendel wie vorher gehemmt.

Nehmen wir also an, daß z. B. eine nach einer bestimmten mechanisch günstigen Weise abweichende Variation der Zahnbildung ein solcher auserwählter Pendelschwung sei. Es wird dann dieses bestimmte Pendel, das nach dieser bestimmten Richtung hin schwingt, zum Gegenstand der Zuchtwahl. Die andern Pendel bleiben gehemmt wie zuvor, ebenso werden Abweichungen unsres auserwählten Pendels von seiner bestimmten Richtung gleichfalls gehemmt. Er wird vielleicht ein klein wenig schwanken, aber dieses Schwanken wird wie nichts sein im Vergleich zu der von der Zuchtwahl unterstützten Schwingung. In diesem Falle hat also die Zuchtwahl zwischen einer etwas größeren Kompliziertheit, die günstig war, und einer etwas kleineren Kompliziertheit, die ungünstig war, entschieden. Die etwas geringere Kompliziertheit wurde vernichtet, die etwas größere erhalten. Doch bewegte sich die geringere so wie die größere in derselben Richtung der fortschreitenden Entwicklung. Folglich stellen die, bei fossilen Säugetieren, deren Zahnentwicklung im Fortschreiten begriffen ist, wahrnehmbaren Variationen, unter der Hypothese der Selektion betrachtet, ein Plus oder Minus längs derselben gegebenen Linie dar; mit anderen Worten: die Variationen sind determiniert und bewegen sich in der Richtung der speziellen Anpassung."

Weismann nimmt in seiner Arbeit über Germinal-Selektion eine ähnliche Stellung ein. Er sagt dortselbst[1]: „Allein durch Auswahl der Plus- oder Minusvariationen eines Charakters wird derselbe zu fortgesetzter Abände-

---

[1] Weismann, Über Germinal-Selektion, S. 50.

rung nach der Plus- oder Minusrichtung bestimmt . . . .
Wir dürfen also allgemein sagen: durch fortgesetzte Auslese in bestimmter Richtung wird eine bestimmt gerichtete progressive Variation des betreffenden Teils hervorgerufen; das ist keine Hypothese, sondern ein unmittelbarer
Schluß aus den Tatsachen, den man auch so ausdrücken
kann: durch eine solche Auslese wird der Keim derart
progressiv verändert, wie es der Hervorbringung einer
bestimmt gerichteten progressiven Variation des betreffenden Teils entspricht.“

In seiner „Romanes-Vorlesung“, betitelt „Äußere Einflüsse als Entwicklungsreize“ macht Weismann einen
andern Vorschlag, der wertvoll ist und weiter entwickelt
zu werden verdient. Es handelt sich dort um das, was
er als „Intraselektion“ bezeichnet, um das also, was
dem Individuum seine Plastizität gibt. Eines von den
Beispielen, die er anführt, betrifft den Bau der Knochen.[1]
„Der Anatom Hermann Meyer“, so sagt Weismann an
dieser Stelle, „hat wohl zuerst auf jene bis ins kleinste
gehende Zweckmäßigkeit der tierischen Gewebe aufmerksam gemacht, wie sie am auffallendsten in der Architektur
der schwammigen Substanz der Röhrenknochen bei den
höheren Wirbeltieren uns entgegentritt. Die Spongiosa
der Knochen ist nach dem technischen Prinzip der Ge-
wölbestruktur gebildet, indem sie sich aus zahlreichen
feinen Knochenbälkchen zusammensetzt, die alle in der
Richtung des stärksten Druckes und Zuges liegen, also
so angeordnet sind, wie es geschehen mußte, wenn die
höchste Festigkeit bei dem geringsten Materialverbrauch
erreicht werden sollte. Nun ist aber die Richtung, Stellung und Stärke dieser Knochenbälkchen nicht etwa schon
im voraus bestimmt und angeboren, sondern sie richtet
sich nach den Umständen. Wird der Knochen gebrochen
und heilt schief wieder zusammen, so ordnen sich die

---

[1] A. Weismann, Äußere Einflüsse als Entwicklungsreize, Jena, 1894, S. 5.

Spongiosabälkchen in neuer Weise an, und zwar wieder
so, daß sie in die nun veränderte Richtung des stärksten
Druckes und Zuges zu liegen kommen. Sie vermögen
sich also den neuen Verhältnissen anzupassen."

Nachdem Weismann sodann Wilhelm Roux' Erklärung
der Ursachen dieser wunderbar feinen Anpassungen herangezogen hat (der nämlich das Prinzip der Selektion auch
auf die Teile des Organismus überträgt, zwischen denen
seiner Meinung nach sich ebenfalls ein Daseinskampf abspielt), fährt er folgendermaßen fort[1]): „Nicht die einzelnen
zweckmäßigen Strukturen werden vererbt, sondern die
Qualität des Materials, der Bausteine, aus welcher Intraselektion sie in jedem Einzelleben neu wieder aufbaut . .
Nicht die einzelnen Spongiosabälkchen vererbten sich,
wohl aber eine Zellenmasse, welche vom Keim her auf
Zug und Druck so reagiert, daß die Spongiosastruktur
zustande kommen muß." Mit andern Worten, es ist nicht
die mehr oder weniger bestimmte ererbte Anpassung, die
durch Vererbung weitergegeben wird, sondern eine angeborene Plastizität, die dem Individuum adaptive Abänderungen ermöglicht.

Diese angeborene Plastizität ist zweifellos für den Fortschritt der Rasse von größtem Nutzen. Der angepaßte
Organismus entrinnt der Vernichtung im Daseinskampfe;
dabei macht es keinen Unterschied, ob diese Anpassung durch individuelle Modifikation der Körpergewebe oder aber durch Variation der Keimsubstanz erreicht wurde. Es ist das Vorhandensein der Anpassung
an sich — gleichviel wie sie entstand —, das den Ausschlag für das Überleben abgibt. Weismann bekämpft
mit dieser Auffassung eine der Hauptschwierigkeiten, die
von den Kritikern der natürlichen Zuchtwahl gegen diese
ins Feld geführt wurden. Er sagt[2]): „Bei dem oft schon
benützten Beispiel einer Hirschart, deren Geweih aus

---

1) Weismann, „Äußere Einflüsse als Entwicklungsreize", S. 9 u. 10.
2) a. a. O. S. 12.

irgend einem Grunde in aufsteigender Entwicklung begriffen ist, wird der Kopf im Laufe der Generationen
immer stärker belastet, und man hat nun gefragt, wie es
denn möglich sei, daß diejenigen Körperteile, welche
dieses Gewicht zu tragen und zu bewegen haben, sich
alle gleichzeitig und in Harmonie miteinander verändern
könnten, falls diese Veränderungen durch Selektions-
prozesse erfolgen müßten und nicht durch Vererbung der
Wirkungen von Gebrauch oder Nichtgebrauch. Diese
von Herbert Spencer aufgeworfene Frage der Koadaptation
erhält ihre Antwort durch den Vorgang der Intraselektion.
Es ist gar nicht nötig, daß alle diese Teile, der Schädel,
die Muskeln und Bänder des Nackens, die Halswirbel, die
Knochen der Vorderbeine usw. — alle gleichzeitig durch
Keimesvariationen der Vergrößerung des Geweihes
nachfolgen, denn einstweilen wird in jedem einzelnen
Individuum die nötige Anpassung durch Intraselektion bewirkt", d. h. durch eine aus der angeborenen Plastizität
der betreffenden Körperteile bedingte individuelle Modifikation. „Wohl", sagt Weismann weiterhin, „vererbt sich
die auf diese Weise erworbene Verstärkung der betreffenden Teile nicht, aber sie macht es möglich, daß die
primäre Abänderung erhalten bleibt, daß die vorteilhafte
Variation des größeren Geweihes — eine solche einmal
angenommen — nicht zum Untergang ihres Besitzers dadurch führt, daß seine übrigen Teile nicht nachfolgen
können. Alle Teile des Organismus sind in einem gewissen Maße veränderlich und bestimmbar durch das
Maß und die Natur der Reize, die auf sie einwirken und
diese Fähigkeit, auf funktionellen Reiz zweckmäßig zu
antworten, muß als das Mittel betrachtet werden, welches
es ermöglicht, bei der phyletischen Umgestaltung einer
Art die harmonische Zusammenpassung der Teile beizubehalten . . . Da auch die primären Veränderungen der
phyletischen Umgestaltung — hier also diejenige des Geweihes — in kleinen Schritten erfolgt, soweit wir sehen,

so würden die sekundären Anpassungen in den meisten Fällen nachfolgen können."

Soweit Weismann. Seiner Anschauung nach kommen von Zeit zu Zeit Variationen germinalen Ursprungs vor. Dank der angeborenen Plastizität des Organismus erfahren diejenigen seiner Teile, die durch ihren Zusammenhang mit dem variierenden Teil mit betroffen werden, eine Modifikation im Einzelleben und zwar in der Weise, daß diese Modifikation sich mit der germinalen Variation zur Erzeugung einer Anpassung zwiefachen teils angeborenen teils erworbenen Ursprungs zusammentut. Der Organismus wartet hierauf sozusagen auf eine weitere erbliche Variation, auf die ein ähnlicher Anpassungsprozeß folgt; auf diese Weise stellt sich der Fortschritt der Rasse als eine Reihenfolge von sukzessiven Variationsstufen dar, die von einer Reihenfolge mitwirkender individueller Modifikationen begleitet werden.

Könnte man nun noch beweisen, daß, obwohl nach der Selektionstheorie keine Übertragung der aus individueller Plastizität hervorgegangenen Modifikationen vorkommt, diese Modifikationen doch die Bedingungen liefern, unter denen Variationen entsprechender Natur Gelegenheit finden, zu entstehen und ihre Wirkung auf den Rassenfortschritt auszuüben — könnte man, sage ich, diesen Beweis liefern, so würde damit ein weiterer Schritt zur Versöhnung der beiden gegnerischen Theorien getan sein. Und eine derartige Sachlage halte ich für durchaus denkbar.[1]

Um den Zusammenhang zu erklären, der zwischen den aus innewohnender Plastizität hervorgehenden Modifikationen der Körpergewebe und den Variationen germinalen Ur-

---

[1] In einem im *American Naturalist* im Juni und Juli 1896 erschienenen Artikel „A New Factor in Evolution" gibt Mark Baldwin sehr ähnlichen Anschauungen Ausdruck. Auch Henry Osborn bekennt sich in einem vor der New York Academy of Sciences gehaltenen Vortrag zu einer ähnlichen Theorie, die indes, wie er mir sagt, weniger Gewicht auf die Mitarbeit der Selektion legt.

sprungs zu bestehen scheint, möchte ich noch einmal auf den Pendelvergleich zurückkommen. Vorausgesetzt, daß Variationen nach äußerst zahlreichen verschiedenen Richtungen aufzutreten tendieren, möchte ich jede dieser Variationen einem Pendel vergleichen, der innerhalb eines kleinen Schwingungskreises schwingt. Der Organismus stellt, soweit Variationen in Betracht kommen, ein kompliziertes Aggregat solcher Pendel dar. Stellen wir uns nun vor, daß der Organismus eine erbliche Harmonie mit seiner Umgebung erreicht hat. Die Pendel schwingen alle innerhalb des kleinen Bogens, der die selbst unter Kindern derselben Eltern vorkommenden schwachen Variationen repräsentiert. Keines der Pendel kann seine Schwingung wesentlich vergrößern, denn da der Organismus eine erbliche Harmonie mit seiner Umgebung erreicht hat, so würde eine stark hervortretende Variation diese Harmonie bloß stören und zur Austilgung des betreffenden Individuums führen. Die natürliche Zuchtwahl sorgt demnach dafür, daß die Pendelschwingungen gewisse relativ eng gezogene Grenzen einhalten.

Vergegenwärtigen wir uns nun aber, daß die Umgebung sich ziemlich plötzlich verändert. Angeborene Variationen germinalen Ursprungs werden den neuen Ansprüchen nicht ohne weiteres gewachsen sein. Die Schwingung der betroffenen Pendel kann nicht so plötzlich verstärkt werden. Hier tritt nun die individuelle Plastizität auf den Plan, um einige Mitglieder der Rasse vor Austilgung zu bewahren. Sie passen sich den veränderten Verhältnissen durch eine Abänderung ihrer Körpergewebe an. Besitzen indessen keine Mitglieder der Rasse genügende innewohnende Plastizität, um diese Anpassung zu bewerkstelligen, so wird die Rasse aussterben, wie dies tatsächlich zu verschiedenen Malen im Laufe der geologischen Geschichte geschehen ist. Die starren Rassen sind unterlegen, die plastischen haben sich erhalten. Nehmen wir also an, daß gewisse Organismen sich den neuen Verhältnissen durch plastische Modi-

fikation ihrer Körpergewebe anpassen — z. B. durch eine angepaßte Verstärkung eines gewissen Knochengerüstes. Welches wird die Wirkung dieses Vorgangs auf die angebornen Variationen sein? Während die andern Pendel wie zuvor durch Selektion gehemmt werden, gewinnt die Schwingung desjenigen Pendels, der jene Variation im Knochenbau repräsentiert, eine neue Intensität. Dieser Pendel bleibt ungehemmt und bewegt sich in weit ausholenden Schwingungen. Angeborene Variationen von gleicher Richtung wie die angepaßte Modifikation werden das Ihre zum Besten des betreffenden Individuums beitragen. Sie liefern eine angeborene Prädisposition für die Erstarkung jenes Teils, der für das Überleben wichtig ist. Variationen entgegengesetzter Richtung, die der angepaßten Modifikation entgegenarbeiten, sind natürlich entsprechend schädlich und werden infolgedessen ausgemerzt. Bleiben nun die neuen Verhältnisse viele Generationen hindurch konstant, so wird die angeborene Variation nach und nach dieselbe Verstärkung des Knochenbaus, die zunächst provisorisch durch plastische Modifikation eingeführt wurde, zu einem erblichen Charakter gestalten. Die Wirkung ist genau die gleiche, die stattfinden würde, wenn die betreffende Modifikation auf direktem Wege in schwacher, aber akkumulierender Potenz übertragen würde; sie wird aber tatsächlich auf eine Weise erreicht, die keine solche Übertragung involviert.

Fassen wir einen konkreten Fall ins Auge: Nehmen wir an, daß bei der Entwicklung der Gattung Pferd es sich für diese Gruppe von Wirbeltieren als günstig erwies, daß die mittleren Zehen jedes Fußes sich bedeutend verstärkten, während die seitlichen Zehen an Größe zurückstanden; nehmen wir ferner an, daß dieses Verhältnis aus einer adaptiven, durch den stärkeren Gebrauch der Mittelzehen und den verhältnismäßigen Nichtgebrauch der Seitenzehen entstandenen Modifikation hervorgegangen ist. Die Variationen an diesen Zehen wurden nicht mehr unterdrückt

oder ausgemerzt. Jede eventuelle angeborene Prädisposition zu einer vermehrten Entwicklung der Mittelzehen und zu einem verminderten Umfang der Seitenzehen trug nun dazu bei, die adaptive Modifikation zu unterstützen und ihre noch vorhandenen Mängel zu beseitigen. Jede angeborene Prädisposition in entgegengesetzter Richtung drohte die adaptive Modifikation zu hemmen und ihre Wirksamkeit zu untergraben. Die erstere setzt sozusagen die Modifikation auf ein erhöhtes Niveau und verschafft ihr die Möglichkeit, einen weiteren Schritt aufwärts zu tun, die letztere zwingt sie von einem tieferen Niveau auszugehen und verhindert sie, vorwärts zu schreiten. Wenn überhaupt natürliche Zuchtwahl besteht, so ist die Wahrscheinlichkeit, daß sie in dieser Weise vorgeht, sehr groß.[1]) Sie würde sich mithin längs der ihr von der adaptiven Modifikation vorgezeichneten Bahn bewegen. Modifikation übernimmt die Führung, Variation folgt auf ihren Spuren. Es kann kaum Wunder nehmen, daß wir so lange Zeit hindurch angenommen haben, daß die Modifikation als erbliche Variation übertragen würde. Eine solche Deutung der Tatsachen ist einfacher und einleuchtender. Aber einfache und einleuchtende Deutungen sind deshalb nicht immer korrekt. Und wenn solche einer näheren Prüfung im Lichte gründlicherer Kenntnisse nicht standhalten, sondern ernstliche Zweifel an ihrer Richtigkeit aufkommen lassen, so scheint es geraten, sich einer weniger einfachen und weniger einleuchtenden Deutung wenigstens provisorisch zuzuwenden.

In seinem Aufsatz über Germinalselektion sagt Weismann: „Ich möchte fast der Hoffnung mich hingeben, daß jetzt, nachdem eine andere Erklärung gefunden, eine Versöhnung und Vereinigung der widerstreitenden Meinungen nicht mehr allzufern sein möchte, und daß wir dann auf der neu gewonnenen Basis gemeinsam weiterbauen könnten."

---

1) Weismanns Germinalselektion — vorausgesetzt sie sei eine „vera causa" — würde hier als mitarbeitender Faktor zu denken sein und das Hervorbringen der nötigen Variationen unterstützen.

Als einer von denen, auf die Weismann anspielt, insofern als auch ich nämlich das Lamarcksche Prinzip als Hilfshypothese gelten ließ, schließe ich mich der von ihm ausgesprochenen Hoffnung an. Germinalselektion überzeugt mich nicht, obwohl ich sie als eine äußerst anregende Hypothese betrachte; und keineswegs überzeugt mich das Argument, daß, weil in bestimmten Fällen (z. B. bei den Änderungen in den Chitinteilen des Insekten- und Krustazeenskeletts oder den Zähnen der Säugetiere) Gebrauch und Nichtgebrauch keine Rolle gespielt haben, deshalb überhaupt keine Gebrauchsvererbung existiere. Doch scheint es mir, daß man nach der soeben skizzierten Anschauung sehr wohl die vom Anhänger der Vererbung erworbener Eigenschaften vorgebrachten Fälle akzeptieren und sie nach selektionistischen Prinzipien deuten kann.

Es wird sich empfehlen, zum Schluß die Hauptlinien dieser Gedankengänge in einer Anzahl numerierter Paragraphen festzulegen.

1. Außer dem, was im Bau des Körpers und seiner Art zu reagieren erblich definiert ist, erbt ein Organismus einen gewissen Schatz von angeborener Plastizität.

2. Die Selektion (oder natürliche Zuchtwahl) sichert:

a) die erbliche Definiertheit, soweit diese von Vorteil ist;

b) die angeborene Plastizität, soweit diese von Vorteil ist.

3. Sowohl die Eigenschaft a) wie die Eigenschaft b) sind gewöhnlich vorhanden; gleichförmige Verhältnisse tragen dazu bei, die erstere, wechselnde Verhältnisse die letztere zu verstärken.

4. Der Organismus ist unterworfen:

a) der Variation, die im Keim entspringt,

b) der Modifikation, die der Umgebung entspringt und auf das Soma oder Körpergewebe einwirkt.

5. Die Vertreter der Vererbung erworbener Eigenschaften sind der Meinung, daß eine in einer bestimmten Generation erworbene somatische Modifikation einer gewissen Richtung auf die Fortpflanzungszellen übertragen wird und so den

Ausgangspunkt für eine germinale Variation derselben Richtung in der nächsten Generation bildet.

6. Ich selbst habe hier die Möglichkeit erwogen, daß eine sich viele Generationen hindurch wiederholende Modifikation, selbst ohne auf den Keim übertragen zu werden, doch die Anregung zu germinaler Variation gleichen Charakters liefert.

7. Unter konstanten Lebensbedingungen merzt die natürliche Zuchtwahl, wenn auch Variationen verschiedenster Richtung bei einem seiner Umgebung harmonisch angepaßten Organismus auftreten, alle diejenigen aus, die ungünstig sind, und hält auf diese Weise die Variationen in bestimmten engen Grenzen.

8. Setzen wir voraus, daß eine Gruppe plastischer Organismen unter neue Bedingungen versetzt wird.

9. Es werden dann diejenigen, deren angeborene Plastizität sich der Gelegenheit gewachsen zeigt, Modifikationen erzeugen und überleben, diejenigen, deren Plastizität versagt, ausgetilgt werden.

10. Diese Modifikationen finden in manchen Fällen in einer Reihenfolge von Generationen statt, werden aber als solche nicht vererbt. Es gibt keine Übertragung der Wirkungen der Modifikation auf die Keimsubstanz.

11. Hingegen werden Variationen, die sich in derselben Richtung wie die Modifikationen bewegen, nicht mehr unterdrückt, sondern es wird ihnen volle Entfaltungsmöglichkeit gewährt.

12. Variationen von einer diesen Modifikationen entgegengesetzten Richtung tragen dazu bei, die letzteren zu hemmen und den Organismus, in dem sie auftreten, dem Untergang zu überliefern.

13. Variationen von einer diesen Modifikationen entsprechenden Richtung tragen dazu bei, die letzteren zu unterstützen und den Organismus, in dem sie auftreten, zu fördern.

14. Auf diese Weise wird eine ererbte Prädisposition zu den betreffenden Modifikationen entstehen.

15. Je länger dieser Prozeß fortläuft, desto ausgesprochener wird diese Prädisposition, desto stärker die Tendenz der ererbten Variationen, in allen Beziehungen den beharrlichen plastischen Modifikationen zu entsprechen.

16. Da die Plastizität weiter fortbesteht, erreichen die Modifikationen eine immer vollkommenere Anpassung.

17. Somit übernimmt die plastische Modifikation die Führung, und die germinale Variation folgt ihr nach; die erstere pflastert der letzteren den Weg.

18. Die natürliche Zuchtwahl strebt dahin, die Variabilität in gegebenen günstigen Bahnen weiterzuleiten, sobald erst einmal ein Anstoß gegeben ist; denn a) führt die beständige Ausmerzung von Variationen zu einer Auslese des relativ Invariabeln, wohingegen b) die Erhaltung der nach einer bestimmten Richtung weisenden Variationen zu einer Auslese des in dieser Richtung Variablen führt. Die Paläontologen Lamarckscher Observanz übersehen nur zu leicht diese Tatsache, daß natürliche Zuchtwahl bestimmt gerichtete Variationen erzeugt.

19. Der Vertreter der Vererbung erworbener Eigenschaften heftet seine Aufmerksamkeit zuerst auf die Modifikation und sodann auf die Tatsache, daß gewisse organische, den durch Modifikation entstandenen gleichende Wirkungen allmählich erblich stereotypiert werden, und zieht daraus den Schluß, daß die Modifikation als solche vererbt werde.

20. Ich selbst aber habe in meinen vorstehenden Ausführungen die Möglichkeit erwogen, daß die Modifikation als solche nicht vererbt wird, wohl aber die Bedingung bildet, welche angeborene Variationen begünstigt und ihnen Gelegenheit bietet, sich im Organismus einzubürgern und so nach und nach ein hohes adaptives Niveau zu erreichen. Wenn wir bedenken, daß plastische Modifikation und germinale Variation gleichzeitig längs der ganzen Linie organischer Entwicklung auf das gemeinsame Ziel der Anpassung hingearbeitet haben, so wird es uns schwer zu

glauben, daß beide Faktoren gänzlich unabhängig von einander vorgegangen sein sollten. Wenn nun auch die vom Anhänger der Vererbung erworbener Eigenschaften vertretene Abhängigkeit abgelehnt wird, so verlohnt es sich doch vielleicht, der hier angeregten Hypothese einer indirekten Abhängigkeit einige Aufmerksamkeit zu schenken.

Ich möchte zum Schluß nur noch in wenigen Worten auf die Beziehungen der obigen Diskussion zu unserm Hauptthema, Instinkt und Gewohnheit, zurückkommen. Gewohnheiten sind ihrem Wesen nach individuelle Modifikationen, die aus einer intelligenten Anpassung an die Lebensbedingungen hervorgehen; Instinkte entspringen dagegen angeborenen Variationen germinalen Ursprungs. Instinktive Tätigkeiten laufen indes so oft in der von angepaßter Gewohnheit vorgezeichneten Bahn, daß es nicht Wunder nehmen darf, daß es viele Menschen gibt, die in dem Instinkt nicht weniger und nicht mehr als eine vererbte Gewohnheit erblicken. Gewisse Flugmethoden, eine bestimmte Art zu baden, zu werben, bestimmte sonstige Typen des Benehmens, der Tätigkeiten und Lebensmoden können sehr wohl ihrem Ursprung nach Gewohnheiten sein, sich später aber zu mehr oder minder definierten Instinkten umgewandelt haben. Es erscheint indessen, daß, so lange als wir die natürliche Zuchtwahl als einflußreichen Faktor der organischen Entwicklung ansehen und so lange es nicht gelingt, gute Beweise für das Instinktivwerden einer Gewohnheit unter Ausschluß der natürlichen Zuchtwahl aufzubringen, wir, angesichts der biologischen Schwierigkeiten, die der Annahme einer direkten Übertragung erworbener Eigenschaften im Wege stehen, wohl berechtigt sind, eine Hypothese wie die soeben skizzierte aufzugreifen. Dieser Hypothese liegt die Anschauung zugrunde, daß, obwohl ein Zusammenhang zwischen Gewohnheiten und Instinkten besteht, dieser Zusammenhang kein direkter und auf aktiver Übertragung beruhender, sondern ein indirekter und sozusagen passiver ist.

XV. Kapitel.

Erblichkeit beim Menschen.

Eine Untersuchung, die sich mit Gewohnheiten und Instinkten beschäftigt, muß notwendigerweise auch die Frage
der Erblichkeit umfassen. Es wird von Interesse sein zu
erforschen, ob die von uns gezogenen Schlüsse uns bei der
Deutung der Erscheinungen des menschlichen Lebens von
Nutzen sein können und ob andrerseits unsere Kenntnisse
von der Erblichkeit beim Menschen irgend ein Licht auf
die Probleme der Erblichkeit in der Tierwelt werfen.

Zu diesem Zwecke dürfte es angebracht sein, die wichtigsten unserer Schlußfolgerungen noch einmal Revue passieren zu lassen. In größter Kürze zusammengefaßt stellen
sie sich folgendermaßen dar:

1. Die als instinktiv bezeichneten Tätigkeiten werden
durch eine verhältnismäßige Bestimmtheit (Definiertheit)
der motorischen Koordination charakterisiert, die wahrscheinlich von einer ererbten Struktur der subkortikalen
Hirnzentren und des Rückenmarks abhängig ist. Unter
passenden Bedingungen löst ein Reiz, ohne daß irgendwelche Belehrung oder Erfahrung vorangegangen ist, eine
entsprechende Tätigkeit aus.

2. Die instinktive Reaktion als solche ist unbewußt; die
Ausübung der instinktiven Tätigkeit liefert indessen auf
zentripetalem Wege dem Bewußtsein Material.

3. Die Komponenten dieses Materials werden durch Assoziation mit den seitens der speziellen Sinnesorgane gelieferten verknüpft.

4. Neben den koordinierten zentrifugalen Nervenerregungen, die nach den bei der instinktiven Reaktion beteiligten motorischen Organen hinströmen, existieren koordinierte zentrifugale Nervenerregungen, die nach den inneren Organen (oder Viszera) — Herz, Blutgefäßen, Lungen und Atmungsorganen, Verdauungsorganen, Drüsen, Haut usw. — hinströmen.

5. Von den auf diese Weise innervierten und in Tätigkeit versetzten Organen ergießen sich nun zentripetale Erregungen in das Sensorium. Diese liefern die primären Daten zu jenen Bewußtseinszuständen, die man als Gefühle oder Affekte bezeichnet. Diese Daten werden durch Assoziation mit den durch die speziellen Sinnesorgane und die motorischen Reaktionen gelieferten verknüpft. Die Affekte sind insofern instinktiv, als die koordinierten zentrifugalen Erregungsströme von gleicher Art sind wie die bei der instinktiven Reaktion beteiligten.

6. Die Bewußtseinsdaten sind sämtlich zentripetalen Ursprungs und können sämtlich (ob nun sensorischen, motorischen oder viszeralen Charakters) Lust- oder Unlustfärbung zeigen.

7. Die Fähigkeit der Assoziation, durch welche die Bewußtseinsdaten in der Erfahrung verknüpft werden (so daß bei der Wiederkehr gewisser Daten eine Wiedererweckung anderer assoziierter Daten ermöglicht wird), ist angeboren. Ebenso ist die Empfänglichkeit für Lust und Unlust angeboren.

8. Die Funktion der höheren Hirnzentren, die durch zentripetale Erregungen in Aktion versetzt werden, übt gleichzeitig eine Kontrolle über die niederen Hirnzentren aus, die sich in einer durch Erfahrung bedingten Verstärkung oder Hemmung der automatischen Tätigkeit dokumentiert.

9. Erworbene Tätigkeiten sind solche, deren tadelloses Funktionieren, deren Vollendung erst durch die Ausübung einer Kontrolle erreicht wird.

10. Instinktive Vollendung ist ererbt und geht der Erfahrung voraus. Erworbene Vollendung ist ein Produkt der Erfahrung und nicht ererbt, wird aber allerdings durch angeborene Fähigkeiten und Empfänglichkeiten erst möglich gemacht.

11. Die häufige Wiederholung erworbener Tätigkeiten erzeugt den sekundären Automatismus der Gewohnheit, der sich dergestalt von dem primären Automatismus des Instinkts unterscheidet.

12. Impuls ist die Tendenz des Organismus, seine instinktiven oder gewohnheitsmäßigen Tätigkeiten unter der Voraussetzung entsprechender innerer Bedingungen und äußerer Reize zu betätigen. Das begleitende Bewußtsein entstammt zentripetalen Erregungen.

13. Imitatives Benehmen kann entweder 1. instinktiv sein, und zwar wenn der durch die Folgen der Tätigkeit eines andern Individuums erzeugte Reiz eine ererbte Reaktion gleicher Art hervorruft; oder 2. intelligent, und zwar wenn eine bewußte Wahl der imitierten Handlung oder ihrer Folgen vorliegt. Diese letztere Art imitativen Benehmens beruht auf einem angebornen Lustgefühl, das zutage tritt, wenn die von dem nachahmenden Individuum erreichten Resultate dem Vorbild gleichen.

14. Intelligenz bedingt echte Wahlhandlungen. Und der Gang der geistigen mit der Ausübung von Wahlhandlungen einhergehenden Entwicklung muß scharf von der, der natürlichen Zuchtwahl unterstellten organischen Entwicklung unterschieden werden.

15. Gleiche Tätigkeiten können 1. de novo durch die Individuen aufeinanderfolgender Generationen und deren ähnelnde Ausübung intelligenter Wahlhandlung erzeugt, 2. durch Überlieferung d. h. instinktive oder bewußte Nachahmung der Alten seitens der Jungen weitergegeben, 3. als ererbtes instinktives Benehmen übermittelt werden.

16. Es ist eine wichtige, aber schwierig zu lösende Frage, ob die gleichen Tätigkeiten von verschiedenen Generationen

zugehörigen Individuen entweder de novo erworben oder durch Überlieferung oder schließlich auf erblichem Wege weitergegeben werden.

17. Wir besitzen keine vollgültigen Beweise, daß der sekundäre Automatismus der Gewohnheit durch Vererbung weitergegeben und auf diese Weise in den primären Automatismus des Instinkts umgewandelt wird.

18. Doch gibt es Fälle, wo ein meist als instinktiv angesehenes Benehmen — so z. B. das Sich-Verwundetstellen gewisser Vögel — eine auffallende Ähnlichkeit mit einem aus erworbener Intelligenz hervorgehenden Benehmen zeigt.

19. Obwohl eine direkte Übertragung erworbener Charaktere nicht erwiesen ist, scheint es doch, als ob erworbene Modifikationen des Körperbaues ererbte Variationen ähnlicher Richtung begünstigen, während abweichende Variationen durch die natürliche Zuchtwahl ausgemerzt werden.

20. Eine Abwägung der vorliegenden Tatsachen legt die Anschauung nahe, daß instinktives Benehmen ein Produkt der mit Variationen germinalen Ursprungs operierenden Zuchtwahl ist, ohne daß dabei eine direkte Vererbung erworbener Modifikationen des Körperbaues beteiligt zu sein braucht.

Dieses wären in kurzen Umrissen die Schlußfolgerungen, zu denen wir gekommen sind. Es gibt indessen noch einen andern Standpunkt zu den Problemen der Erblichkeit und Erwerbung, dem wir unsere Aufmerksamkeit widmen müssen, ehe wir vom Leben der Tiere zum Leben des Menschen übergehen. Zwei wichtige Prozesse sind es nämlich, mit denen sich der Begriff der Erwerbung verbindet: wir erwerben Erfahrung und wir erwerben Geschicklichkeit. Die erstere umfaßt die Korrelation zentripetaler Eindrücke seitens der speziellen Sinnesorgane, der motorischen Organe und der inneren (oder viszeralen) Organe. Die letztere umfaßt die mehr oder weniger feine Koordination zentrifugaler Impulse nach den Viszeralorganen und den motorischen Organen, also sowohl nach den Organen, welche die

Affekte bedienen, als nach denjenigen, die bei den äußeren Tätigkeiten beteiligt sind. Wenn wir also den Ausdruck „Erfahrung" auf die Korrelation zentripetaler Daten, gleichviel, aus welcher Quelle sie strömen, anwenden, so heißt das soviel, als daß Erfahrung durchaus als Objekt der Erwerbung zu betrachten ist. Um die Sache nochmals durch einen einfachen Fall zu illustrieren: wenn ein schlechter Geschmack oder der Schmerz des Stiches mit Farbe und Form irgend einer Raupe oder eines Insekts assoziiert wird, so scheint keine erbliche Mitgift einer solchen Assoziation vorzuliegen, kein ererbtes Vorempfinden des schlechten Geschmacks beim Anblick von Form oder Farbe des betreffenden Tiers. Die assoziativen Grundlagen können bloß durch die individuelle Erfahrung geliefert werden, sie sind durchaus Angelegenheit der Erwerbung. Die Erblichkeit hat mit ihnen nicht mehr zu schaffen, als daß sie die nötigen Fähigkeiten liefert. Andererseits kann jedoch die Koordination der zentrifugalen Impulse eine fix und fertig angeborene sein, und ist es auch sehr häufig. Sie kann jedoch auch sein und ist es häufig das Resultat individueller Erwerbung. Während daher Erfahrung in allen Fällen erworben ist, ist motorische Koordination in manchen Fällen ererbt, in andern erworben. Wenn dieser Satz weiteren Untersuchungen und kritischen Experimenten Stand halten sollte, so dürfte er eine wichtige Demarkationslinie abgeben. Wir dürfen erwarten, noch weitere und ausgiebigere Zeugnisse ererbter Koordinationen von ausgesprochen definitivem Charakter zu finden, nicht jedoch irgendwelche Zeugnisse ererbten Wissens. Koordination kann in überraschend vollkommener Form instinktiv vorhanden sein; Wissen jedoch und was man als dessen Vorläufer bezeichnen kann: der Bestand an mannigfach verknüpften Eindrücken entwickelt sich zwar aus einer angebornen Fähigkeit, verdankt aber seine eigentliche Ausbildung der individuellen Erfahrung.

Wir sind nun endlich in der Lage, das Verhältnis zwischen Ererbtem und Erworbenem beim Menschen einer

Prüfung zu unterziehen. Die erste Tatsache, eine Tatsache ziemlich allgemeiner und umfassender Art, die uns frappiert, ist der Umstand, wie weit bei der erblichen Mitgift des Menschen die rein instinktiven Tätigkeiten hinter den angebornen Fähigkeiten zurücktreten. Niemand wird der Behauptung widersprechen, daß dem Menschen eine angeborne Kraft der Anpassung eigen ist, die ihn in den Stand setzt, sich mit einer Umwelt von außerordentlicher Kompliziertheit und von ganz spezialisiertem Charakter abzufinden. An fix und fertigen instinktiven Handlungen ist er jedoch ärmer, als vielleicht irgend ein anderer Organismus. Frägt man nun, ob der Mensch eine große oder eine kleine Mitgift von Instinkten besitzt, so wird die Antwort von der präzisen Deutung des Begriffes „Instinkt" abhängig sein. Wenn wir die angeborene Vollkommenheit einer Tätigkeit als charakteristisch für den Instinkt ansehen, so werden wir Darwin zustimmen[1], wenn er behauptet, daß „die geringe Zahl und verhältnismäßige Einfachheit der Instinkte bei höheren Tieren, im Vergleich zu denen der niederen Tiere, auffallen muß"; und mit Romanes, bei dem es (a. a. O.) heißt, daß „der Instinkt eine größere Rolle in der Psychologie der meisten Tiere, als in der des Menschen spielt." Wenn wir hingegen den Begriff „Instinkt" etwas weiter fassen und das hinzurechnen, was wir weiter oben als angeborne Fähigkeit" bezeichnet haben, so werden wir mit Wundt[2] übereinstimmen, wenn er sagt, daß „das Leben ganz und gar von instinktiven Tätigkeiten durchsetzt sei, die freilich zum Teil durch die Intelligenz und den Willen mitbestimmt werden"; auch werden wir uns nicht allzusehr im Widerspruch zu James[3] befinden, der dem Menschen „alle Impulse, welche die Tiere besitzen, und noch eine Menge darüber" zuschreibt. „Die höheren Tiere", so fährt er fort, „besitzen eine große Anzahl von Impulsen, z. B. Nasch-

---

1) Ch. Darwin, Abstammung des Menschen, Bd. I, 3. Kapitel.
2) Wundt, Vorlesungen über die Menschen- und Tierseele.
3) W. James, Principles of Psychology, Bd. II, S. 392, 393.

haftigkeit und Mißtrauen, Neugier und Ängstlichkeit; alle diese bezeichnet er als angeboren, zunächst blind und ungezügelt und sich in motorischen Reaktionen energischster Art Luft machend. Jeder dieser Impulse ist nun ein Instinkt nach der gewöhnlichen Auffassung des Wortes. Diese Impulse aber widersprechen einander vielfach, und es ist die 'Erfahrung', die im einzelnen Falle den Ausschlag gibt, welcher der siegreiche sein wird. Das Tier, das sie zum Ausdruck bringt, scheint zwar an instinktivem Benehmen einzubüßen, und ein zwischen Nichtwollen und Wollen geteiltes, mehr intellektuelles Leben zu führen, dies aber nicht, weil es keine Instinkte, sondern viel eher, weil es so viele Instinkte besitzt, daß sie sich gegenseitig den Weg versperren." Diese Theorie von der gegenseitigen Gleichgewichtserhaltung der instinktiven Tendenzen ist zweifellos geistreich. Es gibt indessen einen alten Spruch „de non apparentibus et non existentibus eadem est ratio". Und jedenfalls müssen, nach der von uns eingeschlagenen Deutungsmethode, Tätigkeiten — mögen sie auch fix und fertig angeboren sein — zunächst einmal objektiv manifestiert werden, ehe sie den Anspruch auf Aufnahme in die Klasse der Instinkte erheben dürfen.

Welches sind nun aber, im engeren Sinne des Wortes, die instinktiven Tätigkeiten des Menschen? Es scheinen dies größtenteils gewisse, das Niveau der Reflextätigkeit falls überhaupt, nur wenig überragende Verrichtungen zu sein, die ein Erbteil unsrer tierischen Natur bilden. Das Saugen und das Nehmen der Brust, das Festhalten am Finger des Erwachsenen oder an einem Stock, wie Louis Robinson[1]), gewisse Methoden des Kriechens auf allen Vieren, wie S. S. Buckman[2]) gezeigt hat; gewisse fürs Gehen koordinierte Beinbewegungen, ein frühes und wahrscheinlich instinktives Reagieren der Arme und Hände,

---

1) *Nineteenth Century*, November 1891.

2) *Nature*, November 8, 1894, Bd. LI, S. 31. Cf. *Nineteenth Century*, November 1894.

das verschieden ist, je nachdem ein Gegenstand innerhalb oder außerhalb des Bereichs derselben liegt, sowie eine Tendenz, die rechte Hand zu gebrauchen, sobald eine größere Kraftanstrengung erfordert wird (letzteres wurde von Mark Baldwin[1]) beobachtet und ist, soviel wir wissen, ein ausschließlich menschlicher Zug); dieses, sowie noch die sexuellen und einige gröbere Instinkte mit ihrer mehr oder minder bestimmten Betätigung, dürfte die Liste so ziemlich erschöpfen. Und sie enthält nur wenig, was geeignet wäre, ein Licht auf die Probleme zu werfen, deren Diskussion wir uns zur Aufgabe gesetzt haben, wenig was helfen könnte, uns für oder wider eine der zwei großen rivalisierenden Theorien eines Lamarck oder Darwin zu entscheiden.

Unter anderem ist auch die Fähigkeit des Sprechens herangezogen worden, um als Zeugnis wesentlicher Art zu figurieren; fürs erste ist dabei aber nicht viel zu gewinnen, und die Auskunft, welche sie uns unter dem Kreuzverhör der Gelehrten gab, war nichts weniger als ausschlaggebend. Weismann hat zwar den Mangel jedes instinktiven Resultats der Gewohnheit zu sprechen als Argument gegen die Vererbung erworbener Charaktere ins Treffen geführt. „Nicht einmal unsere Kinder sind imstande von selbst zu sprechen; und trotzdem haben ihre Eltern, nein mehr als das, eine lange Linie von Vorfahren, nie aufgehört, ihr Gehirn nach dieser Richtung hin zu drillen, und ihr Sprachorgan zu vervollkommnen. Aus diesem einen Umstand allein sind wir zu zweifeln berechtigt, ob erworbene Fähigkeiten im eigentlichen Sinne des Worts je vererbt werden können." Romanes[2]) brachte als Antwort hierauf ein allgemeines Argument zur Geltung, das die Kompliziertheit der Sprache, ihren Zusammenhang mit den intellektuellen Kräften des Menschen und die sich daraus ergebende Unwahrschein-

---

1) M. Baldwin, Mental Development in the Child and the Race, S. 54 und 64.

2) Romanes, Darwin and after Darwin. Bd. II. S. 335, 336.

lichkeit, daß der Gebrauch bestimmter Worte erblich werden könnte, zum Gegenstand hatte. Er fragt hierauf, „ob
denn nicht die Tatsache vorliegt, daß die allen Sprachen
gemeinsame Eigenschaft — die Vereinigung von Vokalen
und Konsonanten zu dem, was wir als artikulierte Silben
kennen — daß diese Eigenschaft also in der Tat instinktiv
ist? Noch längst ehe ein kleines Kind den Sinn der Worte
zu verstehen vermag, fängt es an, artikulierte Silben zu stam-
meln; und ich glaube nicht," fährt Romanes fort, daß in
dem gegenwärtigen Stadium der Weismannschen Kontro-
versen eine schlagendere Tatsache ins Treffen geführt werden könnte, als diejenige, auf die er selbst uns unbewußt
hingewiesen hat, nämlich, daß die Jungen des einzigen
sprechenden Tieres auch unter allen die einzigen sind, die
den Instinkt der Artikulation an den Tag legen."

Dieses Argument wurde gelegentlich einer Diskussion bei
der 1889 in Newcastle stattgefundenen Versammlung der
„British Association" durch das Gegenargument bekämpft,
daß, indem die Sprache den Menschen zu dem gemacht habe,
was er ist, auch die Artikulation unter die Gewalt der
natürlichen Zuchtwahl fallen müsse. Nur diejenigen, die
ein angebornes Vermögen der Artikulation besäßen, wären
befähigt, sich zu einer Rasse von Sprechern zu entwickeln.
Romanes benützt diesen Fall als eine Illustration dessen,
was er als die „Entgleitbarkeit" der Weismannschen Theorie
bezeichnet. Zuerst wird der Mangel eines instinktiven Pro-
dukts der langjährigen Sprachgepflogenheit als Zeugnis
dafür angeführt, daß erworbene Charaktere nicht vererbt
werden; und dann, wenn wir zeigen, daß das einzige Element der artikulierten Sprache, von dem wir vernünftigerweise erwarten können, daß es vererbt werde, die artikulierte Silbe, in der Tat vererbt wird, vernehmen wir die
Antwort, daß dies ein unter den Einfluß der natürlichen
Zuchtwahl fallender angeborener Charakter sei. Wenn aber
die Selektionisten derart ihren Standpunkt verschieben und
neue Verteidigungslinien aufnehmen, so geht uns dies hier

nichts an. Die Frage ist nur, ob ihre neue Verteidigungslinie wertvoll und haltbar ist oder nicht. Ich bin der
Meinung, daß, falls die natürliche Zuchtwahl mitgeholfen
hat, den Menschen aus irgend einer niedrigeren Lebens-
form emporzuheben, das Argument triftig ist. Die Fähigkeit
der Artikulation ist eine conditio sine qua non, wenn es gilt,
eine Rasse von Sprechern zu erzeugen; und wenn wir nicht
die natürliche Zuchtwahl überhaupt ausschalten, so ist das
Angeborensein dieser Fähigkeit und eine gewisse instinktive
Manifestation derselben gerade das, was nach Darwinschen
Anschauungen zu erwarten wäre. Falls andererseits hier
Gebrauchs-Vererbung vorliegt, so wäre dies gerade dasjenige, was nach Lamarck zu erwarten wäre. Alles in allem
genommen verfügen wir, wie das so oft der Fall ist, über
keine Tatsachen, die uns berechtigen, uns für eine der
beiden Hypothesen zu entscheiden. Was wir besitzen, sind
Dinge, die der einen oder der andern Ursache oder beiden,
falls beide als „verae causae" bestätigt werden sollten, zugeschrieben werden können.

Arbuthnot Lane[1]) hat seine Meinung dahin geäußert, daß
gewisse Beschäftigungen, wie z. B. die des Schusters und
Kohlenträgers, erkennbare Eindrücke am Skelett und andern
Körperteilen hinterlassen und daß diese Eindrücke vererbbar seien, da sie in der dritten Generation ausgesprochener
waren, als in der ersten. Und Sir William Turner teilt
Herdman mit, daß seiner Meinung nach die besonderen
Gewohnheiten eines Volksstamms, wie z. B. das Klettern
auf Bäume bei den Australiern und den Stämmen des
inneren Neu-Guinea, nicht nur jede Generation individuell
beeinflussen, sondern darüber hinaus eine, durch Einfluß
der Vererbung intensiver gestaltete Ausbildung zeigen.
Man könnte daraus den Schluß ziehen, daß mit erworbenen
Körperveränderungen auch erworbene Gewohnheiten sich
vererben. Doch fehlen uns hierfür die direkten Beweise,

---

[1]) *Journal of Anatomy and Physiology*, Bd. XXII, S. 215.

auch würde es zu weit führen, die Frage der erworbenen Körperveränderungen[1]) an dieser Stelle noch weiter zu erörtern.

Es scheint hiernach, als ob wir streng genommen wenig oder überhaupt keine verläßlichen Zeugnisse für die Verwandlung erworbener Gewohnheiten in sicher nachweisbare, angeborene Instinkttätigkeiten besäßen. Wir müssen uns deshalb der andern Seite der Vererbung zuwenden, nämlich den angeborenen Kräften oder Fähigkeiten, und müssen untersuchen, ob sich hier ein so auffallender Zuwachs angeborener Anlagen nachweisen läßt, daß man danach auf eine direkte Vererbung der erworbenen Fähigkeitszunahme schließen müßte.

Ich muß an dieser Stelle daran erinnern, daß die angeborene Fähigkeit dem Individuum ein zunächst ziemlich wenig spezialisiertes Vermögen gewährt, sich mit den besonderen Verhältnissen des Lebens, die sich seiner Erfahrung darbieten, abzufinden. Die Größe und Qualität dieser angeborenen Fähigkeit ist unfraglich bei verschiedenen Individuen eine schwankende. Ihre Spezialisierung und die besondere Art ihrer Anwendung wird durch die Umstände der persönlichen Entwicklung und durch die Umwelt, an die das Betreffende sich anzupassen hat, bestimmt. Diese Dinge dienen dazu, die angeborenen Fähigkeiten, deren rationelle Anwendung im Laufe des individuellen Lebens erworben wird, von der fix und fertig angeborenen Instinkttätigkeit zu unterscheiden, eine Unterscheidung, die ich bereits im Einleitungskapitel durch eine, den bürgerlichen Erbschaftsverhältnissen entnommene Analogie zu erklären versucht habe. Instinktive Tätigkeiten wurden damals dem Ver-

---

1) Gustav Retzius hat gezeigt („Biologische Untersuchungen", neue Folge, VII. 1895), daß die durch zivilisierte Gewohnheiten, z. B. den Gebrauch der Stühle hervorgerufenen Veränderungen des Körperbaus nicht vererbt werden, indem der Foetus die anzestrale Gestalt beibehält. Seine Argumente bezüglich der Vererbung von Gewohnheiten scheinen mir den Einfluß der Überlieferung etwas zu wenig zu berücksichtigen.

mächtnis besonderer Legate für ganz spezielle und verhältnismäßig engbegrenzte Zwecke verglichen, angeborene Fähigkeiten aber einer Erbschaft schlechthin, die man für alle vorkommenden, notwendigen Fälle, wie sie sich eben im Lauf des Lebens ergeben, in Anspruch nehmen kann. Wird solch ein notwendiger Fall zur Regel, so kann das Tier sozusagen seinen Bankier instruieren, eine besondere Summe für dessen Erledigung abzusondern und bereit zu halten. Diese Einrichtung ist indessen eine völlig persönliche Angelegenheit und in keiner Weise in den Erbschaftsbestimmungen vorgesehen. Das menschliche Kind erbt nun erstlich eine gewisse Anzahl spezieller Vermächtnisse; die Hauptmasse seiner Erbschaft aber besteht in einer unschätzbaren Summe angeborener Fähigkeiten, deren besondere Verwendung in seiner eignen Hand liegt, und die sonst nur noch den sozialen Verhältnissen, unter denen es aufwächst, und der Erziehung seiner Eltern und sonstiger Pfleger unterworfen ist.

Was wir demnach zu prüfen haben, ist, ob ein so auffallender Zuwachs an angebornen Fähigkeiten erweislich ist, daß wir deswegen auf eine direkte Vererbung einer erworbenen Tätigkeitszunahme schließen müßten, und ob die angeborenen Empfänglichkeiten eine Spezialisierung zeigen, die man gleichfalls dem Einfluß einer solchen Übertragung zuschreiben müßte. Eine angemessene Besprechung dieser Fragen würde ein Werk für sich in Anspruch nehmen; alles, was ich hier anstrebe, ist, eine Kontur der am meisten in die Augen springenden Züge einer Angelegenheit zu geben, die gerade durch ihre Fülle von Einzelheiten außerordentlich kompliziert erscheint.

Bei Betrachtung dieser Fragen müssen wir den Faden der Diskussion, der sich durch das Kapitel „Die Beziehungen zwischen physischer und psychischer Entwicklung" zieht, wieder aufnehmen. Die von uns dort gezogenen Schlüsse waren, wie man sich erinnern wird, die folgenden: Geistige Entwicklung als solche ist abhängig von in-

dividueller Wahl; innerhalb des ganzen Tierlebens dient sie materiellen Bedürfnissen und wird durch natürliche Zuchtwahl bedingt und kontrolliert; die Kontinuität der geistigen Entwicklung der Rasse wird durch physiologische Vererbungsprozesse aufrecht erhalten, und der Fortschritt der geistigen Entwicklung ist in erster Linie dem vereinigten Einfluß der Vererbung und Selektion auf Organismen mit geistigen Anlagen zuzuschreiben.

Ich muß an dieser Stelle Gewicht darauf legen, daß man sich die dienende Stellung, welche die psychische Entwicklung im Tierreich einnimmt vor Augen halte. Welches ist nun aber ihre Stellung im Leben des zivilisierten Menschen? Am besten, wir stellen den Fall in eine scharfe Antithese zu den Schlußfolgerungen der vorhergehenden Paragraphen. Während die psychische Entwicklung als solche noch abhängig ist von individueller Wahl, steht sie doch nicht mehr dauernd im Dienst materieller oder physiologischer Bedürfnisse; auch ist sie nicht mehr, oder doch nur in sehr begrenztem Maße durch Selektion bedingt und geleitet. Die Psyche befreit sich bis zu gewissem Grade von der Tyrannei der Organe und schafft sich neue Entwicklungsbahnen, die zwar stets in Übereinstimmung mit den natürlichen Gesetzen ihres eigenen Wesens stehen, aber gleichzeitig in Beziehung zu einer neuen Umgebung zu treten vermögen. Und obwohl die Kontinuität der psychischen Entwicklung innerhalb einer Rasse auf physischer Vererbung beruht, haben wir den geistigen Fortschritt im wesentlichen nicht einem vererbten Zuwachs psychischer Fähigkeiten, sondern der Übertragung der Resultate menschlicher Tätigkeit durch eine enorme Vervollkommnung der Tradition zuzuschreiben, derselben Tradition, die wir auch als einen Faktor im Tierleben kennen gelernt haben.

Wir müssen nun zunächst versuchen unsre Behauptung zu begründen, daß die psychische Entwicklung des zivilisierten Menschen nicht mehr ausschließlich im Dienste der

physiologischen Bedürfnisse steht, und daß sie nicht mehr, oder doch nur in sehr begrenztem Maße, durch Selektion bedingt oder kontrolliert wird. Der erste Teil dieser Behauptung ist so offenkundig und so allgemein anerkannt, daß er einer ins einzelne gehenden Erläuterung kaum bedarf. Bei zivilisierten Völkern jedenfalls hat die psychische Entwicklung das, was zur Erhaltung der rein physischen Existenz benötigt wird, weit hinter sich gelassen. Bei niedereren Völkern und wilden Rassen ist dies nicht so ausgesprochen der Fall, und zweifellos spielt bei ihrem Fortschritt die Selektion noch immer eine, wenn auch an Wichtigkeit abnehmende Rolle. Soweit wir es aber mit der zivilisierten Menschheit zu tun haben, erscheint uns die natürliche Zuchtwahl nicht mehr als ein Faktor von beherrschender Wichtigkeit. Die Mikrobe ist zwar trotz aller Vervollkommnung ärztlicher Heilkunst immer noch an der Arbeit, die Schwächlichen auszurotten; der Trunkenbold und der Lüstling arbeiten noch immer an ihrem eigenen physischen Untergang, dessen Endresultat in einer Austilgung des Trunkes und der Wollüstigkeit bestehen würde.[1] Die Gesellschaft befindet sich immer noch im Krieg gegen den Verbrecher, und macht alle Anstrengungen — die freilich oft genug durch die kurzsichtige Milde der öffentlichen Meinung gehindert werden — ihn auszurotten. Und wenn es uns auch fern liegt, alle diese Dinge gering zu schätzen, so müssen wir doch sagen, daß die natürliche Zuchtwahl im Leben der zivilisierten Menschheit nur eine untergeordnete Rolle spielt. Das Element der bewußten Wahl hat das der natürlichen Zuchtwahl vielfach in den Hintergrund gedrängt.

---

1) Ich habe diese Worte so stehen lassen, wie ich sie in dem Manuskript meiner „Lowell Lectures" vorfand. Seitdem hat G. A. Reid ein Werk „The Present Evolution of Man" herausgegeben, in welchem dieser Punkt mit äußerster Sorgfalt und Genauigkeit herausgearbeitet ist. Er behauptet dort, daß Trunkenheit und die exzessive Opiumsucht in Gegenden, wo der übermäßige Genuß dieser Laster zum tötlichen Untergang seiner ärgsten Sklaven geführt hat, langsam zurückzugehen beginne.

Bei dieser Diskussion brauchen wir, wohlverstanden, den Ausdruck „natürliche Zuchtwahl" in seinem rein biologischen Sinn, und nicht, wie man ihn jetzt öfters in Diskussionen über soziale Entwicklung anwendet, in einem allgemeineren, etwas verschwommenen und halb metaphorischen, indem man nämlich den Gegensatz zwischen der mit Ausmerzung des Untauglichen arbeitenden Zuchtwahl und der mit Hervorheben des Tauglichen arbeitenden intelligenten Wahl verwischt.[1]) Unter natürlicher

---

1) Wie ich schon hervorhob, versäumt es S. Alexander in seinen interessanten Untersuchungen über die Gegenstände der Ethik, die Grenze zwischen natürlicher Zuchtwahl und bewußter Wahl so scharf zu ziehen, wie es eigentlich geschehen sollte. „Der Kampf der natürlichen Zuchtwahl wird," schreibt Alexander, „innerhalb der Menschheit nicht gegen schwache oder untaugliche Individuen, sondern gegen deren Ideale und Lebensweise geführt. Die Zuchtwahl duldet nur das Aufkommen und Überhandnehmen derjenigen Lebensweisen, die mit dem Wohl der Gesellschaft vereinbar sind." „Überredung und Erziehung, und zwar ohne Mitwirken von Vernichtung ersetzen hier den Prozeß der Vermehrung der eigenen Spezies und Vernichtung der fremden, durch den innerhalb der Tierwelt die Arten stark und dauernd werden." Und weiterhin heißt es: „Die Überredung korrespondiert mit der Ausmerzung der Rivalen." Aber, wie Alexander selbst andeutet, ist die Überredung ein vorbereitendes Element der bewußten Wahl und nicht der natürlichen Zuchtwahl durch Ausmerzung. Wir suchen durch Überredung andere zu bestimmen, die Ideale zu wählen, die der Gegenstand unserer eigenen Wahl gewesen sind. Dies aber ist nicht natürliche Zuchtwahl, und die verschwommene Anwendung dieses Begriffs kann nur in einer allgemeinen Konfusion endigen. (S. „Moral Order and Progress" und den Artikel „Natural Selection in Morals" im *„International Journal of Ethics"* Bd. II. (1882) S. 409, 439. Es ist belehrend, Huxleys Behandlung ethischer und sozialer Probleme mit der Alexanders zu vergleichen. Niemand kann den neunten Band von Huxleys „Collected Essays", der von Entwicklung und Ethik handelt, lesen, ohne zu erkennen, daß er aufs klarste den Unterschied zwischen der Methode der natürlichen Zuchtwahl und der der bewußten Wahl erkannte, die in der sozialen Entwicklung an Stelle der ersteren tritt. Die durch seine „Romanes Lecture" erregte Kritik, und die wiederholten Anwürfe, daß er die naturwissenschaftliche Deutung ethischer Phänomene aufgegeben habe, zugleich mit seiner eigenen Verteidigung seiner Stellung in den, seinem neunten Bande vorausgeschickten

Zuchtwahl hat Darwin denjenigen Prozeß verstanden (den auch wir darunter verstehen sollten), durch den im Kampfe ums Dasein gewisse Individuen entweder getötet, oder was das wesentliche ist, verhindert werden, sich fortzupflanzen. Dieser Prozeß aber spielt, wie ich finde, im sozialen Fortschritt, z. B. unter unseren Verhältnissen, eine recht geringe und unwesentliche Rolle. Zweifellos gibt es ein scheinbar großes Kontingent, von untüchtigen Arbeitern, die in der scharfen Konkurrenz des Arbeitsmarktes unterliegen. Sind diese Leute aber in irgendeinem wesentlichen Grade der Ausmerzung durch den Tod oder der Verhinderung der Fortpflanzung verfallen? Vom Arbeitsmarkt sind sie vielleicht ausgeschlossen und überlassen es anderen, die tüchtiger sind als sie selbst, sich als taugliche Arbeiter zu behaupten. In diesem Sinne ist freilich die Selektion in allen Klassen der menschlichen Gesellschaft tätig. Vom biologischen Standpunkt aber kann die Rolle der natürlichen Zuchtwahl mit fast brutaler Deutlichkeit in dem einen Satz: „Zeugen oder Nichtzeugen, das ist die Frage" kondensiert werden. In diesem Sinne, und in diesem Sinne ausschließlich, dient die Zuchtwahl dem Rassenfortschritt. Und es ist in diesem Sinne, daß ich selbst den Ausdruck gebrauche, wenn ich die Überzeugung ausspreche, daß im Rassenfortschritt der zivilisierten Völker die natürliche Zuchtwahl eine ganz untergeordnete Stellung einnimmt. Wenn doch nur alle diejenigen, die biologische Begriffe auf soziale Phänomene anwenden, sich immerfort vor Augen hielten, daß die Essenz der natürlichen Zuchtwahl in der Verhinderung der Schwächlichen, der

Prolegomena, zeigt uns, wie überaus wichtig es ist, die Methode der bewußten Wahl von der der natürlichen Zuchtwahl zu trennen. Was wir in der sozialen Entwicklung, welche die Resultate menschlicher Wahlhandlungen verkörpert, anstreben, ist häufig sehr verschieden von dem, was natürliche Zuchtwahl allein hervorbringen würde. Unsere Ideale sind die Produkte einer psychischen Entwicklung, die sich aus den Banden der natürlichen Zuchtwahl befreit hat.

Untüchtigen, der in irgendeiner Art Untauglichen von einer Fortpflanzung ihrer Untüchtigkeit besteht, woraus logischerweise bei denen, die überdauern und sich weiterhin als Eltern an der Fortführung der Rasse beteiligen, ein erblicher Zuwachs von Tüchtigkeit erwächst — wenn man, sage ich, dies stets und bei jeder Diskussion solcher Fragen beachtete, so würde viel Gedankenverwirrung vermieden. Ich betone nochmals, daß ich in diesem Sinne der Selektion keine wichtige Rolle im Fortschritt unserer zivilisierten Rassen beimessen kann.

Was in der Tat stattfindet, ist eine gewisse selektive Anordnung unter denjenigen Individuen, die fortwährend zur Reife gelangen. Wie ich aber schon anderen Orts gezeigt habe[1]), ist es klar, daß diese Art von Selektion, ohne Beseitigung oder Ausschluß der Nichtgewählten, auf eine Veränderung des allgemeinen Niveaus der Fähigkeiten, zum Beispiel bei den Engländern von heutzutage, keinen Einfluß haben kann. Ja, mehr als das: wenn die Ausmerzung der Unintellektuellen in Wegfall kommt, und diese sich durch natürliche Fortpflanzung stetiger und stärker vermehren als die Intellektuellen, so muß das allgemeine Niveau der Fähigkeit nach rein selektionistischen Prinzipien sogar stetig im Sinken begriffen sein. Wie dem auch sei, eine Selektion ohne Ausmerzung, wie sie in der Tat vorkommt, kann nur zu einer Klassifikation der Individuen je nach ihrer Tüchtigkeit führen. Es teilt die Individuen in Klassen, das ist alles. Ich möchte dies durch einen analogen Fall erläutern. Fünfzig Jungen, die in eine öffentliche Schule aufgenommen werden sollen, warten im Schulzimmer auf ihre Examination. Vorläufig sind sie noch nicht klassifiziert, doch herrscht unter den Fünfzig ein gewisser Fähigkeitsdurchschnitt. Eine Woche später sind die Jungen auf verschiedene Bänke verteilt. Einige sind für höhere

---

1) Ll. Morgan, „Animal Life and Intelligence" S. 499, aus welchem Werke einiges Material zu diesem Kapitel entnommen ist.

Plätze ausgewählt worden, andere müssen sich mit tieferen begnügen. Trotzdem aber der Auswählungsprozeß, die Selektion, das Material klassifiziert hat, hat sie den Fähigkeitsdurchschnitt der fünfzig Jungen nicht geändert. Dieser kann nur dadurch verändert werden, daß eine gewisse Anzahl zurückgewiesen, also überhaupt nicht in die Schule aufgenommen wird. Dann wird sich allerdings der Fähigkeitsdurchschnitt der Übrigbleibenden gehoben haben. Ebensowenig erzeugt Selektion ohne Ausmerzung einen Rassenfortschritt.

Vielleicht könnte man die Auswanderung herbeiziehen, um durch sie Zeugnisse für die natürliche Zuchtwahl beim Menschen zu erlangen. Aber trotzdem sie zweifellos bei der Verteilung der menschlichen Individuen eine Rolle spielt, wird es doch nicht klar, in welcher Weise sie jene Ausmerzung, die wir als unerläßlich für die natürliche Zuchtwahl erkannten, unterstützen sollte. Jedenfalls verdient der Einfluß der Auswanderung eine weitergehende und gründlichere Untersuchung, als ihm bisher zuteil geworden. Aus den alten Zentren europäischer Zivilisation hat sich seit einigen Jahrhunderten ein Strom von Auswanderern nach fernen Gegenden ergossen. Was war der Einfluß dieses Vorgangs auf die alten Länder sowie auf die neuen? Er hat sich zweifellos mit der zunehmenden Leichtigkeit der Übersiedelung geändert. Die neuen Zentren haben einige wenige unserer Besten und viele unserer Schlechtesten an sich gezogen. In früheren Zeiten verließen die Unternehmenderen und Energischeren unsere Gestade; heutzutage wiegen vielleicht die verpfuschten Existenzen vor, oder um mich gewissenhafter auszudrücken, solche Individuen, die in unserem sozialen System keine passenden Existenzmöglichkeiten fanden. Da nun der Grad der Vermehrung, wenigstens in einigen der neuen Zentren ein rapideres Tempo zeigt als in den alten, so muß der Durchschnitt in allen Zentren zusammengenommen sich entsprechend geändert haben. Der Gegen-

stand ist ein zu umfassender, um so nebenher abgehandelt
zu werden. Aber es scheint mir, als ob die vorliegenden
Veränderungen eher aus dem Wechsel der Verteilung hervorgehen als aus der natürlichen Zuchtwahl im eigentlichen
Sinne.

Hat nun geschlechtliche Zuchtwahl im Sinne der individuellen Bevorzugung einen weitgehenden Einfluß? Darüber kann kein Zweifel herrschen, daß, wie es sich auch
bei den Tieren verhalten mag, beim Menschen eine individuelle Bevorzugung bezüglich der Paarung besteht. Bei
der Ehe im besten und höchsten Sinne wählt der Mann
die Frau seiner Ideale, sie, in der sich für ihn Schönheit
und Anmut, im physischen, ethischen und intellektuellen
Sinne verkörpern; und das Weib wählt seinerseits den idealen Gatten, der ihr an Kraft des Geistes und Körpers,
des Charakters und Wesens über die anderen hinauszu-
ragen scheint. Hierin liegt, vom Standpunkt der Entwicklung betrachtet, der Wert unseres Ehesystems.

Je fester das Ehebündnis, desto vorsichtiger werden die
Kontrahenten sein, eine gute und kluge Wahl zu treffen
und dabei nicht nur die Befriedigung natürlicher Impulse
sondern die lebenslange Verbindung miteinander ins Auge
fassen. Alles dieses zugegeben, werden wir uns doch gestehen müssen, daß die Ehe im praktischen Leben nicht
immer unter diesen Gesichtspunkten geschlossen wird. Es
bestehen eine Menge störender Elemente, die dem guten
Einfluß des Systems entgegenwirken. Und vom Standpunkt der Gesellschaft als großes Ganzes ausgehend,
haben wir uns zu fragen: wer wird nun durch solche
Selektion von dem Amte des Elternberufs ausgeschlossen?
Wir alle haben so oft in unserem Leben die liebens-
würdigsten und klügsten alten Jungfern und Junggesellen
angetroffen, und sind gleichzeitig — so blasphemisch das
auch klingen mag — so vielen Vätern und Müttern begegnet, die weder liebenswürdig noch klug waren, daß
wir gedrängt werden, zu bezweifeln, ob denn wirklich die

Vorzüge der Verheirateten die der Unverheirateten, durchschnittlich gerechnet, so stark überwiegen. Haben wir aber Recht mit diesem unseren Zweifel, so erweist sich der Einfluß der geschlechtlichen Zuchtwahl auf den Fähigkeitsdurchschnitt der menschlichen Gesellschaft als illusorisch, und wir können also diesen Faktor ebensogut wie den der Auswanderung beiseite schieben.

Gesetzt also, der Fähigkeitsdurchschnitt der zivilisierten Menschen sei ebensowenig von der natürlichen wie von der sexuellen Zuchtwahl beeinflußt und habe von diesen Faktoren keine Hilfe für seine progressive Entwicklung zu erwarten, worin haben wir dann die Möglichkeiten eines Rassenfortschritts zu suchen? Die erste und einfachste Antwort auf diese Frage pflegt zu lauten: in der erblichen Übertragung erworbener Fähigkeitsvermehrung. Es gibt einige, die behaupten, daß ohne die Vererbung erworbener Eigenschaften die geschichtliche Vergangenheit unserer Rasse unerklärbar und die Zukunft derselben hoffnungslos sei. Wenn man diese Leute aber zu bewegen sucht, überzeugende und vollgültige Beweise solcher Übertragung zu liefern, so steht das, was sie vorzubringen haben, in keinem rechten Verhältnis zu der Zuversicht ihrer Behauptungen. Ja, mehr als das: Die Frage drängt sich auf, ob denn der Zuwachs menschlicher Tüchtigkeit in einer Folge von Generationen überhaupt als feststehende Tatsache gelten darf? Wie wir bald sehen werden, gibt es gewissenhafte Denker, die durchaus nicht dazu neigen, diese Tatsache anzuerkennen. Haben diese mit ihrer Skepsis Recht, so erübrigt sich eine Prüfung der Lamarckschen Antwort, und wir hätten dann das Problem von einer anderen Seite zu fassen. Unsere neue These aber lautet, daß die Entwicklung von dem Organismus auf seine Umgebung übertragen worden ist. Irgendwo muß ein Zuwachs sein, sonst ist jede Entwicklung ausgeschlossen.

Betrachten wir von diesem neuen Gesichtspunkte aus die

soziale Entwicklung, so zeigt sich hier der Zuwachs in einer durch allmähliche Aufspeicherung erzeugten Erhöhung der sozialen Umgebung, der jede neue Generation sich anzupassen hat, und zwar ohne eine ursprünglich erhöhte Gabe der Adaptation. In der Weltgeschichte, in sozialen Traditionen, in den mannigfaltigen Erfindungen, die den wissenschaftlichen und gewerblichen Fortschritt unterstützen, in den Erzeugnissen der Kunst und den Lebensberichten edler Persönlichkeiten besitzen wir eine Umwelt, die gleichzeitig das Resultat geistiger Entwicklung und die Vorbedingung zur Entwicklung jedes individuellen Menschengeistes von heutzutage darstellt. Und niemand wird daran denken, die Tatsache zu bestreiten, daß diese Umwelt in stetiger, aufsteigender Entwicklung begriffen ist. Ganz so augenfällig ist es nicht, daß bei dieser Übertragung der Entwicklung vom Individuum auf die Umwelt die Fähigkeiten der Rasse im Stillstand verharren können, trotzdem die Leistungen der Rasse sich fortwährend, oft in großen Sprüngen, steigern. Dies ist keine neue Entdeckung. Buckle schreibt in seiner Geschichte der Zivilisation wie folgt[1]): „Wie es also auch mit dem moralischen und intellektuellen Fortschritt des Menschen stehen mag, so besteht er nicht in einem Fortschritt der natürlichen Begabung, sondern, wenn man so sagen darf, in einem Fortschritt der dazu gegebenen Gelegenheiten, d. h. in der Verbesserung der Umstände, unter welchen diese Begabung nach der Geburt ins Spiel kommt. Hierin aber liegt der Kernpunkt der ganzen Sache. Es ist kein Fortschritt der äußeren Fähigkeit, sondern der äußeren Begünstigung. Das in einem zivilisierten Lande geborene Kind ist wahrscheinlich dem unter Barbaren geborenen nicht überlegen; der Unterschied, der später in ihrer Handlungsweise entsteht, ist vielmehr, soviel wir wissen, nur eine Folge der äußeren Umstände, d. h. der Meinungen,

---

1) Buckle, Geschichte der Zivilisation, übersetzt von J. H. Ritter, (Berlin. L. Heilmann) I. Bd. S. 126.

des Wissens und des Umgangs, kurz der ganzen geistigen
Atmosphäre, in welcher die beiden Kinder aufwachsen.“
Zweifellos geht dies etwas zu weit. Es wäre wahrscheinlich treffender zu sagen, daß die Unterschiede natürlicher
Kapazität zwischen dem Kindchen der zivilisierten und
der unzivilisierten Rasse eine Folge der natürlichen Zuchtwahl, das übrige aber der „geistigen Atmosphäre“ zuzuschreiben sei. Und da, unserer Ansicht nach, die natürliche Zuchtwahl einen stets geringer werdenden Faktor
in der Entwicklung des zivilisierten Menschen darstellt,
ergibt es sich von selbst, daß der Wert der angeborenen
Unterschiede gleichfalls dauernd abnimmt.

Huxley[1]) sagte im Jahre 1863 vom Menschen: „er allein
besitzt die wunderbare Gabe verständlicher und vernünftiger Sprache, mittels welcher er im Laufe seiner viel-
hundertjährigen Existenz die Erfahrung, die bei anderen
Tieren mit dem Aufhören des individuellen Lebens fast
gänzlich zugrunde geht, langsam aufgespeichert und or-
ganisch verarbeitet hat.“ Man könnte mit Leichtigkeit
weitere Aussprüche dieses Sinnes sammeln. Auch Weismann erkannte deutlich die Beziehung dieser Tatsache
zu der Lamarckschen Frage, und zeigte in einem seiner
lichtvollsten Aufsätze, wie der Mensch, indem ihm die
Tradition zu Gebote steht, es vermag[2]), „auf jedem Gebiete seiner Geistestätigkeit die Geistesarbeit seiner Vorfahren da aufzunehmen, wo sie dieselbe gelassen haben
und sie fortzuführen“. Ungefähr gleichzeitig wurde diese
Frage in sehr durchdringender Weise von Ritchie in
seinem Aufsatz „Darwinism and Politics“ behandelt, wo er
behauptet, daß die Sprache imstande ist, Erfahrungen unabhängig von dem Mitwirken der Vererbung zu übermitteln. „Könnten wir nicht“, so fragt Ritchie[3]), „die

---

1) Th. Huxley, Zeugnisse für die Stellung des Menschen in der Natur.
Braunschweig 1863.　2) Weismann, „Aufsätze über Vererbung.“ 1889, S. 613.
3) „Darwinism and Politics“ 3. Auflage, S. 101. In demselben Aufsatz
befindet sich eine treffliche Kritik von Wallaces Behauptung, daß die

Zivilisation im allgemeinen als die Summe der Einrichtungen bezeichnen, die es den menschlichen Wesen ermöglichen, unabhängig von der Vererbung vorwärtszuschreiten?"

Nach dieser Anschauung vom menschlichen Fortschritt hält die organische Vererbung die Geisteskräfte, die den sich folgenden Generationen zur Bewältigung des immer höher entwickelten Bestandes geistiger Produkte dienen, auf einem mittleren Durchschnitt fest — ja vielleicht ist sogar ein leichtes Sinken dieses Durchschnitts wahrzunehmen. Diesen mittleren, vielleicht wie gesagt sogar abnehmenden Durchschnitt der Geisteskräfte, zugleich mit dem weiten Spiel der Variationen um ihn herum, haben wir aber der verhältnismäßigen Abwesenheit der natürlichen Zuchtwahl zuzuschreiben.

Es ist klar, daß wir es bei dieser, von der erblichen Übertragung unabhängigen Weitergabe von Erfahrungen mit einer ungeheuren Ausbildung jener Überlieferung zu tun haben, die wir auch im Leben der Tiere als einen, allerdings untergeordneten Faktor kennen gelernt haben. Der Punkt, auf den wir unsere spezielle Aufmerksamkeit richten müssen, ist aber der, ob sich, angesichts dieser Tatsachen, von einem Zuwachs menschlicher Geisteskräfte, auf den sich ein Argument für erbliche Übertragung gründen ließe, bei den zivilisierten Völkern reden läßt. Als ich 1890 über diese Dinge schrieb[1]), habe ich mich darüber mit einer gewissen Vorsicht geäußert. Bezüglich der Ver-

großen Gehirne der Wilden nach der Theorie der natürlichen Zuchtwahl nicht zu erklären seien. Das große Gehirn war nötig, um eine komplizierte Umwelt zu bewältigen, das noch etwas größere der zivilisierten Völker, um eine Umwelt von einer verschiedenen Art der Kompliziertheit zu bewältigen, und es ist diese Umwelt viel eher als die Gehirnkraft, die gegenwärtig bei zivilisierten Völkern eine Entwicklung erfährt. Unglücklicher Weise entgeht Ritchie nicht ganz dem Irrtum, die Resultate bewußter Wahl mit den Resultaten natürlicher Zuchtwahl zu identifizieren.

1) C. Ll. Morgan, „Animal Life and Intelligence", S. 500, 501.

teilung von Kenntnissen sprach ich die Meinung aus, daß diese, obwohl sie der Intelligenzmühle mehr Mahlkorn zuführen, doch nicht imstande sind, den Vortrefflichkeitsgrad der Mühle selbst zu heben. Es gibt mehr zu mahlen, doch verbessert dieser Umstand nicht unbedingt den Mahlapparat an sich. Sollte er indessen doch die Mühle verbessern, so spräche dieser Umstand zugunsten der Lamarckschen und gegen die Darwinsche Hypothese. Oder, um mich einer anderen Analogie zu bedienen, die Verbreitung und Aufspeichernng von Kenntnissen bringt, wenn sie auch den Vorrat an zugänglichen Nahrungsstoffen vermehrt, nicht zugleich eine größere Kraft mit sich, diese Nahrung zu verdauen. Verbessert sie aber wirklich die Fähigkeit der Assimilation, so kann das nur auf Grund eines vererbten Zuwachses an Verarbeitungskraft der Fall sein. Man kann mir hier entgegenhalten, daß wir durchaus keine vollwertigen Zeugnisse dafür besitzen, daß sich das durchschnittliche Intelligenzniveau der Engländer von heute gegen das zur Zeit der Tudors bestehende gehoben habe. Wäre der Einwand richtig, so fiele jedes Argument für die erbliche Übertragung in sich zusammen. Da ich selbst nicht den Wunsch habe, in dieser Frage irgend welche Dogmen aufzurichten, so gebe ich nur die Gründe an, die mich zu der allgemeinen Annahme veranlaßt haben, daß der intellektuelle Fortschritt der Engländer in den — sagen wir einmal — dreihundert letzten Jahren teilweise der Vererbung individuell erworbener Fähigkeiten zuzuschreiben sei.

Ich muß gestehen, daß diese allgemeine Annahme seitdem eher schwächer als stärker geworden ist. Leute, die ein gewisses Anrecht darauf haben, über diesen Punkt eine Meinung abzugeben, betrachten die von mir angenommene Hebung des durchschnittlichen Niveaus der Fähigkeiten als zum mindesten sehr zweifelhaft. Kidd hat in seiner „Social Evolution" einige Zeugnisse gesammelt; er erwähnt u. a. folgenden Ausspruch Gladstones

in einem Gespräch mit Herrn Stead[1]): „Ich sage zuweilen, daß ich nicht denjenigen Fortschritt in der Entwicklung· der menschlichen Gehirnkräfte bemerken kann, den man eigentlich erwarten könnte . . . Gewiß ist Entwicklung ein langsamer Prozeß, aber ich sehe überhaupt keinen solchen Prozeß. Ich glaube, daß wir schwächer und nicht stärker sind als die Menschen des Mittelalters. Ja, ich möchte sagen, als die Menschen des sechzehnten Jahrhunderts. Die Menschen des sechzehnten Jahrhunderts waren starke Menschen, stärker an Gehirnkraft, als unsre heutigen." Kidd selbst äußert sich wie folgt[2]): „Nicht nur ist es wahrscheinlich, daß die durchschnittliche geistige Entwicklung der Rassen, die zu den siegenden im Daseinskampfe der Gegenwart gehören, niedriger steht als die Entwicklung einiger Völker, die schon lange aus dem Wettkampf des Lebens ausgeschieden wurden, sondern wir haben auch Ursache anzunehmen, daß der intellektuelle Durchschnitt der aufeinander folgenden Generationen unseres eigenen Zeitalters keine Tendenz zeigt, sich über die unmittelbar vorangehenden Generationen zu erheben." Hierauf zitiert der Autor mit sichtlicher Zustimmung folgenden Passus aus einem Artikel von Bellamy[3]): „Alles, was an den Produktionen der Menschen von heute über das hinausgeht, was ihre höhlenbewohnenden Vorfahren hervorbrachten, ist das Verdienst der aufgespeicherten Handlungen, Erfindungen und Verbesserungen der dazwischenliegenden Generationen, sowie des sozialen und industriellen Apparats, der ihr Vermächtnis bildet." Kidd leitet hieraus ab, daß die soziale Entwicklung nicht in erster Linie eine intellektuelle sei. Mir aber scheint die hauptsächliche Folgerung, die wir aus diesen Tatsachen, vorausgesetzt, daß sie auf Wahrheit beruhen, zu ziehen

---

1) *Review of Reviews.* April 1892. Zitiert in „Social Evolution", S. 256.   2) Kidd, Social Evolution, S. 255.

3) *Contemporary Review,* Januar 1890. Zitiert in „Social Evolution", S. 267.

haben, nicht die zu sein, daß soziale Entwicklung nicht in erster Linie eine intellektuelle Angelegenheit ist, sondern daß die intellektuelle Entwicklung, gleichviel ob von primärer oder sekundärer Wichtigkeit, nicht das Resultat eines Zuwachses menschlicher Fähigkeit, sondern vielmehr das Resultat einer Aufspeicherung und Ansammlung in der von dem Menschen selbst geschaffenen Umwelt ist.

In Bezug auf die intellektuelle Entwicklung behauptet Kidd, daß die natürliche Zuchtwahl diese, wenn überhaupt, nur in sekundärem Grade, sozusagen beihilfsweise beeinflußt. Soweit stimmen wir mit ihm überein, weiter aber nicht. Denn er behauptet nun, daß die natürliche Zuchtwahl den Menschen als moralisches Agens beeinflusse. „Die natürliche Zuchtwahl scheint", so behauptet er, „stetig innerhalb der Rasse auf die Entwicklung jenes Charaktertyps hinzuwirken, der den Einflüssen altruistischer Mächte am stärksten und willigsten folgt; das heißt soviel, als daß sie in erster Linie die Hervorbringung religiöser Charaktere begünstigt, die intellektuellen Charaktere aber erst als sekundäres, mit dem ersten in Verbindung stehendes Produkt behandelt. Demnach dürfen wir annehmen, daß die Rasse sich mehr und mehr zu einer religiösen gestaltet, indem ihre siegreichen Gruppen diejenigen sind, bei denen, ceteris paribus, dieser Charaktertyp am stärksten hervortritt." Hiermit kann ich durchaus nicht übereinstimmen, denn es ist schwer einzusehen, in welcher Form sich der Ausmerzungsprozeß bei dieser Sache betätigen könnte. Ferner lassen sich alle diejenigen Argumente, die Kidd beibringt, um zu zeigen, daß der intellektuelle Durchschnitt der aufeinanderfolgenden Generationen unserer Zeit nicht im Steigen begriffen sei, mit demselben Recht auf den religiösen und moralischen Entwicklungsdurchschnitt anwenden. Die Macht des Gewissens und das, was wir, vielleicht etwas zu allgemein gesprochen als „religiösen Impuls" bezeichnen, stehen, das glaube ich behaupten zu dürfen, heute auf keinem höheren durch-

schnittlichen Niveau als zur Zeit der Reformation. Was ich aber bestimmt annehme und hoffe, ist, daß die moralische und religiöse Umwelt eine Entwicklung durchgemacht hat, und daß das persönliche Gewissen und die religiöse Veranlagung heute einen freieren Spielraum vorfindet als die bedrückenden und einengenden Verhältnisse der Vergangenheit boten.

Wenn es nun auf Grund der von uns hier vertretenen Anschauungen richtig ist, daß die geistige Entwicklung des Menschen sich mehr in einem Fortschreiten der menschlichen Errungenschaften, als in einem fortschreitenden Zuwachs menschlicher Fähigkeit manifestiert; daß der Entwicklungsprozeß von den Individuen auf ihre Umwelt abgeschoben worden ist; wenn es mehr das intellektuelle und moralische Gebäude ist, das sich entwickelt, als die menschlichen Bauleute selbst, die in jeder Generation ein paar Steine in das gewaltige Gebäude einfügen; wenn somit keine Zeugnisse vorliegen, daß die Fähigkeiten wachsen, sondern eher das Gegenteil der Fall zu sein scheint; wenn dies alles sich so und nicht anders verhält, so verschiebt sich der Grund unter den Füßen derjenigen, welche die geistige Entwicklung des Menschen als eine Folge des ererbten Zuwachses individuell erworbener Fähigkeiten betrachten. Ja, mehr als das: ist das durchschnittliche Niveau wirklich nicht im Steigen begriffen, so sind wir berechtigt, von den Anhängern der Vererbung erworbener Eigenschaften eine Erklärung dieser Tatsache zu fordern. Denn es ist klar, daß, falls eine Übertragung individuell erworbenen Zuwachses stattfände, das durchschnittliche Niveau der Fähigkeiten eine dauernde Steigerung erfahren müßte.

Die in diesem Kapitel erreichten Schlußfolgerungen stellen sich demnach dar, wie folgt: Es liegt wenig oder kein Zeugnis dafür vor, daß individuell erworbene Gewohnheiten des Menschen durch Vererbung instinktiv werden. Die natürliche Zuchtwahl wird in der sozialen

Entwicklung der zivilisierten Menschheit auf eine mehr und mehr untergeordnete Stellung herabgedrückt; und es ist nicht unwahrscheinlich, daß mit diesem verminderten Einfluß der natürlichen Zuchtwahl eine gewisse Abnahme der natürlichen menschlichen Fähigkeiten Hand in Hand geht. Wir haben demnach keine oder nur sehr schwache Zeugnisse für die erbliche Übertragung einer durch dauernde und fortgesetzte Übung gesteigerten Fähigkeit gefunden, und somit hat unsere Erörterung über die Vererbung beim Menschen die Folgerungen bestätigt, die wir schon zuvor aus unsern Untersuchungen der Gewohnheiten und Instinkte einiger Tiere gezogen hatten.

Sachregister.

Autorenregister.

Verlag von B. G. Teubner in Leipzig und Berlin

Experimentelle Zoologie

Von Th. Hunt Morgan,
Professor an der Columbia-Universität New York.

Deutsche vom Verfasser autorisierte, vermehrte und verbesserte Ausgabe,
übersetzt von Helene Rhumbler.

Mit Abbildungen. gr. 8. 1909. Geh. und in Leinwand geb.
[Erscheint im Frühjahr 1909.]

Während in Deutschland die experimentelle Forschung der auf die Ge-
staltungsformen der Tierwelt einwirkenden äußeren Faktoren erst in den
letzten Jahren mit Eifer in Angriff genommen wurde, hat dieser modernste
und aussichts-
reichste Zweig
der biologi-
schen Wissen-
schaft in den
Vereinigten
Staaten schon
seit langem ei-
nen hohen Auf-
schwung ge-
nommen. Vor
allem waren es
die Arbeiten
von Th. Hunt

Langhaariges glattes Albino-Meerschweinchen.

Morgan, der nicht nur als Lehrer und Leiter, sondern auch als Verfasser zahlreicher Spezialwerke auf diesem Gebiete Amerika den un-
bestrittenen Vorrang sicherte. Das vorliegende Buch behandelt in
6 Abschnitten folgende Themata: Experimental-Studium 1. der Entwicklung; 2. des Wachstums; 3. der tierischen Pfropfungen und Ver-
wachsungen; 4. des Einflusses der Umgebung auf den Kreislauf der
Lebensformen; 5. der Geschlechtsbestimmung; 6. der sekundären
Geschlechtsmerkmale. Wie in Amerika, dürfte es sich auch in Deutschland rasch Freunde erwerben, ist es doch das erste umfassende Lehrbuch
der experimentellen Zoologie, das in deutscher Sprache erscheint. Der
Hauptwert des Werkes beruht vor allem auf der kritischen Zusammenstellung wissenschaftlich feststehender Tatsachen. Das Theoretische beschränkt sich nur auf das notwendigste Maß. Die reichhaltigen, gut
disponierten Kapitel sind für den, der tiefer in die behandelten Probleme
eindringen will, mit ausführlichen Literaturangaben versehen, so daß das
Werk sowohl bei Studierenden der Naturwissenschaften wie bei Lehrern
und Universitätsdozenten auf eine freundliche Aufnahme rechnen darf.

Verlag von B. G. Teubner in Leipzig und Berlin

Die neuere Tierpsychologie

Von O. zur Strassen
Professor an der Universität Leipzig.

8. 1908. Kart. $\mathcal{M}$ 2.—

„Die Stärke der Schrift liegt in der zutreffenden Ablehnung der Vermenschlichung des Tierlebens und der Forderung des Prinzips der Sparsamkeit in der Erklärung. Der Verfasser stützt sich in der Hauptsache auf die Theorie Jacques Löbs und bietet eine gute und geschickte Verarbeitung und Verfolgung von dessen Ideen. Psychologisch geschulte Leser werden die Schrift mit größtem Interesse verfolgen." (**Natur und Kultur.**)

Die Metamorphose der Insekten

Von Dr. P. Deegener
Professor und Assistent am Zoologischen Institut der Universität Berlin.

gr. 8. 1909. Steif geh. $\mathcal{M}$ 2.—

Die vorliegende Arbeit stellt sich die Aufgabe, das Auftreten eines Puppenstadiums in Abhängigkeit von der Entstehung bestimmt gestalteter Larven zu erklären. Der Unterschied zwischen holometabolen Insekten einerseits und hemimetabolen und epimorphen andrerseits beruht nicht in erster Linie auf dem Vorhandensein eines Puppenstadiums, weil dieses erst durch die besondere Gestaltung der Jugendformen bedingt erscheint. Es werden daher die Jugendformen der holometabolen Insekten mit den übrigen Jugendformen eingehend in Vergleich gestellt und deren genetisches Verhältnis zu ihren Imagines untersucht. Dabei ergibt sich, daß die Jugendformen der Holometabolen sekundär einen Entwicklungsweg eingeschlagen haben, welcher sie von der geradlinigen Entwicklung zur Imago weit abführte; diese letztere wurde somit temporär unterbrochen und beginnt erst wieder mit der Vorbereitung zum Übertritt in das erste Imaginalstadium, die Puppe. Die echte Larve erscheint bei kritischer Bewertung ihrer Organisation phylogenetisch von einem imaginiformen Jugendstadium ableitbar, die Imagio ist phylogenetisch älter als die echte Larve, obwohl sie ontogenetisch aus der Larve hervorgeht.

Biologisches Praktikum
für höhere Schulen

Von Dr. Bastian Schmid.

Mit zahlreichen Abbildungen. gr. 8. 1909. Steif geh. ca. $\mathcal{M}$ 2.—

Dieser Leitfaden ist für solche Lehranstalten bestimmt, die den biologischen Unterricht mit praktischen Übungen verbinden. Der Inhalt erstreckt sich auf das zoologische und botanische Gebiet und berücksichtigt in jedem dieser Teile außer dem anatomischen Bau von Tier und Pflanze auch das physiologische Moment, wenn auch den Verhältnissen entsprechend der pflanzenphysiologische Kursus ungleich weiter ausgedehnt ist als der tierphysiologische. Soweit es angängig, bewegt sich das Buch in einer Art Systematik Es behandelt den Bau der pflanzlichen (und tierischen) Mikroorganismen nebst Anleitung zu ihrer Reinkultur, hebt verschiedene Vertreter der niederen Pflanzenwelt besonders hervor und widmet einen längeren Abschnitt den Geweben, darunter namentlich den Gefäßen. Über Schnittführung und wichtige Reagentien wird bei passender Gelegenheit gesprochen. Im physiologischen Teil findet man eine Anzahl von Gruppenversuchen zusammengestellt. — Das Tierreich bringt in einer dem Verständnis der Schüler entsprechenden Art die Anatomie wichtiger Vertreter einzelner Tierkreise, bzw. Klassen (Beispielsweise den Regenwurm, den Flußkrebs, den Gelbrand, die Teichmuschel, den Karpfen, den Frosch, das Kaninchen) sowie eine vergleichend anatomische Zusammenstellung verschiedener Organe. Auch diesen Übungsbeispielen ist eine Anleitung nach der rein manuellen Seite hin beigegeben. — Von den zahlreichen Abbildungen, die der Leitfaden aufweist, ist eine Anzahl nach eigens zu diesem Zweck angefertigten Präparaten gezeichnet worden.

Verlag von B. G. Teubner in Leipzig und Berlin

Monatshefte für den naturwissenschaftlichen Unterricht
aller Schulgattungen herausgegeben von **B. Landsberg** in Königsberg i. Pr. und **B. Schmid** in Zwickau i. S. Jährlich 12 Hefte. gr. 8. Halbjährlich *M* 6.—

Die Monatshefte dienen dem naturwissenschaftlichen Unterricht aller Schulen und wenden ihre Aufmerksamkeit auf alle naturwissenschaftlichen Fächer. Ganz besonders läßt die Zeitschrift es sich angelegen sein, in allen diesen Fächern neben der theoretischen auch die praktische Seite (so namentlich die Schülerübungen auf allen Gebieten sowie die Frage der wissenschaftlichen Ausflüge, Schulgärten, Aquarien, Terrarien usw.) zu pflegen. Die philosophische Zuspitzung unserer Unterrichtsfächer sowie allgemein-pädagogische Fragen des Unterrichts, der Erziehung und der Hygiene sollen ebenfalls in den Monatsheften, die der intellektuellen, moralischen und künstlerischen Erziehung unserer Jugend soweit als möglich Rechnung tragen, eine Stätte finden. Des ferneren werden sie bestrebt sein, sich unentwegt in den Dienst einer gesunden Reform des naturwissenschaftlichen Unterrichts und der Lehrerbildung zu stellen, um ihrerseits zur Lösung dieser auch in nationaler Hinsicht wichtigen Frage, die der Mitarbeit aller Fachmänner bedarf, beizutragen.

Himmel und Erde
Illustrierte naturwissenschaftliche Monatsschrift, herausgegeben von der Gesellschaft Urania in Berlin, redigiert von **Dr. P. Schwahn.** Jährlich 12 Hefte. Vierteljährlich *M* 3.60.

Die von der „Urania" zu Berlin im Jahre 1888 gegründete naturwissenschaftliche Monatsschrift „Himmel und Erde" ist von Beginn ihres Erscheinens ab bemüht gewesen, ihren Lesern die gewaltige Entwicklung der Naturwissenschaft und Technik mit erleben zu lassen durch Wort und Bild. Beredtes Zeugnis dafür legt der Inhalt der bisher erschienenen 20 Jahrgänge ab. Bei jeder weiteren Vervollkommnung und Ausgestaltung der Zeitschrift blieb glücklicherweise ihr populär-wissenschaftlicher Charakter gewahrt. Daß dieser gelungen, beweist der treue Leserkreis. Auch in dem neuen Jahrgange wird jede Nummer eine Anzahl reich illustrierter größerer Aufsätze von namhaften Fachgelehrten bringen, die entweder fundamentale Fragen der Naturwissenschaft und Technik behandeln oder biographische Würdigungen schöpferischer Geister auf dem Gebiete moderner Naturerkenntnis enthalten. An die größeren Aufsätze schließen sich Mitteilungen über wichtige Entdeckungen und Erfindungen, über naturwissenschaftliche und technische Kongresse, über die jeweiligen Himmelserscheinungen, außerdem Besprechungen der hervorragendsten neuen Werke auf naturwissenschaftlichem Gebiete. Als eine wesentliche Neuerung ist zu bemerken, daß künftig periodische Sammelreferate über die verschiedenen Disziplinen der Naturwissenschaft und Technik erscheinen werden, die es dem Leser ermöglichen, daß er den Überblick nicht verliert, und einerlei, ob er selbst forschend tätig ist oder mitten im praktischen Leben steht, Fühlung mit den Errungenschaften unseres naturwissenschaftlichen Zeitalters behält.

Archiv f. Rassen- u. Gesellschafts-Biologie
einschließlich Rassen- und Gesellschafts-Hygiene. Eine deszendenztheoretische Zeitschrift für die Erforschung des Wesens von Rasse und Gesellschaft und ihres gegenseitigen Verhältnisses, für die biologischen Bedingungen ihrer Erhaltung u. Entwicklung sowie für die grundlegenden Probleme der Entwicklungslehre. Herausgegeben von Dr. A. Ploetz in Verbindung mit Dr. A. Nordenholz-München, Prof. Dr. L. Plate-Berlin, Dr. E. Rüdin-München und Dr. Turnwald Herbertshöhe.

Redigiert von **Dr. A. Ploetz**-München, Klemensstraße 2. VI. Jahrgang 1909 Jährlich 6 Hefte im Umfange von etwa 8—10 Bogen. Jährlich *M* 20.—.

„Was von Anfang an an dem ganzen Unternehmen so außerordentlich sympathisch berührte, ist das unermüdliche und stets vom schönsten Erfolg gekrönte Bemühen der Herausgeber gewesen, ihre Zeitschrift rein zu halten von dem gerade auf diesem Gebiet in schrankenloser und abschreckender Weise sich breitmachenden Dilettantentum....Das Archiv hat sich ein großes Verdienst in dieser Richtung erworben, indem es uns mit den Ergebnissen strenger, gründlicher, biologischer und hygienischer Forschung bekannt macht." **(Naturwissenschaftliche Wochenschrift.)**

═══ **Probehefte auf Verlangen umsonst und postfrei vom Verlag.** ═══

Verlag von B. G. Teubner in Leipzig und Berlin

Anleitung zur Kultur der Mikroorganismen. Für den Gebrauch in zoologischen, botanischen, medizinischen und landwirtschaftlichen Laboratorien. Von Dr. **Ernst Küster.** Mit 16 Abbildungen. gr. 8. 1907. In Leinwand geb. *M.* 7.—

„Endlich wieder einmal eine Bakteriologie aus der Feder eines Botanikers, es ist dieses ein besonderer Vorzug, da wir seit Zopf, Cohn und Migula wenige botanische Werke über Bakterien in der deutschen Literatur finden. Auch die Reinkultur der niederen Grün-, Blau- und Kiesel-Algen ist sehr ausgiebig beschrieben. Es ist weniger die Systematik als die Biologie dieser Organismen berücksichtigt und dadurch stellt sich das Buch an die Seite von De Bary, dessen letzte Auflage allerdings die Reinkultur noch nicht kannte."
(Zeitschrift für angew. Mikroskopie und klinische Chemie.)

„Das Küstersche Buch gibt eine übersichtliche und doch reiche Darstellung der Kulturmethoden der Mikroorganismen. Ein allgemeiner Teil, der gerade dem Mediziner viel Anregung bietet, beschäftigt sich mit den Nährböden, ihrer Herstellung und ihrer Wirkung auf die Organismen, mit den Behältern der Nährböden und mit der Herstellung der Kulturen, im besonderen der Reinkulturen. Wertvoll ist die Zusammenstellung bisher zerstreuter und schwer zugänglicher Angaben und Rezepte. **(Deutsche medizinische Wochenschrift.)**

Unsere Pflanzen, ihre Namenserklärung und ihre Stellung in der Mythologie und im Volksaberglauben. Von Dr. **Franz Söhns.** Vierte Auflage. Mit Buchschmuck von **J. V. Cissarz.** gr. 8. 1907. In Leinwand geb. *M.* 3.—

„... Für die Trefflichkeit des Buches spricht schon die dreimalige Auflage innerhalb 7 Jahren. Und in der Tat! der Inhalt ist geeignet, nicht nur den Botaniker vom Fach und den Volksforscher lebhaft zu interessieren, sondern wir möchten das Buch auch jedem Lehrer der Naturkunde in die Hand geben; denn mit seiner Hilfe hört der Botanikunterricht auf, ein nüchterner, lebloser zu sein; jede Pflanze gewinnt für den Schüler Bedeutung und Leben, sobald er erfährt, wie ihr Name entstanden, was für Sagen, Anekdoten und abergläubische Vorstellungen sich daran knüpfen." **(Schweiz. Archiv für Volkskunde.)**

Ostasienfahrt. Erlebnisse und Beobachtungen eines Naturforschers in China, Japan und Ceylon. Von Dr. **P. Doflein,** Professor der Zoologie an der Universität München und II. Konservator der Bayr. Zool. Staatssammlung. Mit zahlr. Abbildungen, 8 Tafeln und 4 Karten. gr. 8. 1906. In Leinw. geb. *M.* 13.—

„Dofleins Ostasienfahrt gehört zu den allerbesten Reiseschilderungen, die Ref. überhaupt kennt, die er getrost neben die Darwins stellen möchte, nur daß an Stelle der ernsten Bedächtigkeit und Zurückhaltung des Briten das lebhafte Temperament des Süddeutschen tritt, dem das Herz immer auf der Zunge liegt, und der deshalb auch vor einem kräftigen Wort nicht zurückscheut, wo es die Verhältnisse aus ihm herausdrängen. Es liegt eine solche Fülle feinster Natur- und Menschenbeobachtung in dem Werk, über das Ganze ist ein solcher Zauber künstlerischer Auffassung gegossen, und allen Eindrücken ist in geradezu meisterhafter Sprache Ausdruck verliehen, daß das Ganze nicht wirkt wie eine Reisebeschreibung, sondern wie ein Kunstwerk, dem der russisch-japanische Krieg, der zur Zeit der Reise gerade wütete, einige dramatische Akzente verleiht. Auch die Ausstattung des Werkes ist eine vorwiegend feinsinnig künstlerische." **(Die Umschau.)**

Natur-Paradoxe. Ein Buch für die Jugend, zur Erklärung von Erscheinungen, die mit der täglichen Erfahrung im Widerspruch zu stehen scheinen. Nach Dr. **W. Hampsons** „Paradoxes of nature and science" bearbeitet von Dr. **C Schäffer.** gr. 8. 1908. Mit 4 Tafeln und 65 Textbildern. In Leinwand geb. *M.* 3.—

„... Wie es anzustellen ist, hinter „paradoxe" Erscheinungen zu kommen, will das vorliegende hübsche Buch zeigen. Man könnte es eine erste Anleitung zu wissenschaftlichen Forschungen nennen. Denn in der Tat versucht es, den jugendlichen Geist zu zwingen, sich nicht bei dem zu beruhigen, was sich ihm auf den ersten Blick kundgibt, sondern sich Rechenschaft zu geben über die kausalen Beziehungen, in denen die Glieder der zur Beobachtung kommenden Reihe von Vorgängen zueinander stehen. Es darf gesagt werden, daß dem Verfasser sein Vorhaben vorzüglich gelungen ist. Ich brauche nur einige Überschriften, unter denen solche Phänome dargestellt und analysiert werden, hierher zu setzen, um erkennen zu lassen, welch interessante Dinge der Leser des Buches erfahren wird. Da ist die Rede von Bällen, die um die Ecke fliegen, von Eis, das schmilzt, während es kälter wird; da wird gefragt: „Wie der Schwächere den Stärkeren besiegt" oder „Wer kann durch die Hand sehen?"; da wird das alte Problem des Steines der Weisen gelöst, das „Bauchreden" erklärt und schließlich auch gezeigt, worauf der Trugschluß des Zenon beruht, daß Achilles die Schildkröte nicht einholen könne. Dies ist nur ein Weniges aus der Fülle. Ich meine aber, niemand, der sich und der seiner Obhut unterstehenden wissensdurstigen Jugend frohe und genußreiche Stunden zu bereiten wünscht, sollte an diesem Buche vorbeigehen; es zeigt, wie es anzufangen sei, die große Lehrmeisterin Natur zu bewegen, uns ihre Geheimnisse zu verraten. Die Übersetzung ist einwandfrei. Dem Text sind gute Bilder und instruktive schematische Zeichnungen beigegeben." **(Frankfurter Zeitung.)**

VERLAG VON B. G. TEUBNER IN LEIPZIG UND BERLIN

K. Kraepelin:

Leitfaden für den biologischen Unterricht in den oberen
Klassen der höheren Schulen. 2. verbesserte Aufl. Mit ca. 303 Abbild.
5 farbigen Tafeln und 2 Karten. [ca. VIII u. 315 S.] gr. 8. 1909.
In Leinw. geb. ca. *M.* 3.60

„Auf verhältnismäßig engem Raum ist ein weitschichtiger Stoff mit souveräner Beherrschung unter Beschränkung auf das Wesentliche knapp und doch nicht mager vorgeführt. Jeder, der naturwissenschaftlicher Betrachtungsweise nicht abgeneigt ist, und der die elementaren Vorkenntnisse dazu mitbringt, wird in diesem Buche mit hohem Genuß und Nutzen lesen. Dann wird er auch zugeben müssen, daß hier in der Tat ein Schatz kostbarer Gedanken übersichtlich ausgebreitet liegt, von dem der Gebildete mehr, als es heute der Fall zu sein pflegt, mit ins Leben hinausnehmen müßte, damit er seine Stellung in der Umwelt begreife zu seinem Nutzen und zu immer sich erneuernder Freude. Der Verfasser hat sich mit dem Buche den Dank aller verdient." **(Deutsche Literaturzeitung.)**

Leitfaden für den zoologischen Unterricht in den unteren
und mittleren Klassen der höheren Schulen. 5. völlig umge-
arbeitete Auflage. Mit 410 Abbildungen. [VI u. 330 S.] gr. 8.
1907. In Leinwand geb. *M.* 3.20.

„Die „biologischen" Gruppencharakteristiken sind z. T. wahre Muster der Kunst mit wenig Worten viel zu sagen. Ich verweise z. B. nur auf den kurzen Abschnitt über den „Flug der Vögel", der aus der übergroßen Menge des auf diesem Gebiet sicher Festgestellten mit richtigem Takt das gibt, was für die entsprechenden Altersstufen verwendbar ist und dieses Tatsachenmaterial einfach und klar zur Darstellung bringt. Ähnliche Sicherheit der Auswahl und Feinheit der Darstellung kann man bei den anderen Tierklassen herausfinden." **(Monatshefte für den naturw. Unterricht.)**

Leitfaden für den botanischen Unterricht an mittleren
und höheren Schulen. 7. neu bearbeitete Auflage. Mit 407 Abbildungen im Text und 14 mehrfarbigen Tafeln. [VIII u. 318 S.]
gr. 8. 1908. In Leinwand geb. *M.* 3.20.

„... eine sehr gründliche, methodische Durcharbeitung des zoologischen Unterrichtsstoffes für den Schulgebrauch, welche namentlich dem Anfänger im Lehramte von großem Nutzen sein, aber auch den Erfahreneren noch auf manchen neuen Gesichtspunkt hinweisen dürfte..... eine der bedeutendsten Erscheinungen auf dem Gebiete der neuen einschlägigen Schulbuch-Literatur...."
(Naturwissenschaftl. Rundschau.)

„... Das vorliegende Werk anzuschaffen und fleißig zu benützen, sollte kein Lehrer der Naturgeschichte versäumen. Es bietet eine derartige Fülle von Stoff, daß auch der erfahrenste Lehrer darin noch reichlich Neues finden und nach den verschiedensten Seiten hin angeregt werden wird...."
(Naturwissenschaftliche Wochenschrift.)

Die Beziehungen der Tiere zueinander und zur Pflanzenwelt. [VI u. 175 S.] 8. 1905. Geh. *M.* 1.—, in Leinwand geb. *M.* 1.25.

Das Bändchen will die Beziehungen der Organismen zueinander darstellen, wie sie die moderne Biologie, insonderheit die Lehre von den Einflüssen der Umgebung auf die Lebewesen der Erde in den letzten Jahrzehnten aufgedeckt hat. Es will eine Vorstellung geben von der Gesetzmäßigkeit, von der auch das Naturgeschehen in der organischen Welt beherrscht und geregelt wird, von den tausendfältigen Anpassungen und Rücksichten, die es dem Einzelwesen allein ermöglichen, in dem gewaltigen allgemeinen Ringen um die Existenz seinen Platz zu behaupten und sein Geschlecht vor dem Aussterben zu bewahren.

Verlag von B. G. Teubner in Leipzig und Berlin

Wissenschaft und Hypothese

Sammlung von Einzeldarstellungen
aus dem Gesamtgebiet der Wissenschaften mit besonderer Berücksichtigung ihrer Grundlagen und Methoden, ihrer Endziele und Anwendungen.

Die Sammlung will die in den verschiedenen Wissensgebieten durch rastlose Arbeit gewonnenen Erkenntnisse von umfassenden Gesichtspunkten aus im Zusammenhang miteinander betrachten. Die Wissenschaften werden in dem Bewußtsein ihres festen Besitzes in ihren Voraussetzungen dargestellt, ihr pulsierendes Leben, ihr Haben, Können und Wollen aufgedeckt. Andererseits wird in erster Linie auch auf die Schranken der Sinneswahrnehmung und der Erfahrung überhaupt bedingten Hypothesen hingewiesen.

Bisher erschien in dieser Sammlung:

I. Band: **Wissenschaft und Hypothese.** Von H. Poincaré-Paris. Deutsch von L. und F. Lindemann-München, 2. Aufl. 1906. Geb. M 4.80.

II. Band: **Der Wert der Wissenschaft.** Von H. Poincaré-Paris. Deutsch von E. und H. Weber-Straßburg. Mit einem Bildnis des Verfassers. 1906. Geb. M 3.60.

III. Band: **Mythenbildung und Erkenntnis.** Eine Abhandlung über die Grundlagen der Philosophie. Von G. F. Lipps-Leipzig. 1907. Geb. M 5.—

IV. Band: **Die nichteuklidische Geometrie.** Historisch-kritische Darstellung ihrer Entwicklung. Von R. Bonola-Pavia. Deutsch von H. Liebmann-Leipzig. 1908. Geb. M 5.—

V. Band: **Ebbe und Flut sowie verwandte Erscheinungen im Sonnensystem.** Von G. H. Darwin-Cambridge. Deutsch von A. Pockels-Braunschweig. Mit einem Einführungswort von G. v. Neumayer. Mit 43 Illustrationen. 1902. Geb. M 6.80.

VI. Band: **Das Prinzip der Erhaltung der Energie.** Von M. Planck-Berlin. 2. Auflage. 1908. Geb. M 6.—

VII. Band. **Grundlagen der Geometrie.** Von D. Hilbert in Göttingen. Mit zahlreichen in den Text gedruckten Figuren. 3. durch Zusätze und Literaturhinweise von neuem vermehrte und mit sieben Anhängen versehene Auflage. 1909. Geb. M 6.—

Unter der Presse:

Wissenschaft und Religion. Von É. Boutroux, membre de l'Institut, Paris.

Das Wissen unserer Zeit in Mathematik und Naturwissenschaft. Von É. Picard-Paris. Deutsch von L. und F. Lindemann-München.

Zahlreiche weitere Werke befinden sich in Vorbereitung.

Ausführlicher Prospekt umsonst und postfrei vom Verlag.

Verlag von B. G. Teubner in Leipzig und Berlin

NATURWISSENSCHAFT UND TECHNIK
IN LEHRE UND FORSCHUNG

Eine Sammlung von Lehr- und Handbüchern herausgegeben von

DR. F. DOFLEIN
a. o. Professor a. d. Universität München
u. II. Konservator d. Zoolog. Staatssammlg.

DR. K. T. FISCHER
a. o. Professor an der Kgl. Technischen
Hochschule zu München

Gegenüber einer verflachenden Popularisierung der Naturwissenschaften und einer Überschätzung der Resultate einzelner Zweige derselben ist es das Ziel dieser Serie von Lehr- und Handbüchern, in wissenschaftlich strenger, aber nicht nur dem Fachmann, sondern auch dem gebildeten Laien verständlicher Darstellung die großen Werte, die im Stoffe und in der Methode der naturwissenschaftlichen Forschung, in den rein wissenschaftlichen Resultaten sowie in deren praktischen Anwendungen verborgen liegen, hervorzuheben und nutzbringend zu machen. Es soll auf diese Weise den Naturwissenschaften die Aufgabe erleichtert werden, in unserem heutigen Leben den sehr nötigen und heilsamen Einfluß zu gewinnen, den jeder ernste Forscher an sich erfahren hat und gern als ein Gemeingut aller sehen möchte.

Soeben ist in dieser Sammlung als erster Band erschienen:

EINLEITUNG IN DIE EXPERIMENTELLE
MORPHOLOGIE DER PFLANZEN
von DR. K. GOEBEL
Professor der Botanik in München.

Mit 135 Abbildungen. [VIII u. 260 S.] gr. 8. 1908. In Leinw. geb. *M* 8.—

Das Buch gibt zum erstenmal eine ausführlichere Darstellung der bis jetzt vorliegenden Ergebnisse der experimentellen Pflanzenmorphologie und bringt zugleich eine Reihe neuer Untersuchungen des Verfassers in der Absicht, das Interesse für diesen Teil der Botanik auch in weiteren Kreisen anzuregen. Hat doch die experimentelle Behandlung der Gestaltungsverhältnisse in den letzten Jahrzehnten in der Biologie einen gewaltigen Aufschwung genommen. Die Pflanzen sind für solche Untersuchungen ganz besonders geeignet, weil sie im allgemeinen viel „plastischer" sind als die Tiere.

„Das Tatsachenmaterial, das der Verfasser vorbringt, ist außerordentlich wertvoll als Grundlage einer zusammenfassenden Anschauung über das Werden der Organismen und über ihre Beziehungen zur Umgebung." (Naturwissenschaftliche Wochenschrift.)

„Wenn Goebel, entsprechend der sein Forschen leitenden philosophischen Richtung, sich damit begnügt, die Beziehungen zwischen Einwirkung und Antwort der Pflanze wieder nur zu beschreiben, statt sie auch noch logisch zu analysieren, so mindert dies den Wert seines originellen, an in weiteren Kreisen unbekannten Tatsachen überreichen Buches nicht. Der die Lebenserscheinungen mit Zuhilfenahme der philosophischen Induktion restlos analysierende Forscher wird es als Vorstufe und Materialsammlung aufs höchste schätzen." (Mikrokosmos.)

In Vorbereitung bzw. unter der Presse befinden sich zunächst folgende Bände:

Einleitung in die Erkenntnistheorie für Naturwissenschaftler. Von H. Cornelius-München.

Zellen- und Befruchtungslehre. Von R. Hertwig-München.

Biologie. Von R. Hesse-Tübingen und F. Doflein-München.

Geodäsie. Eine Anleitung zu geodätischen Messungen für Anfänger mit Grundzügen der direkten Zeit und Ortsbestimmung. Von H. Hohenner-Braunschweig.

Vergleich. Entwicklungsgeschichte der Tiere. Von O. Maas-München.

Allgemeine Wirtschaftsgeographie. Von K. Sapper-Tübingen.

Planktonkunde. Von A. Steuer-Innsbruck.

Paläontologie. Von E. Stromer Freiherrn von Reichenbach-München. 2 Bände. [Unter der Presse.] I. Band erscheint März 1909.

Elektrische Entladungen in Gasen. Von M. Töpler-Dresden.

Die Redaktion steht außerdem noch mit einer größeren Anzahl von Gelehrten zwecks Abfassung weiterer Bände auf den einschlägigen Gebieten in Verhandlung.

Verlag von B. G. Teubner in Leipzig und Berlin

Aus Natur und Geisteswelt

Sammlung wissenschaftlich-gemeinverständlicher Darstellungen aus allen Gebieten des Wissens. Jeder Band ist in sich abgeschlossen u. einzeln käuflich

Jeder Band geh. M. 1.—, in Leinwand geb. M. 1.25

Erschienen sind ca. 260 Bände aus den verschiedensten Gebieten, u. a.:

Die Anatomie des Menschen. Von Professor Dr. K. von Bardeleben. In 4 Bänden. (Bd. 201—204.)

In einer Reihe von (vier) Bänden wird die menschliche Anatomie in knappem, für gebildete Laien leicht verständlichem Texte dargestellt, wobei eine große Anzahl sorgfältig ausgewählter Abbildungen die Anschaulichkeit erhöht. Der erste, die „allgemeine Anatomie" behandelnde Band enthält u. a. einiges aus der Geschichte der Anatomie, von Homer bis zur Neuzeit, ferner die Zellen- und Gewebelehre, die Entwicklungsgeschichte sowie Formen, Maß und Gewicht des Körpers. Im zweiten Band werden dann Skelett, Knochen und die Gelenke nebst einer Mechanik der letzteren, im dritten die bewegenden Organe des Körpers, die Muskeln, das Herz und die Gefäße, im vierten endlich wird die Eingeweidelehre, namentlich der Darmtraktus sowie die Harn- und Geschlechtsorgane zur Darstellung gebracht.

Die fünf Sinne des Menschen. Von Privatdozent Dr. J. Cl. Kreibig. 2. verbesserte Auflage. Mit 30 Abbildungen im Text. (Bd. 27.)

Beantwortet die Fragen über die Bedeutung, Anzahl, Benennung und Leistung der Sinne in gemeinfaßlicher Weise, indem das Organ und seine Funktionsweise, dann die als Reiz wirkenden äußeren Ursachen und zuletzt der Inhalt, die Stärke, das räumliche und zeitliche Merkmal der Empfindungen besprochen werden.

Die Mechanik des Geisteslebens. Von Professor Dr. M. Verworn. Mit 11 Figuren im Text. (Bd. 200.)

Will unsere modernen Erfahrungen und Anschauungen über das physiologische Geschehen, das sich bei den Vorgängen des Geisteslebens in unserem Gehirn abspielt, in großen Zügen verständlich machen, indem es die Dinge mit den Begriffen und den Vergleichen des täglichen Lebens schildert. So im ersten Abschnitt: „Leib und Seele" der Standpunkt einer monistischen Auffassung der Welt, die in einem streng wissenschaftlichen Konditionismus zum Ausdruck kommt, erörtert, im zweiten: „Die Vorgänge an den Elementen des Nervensystems" ein Einblick in die Methodik zur Erforschung der physiologischen Vorgänge in demselben sowie ein Überblick über ihre Ergebnisse, im dritten: „Die Bewußtseinsvorgänge" eine Analyse des Empfindens, Vorstellens, Denkens und Wollens unter Zurückführung dieser Tätigkeiten auf die Vorgänge in den Elementen des Nervensystems gegeben. Der vierte und fünfte Abschnitt beschäftigt sich in analoger Weise mit den Vorgängen des „Schlafes und Traumes" und den scheinbar so geheimnisvollen Tatsachen der „Hypnose und Suggestion".

Abstammungslehre und Darwinismus. Von Professor Dr. R. Hesse. 3. Auflage. Mit 37 Figuren im Text. (Bd. 39.)

Diese Darstellung der großen Errungenschaften der biologischen Forschung des vorigen Jahrhunderts, der Abstammungslehre, erörtert die zwei Fragen: „Was nötigt uns zur Annahme der Abstammungslehre?" und — die viel schwierigere — „wie geschah die Umwandlung der Tier- und Pflanzenarten, welche die Abstammungslehre fordert?" oder: „wie wird die Abstammung erklärt?"

Die Ameisen. Von Dr. Fr. Knauer. Mit 61 Figuren. (Bd. 94.)

Faßt die Ergebnisse der so interessanten Forschungen über das Tun und Treiben einheimischer und exotischer Ameisen, über die Vielgestaltigkeit der Formen im Ameisenstaate, über die Bautätigkeit, Brutpflege und ganze Ökonomie der Ameisen, über ihr Zusammenleben mit anderen Tieren und mit Pflanzen, über die Sinnestätigkeit der Ameisen und über andere interessante Details aus dem Ameisenleben zusammen.

Ausführlicher illustrierter Katalog umsonst und postfrei vom Verlag.